地基处理

Diji Chuli

杨晓华　张莎莎　主　编

谢永利　主　审

内 容 提 要

本书详细介绍了当前我国在交通基础设施建设和养护中常用的换填、强夯、排水固结、碎(砂)石桩、土(或灰土)桩、水泥粉煤灰碎石桩、深层水泥搅拌桩、低强度桩及混凝土薄壁管桩、灌浆、高压喷射注浆、灌浆锚杆和土钉等地基处理技术的概念、加固机理、设计指标、施工工艺和质量检验等内容。同时,书中还对复合地基的基本理论进行了系统的阐述。

本书可作为道路桥梁与渡河工程、交通工程、土木工程、地质工程等专业学生的教学用书,也可供以上专业从事勘察、设计、施工、监理、检测的技术人员参考使用。

图书在版编目(CIP)数据

地基处理 / 杨晓华,张莎莎主编. —北京:人民交通出版社股份有限公司,2017.7

交通版高等学校土木工程专业规划教材

ISBN 978-7-114-13941-3

Ⅰ.①地… Ⅱ.①杨… ②张… Ⅲ.①地基处理—高等学校—教材 Ⅳ.①TU472

中国版本图书馆 CIP 数据核字(2017)第 150574 号

交通版高等学校土木工程专业规划教材

书　　名:地基处理
著 作 者:杨晓华　张莎莎
责任编辑:张征宇　赵瑞琴
出版发行:人民交通出版社股份有限公司
地　　址:(100011)北京市朝阳区安定门外外馆斜街 3 号
网　　址:http://www.ccpress.com.cn
销售电话:(010)59757973
总 经 销:人民交通出版社股份有限公司发行部
经　　销:各地新华书店
印　　刷:北京鑫正大印刷有限公司
开　　本:787×1092　1/16
印　　张:21.75
字　　数:497 千
版　　次:2017 年 7 月　第 1 版
印　　次:2017 年 7 月　第 1 次印刷
书　　号:ISBN 978-7-114-13941-3
定　　价:48.00 元

交通版

高等学校土木工程专业规划教材

编委会

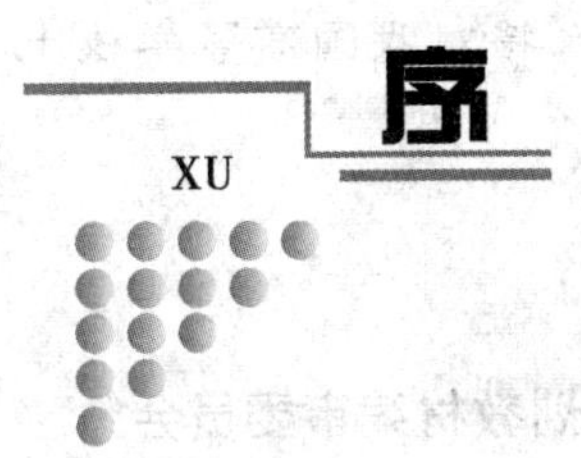

序

随着科学技术的迅猛发展、全球经济一体化趋势的进一步加强以及国力竞争的日趋激烈，作为实施"科教兴国"战略重要战线的高等学校，面临着新的机遇与挑战。高等教育战线按照"巩固、深化、提高、发展"的方针，着力提高高等教育的水平和质量，取得了举世瞩目的成就，实现了改革和发展的历史性跨越。

在这个前所未有的发展时期，高等学校的土木类教材建设也取得了很大成绩，出版了许多优秀教材，但在满足不同层次的院校和不同层次的学生需求方面，还存在较大的差距，部分教材尚未能反映最新颁布的规范内容。为了配合高等学校的教学改革和教材建设，体现高等学校在教材建设上的特色和优势，满足高校及社会对土木类专业教材的多层次要求，适应我国国民经济建设的最新形势，人民交通出版社组织了全国二十余所高等学校编写"交通版高等学校土木工程专业规划教材"，并于2004年9月在重庆召开了第一次编写工作会议，确定了教材编写的总体思路。于2004年11月在北京召开了第二次编写工作会议，全面审定了各门教材的编写大纲。在编者和出版社的共同努力下，这套规划教材已陆续出版。

在教材的使用过程中，我们也发现有些教材存在诸如知识体系不够完善，适用性、准确性存在问题，相关教材在内容衔接上不够合理以及随着规范的修订及本学科领域技术的发展而出现的教材内容陈旧、亟待修订的问题。为此，新改组的编委会决定于2010年底启动了该套教材的修订工作。

这套教材包括"土木工程概论"、"建筑工程施工"等31种课程，涵盖了土木工程专业的专业基础课和专业课的主要系列课程。这套教材的编写原则是"厚基础、重能力、求创新，以培养应用型人才为主"，强调结合新规范、增大例题、图解等内容的比例并适当反映本学科领域的新发展，力求通俗易懂、图文并茂；其中对专业基础课要求理论体系完整、严密、适度，兼顾各专业方向，应达到教育部和专业教学指导委员会的规定要求；对专业课要体现出"重应用"及"加强创新能力和工程素质培养"的特色，保证知识体系的完整性、准确性、正确性和适应性，专业课教材原则上按课、组划分不同专业方向分别考虑，不在一本教材中体现多专业内容。

反映土木工程领域的最新技术发展、符合我国国情、与现有教材相比具有明显特色是这套教材所力求达到的，在各相关院校及所有编审人员的共同努力下，交通版高等学校土木工程专业规划教材必将对我国高等学校土木工程专业建设起到重要的促进作用。

交通版高等学校土木工程专业规划教材编审委员会

人民交通出版社股份有限公司

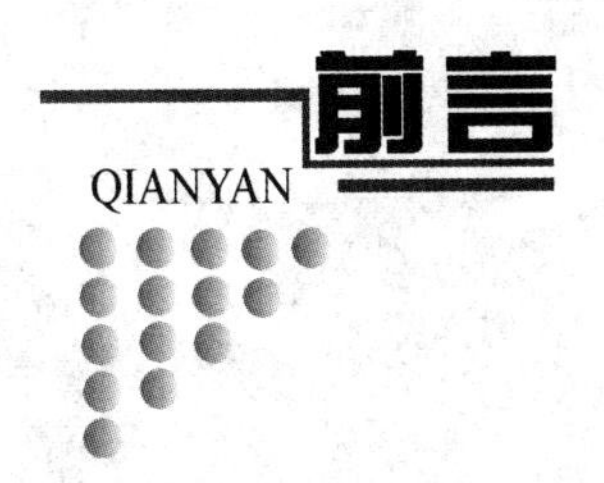

公路、铁路及城市轨道等线性交通基础设施一般都要穿越不同的自然地理环境或不同的地貌单元，地基条件及类型不尽相同，为了满足交通设施上部结构对地基强度和变形的要求，往往需要进行地基处理。如何选择既满足工程要求，又节省建设资金的性价比较高的地基处理方法，是广大工程技术人员所关注的重大技术问题。

本书根据道路桥梁与渡河工程专业（本科）和道路与铁道工程专业（硕士）教学计划进行编写。本书中重点对地基处理技术的概念、加固机理、设计计算、施工工艺和质量检验进行了介绍，同时增加了针对交通基础设施建设与养护过程中地基处理的工程实例。

全书共分十三章，第一、七、八、十、十一、十二、十三章由杨晓华编写，第二、三、四、六、九章由张莎莎编写，第五章由宋飞编写。全书由杨晓华、张莎莎担任主编，由谢永利教授担任主审。研究生洪雪峰、王启龙、刘伟、黄帆、尹锦涛、肖飞、孔祥鑫和范斯尧等参与了本书的相关编辑和校对工作。

本书编写过程中引用了许多单位和个人的科研成果及技术总结，谨向这些单位和个人致以衷心的感谢。限于作者水平，谬误之处，敬请读者批评指正。

编　者

2017 年 3 月

目录

MULU

第一章 绪论

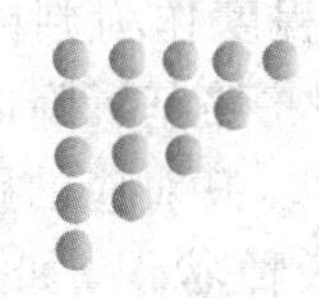

公路工程是一种呈线性分布的带状三维空间人工构筑物。我国公路等级按照其使用任务、功能和适应的交通量分为五个等级:高速公路、一级公路、二级公路、三级公路、四级公路。其中,高速公路通行能力大、速度快、行车安全舒适,是综合运输体系的重要组成部分。自20世纪30年代美国及德国开始兴建高速公路,至20世纪50年代世界各国大力建设以来,高速公路得到了快速发展。

我国高速公路从无到有,发展迅速,经历了20世纪80年代末至1997年的起步建设阶段和1998年至今的快速发展阶段。到2016年底,全国高速公路通车总里程突破13万km,交通运输部规划研究院提出的"国家高速公路网规划"确定的国家高速公路网布局方案可以归纳为"7918"网,采用放射线和纵横网格相结合的形式,包括7条北京放射线、9条纵向路线和18条横向路线,总规模约10万km。高速公路发展迅速,分布范围广,行车速度快,对地基的要求较高。同时,我国地域辽阔,从沿海到内地,由山区到平原,分布着多种多样的地基土,其抗剪强度、压缩性以及透水性等因土的种类不同而存在很大的差别,公路沿线地基条件区域性较强。一些软弱地基或特殊土地基往往需要进行地基处理才可使用。另外,随着行车荷载日益增大,对地基变形的要求也越来越严,因而原来一般可被评价为良好的地基,也可能在特定条件下需要进行地基处理。

第一节 公路地基病害特征

公路路基病害的根源是地基变形,其特点如下:一是不均匀性,即由于地基的不均匀压缩变形引起的路堤和路面以及构造物的不均匀沉降、裂缝、路面波浪等;二是持续性,即由于软黏土地基透水性差、固结变形缓慢、地基压缩变形速度缓慢、地基和路堤不均匀沉降持续发展,路堤、路面和构造物病害的危害程度将随时间持续发展;三是突变性,即当路堤荷载超过公路地基承载能力时,地基会迅速失稳,引起路堤和构造物突然滑移或塌陷,造成路堤和构筑物的完全破坏;四是严重性,即地基引起的病害轻则影响公路的正常运营,重则引起交通事故,甚至完全破坏,导致交通中断,且加固处理难度大,难以根治。按地基变形和路堤沉降的速度来划分,公路地基病害主要分地基竖向压缩变形和失稳两大类。

一、竖向压缩变形

由于地基土的高压缩性，地基主要发生竖向压缩变形，其病害以路基(路堤)下沉为主要特征。如纵向裂缝(图 1-1)、错台等，轻则影响公路的使用效果，重则导致路基和构造物完全破坏，丧失公路的使用功能。

图 1-1　纵向裂缝病害

通常以路基沉降的不均匀程度作为判断是路基病害还是路基破坏的界限，即将路基沉降的不均匀程度分为小、大、过大三个等级，其对应的路基损坏程度为轻微、严重和破坏三种状况，如表 1-1 所示。

地基竖向压缩变形引起的公路病害主要是路基沉降、边坡坍塌、构造物损坏、路面破裂等。

路基损坏程度分类　表 1-1

不均匀沉降程度	路基损坏程度	病害描述	处治对策
小	轻微	路基和地基协调变形，路基未产生裂缝	不影响正常运营，可通过正常养护改善路况
大	严重	路基和地基变形不协调或变形较大，路基产生纵向贯通裂缝，变形已稳定	限制交通，可边通车边进行加固维修处理
过大	破坏	路基和地基变形不协调，变形过大，路基产生通缝且有错台，或虽无错台但变形和裂缝仍在持续发展	存在严重的交通安全隐患，应中断交通，进行加固和修复工程

1. 路基沉降

路堤沉降是地基在填土荷载长期作用下产生的缓慢持续的竖向变形，是湿软土地基上路堤的主要病害，而且更为普遍的是路堤不均匀沉降。通过对旧路路基沉降和病害情况调查发现，路堤沉降主要有局部路基整体沉降和不均匀沉降两种。由于高速公路构造物密度大，湿软土地层厚度不同，土质及含水率都不均匀，软硬不一，公路构筑物和地基都有不均匀性，路基大段落的整体均匀沉降是不可能的，总体上仍然是纵向的不均匀沉降问题。

1)路基纵向不均匀沉降

一些路段局部路基整体沉降，在桥涵通道处和地基土性状明显变化处，路基纵向会产生不均匀沉降，路面形成多处“驼峰”，使路面出现横向裂缝，桥梁、通道和涵洞处产生错台，导致构造物断裂破坏，影响行车舒适，病害严重的会导致交通事故发生。

2)路基横向不均匀沉降

路基横断面方向的不均匀沉降更为普遍，横向不均匀沉降小的仅会使路拱横坡和超高大小发生改变，造成路基横向排水不畅，在雨雪天行车易发生侧滑。大的横向不均匀沉降使路基产生纵向裂缝甚至较宽的通缝，往往是中间沉降过大形成碟形，路面积水下渗，加速路基下沉，严重的造成路基失稳破坏，涵洞、通道断裂破坏，或使涵洞丧失排水功能，通道积水，路面裂缝、错台等。

实际上路基不均匀沉降往往不是单纯的纵向或横向，而是纵横向不均匀沉降引起的病害都有，路面上往往是裂缝纵横、路面基层破碎，严重影响行车安全。

2. 侧向变形过大与边坡坍塌

边坡坍塌原因之一是公路地基局部压缩过大而导致路基变形不均匀（不协调），地基在路堤填土荷载的作用下，湿软土土体向外挤出，随着地基竖向压缩沉降的持续，侧向变形不断发展，路堤坡脚处地基水平位移较大，牵动坡脚及边坡外移，使路堤土体破裂、松散，路堤边坡开裂，最终导致路堤边坡产生坍塌，如图 1-2 所示。这类病害较常见，一般坍塌土体数量不大，对路堤稳定的危害程度较轻，平常养护工作就可解决。原因之二是公路土地基局部失稳引起路堤土体局部破裂，路堤破裂体随失稳地基沿滑动面快速下滑。有的滑动面在边坡上，病害仅仅是边坡滑塌，有的滑动面在路面上，滑塌的范围大、土体体积大。由于地基局部失稳引起的路堤滑塌危害大，修复难度大，而且滑动面后壁陡立，影响未滑路堤的稳定和安全。

3. 构造物破坏

公路地基的变形和失稳都会导致桥涵、通道、挡墙等构造物的病害和破坏（图 1-3），其病害的主要表现是：不均匀沉降、整体沉降过大、沿沉降缝错动形成错台、基础和台身裂缝或断裂、混凝土破碎并腐蚀剥落、砌体砂浆松散等。

图 1-2　边坡坍塌

图 1-3　构造物裂缝

4. 路面破裂

路基不均匀沉降产生的各种病害都集中地表现在路面上，主要有路拱变化和路面裂缝（图 1-4）两类。有规律的路面横缝是由路面基层干缩和热胀冷缩引起的，与路基沉降无关；而

图 1-4　路面纵向裂缝

路基不均匀沉降引起的横缝是无规律的，且一般伴随有不同程度的路面纵向波浪起伏，不均匀程度严重的，在裂缝处会有错台。路面纵向裂缝由路基不均匀沉降引起、斜向裂缝由纵横向不均匀沉降共同引起。严重病害为路面面层出现网状裂缝、松散，路面基层发生块状断裂或破碎，这是由路堤局部沉降和变形过大或涵洞破坏引起的。

二、失　　稳

路堤失稳是由填土荷载超出地基承载能力，地基土体结构快速破坏引起的。表现为路堤快速陷入软弱地基中，或路堤整体快速下沉，或路堤土体大幅度变形、破裂、坍塌，或是路堤的一部分地基失稳，使部分路堤和软土地基沿破裂面发生位移。路堤失稳如图 1-5 所示。路堤失稳标志着公路构筑物的完全破坏和使用功能的丧失。

图 1-5　路堤失稳破坏

软弱土地区路堤失稳破坏方式主要有以下三种。

1. 刺入破坏

刺入破坏是因地基过于软弱，受到路堤填土荷载的作用被挤压，使路堤整体刺入（陷入）软弱土地基中，路堤下面的软土向外挤出，路基两侧地面隆起，如图 1-6 所示。由于中间填土荷载比两侧大，路堤中间的下沉量比两侧边坡下沉量大，路堤横断面发生竖向弯曲变形。路基宽度越大，这种竖向弯曲变形越明显。

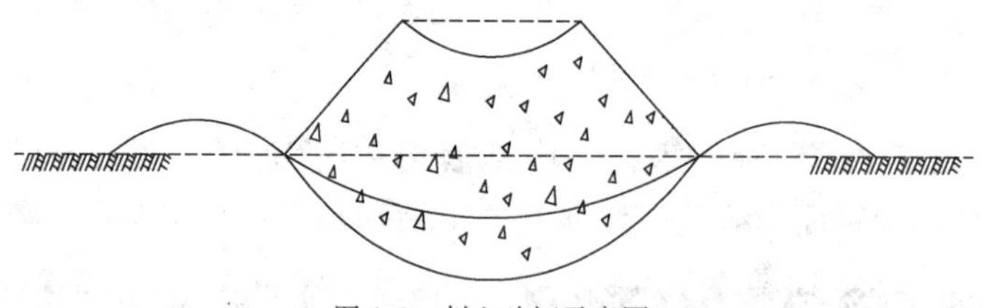

图 1-6　刺入破坏示意图

2. 整体滑移

整体滑移是由于软弱土地基下存在倾斜泥岩面，填土加载后路堤横断面两侧地基压缩量不同，产生下滑分力，地基一侧受压一侧受拉，而软弱土地基抗剪强度很低，使软基发生剪切破坏，软基和路堤整体沿泥岩面滑移，破坏形态如图 1-7 所示。

3. 圆弧滑动破坏

软弱地基的圆弧滑动破坏与泥岩面是否倾斜无关，主要是软弱地基不均匀性所致。由于部分软基过于软弱或填土过快引起局部软基失稳，路堤和软基土体沿着破裂面发生快速移动。破裂面形态因软基力学性质而异，计算时为了方便起见，一般将破裂面认为是圆弧，亦即认为其是旋转滑动的，如图 1-8 所示。

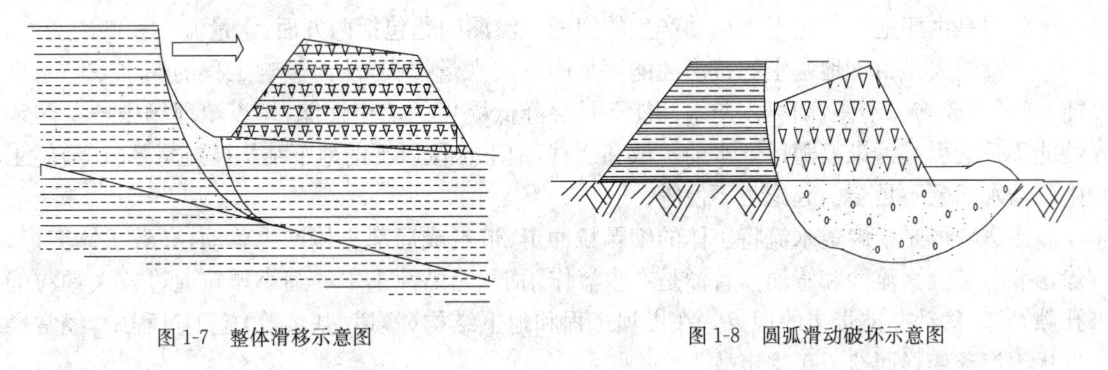

图 1-7 整体滑移示意图

图 1-8 圆弧滑动破坏示意图

第二节 地基处理的定义

一、场　　地

场地是指工程建设所直接占有并直接使用的有限面积的土地。场地范围内及其邻近的地质环境都会直接影响场地的稳定性。场地的概念是宏观的，它不仅代表着所划定的土地范围，还应扩大到涉及某种地质现象或工程地质问题所概括的地区，所以场地的概念不能机械地理解为建筑占地面积，在地质条件复杂的地区，还应包括该面积在内的某个微地貌、地形和地质单元。场地的评价对工程的总体规划具有深远的实际意义，关系到工程的安全性和工程造价。

二、地　　基

地基是指受工程直接影响的、范围很小的这一部分场地。建筑物的地基所面临的问题概括起来有以下四个方面。

1. 强度及稳定性问题

当地基的抗剪强度不足以支承上部结构的自重及外荷载时，地基就会产生局部或整体剪切破坏。它会影响建(构)筑物的正常使用，甚至引起开裂或破坏。承载力较低的地基容易产生地基承载力不足问题而导致工程事故。

土的抗剪强度不足除了会引起建筑物地基失效的问题外，还会引起其他一系列的岩土工程稳定问题，如边坡失稳、基坑失稳、挡土墙失稳、堤坝垮塌、隧道塌方等。

2. 变形问题

当地基在上部结构的自重及外界荷载的作用下产生过大的变形时，会影响建(构)筑物的正常使用；当超过建筑物所能容许的不均匀沉降时，结构可能开裂。

高压缩性土地基容易产生变形问题。一些特殊土地基在大气环境改变时，由于自身物理力学特性的变化而往往会在上部结构荷载不变的情况下产生一些附加变形，如湿陷性黄土遇水湿陷、膨胀土的遇水膨胀和失水干缩、冻土的冻胀和融沉、软土的扰动变形等，这些变形对建

(构)筑物的安全是非常有害的。

3. 渗漏问题

渗漏是由于地基中地下水运动产生的问题。渗漏问题包括两方面:水量流失和渗透变形。

水量流失是由于地基土的抗渗性能不足而造成水量损失,从而影响工程的储水或防水性能,或者造成施工不便,如堤坝防水性能不足会降低堤坝的使用性能,垃圾填埋场中地基防渗性能不足会引起污染物随地下水的扩散和迁移,地下水位以下的地下结构(隧道、基坑等)施工中的防水问题不足会引起施工不便等。

渗透变形是指渗透水流将土体的细颗粒冲走、带走或局部土体产生移动,导致土体变形。渗透变形又分为流沙和管涌。管涌是在渗流作用下,无黏性土中的细小颗粒通过较大颗粒的孔隙,发生移动并被带出的现象。在堤坝工程和地下结构(隧道、基坑等)施工过程中,经常会发生因渗透变形而造成工程事故。

4. 液化问题

在动力荷载(地震、机器以及车辆、爆破和波浪)作用下,会引起饱和松散砂土(包括部分粉土)产生液化,它是使土体失去抗剪强度而近似液体特性的一种动力现象,并会造成地基失稳和震陷。

三、基　　础

基础是指建筑物向地基传递荷载的下部结构,它具有承上启下的作用。它处于上部结构的荷载及地基反力的相互作用下,承受由此而产生的内力(轴力、剪力和弯矩)。另外,基础底面的反力反过来又作为地基上的荷载,使地基土产生应力和变形,地基和基础的设计往往是不可截然分割的,基础设计时,除需保证基础结构本身具有足够的刚度和强度外,同时还需选择合理的基础尺寸和布置方案,使地基的承载力和变形满足规范的要求。

需要指出的是,有些建(构)筑物并没有一个明确的基础,如堤坝和隧道,在这些工程中,基础和地基的概念是不做区分的。

四、地 基 处 理

凡是基础直接建造在未经加固的天然土层上时,这种地基称为天然地基。若天然地基很软弱,不能满足地基强度和变形等要求,则事先要经过人工处理,然后再建造基础,这种地基加固称为地基处理。

我国地域辽阔,从沿海到内陆,由山区到平原,分布着多种多样的地基土,其抗剪强度、压缩性以及透水性等因土的种类不同而具有很大的差别,地基条件区域性较强。一些软弱地基或特殊土地基往往需要进行地基处理才可使用。另外,随着结构物荷载的日益增大,对变形的要求也越来越严,因而原来一般可被评价为良好的地基,也可能在特定条件下需要进行地基处理。

地基处理的方法多种多样,加固机理和适用范围也不尽相同。因此,对某一具体工程来讲,在选择处理方法时需要综合地质条件、上部结构要求、周围环境条件、材料来源、施工工期、施工队伍技术素质与施工技术条件、设备状况和经济指标等,科学制订地基处理方案,必要时可进行现场试验以确定设计、施工参数。不仅如此,由于地基处理工程属于隐蔽工程,在施工过程中，还应该通过可靠的检测、监测和其他质量控制程序严格控制施工质量。地基处理工程验收时，还需进行一些必要的检测工作。

第三节　地基处理的对象及其特征

地基处理的对象是软弱地基和特殊土地基。我国《建筑地基基础设计规范》(GB 50007—2011)中规定："软弱地基系指主要由淤泥、淤泥质土、冲填土、杂填土或其他高压缩性土层构成的地基。"特殊土地基大部分带有地区特点，它包括软土、湿陷性黄土、膨胀土、红黏土、冻土、盐渍土和岩溶等。

一、软弱地基

1. 软土

软土是淤泥和淤泥质土的总称。它是在静水或非常缓慢的流水环境中沉积，经生物化学作用形成的。

软土的特性是：天然含水率高、天然孔隙比大、抗剪强度低、压缩系数高、渗透系数小。软土在外荷载作用下地基承载力低、地基变形大，不均匀变形也大，且变形稳定历时较长，在比较深厚的软土层上，建筑物基础的沉降往往持续数年乃至数十年之久。

设计时，宜利用其上覆较好的土层作为持力层；应考虑上部结构和地基的共同作用；对建筑体形、荷载情况、结构类型和地质条件等进行综合分析，再确定建筑和结构措施及地基处理方法。

施工时，应注意对软土基槽底面的保护，减少扰动；对荷载差异较大的建筑物，宜先建重、高部分，后建轻、低部分。

对于活荷载较大，如料仓和油罐等构筑物群，使用初期应根据沉降情况控制加载速率，掌握加载间隔时间或调整活荷载分布，避免过大的不均匀沉降。

2. 冲填土

冲填土是指整治和疏浚江河航道时，用挖泥船通过泥浆泵将泥砂夹大量水分吹到江河两岸而形成的沉积土，南方地区称吹填土。

如以黏性土为主的冲填土，因吹到两岸的土中含有大量水分且难于排出而呈流动状态，这类土是属于强度低和压缩性高的欠固结土。如以砂性土或其他粗颗粒土所组成的冲填土，其性质基本上和粉细砂相类似而不属于软弱土范畴。

冲填土是否需要处理和采用何种处理方法，取决于冲填土工程性质中的颗粒组成、土层厚度、均匀性和排水固结条件。

3. 杂填土

杂填土是指由人类活动而任意堆填的建筑物垃圾、工业废料和生活垃圾而形成的土。

杂填土的成因很不规律，组成的物质杂乱，分布极不均匀，结构松散，因而强度低、压缩性高和均匀性差，一般还具有浸水湿陷性。即使在同一建筑场地的不同部位，其地基承载力和压缩性也有较大差异。

对有机质含量较多的生活垃圾和对基础有侵蚀性的工业废料，未经处理不得作为持力层。

4. 其他高压缩性土

其他高压缩性土主要指饱和的松散粉细砂和部分粉土，其在动力荷载（机械振动、地震等）重复作用下将产生液化，在基坑开挖时也会产生液化。

二、特殊土地基

1. 湿陷性黄土

凡天然黄土在上覆土的自重应力作用下，或在上覆土自重应力和附加应力作用下，受水浸润后土的结构迅速破坏而发生显著附加下沉的，称为湿陷性黄土。

我国湿陷性黄土广泛分布在甘肃、陕西、黑龙江、吉林、辽宁、内蒙古、山东、河北、河南、山西、宁夏、青海和新疆等地区。由于黄土的浸水湿陷而引起建筑物的不均匀沉降是造成黄土地区工程事故的主要原因，设计时首先要判断是否具有湿陷性，再考虑如何进行地基处理。

2. 膨胀土

膨胀土是指黏粒成分主要由亲水性黏土矿物组成的黏性土。它是一种吸水膨胀和失水收缩、具有较大的膨胀变形性能且是变形往复的高塑性黏土。用膨胀土作为建筑物地基时，如果不进行地基处理，常会对建筑物造成危害。

我国膨胀土分布范围很广，广西、云南、湖北、河南、安徽、四川、河北、山东、陕西、江苏、贵州和广东等地区均有不同范围的分布。

3. 红黏土

红黏土是指石灰岩和白云岩等碳酸盐类岩石在亚热带温湿气候条件下，经风化作用所形成的褐红色黏性土。通常，红黏土是较好的地基土，但由于下卧岩面起伏及存在软弱土层，一般容易引起地基不均匀沉降。

我国红黏土主要分布在云南、贵州、广西等地。

4. 季节性冻土

冻土是指在负温条件下，其中含有冰的各种土。季节性冻土是指在冬季冻结，而夏季融化的土层。多年冻土或永冻土是指冻结状态持续3年以上的土层。

季节性冻土因其周期性的冻结和融化，因而对地基的不均匀沉降和地基的稳定性影响较大。季节性冻土在我国东北、华北和西北广大地区均有分布，占我国领土面积一半以上，其边界西从云南章凤，向东经昆明到贵阳，绕四川盆地北缘，到长沙、安庆、杭州一带。多年冻土分布在东北大、小兴安岭，西部阿尔泰山、天山、祁连山及青藏高原等地，总面积为全国领土面积的1/5强。

5. 盐渍土

广义上理解，盐渍土系指盐土和碱土，以及不同盐化、碱化程度的土。当土中含有的盐碱成分达到一定程度时，就会恶化土的物理性质，影响土木建筑工程的正常使用。

盐渍土在我国分布面积广阔，在西北、华北、东北的西部、内蒙古河套地区以及东南沿海一带均有分布。按地理区分为滨海盐渍土区和内陆盐渍土区。滨海盐渍土区主要分布在河北、山东、江苏、辽宁等省的沿海一带；内陆盐渍土区主要分布在新疆、青海、甘肃、内蒙古、宁夏等干旱的内陆地区。

6. 岩溶

岩溶（或称喀斯特，Karst）主要出现在碳酸类岩石地区。其基本特性是地基主要受力层范围内受水的化学和机械作用而形成溶洞、溶沟、溶漕、落水洞以及土洞等。建造在岩溶地基上的建筑物，要慎重考虑可能会造成底面变形和地基陷落。

我国岩溶地基广泛分布在贵州和广西两地，岩溶是以岩溶水的溶蚀为主，由潜蚀和机械塌陷作用而造成。溶洞的大小不一，且沿水平方向延伸，有的溶洞已经干涸或被泥砂填实，有的有经常性水流。

土洞存在于溶沟发育、地下水在基岩上下频繁活动的岩溶地区，有的土洞已停止发育，有的在地下水丰富地区还可能发展，大量抽取地下水会加速土洞的发育，严重时可能引起地面大量塌陷。

第四节　地基处理的目的

地基处理的目的是利用换填、夯实、挤密、排水、胶结、加筋和热学等方法对地基土进行加固，用以改良地基土的工程特性。

一、提高地基土的抗剪强度

地基的剪切破坏表现在：建筑物的地基承载力不够；由于偏心荷载及侧向土压力的作用使结构物失稳；由于填土或建筑物荷载，使邻近地基产生隆起；土方开挖时边坡失稳；基坑开挖时坑底隆起。地基的剪切破坏反映在地基土上是土体的抗剪强度不足。因此，为了防止剪切破坏，就需要采取一定措施以增加地基土的抗剪强度。

二、降低地基的压缩性

地基的压缩性表现：建筑物的沉降和差异沉降大；由于有填土或建筑物荷载，地基会产生固结沉降；作用于建筑物基础的负摩擦力引起建筑物的沉降；大范围地基的沉降和不均匀沉降；基坑开挖引起邻近地面沉降；由于降水地基产生固结沉降。地基的压缩性反映在地基土的压缩模量指标的大小。因此，需要采取措施以提高地基土的压缩模量，借以减少地基的沉降或不均匀沉降。

三、改善地基的透水特性

地基的透水性表现：堤坝等基础产生的地基渗漏；基坑开挖工程中，因土层内夹薄层粉砂或粉土而产生流砂和管涌。这些都是在地下水的运动中所出现的问题，为此，必须采取措施使地基土降低透水性或减小其水压力。

四、改善地基的动力特性

地基的动力特性表现：地震时饱和松散粉细砂（包括部分粉土）将产生液化；由于交通荷载或打桩等原因，使邻近地基产生振动下沉。为此，需要采取措施防止地基液化，并改善其振动特性以提高地基的抗震性能。

五、改善特殊土的不良地基特性

改善特殊土的不良地基特性主要是消除或减少特殊土地基的一些不良工程性质，如湿陷性黄土的湿陷性、膨胀土的胀缩性、盐渍土的盐胀特性和冻土的冻胀融沉性等。

第五节　地基处理方法的分类、原理及适用范围

一、地基处理方法的分类

地基处理的历史可追溯到古代，许多现代的地基处理技术都可在古代找到它的雏形。我国劳动人民在处理地基方面有着极其宝贵且丰富的经验。根据历史记载，早在2000年前我国就已采用了软土中夯入碎石等压密土层的夯实法；灰土和三合土的换土垫层法也是我国传统的建筑技术之一。

地基处理方法的分类多种多样。如按使用时间可分为临时处理和永久处理；按处理深度可分为浅层处理和深层处理；按土性对象可分为砂性土处理和黏性土处理、饱和土处理和非饱和土处理等。

地基处理方法也可按地基处理的作用机理分类，分为物理处理和化学处理，如表1-2所示。

地基处理方法分类　　表1-2

<table>
<tr><th colspan="2">作用机理</th><th colspan="3">地基处理方法</th></tr>
<tr><td rowspan="7">物理处理</td><td rowspan="3">换土处理</td><td>挖除换土法</td><td colspan="2">全部挖除换土法
部分挖除换土法</td></tr>
<tr><td>强制换土法</td><td colspan="2">自重强制换土法
强夯挤淤法</td></tr>
<tr><td>爆破换土法（或称爆破挤淤法）</td><td colspan="2"></td></tr>
<tr><td rowspan="4">密实处理</td><td>浅层密实处理</td><td colspan="2">碾压法
重锤夯实法
振动压实法</td></tr>
<tr><td rowspan="3">深层密实处理</td><td>冲击密实法</td><td>爆破挤密法
强夯法</td></tr>
<tr><td>振冲法（碎石桩法）</td><td></td></tr>
<tr><td>挤密法</td><td>砂（石）桩挤密法
灰土桩挤密法
石灰桩挤密法</td></tr>
</table>

续上表

<table>
<tr><th colspan="2">作用机理</th><th colspan="4">地基处理方法</th></tr>
<tr><td rowspan="8">物理处理</td><td rowspan="6">排水处理</td><td rowspan="4">力学排水</td><td>加压排水</td><td colspan="2">砂井排水法
袋装砂井排水法
塑料排水带法</td></tr>
<tr><td rowspan="2">降水</td><td>水井排水法</td><td>浅井排水法
深井排水法</td></tr>
<tr><td>井点排水法</td><td>普通井点排水法
真空井点排水法</td></tr>
<tr><td>负压排水
（真空排水法）</td><td colspan="2"></td></tr>
<tr><td>电学排水（电渗排水）</td><td colspan="3"></td></tr>
<tr><td>其他排水</td><td colspan="3">排水砂（砂石）垫层法
土工聚合物法</td></tr>
<tr><td>加筋处理</td><td>加筋土
土工聚合物
土锚
土钉
树根桩
砂（石）桩</td><td colspan="3"></td></tr>
<tr><td>热学处理</td><td>热加固法
冻结法</td><td colspan="3"></td></tr>
<tr><td rowspan="5">化学处理</td><td>灌浆法</td><td colspan="4"></td></tr>
<tr><td rowspan="4">搅拌法</td><td>石灰系搅拌法</td><td colspan="3"></td></tr>
<tr><td rowspan="3">水泥系搅拌法</td><td rowspan="2">水泥土搅拌法</td><td colspan="2">湿喷</td></tr>
<tr><td colspan="2">干喷</td></tr>
<tr><td></td><td colspan="2">高压喷射注浆法</td></tr>
</table>

二、各种地基处理方法原理简介

下面简要介绍常用各种地基处理方法的基本原理，详细内容将在各节中阐述。

1. 换土垫层法

1）垫层法

垫层法的基本原理是挖除浅层软弱土或不良土，分层碾压或夯实土，按回填的材料可分为砂（或砂石）垫层、碎石垫层、粉煤灰垫层、干渣垫层、土（灰土、二灰）垫层等。干渣分为分级干渣、混合干渣和原状干渣；粉煤灰分为湿排灰和调湿灰。换土垫层法可提高持力层的承载力，减少沉降量；消除或部分消除土的湿陷性和胀缩性；防止土的冻胀作用并改善土的抗液化性。常用机械碾压、平板振动和重锤夯实进行施工。

2）强夯挤淤法

采用边强夯、边填碎石、边挤淤的方法，在地基中形成碎石墩体，可提高地基承载力和减少变形。

2. 振密、挤密法

振密、挤密法的原理是采用一定的手段，通过振动、挤压使地基土体孔隙比减少、强度提高，达到地基处理的目的。

1)表层压实法

采用人工或机械夯实、机械碾压或振动，对填土、湿陷性黄土、松散无黏性土等软弱或原来比较疏松的表层土进行压实。也可采用分层回填压实加固。

2)重锤夯实法

利用重锤自由下落时的冲击能来夯击浅层土，使其表面形成一层较为均匀的硬壳层。

3)强夯法

利用强大的夯击能，迫使深层土液化和动力固结，使土体密实，用以提高地基土的强度并降低其压缩性，消除土的湿陷性、胀缩性和液化性。

4)振冲挤密法

振冲挤密法一方面依靠振冲器的强力振动使饱和砂层发生液化，颗粒重新排列，孔隙比减小；另一方面依靠振冲器的水平振动力，形成垂直孔洞，在其中加入回填料，使砂层挤压密实。

5)土(或灰土、二灰)桩法

土(或灰土、二灰)桩法是利用打入钢套管(或振动沉管、炸药爆破)在地基中成孔，通过“挤”压作用，使地基土得到加“密”，然后在孔中分层填入素土(或灰土、二灰)后夯实而成土桩(或灰土桩、二灰桩)。

6)砂桩

在松散砂土或人工填土中设置砂桩，能对周围土体或产生挤密作用，或同时产生振密作用。可以显著提高地基的承载力，改善地基的整体稳定性，并减少地基沉降量。

7)夯实水泥土桩

利用沉管、冲击、人工洛阳铲、螺旋钻等方法成孔，回填水泥和土的拌和料，分层夯实形成坚硬的水泥土柱桩，并挤密桩间土，通过褥垫层与原地基土形成复合地基。

8)爆破法

利用爆破产生振动使土体产生液化和变形，从而获得较大密实度，用以提高地基承载力和减少沉降。

3. 排水固结法

其基本原理是软土地基在附加荷载的作用下，逐渐排除孔隙水，使孔隙比减小，产生固结变形。在这个过程中，随着土体超静孔隙水压力的逐渐消散，土的有效应力增加，地基抗剪强度相应增加，并使沉降提前完成。

排水固结法主要由排水和加压两个系统组成。按照加载方式的不同，排水固结法又分为堆载预压法、真空预压法、真空—堆载联合预压法、降低地下水位法和电渗排水法。

1)堆载预压法

在建造建筑物以前，通过临时堆填土石等方法对地基加载预压，地基中孔隙水被逐渐“压出”而达到预先完成部分或大部分地基沉降，并通过地基土固结提高地基承载力，然后撤除荷载，再建造建筑物。

为了加速堆载预压地基固结速度，常可与砂井法或塑料排水带法等同时应用。如黏土层较薄、透水性较好，也可单独采用堆载预压法。

2)真空预压法

在黏土层上铺设砂垫层，然后用薄膜密封砂垫层，用真空泵对砂垫层及砂井抽气，产生一定的真空度。地基中孔隙水被逐渐“吸出”而完成预压过程。

3)真空—堆载联合预压法

当真空预压达不到要求的预压荷载时，可与堆载预压联合使用，其堆载预压荷载和真空预压荷载可叠加计算。

4)降低地下水位法

通过降低地下水位使土体中的孔隙水压力减小，从而增大有效应力，使地基产生固结。

5)电渗排水法

在土中插入金属电极并通以直流电，由于直流电场作用，土中的水从阳极流向阴极，然后将水从阴极排出，而不让水在阳极附近补充，借助电渗作用可逐渐排出土中水。在工程上常利用它降低黏性土中的含水率或降低地下水位，以提高地基承载力或边坡的稳定性。

4. 置换法

其原理是以砂、碎石等材料置换软土，与未加固部分形成复合地基，达到提高地基承载力的目的。

1)振冲置换法(或称碎石桩法)

碎石桩法是利用一种单向或双向振冲的冲头，边喷高压水流边下沉成孔，然后边填入碎石边振实，形成碎石桩。桩体和原来的黏性土构成复合地基，以提高地基承载力和减小沉降。

2)石灰桩法

在软土地基中用机械成孔，填入作为固化剂的生石灰并压实形成桩体，利用生石灰的吸水、膨胀、放热作用以及土与石灰的物理化学作用，改善桩体周围土体的物理力学性质，同时桩与土形成复合地基，达到地基加固的目的。

3)强夯置换法

对厚度小于 6m 的软弱土层，边夯边填碎石，形成深度 3～6m、直径为 2m 左右的碎石桩体，与周围土体形成复合地基。

4)水泥粉煤灰碎石桩(CFG 桩)

其是在碎石桩基础上加进一些石屑、粉煤灰和少量水泥，加水拌和，用振动沉管打桩机或其他成桩机具制成的一种具有一定黏结强度的桩。桩和桩间土通过褥垫层形成复合地基。

5)柱锤冲扩法

柱锤冲扩法是利用直径为 200～600mm、长度为 2～6m、质量为 1～6t 的柱状锤冲扩成孔，填入碎砖三合土等材料，夯实成桩，桩和桩间土通过褥垫层形成复合地基。

6)EPS 超轻质料填土法

发泡聚苯乙烯(EPS)的重度只有土的 1/100～1/50，并具有较好的强度和压缩性能，用于填土料，可有效减少作用在地基上的荷载，需要时也可置换部分地基土，以达到增强地基土的效果。

5. 加筋法

通过在土层中埋设强度较大的土工聚合物、拉筋、受力杆件等提高地基承载力、减小沉降，以维持建筑物稳定。

1)土工聚合物

利用土工聚合物的高强度、韧性等力学性能，扩散土中应力，增大土体的抗拉强度，改善土体或构成加筋土以及各种复合土工结构。

2)加筋土

把抗拉能力很强的拉筋埋置在土层中，通过土颗粒和拉筋之间的摩擦力形成一个整体，用以提高土体的稳定性。

3)土层锚杆

土层锚杆是依赖于土层与锚固体之间的黏结强度来提供承载力，它使用在一切需要将拉应力传递到稳定土体中去的工程结构，如边坡稳定、基坑围护结构的支护、地下结构抗浮、高耸结构抗倾覆等。

4)土钉

土钉技术是在土体内放置一定长度和分布密度的土钉体，与土共同作用，用以弥补土体自身强度的不足。不仅提高了土体整体刚度，而且弥补了土体的抗拉和抗剪强度低的弱点，显著提高了整体稳定性。

5)树根桩法

在地基中沿不同方向设置直径为 75～250mm 的细桩，可以是竖直桩，也可以是斜桩，形成如树根状的群桩，以支撑结构物，或用以挡土、稳定边坡。

6. 胶结法

在软弱地基中部分土体内掺入水泥、水泥砂浆以及石灰等物，形成加固体，与未加固部分形成复合地基，以提高地基承载力和减小沉降。

1)注浆法

其原理是用压力泵把水泥或其他化学浆液注入土体，以达到提高地基承载力、减小沉降、防渗、堵漏等目的。

2)高压喷射注浆法

将带有特殊喷嘴的注浆管，通过钻孔置入要处理土层的预定深度，然后将水泥浆液以高压冲切土体，在喷射浆液的同时，以一定速度旋转、提升，形成水泥土圆柱体；若喷嘴提升而不旋转，则形成墙状固结体，可以提高地基承载力、减少沉降、防止砂土液化、管涌和基坑隆起。

3)水泥土搅拌法

利用水泥、石灰或其他材料作为固化剂的主剂，通过特别的深层搅拌机械，在地基深处就地将软土和固化剂(水泥或石灰的浆液或粉体)强制搅拌，形成坚硬的拌和柱体，与原地层共同形成复合地基。

三、各种地基处理方法的适用范围和加固效果

各种地基处理方法的适用范围和加固效果见表 1-3。

各种地基处理方法的主要适用范围和加固效果　　表 1-3

按处理深浅分类	序号	处理方法	适用情况						加固效果				最大有效处理深度(m)
			淤泥质土	人工填土	黏性土		无黏性土	湿陷性黄土	降低压缩性	提高抗剪强度	形成不透水性	改善动力特性	
					饱和	非饱和							
浅层加固	1	换土垫层法	*	*	*	*	*	*	*	*		*	3
	2	机械碾压法		*		*	*	*	*	*			3
	3	平板振动法		*		*	*	*	*	*			1.5
	4	重锤夯实法		*		*	*	*	*	*			1.5
	5	土工合成材料	*	*	*	*	*	*	*	*			
深层加固	6	强夯法		*		*	*	*	*	*		*	10
	7	砂桩挤密法		*	*	*	*		*	*		*	20
	8	振动水冲法		*	*	*	*		*	*		*	18
	9	灰土(土、二灰)桩挤密法		*		*		*	*	*		*	15
	10	石灰桩挤密法	*	*	*	*			*	*			15
	11	砂井(袋装砂井、塑料排水带、堆载预压法)	*		*				*	*			15
	12	真空预压法	*		*				*	*			15
	13	降水预压法	*		*				*	*			30
	14	电渗排水法	*		*				*	*			20
	15	水泥灌浆法	*		*	*	*	*	*	*	*	*	20
	16	硅化法			*	*	*	*	*	*	*	*	20
	17	电动硅化法	*		*				*	*	*		
	18	高压喷射注浆法	*	*	*	*	*		*	*	*		50
	19	深层搅拌法	*		*	*			*	*	*		20
	20	粉体喷射搅拌法	*		*	*			*	*	*		15
	21	热加固法				*		*	*	*			15
	22	冻结法	*	*	*	*	*	*		*	*		

值得注意的是，很多地基处理方法具有多种处理效果。如碎石桩具有置换、挤密、排水和加筋的多重作用；石灰桩既能挤密又能吸水，吸水后又可进一步挤密等，因而一种处理方法可能具有多种处理效果。另外，为了提高工效和缩短工期，还常常采用一些组合地基处理方法，也就是将几种单一的地基处理方法有机地组合在一起，充分发挥各自的优点，如长板短桩工法（塑料排水板和搅拌桩组合使用）、强夯和降水组合工法等。

第六节　一些新的地基处理方法

随着地基处理技术的发展，一些新的技术和方法得到了应用。本节将简要概括一下最近几年出现的地基处理的新方法。这些新方法大致可以分为以下三类：组合式地基处理工法、新的地基处理桩型和新的地基处理施工技术。

一、组合式地基处理工法

组合式地基处理工法，就是将几种单一的地基处理方法有机地组合在一起，充分发挥各自的优点，从而达到提高工效和缩短工期的目的。需要指出的是，组合式地基处理工法不是简单地将单一的地基处理方法做排列组合，而是需要进行合理的组合设计，达到“一加一大于二”的目的。

1. 高真空击密法

高真空击密法即高真空强排水结合强夯法，是将“高真空排水＋强夯击密”两道工序相结合，对软土地基进行交替、多遍处理的一种方法，适用于荷载不大、作用范围比较小的工程。

2. 水下真空预压法

水下真空预压法是真空预压在水中的应用。通常水下真空预压与堆载预压结合在一起，利用真空产生的负超静孔隙水压力，加上水荷载为主和堆载预压为辅联合加固土体，加快土体加固进度和强度，缩短工期，节省原材料，节约投资成本。

3. 动力排水固结法

动力排水固结法是将强夯法与塑料排水板结合处理各种软土地基的方法，施工工期比堆载预压法、真空预压法要短，造价又比块石强夯法、粉喷桩法要低，并且在使用范围上比传统的强夯法要广泛。

4. 刚—柔性桩组合法

刚—柔性桩组合法是一种由刚性桩和柔性桩结合起来的长短桩所形成的新型复合地基，这种复合地基最大限度地利用了两种桩的特点，提高了桩间土的参与作用，有效地提高了地基强度，减少了沉降，加快了施工速度，并降低了造价。

5. 长板短桩法

长板短桩法是采用水泥搅拌桩和塑料排水板联合处理的组合型复合地基，其特点是将高速公路填土施工和预压的过程作为路基处理的过程，充分利用填土荷载加速路基沉降，以达到减小工后沉降的目的。

二、新的地基处理桩型

1. 螺杆桩

螺杆桩由上部的普通圆柱部分和下部的螺纹部分组合而成，用途广泛、工艺简单、施工环保、处理效果好、可节约成本，虽然兴起的时间不长，但在我国岩土工程界得到了广泛应用。

2. 螺旋桩

螺旋桩作为一种地下锚固系统，由一根中空钢管和两个螺旋叶片组成，由液压旋转设备进入土层后，通过大直径的钢管表面与土壤挤压产生的摩擦力和螺旋片与土壤产生的阻力来承受桩所受的上拔力和压力，具有适应性强、单桩承载力高、机械投入少、有利于环境保护等优点。

3. 高压注浆碎石桩

高压注浆碎石桩简称HGP桩，是在预成孔中灌入碎石，然后利用液压、气压，通过注浆管把水泥浆液注入桩孔中的碎石和桩周围土壤的缝隙中，水泥浆凝固后形成半刚性结石桩体，与桩间土共同形成复合地基。

4. 加芯搅拌桩

它是由水泥土搅拌桩和混凝土芯桩组成，在水泥土搅拌桩初凝前，用专用设备压入预制混凝土芯桩或复打混凝土灌注芯桩而形成复合桩，适用于处理正常固结的淤泥与淤泥质土、粉土、粉细砂、素填土、黏性土等地基。

5. 实散体组合桩

它是一根由上下两部分组成的桩，下部用取土夯扩法制成散体桩，用以挤密深部较软弱的地基，在散体桩顶部桩孔内现场制作(如夯实、浇筑)实体桩，用以直接承担荷载，这样制成的实散体组合桩可以解决单纯使用实体桩而桩端没有持力层的问题。

6. 钉形水泥土双向搅拌桩

它是对现行水泥土搅拌桩成桩机械的动力传动系统、钻杆以及钻头进行改进，采用同心双轴钻杆，通过双向搅拌水泥土的作用，保证水泥浆在桩体中均匀分布和搅拌均匀，同时将搅拌叶片设置成可伸缩叶片，以适应水泥土搅拌桩上下不同的截面。

7. GFS桩(水泥＋粉煤灰＋钢渣桩)

它是由水泥、粉煤灰及钢渣按照一定的比例配合而成，凝结后具有相当的黏结强度，其力学性能介于刚性—半刚性之间，与桩间土及褥垫层共同组成复合地基，可用于处理湿陷性黄土、软土及松散填土等不良地基。爆夯加固法是利用炸药在竖孔中爆炸产生巨大的爆炸冲击波和高温、高压的爆生气体来挤密周围的土体，从而增大土基的承载力和改善土基的抗变形性能。

8. 爆夯加固法

它是利用炸药在竖孔中爆炸产生巨大的爆炸冲击波和高温、高压的爆炸气体来挤密周围的土体，从而增大土基的承载力和改善土基的抗变形能力。

三、新的地基处理施工技术

1. 冲击碾压技术

采用拖车牵引三边形或五边形双轮来产生集中的冲击能量，达到压实土石料的目的，在提高地基强度、稳定性和均匀性、减少工后沉降、防止不均匀沉陷等方面都远远优于振动压路机。

2. 静压挤密桩法

它与振动沉管、冲击等挤密桩的成孔方法相比具有自动化程度高，行走方便，运转灵活，桩位定点准确，施工时无振动、无噪声、无污染、施工速度快、施工现场干净文明等特点。

3. 水坠砂技术

它是通过水对砂子的水坠作用，使砂粒之间重新排列组合，让砂土层形成密实的砂土垫层，达到较高的密实度和承载力来承受建筑物的作用力，多适用于砂土地区。

4. 夯扩挤密碎石桩

适用于公路、建筑、市政等领域的地基处理，该工艺无环境污染，是一种高效经济的地基处理方法，特别是对有液化特征的砂土和粉土场地，该工艺能有效消除地基土的液化。

5. 干振碎石桩

它是一种利用振动荷载预沉导管，通过桩管灌入碎石，在振、挤、压作用下形成较大密度的碎石桩，它克服了振冲法存在的耗水量大和泥浆排放污染等缺点。

6. DDC 工法（孔内深层强夯法）

此法适用于素填土、杂填土、砂土、黏性土、湿陷性黄土、淤泥质土等地基的处理，使用该法可以提高土的密实度和抗剪强度，改善土的变形特性，大幅度提高地基的承载力。

第七节　地基处理方案确定

地基处理的核心是处理方法的正确选择与实施。而对某一具体工程来讲，在选择处理方法时需要综合考虑各种影响因素，如地质条件、上部结构要求、周围环境条件、材料来源、施工工期、施工队伍技术素质与施工技术条件、设备状况和经济指标等。只有综合分析上述因素，坚持技术先进、经济合理、安全适用、确保质量的原则拟定处理方案，才能获得最佳的处理效果。

一、确定地基处理方案需要考虑的因素

地基处理方案受上部结构、地基条件、对环境的影响和施工条件四方面因素的影响，在制订地基处理方案之前，应充分调查掌握这些影响因素。

1. 上部结构形式和要求

建筑物的体形、刚度、结构受力体系、建筑材料和使用要求；荷载大小、分布和种类；基础类型、布置和埋深；基底压力、天然地基承载力和变形容许值等。

2. 地基条件

地形及地质成因、地基成层状况；软弱土层厚度、不均匀性和分布范围；持力层位置及状况；地下水情况及地基土的物理和力学性质。

各种软弱地基的性状是不同的，现场地质条件随着场地的位置不同也是多变的。即使同一种土质条件，也可能具有多种地基处理方案。

如果根据软弱土层厚度确定地基处理方案，当软弱土层厚度较薄时，可采用简单的浅层加固方法，如换土垫层法；当软弱土层厚度较厚时，则可按加固土的特性和地下水位高低采用排水固结法、水泥土搅拌桩法、挤密桩法、振冲法或强夯法等。

如遇砂性土地基，若主要考虑解决砂土的液化问题，则一般可采用强夯法、振冲法或挤密桩法等。

如遇软土层中夹有薄砂层，则一般不需设置竖向排水井，而可直接采用堆载预压法；另外，根据具体情况也可采用挤密桩法等。

如遇淤泥质土地基，由于其透水性差，一般应采用竖向排水井和堆载预压法、真空预压法、土工合成材料、水泥土搅拌法等。

如遇杂填土、冲填土（含粉细砂）和湿陷性黄土地基，在一般情况下采用深层密实法是可行的。

3. 对环境的影响

随着社会的发展，环境污染问题日益严重，公民的环境保护意识也逐步提高。常见的与地基处理方法有关的环境污染主要是噪声、地下水质污染、地面位移、振动、大气污染以及施工场地泥浆污水排放等。几种主要地基处理方法可能产生的环境问题如表 1-4 所示。在地基处理方案确定过程中，应该根据环境要求选择合适的地基处理方案和施工方法。如在居住密集的市区，振动和噪声较大的强夯法几乎是不可行的。

几种主要地基处理方法可能产生的环境影响 表 1-4

项目	噪声	水质污染	振动	大气污染	地面泥浆污染	地面位移
换填法						
振冲碎石桩法	△		△		○	
强夯置换法	○		○			△
砂石桩（置换）法	△		△			
石灰桩法	△		△	△		
堆载预压法						△
超载预压法						△
真空预压法						△
水泥浆搅拌法					△	
水泥粉搅拌法				△		
高压喷射注浆法		△			△	
灌浆法		△			△	
强夯法	○		○			△
表层夯实法	△		△			
振冲密实法	△		△			
挤密砂石桩法	△		△			
土桩、灰土桩法	△		△			
加筋土法						

注：○表示影响较大；△表示影响较小；空格表示没有影响。

4. 施工条件

施工条件主要包括以下几方面内容：

（1）用地条件。如施工时占地较多，对施工虽较方便，但有时却会影响工程造价。

（2）工期。从施工角度，若工期允许较长，可选择缓慢加荷的堆载预压法方案。但有时工期较短，需早日完工投产使用，这样就限制了某些地基处理方法的采用。

(3)工程用料。尽可能就地取材，如当地产砂，则就应考虑采用砂垫层或挤密砂桩等方案的可能性；如当地有石料供应，则就应考虑采用碎石桩或碎石垫层等方案。

(4)其他。施工机械的有无、施工难易程度、施工管理质量控制、管理水平和工程造价等因素也是选择地基处理方案的关键因素。

二、确定的地基处理方案的步骤

地基处理方案的确定可按照以下步骤进行：

(1)搜集详细的工程地质、水文地质及地基基础的设计资料。

(2)根据结构类型、荷载大小及使用要求，结合地形地貌、地层结构、土质条件、地下水特征、周围环境和相邻建筑物等因素，初步选定几种可供考虑的地基处理方案。另外，在选择地基处理方案时，应同时考虑上部结构、基础和地基的共同作用，也可选用加强结构措施(如设置圈梁和沉降缝等)和处理地基相结合的方案。

(3)对初步选定的几种地基处理方案，分别从处理效果、材料来源和消耗、施工机具和进度、环境影响等各种因素，进行技术经济分析和对比，从中选择最佳的地基处理方案。任何一种地基处理方法都不可能是万能的，都有它的适用范围和局限性。另外，也可采用两种或多种地基处理的综合处理方案。如对某冲填土地基的场地，可进行真空预压联合碎石桩的加固方案，经真空预压加固后的地基承载力特征值约可达 130kPa，在联合碎石桩后，地基承载力特征值可提高到 200kPa，从而可满足设计对地基承载力较高的要求。

(4)对已选定的地基处理方案，根据建筑物的安全等级和场地复杂程度，可在有代表性的场地上进行相应的现场试验和试验性施工，其目的是为了检验设计参数、确定选择合理的施工方法(包括机械设备、施工方法、用料及配比等各项施工参数)和检验处理效果。如地基处理效果达不到设计要求时，应查找原因并调整设计方案和施工方法。现场试验最好安排在初步设计阶段进行，以便及时为施工图设计提供必要的参数。试验性施工一般应在地基处理典型地质条件的场地以外进行，在不影响工程质量的前提下，也可在地基处理范围内进行。

第八节　地基处理施工、监测和检验

地基处理工程与其他建筑工程不同，一方面，大部分地基处理方法的加固效果并不是施工结束后就能全部发挥和体现，一般须经过一段时间才能逐步体现；另一方面，每一项地基处理工程都有它的特殊性，同一种方法在不同地区应用，其施工方法也不尽相同，对每一个具体的工程往往有其特殊的要求。而且地基处理大多是隐蔽工程，很难直接检验其施工质量。因此，必须在施工中和施工后加强管理和检验。否则虽然采取了较好的地基处理方案，但由于施工管理不善，也就失去了采用良好处理方案的优越性。

在地基处理施工过程中要严格掌握各个环节的质量标准要求，如换填垫层压实时的最大干密度和最优含水率要求；堆载预压的填土速率和边桩位移的控制；碎石桩的填料量、密实电流和留振时间的掌握等。施工过程中，施工单位应有专人负责质量控制，并做好施工记录。当出现异常情况时，须及时会同有关部门妥善解决。另外，施工单位还需做好地基处理施工质量检测工作，如搅拌桩、碎石桩的桩身质量检测等。

地基处理施工过程中,为了了解和控制施工对周围环境的影响,或保护邻近的建筑物和地下管线,常常需要进行一些必要的监测工作。监测方案根据地基处理施工方法和周围环境的复杂程度确定。当施工场地邻近有重要地下管线时,需要进行管线位移监测。

有些地基处理方法需要在施工过程中进行地基处理效果的监测工作,及时了解地基土的加固效果,检验地基处理方案和施工方法的合理性,从而达到信息化施工的目的。例如,在堆载预压法施工期间,需要进行地面沉降、孔压等监测工作,以掌握地基土固结情况。

地基处理效果检验在地基处理施工后一段时间进行。其目的是检验地基处理的效果,从而完成工程验收工作。检验项目根据地基处理的目的确定。如对于碎石桩复合地基,在挤密法中,重点进行桩间土挤密效果检验;而在置换法中,重点进行桩的承载力检测。地基处理如以防渗为目的,则重点检验防渗性能。具体检验的方法有:钻孔取样、静力触探试验、轻便触探试验、标准贯入试验、载荷试验、取芯试验、波速测试、注水试验、拉拔试验等等。有时需要采用多种手段进行检验,以便综合评价地基处理效果。

思考题与习题

1-1 公路工程地基面临的问题主要有哪些?

1-2 根据地基的概念,地基处理的范围应该如何确定?

1-3 何谓软土、软弱土和软弱地基?

1-4 软弱地基主要包括哪些?具有何种工程特性?

1-5 特殊土地基主要包括哪几类?具有何种工程特性?

1-6 试述地基处理的目的和其方法的分类。

1-7 选用地基处理方法时应考虑哪些因素?

1-8 对湿陷性黄土地基,一般可采用哪几种地基处理方法?

1-9 为防止地基土液化,一般可采用哪几种地基处理方法?

1-10 对软土地基,一般可采用哪几种地基处理方法?

1-11 试述地基处理的施工质量控制的重要性以及主要措施。

第二章 换填法

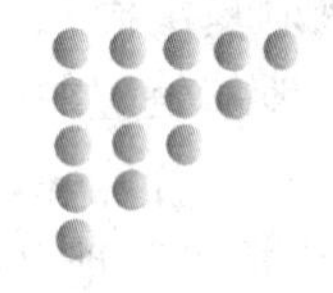

第一节 概 述

挖除基础底面下一定范围内的软弱土层或不均匀土层，回填其他性能稳定、无侵蚀性、强度较高的材料，并夯压密实形成垫层，这种地基处理的方法称为换填法。它还包括低洼地域筑高（平整场地）或堆填筑高（道路路基）。

机械碾压、重锤夯实、平板振动可作为压（夯、振）实垫层的不同机具对待，这些施工方法不但可处理分层回填土，又可加固地基表层土。换填法在国外也被归为“压实”的地基处理范畴，“压实”可认为是由于排除空气而使孔隙减少，因此它不同于“固结”，“固结”是由于排除孔隙水而使孔隙体积减小。换填后将土层压实，就增加了土的抗剪强度，减小了渗透性和压缩性，减弱了液化势，并增加了抗冲刷的能力。

《建筑地基处理技术规范》(JGJ 79—2012)中规定：换填垫层适用于浅层软弱土层及不均匀土层的地基处理。

按回填材料不同，垫层可分为：砂垫层、砂石垫层、碎石垫层、素土垫层、灰土垫层、二灰垫层、干渣垫层和粉煤灰垫层等；在垫层中铺设土工合成材料可提高垫层的强度和稳定性，称为土工合成材料加筋垫层；在堆筑工程中，为了减小堆筑材料荷载，而采用轻质土工材料，如聚苯乙烯苯板块，称为聚苯乙烯苯板垫层。

不同材料垫层的适用范围，见表 2-1。

不同材料垫层的适用范围 表 2-1

垫层种类		适用范围
(砂石、碎石)垫层		多用于中小型建筑工程的浜、塘、沟等的局部处理。适用于一般饱和、非饱和的软弱土和水下黄土地基处理，不适用于湿陷性黄土地基，也不适用于大面积堆载、密集基础和动力基础的软土地基处理，砂垫层不宜用于有地下水，且水速快、流量大的地基处理。不宜采用粉细砂作垫层。压实系数一般≥0.97
土垫层	素土垫层	适用于中小型工程及大面积回填、湿陷性黄土地基的处理
	灰土或二灰垫层	适用于中小型工程，尤其适用于湿陷性黄土地基的处理。压实系数≥0.95

续上表

垫层种类	适用范围
粉煤灰垫层	用于厂房、机场、港区陆域和堆场等大、中、小工程的大面积填筑，粉煤灰垫层在地下水位以下时，其强度降低幅度在30%左右。压实系数≥0.95
干渣垫层	用于中小型建筑工程，尤其适用于地坪、堆场等工程大面积的地基处理和场地平整、铁路、道路地基等。但对于受酸性或碱性废水影响的地基不得用干渣作垫层
土工合成材料加筋垫层	护坡、堤坝、道路、堆场、高填土及建(构)筑物垫层等
土工合成材料轻质垫层(聚苯乙烯板块垫层)	道路工程路基不均匀沉降处理、深软基填土且工期紧迫的路堤修筑工程、高填方工程置换等

虽然不同材料垫层应力分布稍有差异，但从试验结果分析，其极限承载力还是比较接近的；通过沉降观测资料发现，不同材料垫层的特点基本相似，故可将各种材料的垫层设计都近似地按砂垫层的计算方法进行计算。但对湿陷性黄土、膨胀土、季节性冻土等某些特殊土采用换土垫层处理时，因其主要处理目的是为了消除地基土的湿陷性、膨胀性和冻胀性，所以在设计时需考虑的解决问题的关键也应有所不同。

通常基坑开挖后，利用分层回填压实，也可处理较深的软弱土层，但经常由于地下水位高而需要采取降水措施，坑壁放坡占地面积大或需要基坑支护，以及施工土方量大、弃土多等因素，从而使处理费用增高、工期拖长，因此换填法的处理深度通常控制在3m以内，但也不宜小于0.5m，因为垫层太薄，则换土垫层的作用也不显著。

第二节　加固机理

当黏性土的土样含水率较小时，其粒间引力较大，在一定的外部压实功能作用下，如还不能有效地克服引力而使土粒相对移动，这时压实效果就比较差；当增大土样含水率时，结合水膜逐渐增厚，减小了引力，土粒在相同压实功能条件下易于移动而挤密，所以压实效果较好。但当土样含水率增大到一定程度后，孔隙中就出现了自由水，结合水膜的扩大作用就不大了，因而引力的减小就会显著，此时自由水填充在孔隙中，从而产生了阻止土粒移动的作用，所以压实效果又趋下降，因而设计时要选择一个最优含水率，这就是土的压实机理。最优含水率的定义是：在一定击实功作用下，土被击实至最大干密度，达到最大压实效果时的含水率。

换土或填土垫层应具有较高的承载能力与较低的压缩性。这一目的通常通过外界压(振)实机械做功来达到。土的压实与以下三个因素有关：土的特性、土的含水率和压(振)实能量。

试验表明，在一定压(振)实能量作用下，不论是黏性土类或是砂性土类，其压(振)实结果都与含水率有关，通常用土的干密度与含水率的关系曲线来表达。在黏性土中，水以结合水、吸附水与自由水的形式存在于土的孔隙中，随着含水率的逐渐增加，从结合水形式发展到自由水状态。而在砂类土中，主要以自由水形式存在。

在一定的压(振)实能量作用下，对于黏性土，当含水率很小时土粒表面仅存在结合水膜，土粒相互间的引力很大，此时土粒间相对移动困难，土的干密度(土层密实程度的评估指标)增加很少。随着含水率的增加,土粒表面水膜逐渐增厚,粒间引力迅速减小,土粒相互间在外力作用下容易改变位置而移动,达到更紧密的程度,此时干密度增加。但当含水率达到某一程度(如最优含水率值)后,土粒孔隙中几乎充满了水,饱和度达到 85%~90%后,孔隙中气体大多只能以微小封闭气泡形式出现,它们完全被水包围并由表面张力而固定,外界的力越来越难以挤出这些气体,因而压实效果越来越差,再继续增加含水率,在外力作用下仅使孔隙水压增加并阻止土粒的移动,因而土体反而得不到压实,干密度下降。

对于砂类土而言,粒间水的存在主要起到减少粒间摩阻的润滑作用。在含水率递增的初期,随含水率的增加,粒间摩阻力减小,土粒容易移动,因而在外界压(振)实能量作用下土体压实,干密度增加,但含水率增至某一值后,水的减阻作用不再明显,而与黏性土一样,粒间水的存在阻止了颗粒的进一步挤密,并有可能在外力作用下(如振动)使砂粒处于悬浮状态,因而干密度值下降。

黏性土与砂性土的干密度—含水率关系曲线,见图 2-1 和图 2-2。

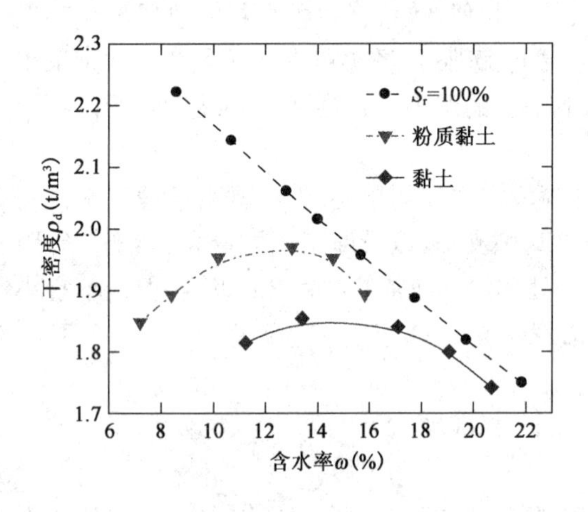

图 2-1 黏性土含水率—干密度关系曲线

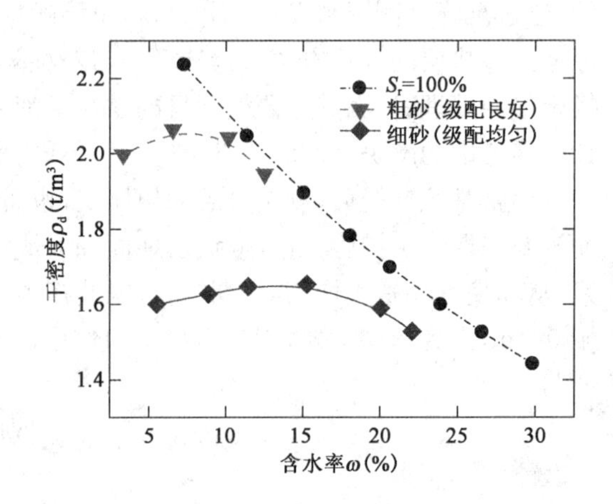

图 2-2 砂性土含水率—干密度关系曲线

从图中可看出,由于砂土不存在粒间引力与结合水膜,在较小含水率条件下干密度就达到最大值。

图中曲线的峰值所对应的干密度,即土体在一定外界能量作用下所能得到的最大密实度,称为最大干密度 ρ_{dmax},而与此相对应的含水率,称为最优含水率 ω_{op}。

图中所示,理论曲线高于试验曲线,其原因是理论曲线假定土中空气全部排出,而孔隙完全被水所占据,但事实上空气不可能完全排出,因此就比理论值小。

当外界压(振)实能量改变时,峰值位置将发生变化。能量增大,峰值也增加,相应的 ω_{op}反而减小。因为能量增大后,即使在较小含水率条件下,也能使土粒较易产生相对移动而使土体密实。因压(振)实能量改变而产生的不同的压实曲线,见图 2-3。

上述室内试验获得的曲线在工程应用时须经过合理的修正。因为土体现场条件、压(振)实的机械、土体边界条件、工程对土体密实度的要求等都与室内试验条件不一样,因而很难得到与室内试验一样的结果。

实际施工时,粉质黏土和灰土垫层土料的施工含水率宜控制在 $\omega_{op}\pm2\%$的范围内,对于粉煤灰垫层控制在 $\omega_{op}\pm4\%$。设计干密度要求(或密实度要求)根据工程的不同需要决定。工地试验与室内击实试验的比较,见图 2-4。

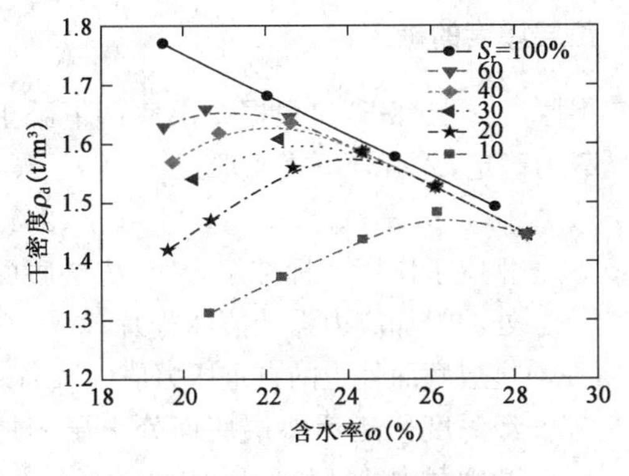

图 2-3 压实功能对压实曲线的影响

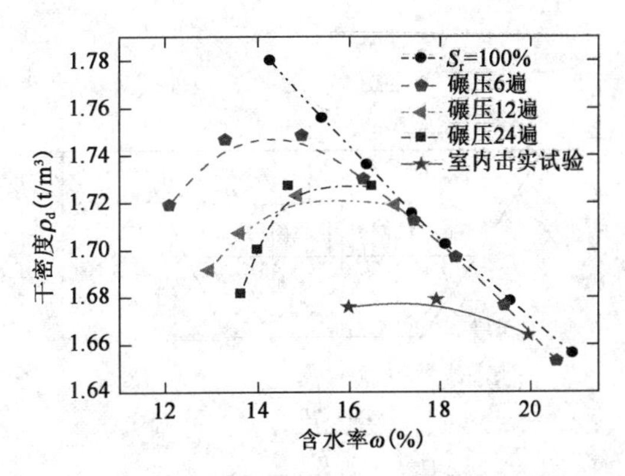

图 2-4 工地试验与室内击实试验的比较

第三节 垫层设计

垫层的作用主要有：

(1)提高地基承载力

浅基础的地基承载力与持力层的抗剪强度有关。如果以抗剪强度较高的砂或其他填筑材料代替软弱土，可提高地基的承载力，避免地基破坏。

(2)减少沉降量

一般地基浅层部分沉降量在总沉降量中所占的比例是比较大的。以条形基础为例，在相当于基础宽度的深度范围内的沉降量约占总沉降量50%。如以密实砂或其他填筑材料代替上部软弱土层，就可以减少这部分的沉降量。由于砂垫层或其他垫层对应力的扩散作用，使作用在下卧层土上的压力较小，这样也会相应减少下卧层土的沉降量。

(3)加速软弱土层的排水固结

建筑物的不透水基础直接与软弱土层相接触时，在荷载的作用下，软弱土层地基中的水被迫绕基础两侧排出，因而使基底下的软弱土不易固结，形成较大的孔隙水压力，还可能导致由于地基强度降低而产生塑性破坏的危险。砂垫层和砂石垫层等垫层材料透水性大，软弱土层受压后，垫层可作为良好的排水面，可以使基础下面的孔隙水压力迅速消散，加速垫层下软弱土层的固结和提高其强度，避免地基土塑性破坏。

(4)防止冻胀

因为粗颗粒的垫层材料孔隙大，不易产生毛细管现象，因此可以防止寒冷地区土中结冰所造成的冻胀。这时，砂垫层的底面应满足当地冻结深度的要求。

(5)消除膨胀土的胀缩作用

在膨胀土地基上可选用砂、碎石、块石、煤渣、二灰或灰土等材料作为垫层以消除胀缩作用，但垫层厚度应依据变形计算确定，一般不少于0.3m，且垫层宽度应大于基础宽度，而基础的两侧宜用与垫层相同的材料回填。

一、砂(或砂石、碎石)垫层设计

对于垫层的设计，既要求有足够的厚度以置换可能被剪切破坏的软弱土层，又要求有足够大宽度以防止砂垫层向两侧挤出。

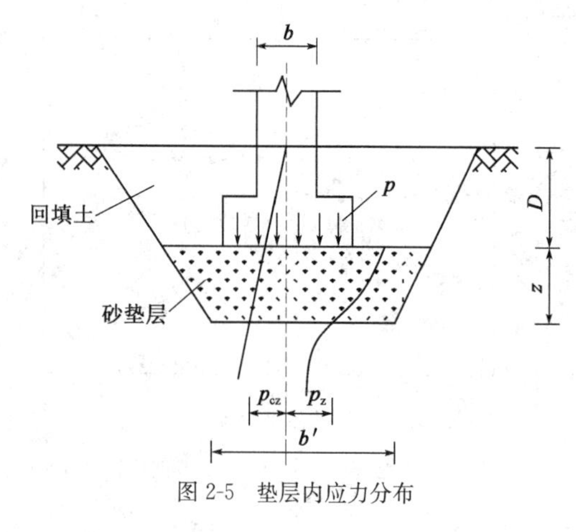

图 2-5 垫层内应力分布

1. 垫层厚度的确定

垫层厚度 z(图 2-5)应根据垫层底部下卧土层的承载力确定,并符合下式要求:

$$p_z + p_{cz} \leqslant f_{az} \tag{2-1}$$

式中:p_z——相应于作用的标准组合时,垫层底面处的附加应力设计值(kPa);

p_{cz}——垫层底面处土的自重压力值(kPa);

f_{az}——经深度修正后垫层底面处土层的地基承载力特征值(kPa)。

《建筑地基基础设计规范》(GB 50007—2011)规定:

$$f_{az} = f_k + \eta_b \gamma (B-3) + \eta_d \gamma_0 (D-0.5) \tag{2-2}$$

式中:f_k——地基承载力特征值(kPa);

η_b、η_d——基础宽度和埋深的承载力修正系数,查表 2-2;

γ——基底持力层土的天然重度,地下水位以下取有效重度 γ'(kN/m³);

γ_0——基础底面以上土的加权平均重度(kN/m³),位于地下水位以下的土层取有效重度;

B——基础底宽(m);B<3m 时按 3m 计,B>6m 时按 6m 计;

D——基础埋深(m),宜自室外地面高程算起。在填方整平地区,可自填土地面高程算起,但填土在上部结构施工后完成时,应从天然地面高程算起。对于地下室,如采用箱形基础或筏基时,基础埋置深度自室外地面高程算起;当采用独立基础或条形基础时,应从室内地面高程算起。

承载力修正系数 表 2-2

土的类别		η_b	η_d
淤泥和淤泥质土		0	1.0
人工填土 e 或 $I_L \geqslant 0.85$ 的黏性土 $e \geqslant 0.85$ 或 $S_r > 0.5$ 的粉土		0	1.0
红黏土	含水比 $\alpha_w > 0.8$	0	1.2
	含水比 $\alpha_w \leqslant 0.8$	0.15	1.4
大面积压实填土	压实系数大于 0.95、黏粒含量不小于 10%的粉土	0	1.5
	最大干密度大于 2100kg/m³ 的级配砂石	0	2.0
粉土	黏粒含量不小于 10%的粉土	0.3	1.5
	黏粒含量小于 10%的粉土淤泥和淤泥质土	0.5	2.0
e 及 I_L 均小于 0.85 的黏性土		0.3	1.6
粗砂、细砂(不包括很湿与饱和时的稍密状态)		2.0	3.0
中砂、粗砂、砾砂和碎石土		3.0	4.4

注:1. 强风化和全风化的岩石,可参照所风化成的相应土类取值,其他状态下的岩石不修正。
2. 地基承载力特征值按 GB 50007—2011 附录 D 深层平板载荷试验确定时 η_d 取 0。
3. 含水比是指土的天然含水率和液限的比值。
4. 大面积压实填土是指填土范围大于 2 倍基础。

垫层底面处的附加压力值可按压力扩散角进行简化计算：

条形基础

$$p_z = \frac{b(p - p_c)}{b + 2z \cdot \tan\theta} \tag{2-3}$$

矩形基础

$$p_z = \frac{b \cdot l(p - p_c)}{(b + 2z \cdot \tan\theta)(l + 2z \cdot \tan\theta)} \tag{2-4}$$

式中：b——矩形基础或条形基础底面的宽度(m)；

l——矩形基础底面的长度(m)；

p——基础底面处的平均压力设计值(kPa)；

p_c——基础底面处土的自重压力值(kPa)；

z——基础底面下垫层的厚度(m)；

θ——垫层的压力扩散角(°)，可按表 2-3 选用。

压力扩散角 θ(°) 表 2-3

换填材料 / z/b	中砂、粗砂、砾砂、圆砾、角砾卵石、碎石	黏性土和粉土 ($8 < I_p < 14$)	灰土
0.25	20	6	28
≥0.5	30	23	

注：1. 当 $z/b < 0.25$ 时，除灰土仍取 $\theta = 30°$ 外，其余材料均取 $\theta = 0°$。

2. 当 $0.25 < z/b < 0.5$ 时，θ 值可内插求得。

具体计算时，一般可根据垫层的承载力确定出基础宽度，再根据下卧土层的承载力确定出垫层的厚度。可先假设一个垫层的厚度，然后按式(2-1)进行验算，直至满足要求为止。

根据《公路桥涵地基与基础设计规范》(JTG D63—2007)规定：地基承载力的验算，应以修正后的地基承载力容许值$[f_a]$控制。该值系在地基原位测试或本规范给出的各类岩土承载力基本容许值$[f_{a0}]$的基础上，经修正得到。具体内容本书不再赘述。

修正后的地基承载力容许值$[f_a]$按式(2-5)确定。当基础位于水中不透水地层上时，$[f_a]$按平均常水位至一般冲刷线的水深每米再增大 10kPa。

$$[f_a] = [f_{a0}] + k_1\gamma_1(b - 2) + k_2\gamma_2(h - 3) \tag{2-5}$$

式中：$[f_a]$——修正后的地基承载力容许值(kPa)；

b——基础底面的最小边宽(m)；当 $b<2$m 时，取 $b=2$m；当 $b>10$m 时，取 $b=10$m；

h——基底埋置深度(m)，自天然地面起算，有水流冲刷时自一般冲刷线起算；当 $h<3$m 时；取 $h=3$m；当 $h/b>4$ 时，取 $h=4b$；

k_1、k_2——基底宽度、深度修正系数，根据基底持力层土的类别按表 2-4 确定；

γ_1——基底下持力层土的天然重度(kN/m³)；若持力层在水面以下且为透水者，应取浮重度；

γ_2——基底以上土层的加权平均重度(kN/m³)；换算时若持力层在水面以下，且不透水时，不论基底以上土的透水性质如何，一律取饱和重度；当透水时，水中部分土层则应取浮重度。

地基土承载力宽度、深度修正系数 k_1、k_2　　表 2-4

系数＼土类	黏性土				粉土	砂土								碎石土			
	老黏性土	一般黏性土		新近沉积黏性土	—	粉砂		细砂		中砂		砾砂、粗砂		碎石、圆砾、角砾		卵石	
		$I_L \geqslant 0.5$	$I_L < 0.5$		—	中密	密实	中密	密实	中密	密实	中密	密实	中密	密实	中密	密实
k_1	0	0	0	0	0	1.0	1.2	1.5	2.0	2.0	3.0	3.0	4.0	3.0	4.0	3.0	4.0
k_2	2.5	1.5	2.5	1.0	1.5	2.0	2.5	3.0	4.0	4.0	5.5	5.0	6.0	5.0	6.0	6.0	10.0

注：1. 对于稍密和松散状态的砂、碎石土，k_1、k_2 值可采用表列中密值的 50%。

2. 强风化和全风化的岩石，可参照所风化成的相应土类取值；其他状态下的岩石不修正。

2. 垫层宽度的确定

垫层的底面宽度应以满足基础底面应力扩散和防止垫层向两侧挤出为原则进行设计。关于宽度计算，目前还缺乏可靠的方法。一般可按下式计算或根据当地经验确定。

$$b' \geqslant b + 2z \cdot \tan\theta \tag{2-6}$$

式中：b'——垫层底面宽度(m)；

θ——垫层的压力扩散角(°)，可按表 2-4 选用；当 $z/b<0.25$ 时，仍按 $z/b=0.25$ 取值。

垫层顶面每边宜比基础底面大 0.3m，或从垫层底面两侧向上按当地开挖基坑经验的要求放坡，整片垫层的宽度可根据施工的要求适当加宽。

3. 垫层承载力的确定

垫层的承载力宜通过现场试验确定，当无试验资料时，对小型、轻型或对沉降要求不高的工程，可按表 2-5 选用，并应验算下卧层的承载力。

各种垫层的承载力　　表 2-5

施工方法	换填材料类型	压实系数 λ_c	承载力特征值 f_k
碾压或振密	碎石、卵石	0.94～0.97	200～300
	砂夹石(其中碎石、卵石占全重的 30%～50%)		200～250
	土夹石(其中碎石、卵石占全重的 30%～50%)		150～200
	中砂、粗砂、砾砂		150～200
	黏性土和粉土($8<I_P<14$)		130～180
	灰土	0.93～0.95	200～250
重锤夯实	土或灰土	0.93～0.95	150～200

例题：如图 2-6 所示，某长度为 1m 的基础，承重作用在基础顶面，荷载 $N=131\text{kN/m}^3$，地基表土为填土，厚 1.3m，$\gamma=17.5\text{kN/m}^3$；第二层为淤泥，厚 7.3m，$\omega=47.5\%$，$\gamma=17.8\text{kN/m}^3$；地下水位深 1.3m。设计基础的砂垫层。

解：①砂垫层材料用中砂，$f=150\text{kPa}$，基础宜浅埋，埋深 $D=0.8\text{m}$。

②计算基础宽度 $B \geqslant \dfrac{N}{f-20\times D}=\dfrac{131}{150-20\times 0.8}=0.98\text{m}$，取 1.0m。

③确定垫层底部淤泥的 f_{az}。

设垫层厚 $Z_0=1.2\text{m}$，垫层底面至地面深为 2.0m。由 $\omega=47.5\%$，查表 2-6，得 $f_k=75\text{kPa}$。按公式 $f_{az}=f_k+\eta_b\gamma(B-3)+\eta_d r_0(D-0.5)$ 进行深度修正。由表 2-2 查得 $\eta_d=1.0$ 计算 $\gamma_0=14.1\text{kN/m}^3$。

所以：

$$
\begin{aligned}
f_{az} &= f_k+\eta_d\gamma_0(D-0.5)\\
&=75+1.0\times14.1\times1.5=96.2\text{kPa}
\end{aligned}
$$

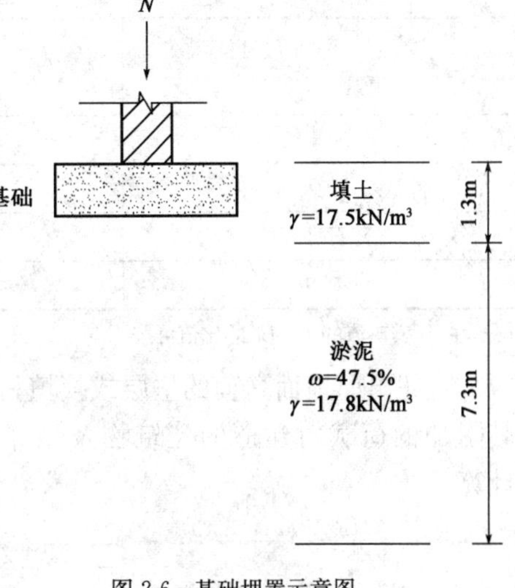

图 2-6 基础埋置示意图

④计算淤泥层顶面的附加压力和自重压力，扩散角 θ 采用 30°。

$$
\begin{aligned}
p_z &= \frac{b(p-p_c)}{b+2z\cdot\tan\theta}\\
&= \frac{1.0\left(\dfrac{131+20\times0.8}{1.0}-17.5\times0.8\right)}{1.0+2\times1.2\times\tan30^\circ}\\
&=60.9\text{kPa}
\end{aligned}
$$

自重压力：

$$p_z=17.5\times0.8+1.2\times16=33.2\text{kPa}$$

⑤验算垫层的厚度

$$p_z+p_{cz}=60.9+33.2=94.1\text{kPa}<f_{az}=96.2\text{kPa}$$

所以，垫层厚 1.2m 合适。

⑥确定垫层宽度

按扩散角计算，取 $\theta=30^\circ$，则垫层底面应放在基础外。

$$Z_0\tan\theta=1.2\times\tan30^\circ=0.70\text{m}$$

沿海地区淤泥和淤泥质土承载力 f_k(kPa) 表 2-6

天然含水率 ω(%)	36	40	45	50	55	65	75
f_k	100	90	80	70	60	50	40

注：对于内陆淤泥和淤泥质土，可参照使用。

4. 沉降计算

对于重要的建筑或垫层下存在软弱下卧层的建筑，还应进行地基变形计算。建筑物基础沉降 s 等于垫层的自身变形量 s_1 与下卧土层的变形量 s_2 之和。

作为粗颗粒的垫层材料与下卧的软土层相比，其变形模量比值均接近或大于 10，且回填材料的自身压缩，在建造期间几乎全部完成，因而对于碎石、卵石、砂夹石、砂和矿渣垫层，在地基变形计算中，可以忽略垫层部分的变形值；但对于细粒材料尤其是厚度较大的换填垫层，则应计入垫层自身的变形。

垫层下卧层的变形量可按照国家标准《建筑地基基础设计规范》(GB 50007—2011)的有关规定计算。垫层的模量应根据试验或当地经验确定。在无试验资料或试验时，可参照表 2-7选用。

垫层模量(MPa) 表 2-7

模量 \ 垫层材料	压缩模量 E_s	变形模量 E_0
粉煤灰	8～20	—
砂	20～30	—
碎石、卵石	30～50	—
矿渣	—	35～70

注:压实矿渣的 E_0/E_s 的比值可按 1.5～3.0 取值。

对超出原地面高程的垫层或换填材料的密度高于天然土层密度的垫层,宜早换填并考虑其附加的荷载对建造的建筑物及相邻建筑物的影响,其值可按应力叠加原理,采用角点法计算。

二、素土(或灰土、二灰)垫层设计

素土垫层(简称土垫层)或灰土垫层(石灰与土的体积比一般为 2∶8 或 3∶7)在湿陷性黄土地区使用较为广泛,这是一种以土治土的处理湿陷性黄土地基的传统方法,处理厚度一般为 1～3m。通过处理基底下的部分湿陷性土层,可达到减小地基的总湿陷量,并控制未处理土层湿陷量的处理效果。素土垫层或灰土垫层可分为局部垫层和整片垫层。当仅要求消除基底下处理土层的湿陷性时,亦采用素土垫层;除上述要求外,还要求提高土的承载力或水稳性时,宜采用灰土垫层。

局部垫层一般设置在矩形(或方形)基础或条形基础底面下,主要用于消除地基的部分湿陷量,并可提高地基的承载力。根据工程实践经验,局部垫层的平面处理范围,每边超出基础底边的宽度,可按式(2-7)计算确定,并不应小于其厚度的一半:

$$b' = b + 2z\tan\theta + a \tag{2-7}$$

式中:b'——需处理土层底面的宽度(m);

b——条形(或矩形)基础短边的宽度(m);

z——基础底面至处理土层的距离(m);

a——考虑施工机具影响而增设的附加宽度,一般 $a=0.2$m;

θ——垫层的压力扩散角,宜为 22°～30°,一般素土取小值,灰土或二灰土取大值。

采用局部垫层处理后,地面水仍可从垫层侧向渗入下部未经处理的湿陷性土层而引起湿陷,故对有防水要求的建筑物不得采用。

整片垫层一般设置在整个建(构)筑物的(跨度大的工业厂房除外)平面范围内,每边超出建筑物外墙基础外缘的宽度不应小于垫层的厚度,并不得小于 2m。整片垫层的作用是消除被处理土层的湿陷量,以及防止生产和生活用水从垫层上部流入下部未经处理的湿陷性土层。

三、粉煤灰垫层设计

粉煤灰是燃煤电厂的工业废弃物,实践证明,粉煤灰是一种良好的地基处理材料资源,具有良好的物理、力学性能,能满足工程设计的技术要求。

粉煤灰类似于砂质粉土,其垫层厚度的计算方法可参照砂垫层厚度计算,粉煤灰垫层的压力扩散角 $\theta=22°$。

在设计、施工前应按《土工试验方法标准》(GB/T 50123—1999)击实试验法确定粉煤灰的最大干密度 ρ_{dmax} 和最优含水率 ω_{op}。

粉煤灰的内摩擦角 φ、黏聚力 c、压缩模量 E_s、渗透系数 k 随粉煤灰的材质和压实密度而变化，应通过室内试验确定。

四、土工合成材料加筋垫层

土工合成材料加筋垫层由分层铺设的土工合成材料与地基土构成。土工合成材料，在土工合成材料垫层中主要起加筋作用(图 2-7)，以提高地基土的抗拉和抗剪强度、防止垫层被拉断裂和剪切破坏、保持垫层的完整性、提高垫层的抗弯刚度。因此，利用土工合成材料加筋垫层有效地改变了天然地基的性状，增大了压力扩散角，降低了下卧天然地基表面的压力，约束了地基侧向变形，调整了地基不均匀变形，增大了地基的稳定性并提高地基的承载力。由于土工合成材料加筋垫层的上述特点，已用于软弱黏性土、泥炭、沼泽地区修建道路、堆场等并取得了较好的成效，同时也在部分建(构)筑物的应用中得到了肯定的效果。

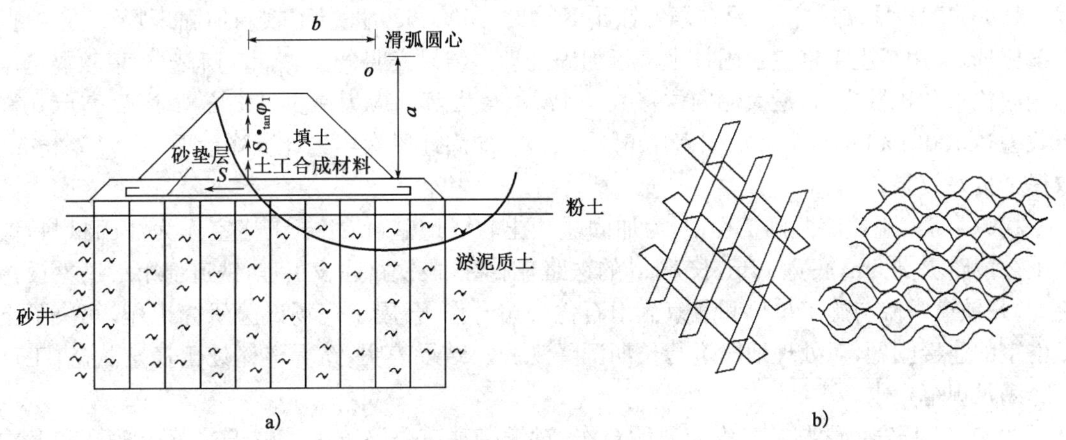

图 2-7 土工合成材料垫层

a)土工合成材料加筋垫层；b)土工格室示意图

土工格室(图 2-7b)属于特种土工合成材料，具有蜂窝状的三维结构，一般由土工织物、土工格栅、土工膜、条带聚合物等构成。它伸缩自如，运输方便，使用时张开并充填土石或混凝土料，构成具有强大侧向限制和大刚度的结构体。

虽然土工格室可由多种合成材料制成，但最常用的仅有两类，一类是由土工格栅装配构成的土工格室，该类土工格室大多在工程现场用连接栓或者高强度的合成材料(如高密度聚乙烯 HDPE)绳将土工格栅装配合成。根据使用目的的不同，用不同强度和不同材料的土工格栅构成不同规格、不同高度和不同强度的土工格室，一般用于坡面防护和冲刷防护，有时也可用于基础垫层，格室深度一般比较大。另一类是由高强度条带聚合物构成的土工格室，该类土工格室主要由高强度的 HDPE 条带经过超声波强力焊接而成，格室的深度一般不超过 20cm，根据应用场合的不同，其规格可以按照设计来进行生产。由于条带聚合物以及焊接均具有较高的强度，因而此类土工格室具有很强的侧向限制作用，主要应用于坡面防护、冲刷防护、边坡稳定、层状承重结构等工程领域。

将土工格室铺设于软土地基之上，其格室间填入颗粒排水材料(如碎石或砂砾)，可以形成稳定的垫层结构，有效地限制填料的横向移动，分散上部荷载产生的应力，加速软土排水固结，减少路基不均匀沉降。因为软土上铺设土工格室垫层后，当荷载施加到填充填料的土工格室结构层上时，由于格室的侧限作用和格室与填料间的相互摩擦，使大部分垂直力被转化成向四周分散的侧向力，因为每个格室彼此独立，相邻格室的这些侧向力大小相等方向相反而互相抵消，从而降低了地基的实际负荷。另外，格室的侧限作用对基层滑动面的形成和发展有一定的控制作用，使地基的破坏向深层发展，因而地基承载力得以提高。

1995 年 11 月，广州铁路集团公司在焦柳铁路 K856＋545～745 段基床下沉外挤病害整治中采用土工格室加固法进行病害整治，不到 5 个月轨面基本稳定，总体沉降 15mm，经过 1996 年、1997 年、1998 年三个雨季试验，维修部门反映，整治地段线路稳定，养护工作量减少，达到了病害整治目的。

1996 年 8 月，上海铁路局在淮南铁路 K194＋480～K196＋690 的基床下沉外挤病害整治中采用土工格室进行加固处理。经现场实测，铺设土工格室与基床换填法相比，动应力沿深度衰减很大，在轨下多衰减 15％～25％，显著改善了基床的动应力分布，不仅整治效果良好，而且经济上节省投资约 200 元/m。

1996 年 12 月，郑州铁路局在阳安铁路 K241＋450～550 进行了软弱加固现场试验，根据方案比选，采用了土工格室加固技术进行加固处理。结果表明，土工格室可有效约束软弱基床的侧向位移和扩散应力，最大侧向位移减少 17％，最大竖向应力减少 9.3％，加固后基床允许承载力达 180kPa 以上，降低加固费用 6％～12％，加固地段六年累计沉降量平均为 15.3mm，取得了良好效果。

1997 年，南疆铁路西延工程中，为加固盐渍土软弱地基，使用土工格室作为加固材料，修建了一段路堤高 5m，底宽 12m，长 5km 的铁路，围绕该段铁路建设工程，铁道部第一勘察设计院、兰州铁道学院与施工单位和北京燕山石化公司合作，开展了现场试验研究工作，解决了土工格室的连接问题，对处理地段进行长期沉降观测。结果表明，路堤整体处于稳定状态，工后沉降满足规范要求。

2000 年，长安大学与甘肃省交通厅合作，对巉柳高速公路土家湾隧道软黄土地基和尹中高速公路饱和黄土地基，采用土工格室进行了地基加固处理，结合实体工程，开展了一系列现场测试工作。结果表明，处理地段工后沉降不大于 15cm，且土压力分布趋于均匀，完全满足规范要求，达到了预期目的，取得了良好的处治效果。

在分析室内和现场试验成果和总结已有工程实践经验的基础上，湖南大学赵明华，长安大学谢永利、杨晓华给出了土工格室加固软基稳定性分析方法，初步推导了地基承载力计算公式。西南交通大学刘俊彦、罗强，长安大学杨晓华、李新伟对土工格室加固地基的工程性状进行了有限元分析。

根据理论分析、室内试验以及工程实测的结果证明，采用土工合成材料加筋垫层的作用机理为：扩散应力、调整不均匀沉降、增大地基稳定性。

1. 土工格室结构层计算模式

土工格室作为承重结构铺设在地基上，可近似地认为在均布荷载的作用下铺设在地基上的弹性地基梁。由于地基纵断面方向荷载为路基填土，荷载作用无穷无尽，而且位移和内力不可能衰减为 0。所以取路基横断面方向作为梁的铺设方向进行计算。假设路基填土荷载和作用在路基上传递到地基上土工格室结构层的荷载是均布荷载，而且对称地作用在中间。则土工格室结构层计算示意图，如图 2-8 所示：土工格室结构层梁长为 $2L$，均布荷载宽度为 $2B$，均

布荷载大小为 q，取荷载作用中心，即梁的中心为原点 O。因为荷载的对称性，故计算时取 O 点截面的一边进行计算即可。

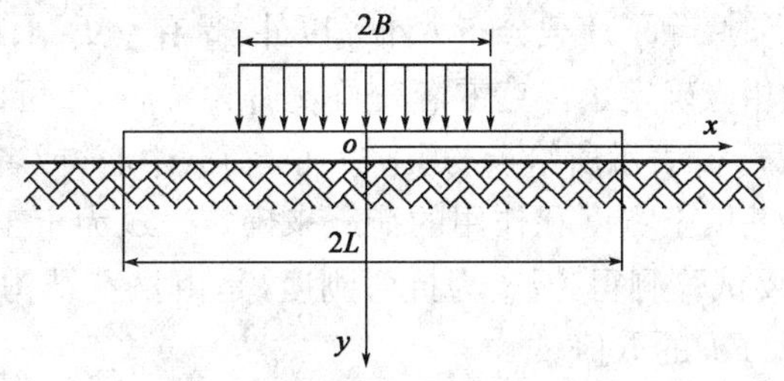

图 2-8　土工格室结构层计算示意图

由于在均布荷载的作用下，荷载作用中心的沉降最大，以荷载作用中心的沉降作为控制点，整理得均布荷载与荷载中心的沉降关系：

$$q=\frac{ky}{1-\dfrac{\phi_1(\beta L)\phi_2[\beta(L-B)]+4\phi_3[\beta(L-B)]\phi_4(\beta L)}{\phi_1(\beta L)\phi_2(\beta L)+4\phi_3(\beta L)\phi_4(\beta L)}}$$

$$=\frac{k[\phi_1(\beta L)\phi_2(\beta L)+4\phi_3(\beta L)\phi_4(\beta L)]y}{\phi_1(\beta L)\phi_2(\beta L)+4\phi_3(\beta L)\phi_4(\beta L)-\phi_1(\beta L)\phi_2[\beta(L-B)]-4\phi_3[\beta(L-B)]\phi_4(\beta L)}$$

$$=\frac{ky}{C} \tag{2-8}$$

式中：　q——均布荷载的大小(N/m²)；

y——荷载作用中心的沉降(m)；

B——均布荷载宽度的 1/2(m)；

k——地基系数(N/m³)；

L——土工格室结构层宽度的 1/2(m)；

β——$\sqrt[4]{\dfrac{k}{4EI}}$(1/m)；

C——$1-\dfrac{\phi_1(\beta L)\phi_2[(L-B)]+4\phi_3[\beta(L-B)]\phi_4(\beta L)}{\phi_1(\beta L)\phi_2(\beta L)+4\phi_3(\beta L)\phi_4(\beta L)}$；

EI——土工格室结构层(弹性地基梁)截面的抗弯刚度(N·m²)；

ϕ_1、ϕ_2、ϕ_3、ϕ_4——克雷洛夫函数。

$$\left.\begin{aligned}\phi_1(\beta x)&=\mathrm{ch}\beta x\cos\beta x\\ \phi_2(\beta x)&=\frac{1}{2}(\mathrm{ch}\beta x\sin\beta x+\mathrm{sh}\beta x\cos\beta x)\\ \phi_3(\beta x)&=\frac{1}{2}\mathrm{sh}\beta x\sin\beta x\\ \phi_4(\beta x)&=\frac{1}{4}(\mathrm{ch}\beta x\sin\beta x-\mathrm{sh}\beta x\cos\beta x)\end{aligned}\right\} \tag{2-9}$$

当以荷载作用边缘点为计算沉降点，来计算均布荷载，即当 $x=B$ 时，分布荷载的大小 q 与 B 点的沉降 y 的关系为：

$$q=\frac{ky}{1+C\phi_1(\beta B)-D\phi_3(\beta B)-\phi_1(\beta B)} \tag{2-10}$$

式中：D——$\dfrac{4\{\phi_3(\beta L)\phi_2[\beta(L-B)]-\phi_2(\beta L)\phi_3[\beta(L-B)]\}}{[4\phi_3(\beta L)\phi_4(\beta L)+\phi_1(\beta L)\phi_2(\beta L)]}$；

其余符号意义同上。

2. 相关参数的确定

在计算荷载分布大小时，除了荷载分布大小 q 以外，尚有 y、B、k、L、EI 这些参数。这些参数确定了，其他的参数就相应确定了。克雷洛夫函数 ϕ_1、ϕ_2、ϕ_3、ϕ_4 可以按照函数的定义计算，也可以查克雷洛夫函数表。y 表示所给点的沉降大小（荷载中心，或者荷载边缘），B 为均布荷载的 1/2 宽度，一般由路基填土宽度和作用的荷载来确定。L 为土工格室结构层铺设的 1/2 宽度。k 为地基系数，需要试验测得。EI 为抗弯刚度，是由格室结构层的本身性质和截面大小确定的。下面讨论 k 和 EI 的取值。

1）地基系数的确定

地基系数是在温克尔假定的弹性地基上，引起单位沉降量所需作用于基底单位面积上的力。地基系数不仅与土的性质有关，而且也与荷载面积的大小和形状有关。此外，在这些条件相同的情况下，它随着单位荷载的增加而减小。因此地基系数对于某一种地基土，并非一个不变的常数。在通常情况下，取与地基受力条件相近情况下的地基系数来进行计算。地基系数的确定有公式法、试验法，还有经验法。下面介绍公式法和试验法。

（1）按公式计算地基系数

①当下卧硬层顶面距离基底的深度在 1/4～1/2 底宽时，郭尔不诺夫—伯沙道夫建议用虎克定律推算 k 值，即

$$k = \frac{p}{s} = \frac{p}{\varepsilon H} \tag{2-11}$$

式中：ε——薄压缩层沿深度方向的应变；

H——压缩层的厚度。

假定压缩层两个侧向均可自由变形，则：

$$k = \frac{E_0}{H} \tag{2-12}$$

假定压缩层只有一个侧向可自由变形，则：

$$k = \frac{E_0}{(1-\mu_0^2)H} \tag{2-13}$$

假定压缩层两个侧向都不允许自由变形，则：

$$k = \frac{(1-\mu_0)E_0}{(1+\mu_0)(1-2\mu_0)H} \tag{2-14}$$

式中：E_0——变形模量；

μ_0——土的泊松比；

H——压缩层的厚度。

②在半无限弹性地基上，按照弹性理论，在刚性承压板下受压时，地基的变形模量和地基系数计算如下：

$$E_0 = \omega(1-\mu_0^2)\sqrt{F}\,\frac{p}{s} \tag{2-15}$$

$$k = \frac{p}{s} = \frac{E_0}{\omega(1-\mu_0^2)\sqrt{F}} \tag{2-16}$$

式中：ω——与基础尺寸、形状、刚度有关的系数（表 2-8）；

F——承压板（基础）面积。

ω 取 值 表 表 2-8

$a:b$	1	1.5	2	3	4	5	10	圆形
ω	0.88	1.08	1.22	1.44	1.61	1.72	2.10	0.79

注：$a:b$ 为承压板（基础）长和宽的比值。

（2）由试验测定地基系数

地基系数值用承载板试验确定。承载板直径规定为 76cm。测试方法与回弹模量的测试方法类似，但是采用一次加载到位的方法，施加荷载的量值根据不同的工程对象，由两种方法提供。当地基较为软弱时，用 0.127cm 的弯沉量控制承载板的荷载。假如地基较为坚实，弯沉值难以达到 0.127cm 时，采用另一种控制方法，以单位压力 $p=70\text{kPa}$ 控制承载板的荷载。

承载板直径的大小对值有一定的影响，直径越小，k 值越大。承载板下的地基系数与它们面积的平方根成反比。但是由试验得知，当承载板直径大于 76cm 时，k 值的变化很小。因此规定以直径为 76cm 的承载板为标准。地基系数按下式进行修正：

$$k_{76}=\frac{50}{76}k_{50} \tag{2-17}$$

按上述方法确定的 k 值是一定荷载或沉降条件下的荷载应力与总弯沉之比，其中包含回弹弯沉与残余弯沉。如果只考虑回弹弯沉，则可以得到地基系数 k_{R}。

通常 k_{R} 与总弯沉对应的地基系数 k 有如下关系：

$$k_{\mathrm{R}}=1.77k \tag{2-18}$$

2）土工格室结构层抗弯刚度 EI 的确定

对于弹性材料来说，抗弯刚度 EI 是由弹性模量 E 和惯性矩 I 组成的。抗弯刚度越大，在相同弯矩作用下曲率就越小，梁就越不容易弯曲。土是由固相、液相、气相组成的三相分散系，受力后颗粒之间的位置在荷载卸载后不能恢复。故土在受力时除了有弹性变形外，还有不可恢复的塑性变形，它和弹性材料有很大的区别。所以对于土工格室结构层的抗弯刚度 EI 中的 E 不能用结构层的弹性模量，应该用把结构层弹性变形和塑性变形都考虑进去的变形模量来代替。土工格室结构层的变形模量可以用静力载荷试验测得，土工格室结构层的厚度必须大于承载板的影响深度（对于圆形承载板，一般认为承载板的影响深度为 2 倍的直径），这样测得的才是土工格室结构层的变形模量。也可根据经验，结构层的模量是单层结构层与地基组成的复合模量的 2～3 倍来确定。

对于不规则形状的材料，惯性矩 I 的计算式为：

$$I=\int_{A}y^{2}\mathrm{d}A \tag{2-19}$$

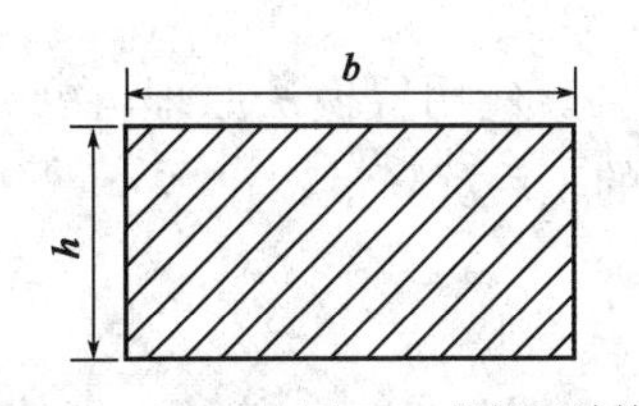

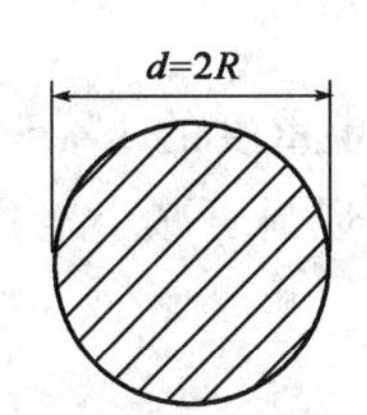

图 2-9 惯性矩计算截面

对于矩形的横截面（图 2-9）：

$$I=\frac{bh^{3}}{12} \tag{2-20}$$

对于圆形截面（图 2-9）：

$$I=\frac{\pi R^{4}}{4} \tag{2-21}$$

（1）现场铺设土工格室结构层的计算。土工格室结构层铺设于路基，其长度等于铺设的路基的长度，因此格室结构层计算梁的宽度不能取格室铺设的长度，而且对于结构层而言，填土荷载比较均匀。不妨取单位长度作为计算梁宽。因此，在外部荷载作用下，荷载换算应该以

1m 的宽度，如果作用的荷载宽度大于 1m，则应舍弃超出 1m 的部分。计算梁高为格室结构层的高度。惯性矩计算如下：

高度为 10cm 的格室结构层

$$I = \frac{1 \times 0.1^3}{12} = \frac{1}{12000} = 8.33 \times 10^{-5} \text{m}^4$$

高度为 15cm 的格室结构层

$$I = \frac{1 \times 0.15^3}{12} = 2.8125 \times 10^{-4} \text{m}^4$$

高度为 20cm 的格室结构层

$$I = \frac{1 \times 0.2^3}{12} = 6.6667 \times 10^{-4} \text{m}^4$$

高度为 30cm 的格室结构层

$$I = \frac{1 \times 0.3^3}{12} = 2.25 \times 10^{-3} \text{m}^4$$

(2)室内模型试验土工格室结构层的计算。由于模型试验是用 50cm 的承载板来进行静力荷载试验，故应采用荷载的影响范围作为横截面，见图 2-10、图 2-11。

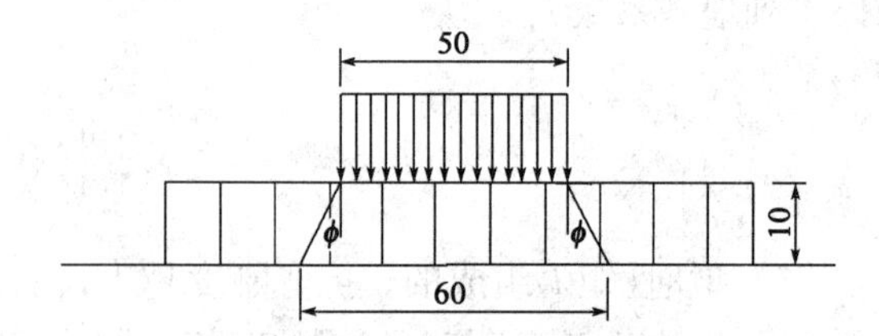

图 2-10　10cm 高土工格室结构层示意图

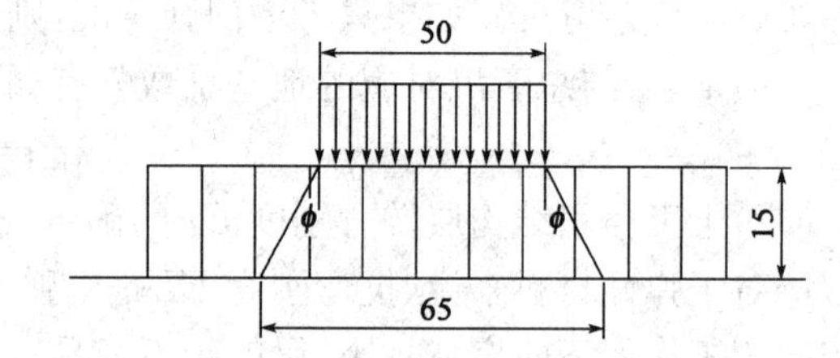

图 2-11　15cm 高土工格室结构层示意图

故：高度为 10cm 的格室结构层

$$I = \frac{0.6 \times 0.1^3}{12} 5 \times 10^{-5} \text{m}^4$$

高度为 15cm 的格室结构层

$$I = \frac{0.65 \times 0.15^3}{12} = 1.828 \times 10^{-4} \text{m}^4$$

五、聚苯乙烯板块垫层

聚苯乙烯板块又称为 EPS，具有以下特点：

1. 超轻质

EPS 重度为 0.2～0.4kN/m^3，是普通路堤填土重度的 1%～2%。应用置换法原理，在原有地基上挖深 1.5m 以上，就可以用 EPS 填筑，可以显著减小地基的工后沉降量。

2. 强度和模量较高

EPS 材料在单轴压缩试验条件下呈现比较典型的弹塑性，不具有明显断裂的特征。即使进入塑性阶段，EPS 材料的强度仍较高。重度 γ=0.2～0.4kN/m^3 的 EPS 抗压强度为 100～350kPa，变形模量为 2.5～11.5MPa，一般为 2.6MPa；EPS 材料存在徐变，但 40d 后，材料压缩变形基本稳定。在 EPS 铺砌层上表面加铺钢筋混凝土板，不仅起整体化作用，而且受力较大，汽车荷载通过路面结构作用于该板上，然后扩散至 EPS 层，使 EPS 块具有足够的强度和刚度，以满足汽车荷载的要求。

3. 应力应变特性

EPS 材料在常规三轴试验条件下，也呈现典型的弹塑性，其最大允许偏应力为 84kPa，且在三轴应力状态下，屈服应力和弹性模量随围压的增大而变小。受此影响，EPS 材料只适用于低围压填方路段或地基浅表处理。在低围压三轴剪切试验条件下，EPS 材料加卸载过程中累积塑性变形小，适应于交通荷载作用条件。

4. 抗剪强度

EPS 材料与混凝土、砂和土间的抗剪强度与正应力不存在线性关系，但随着正应力的增大而增大，在正应力达到 30kPa 后，EPS 材料块件间的抗剪强度达到最大值 20kPa。

5. 回弹模量

路基回弹模量平均值为 789MPa，远高于普通填土路基。

6. 摩擦特性

EPS 块体与砂的摩擦系数为：对干砂为 0.5（密）～0.46（松）、对湿砂为 0.52（密）～0.25（松）。EPS 块体相互间以及块体与砂浆面的摩擦系数为 0.55～0.76。

7. 耐水性

EPS 材料的组成 98%为空气，只有 2%左右为树脂发泡体，每立方分米体积内含有 300 万～600 万个独立密闭气泡。由于 EPS 内部气泡相互独立，所以除其表面有少量吸水性外，它在一定水压下浸泡 2d 的吸水率在 6%以下。而且，随着重度的变大，其吸水率越小。路堤填料的水稳定性是影响路堤工作状况和稳定性的主要因素之一。

8. 吸水膨胀性小

在围压为 10kPa 下浸水 2d 后，从压力室中取出试件，用滤纸吸去表面水分，再用游标卡尺量取试件三个方向的尺寸，每个方向各测三点取算术平均值。按式(2-25)计算 EPS 材料的吸水膨胀率：

$$F_s = \frac{V_2 - V_1}{V_1} \times 100\% \tag{2-22}$$

式中：F_s——膨胀率(%)；

V_1——试样浸水前的体积；

V_2——试样浸水后的体积。

试验测定了 4 个重度为 0.2kN/m^3 的 EPS 试件，结果表明 4 个试样吸水膨胀率平均值为 1.65%，说明 EPS 材料的吸水膨胀性很小，可以不需要特殊处理直接用作路堤填料。

9. 化学特性稳定

EPS 耐腐蚀，仅有亲油性，遇油溶解，但只要采取防止油腐蚀的措施，亲油性不会影响路堤的工作性能。

10. 压缩性

在试验中，EPS材料在应变小于2%、无侧限压缩的条件下，应力应变基本是直线的弹性变化关系。即使应变大于2%，EPS进入塑性状态的情况下，其无侧限抗压强度还能较好地保持，没有明显的剪切破坏区域，而且一般不会出现最大应力。

11. 耐热性

EPS的原材料聚苯乙烯树脂属于热可塑性树脂，因此EPS材料应在70℃以下的环境中使用。并且在工程的机电部分要注意电线的布置，防止因为电线短路引燃EPS。如果工程需要，也可以在制作EPS时加入阻燃剂。也正是EPS的这个特性，可采用电热丝对其进行任意形状的切割加工。

12. 自立性

EPS材料可由其本身的硬性块状体组合堆砌成为一种能承受相当重量的结构，并且在荷载作用下，其自立性能还能保留。在修复桥台时，这个性能对于原有已经受损的挡墙结构非常重要。由于使用了EPS，挡墙背面的土压力大幅减少，在修复桥台时，只需对结构严重破坏的挡墙进行恢复，受损较微的挡墙仅做表面修复。

13. 耐久性

EPS可抗腐烂。但是如果直接暴露在紫外线下，虽然短时间内强度及弹性变形性能变化不大，然而其表面会泛黄色，慢慢地出现降解现象。因此，应在EPS上部设置土工格栅、填土或是其他保护层。

14. 施工性

EPS由于质量小，不需要特别的建筑机械，只需使用人力就可以完成施工。并且施工速度快，不需要什么机械碾压。在一些大型机械不方便使用的场所，EPS的优点就更突出。而且加工方便，可以就地改造，以便与特殊情况相配合。由于EPS具有上述特性，其被广泛应用于软土地基中地基承载力不足、沉降量过大、地基不均匀沉降、需要快速施工的路堤、人造山体、挡墙填充等填筑工程以及地下管道保护的换填工程。如作为填筑工程的轻质填筑料、拓宽路堤的轻质填筑料、桥头路堤连接部位的填筑料、挡墙结构或护岸结构墙背填筑料、地下管道及结构物通道的上覆填筑料、路堤滑动后修复填筑料等。EPS在国外的道路工程中已作为路堤材料并广泛应用(图2-12)。

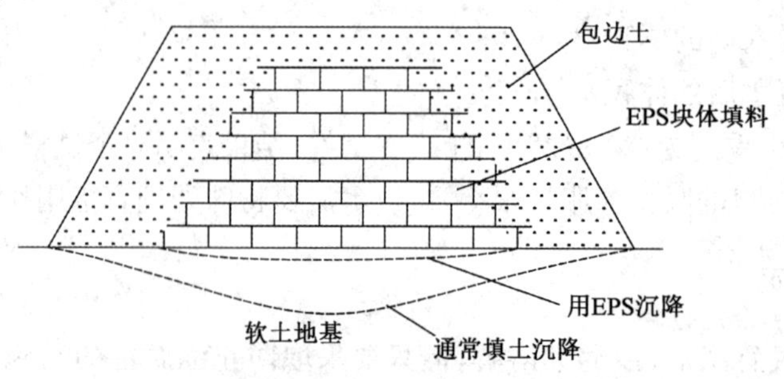

图2-12　EPS路堤结构示意图

第四节　垫 层 施 工

一、按密实方法分类

垫层施工按照压密所采用的不同机械和工艺，一般可分为机械碾压法、重锤夯实法和平板振动法。每种方法除了采用的机械设备不同外，施工方法（包括垫层分层厚度、压实遍数和最优含水率）也不相同。

1）机械碾压法

机械碾压法是采用各种压实机械（表 2-9）来压实地基土。此法常用于基坑面积宽大和开挖土方量较大的工程。

垫层的每层铺填厚度及压实系数　　表 2-9

施 工 设 备	每层铺填厚度（mm）	每层压实遍数
平碾（8～12t）	200～300	6～8
羊足碾（5～16t）	200～350	8～18
蛙式夯（200kg）	200～250	3～4
振动碾（8～15t）	600～1300	6～8
振动压实机（2t，振动力 98kN）	1200～1500	10
插入式振动器	200～500	—
平板式振动器	150～250	—

在工程实践中，对垫层碾压质量的检验，要求获得填土最大干密度。当垫层为黏性土或砂性土时，其最大干密度宜采用击实试验确定。击实试验所采用的击实仪，其锤重为 2.5kg，锤底直径 50mm，落距 460mm，击实筒内径 92.15mm，容积 $1.0\times10^5 mm^3$。土料粒径小于 5mm，分三层夯实，每层击数：砂土和粉土为 20 击、粉质黏土和黏土为 30 击。为了将室内击实试验的结果用于设计和施工，必须研究室内击实试验和现场碾压的关系（图 2-13），所有施工参数（如施工机械、铺筑厚度、碾压遍数与填筑含水率等）都必须由工地试验确定。在施工现场相应的压实功能下，施工现场所能达到的干密度一般都低于击实试验所得到的最大干密度，由于现场条件终究与室内试验的条件不同，因而对现场应以压实系数与施工含水率进行控制。

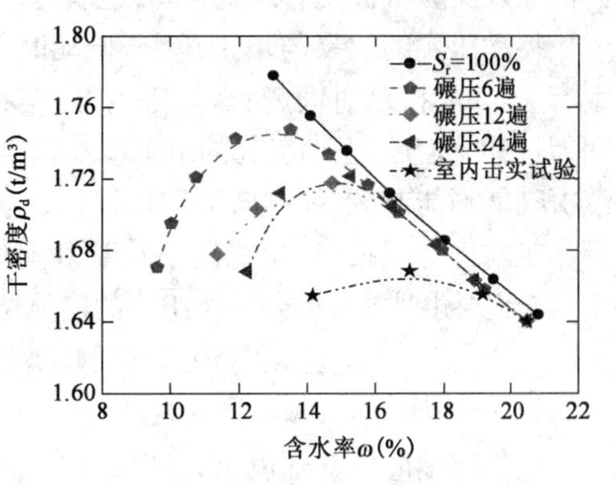

图 2-13　工地试验与室内击实试验的比较

2）重锤夯实法

重锤夯实法是用起重机械将夯锤提升到一定高度，然后自由落锤，不断重复夯击以加固地基。

重锤夯实法一般适用于地下水位距地表 0.8m 以上稍湿的黏性土、砂土、湿陷性黄土、杂填土和分层填土。

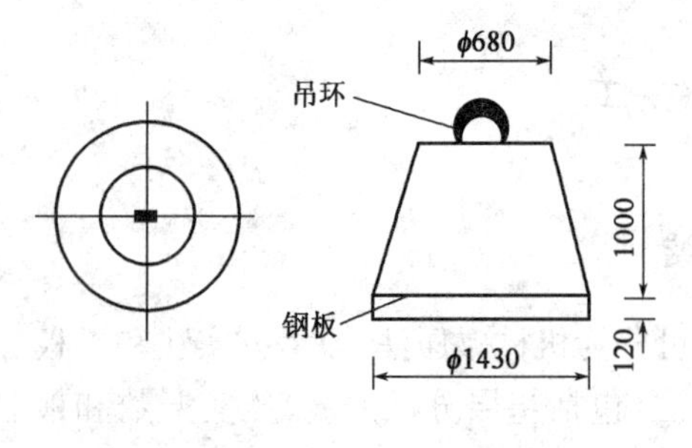

图 2-14　夯锤

重锤夯实法的主要设备为起重机械、夯锤、钢丝绳和吊钩等。

当直接用钢丝绳悬吊夯锤时，吊车的起重能力一般应大于锤重的 3 倍。采用脱钩夯锤时，起重能力应大于夯锤重量的 1.5 倍。

夯锤宜采用圆台形，如图 2-14 所示，锤重宜大于 2t，锤底面单位静压力宜为 15～20kPa，夯锤落距宜大于 4m。

重锤夯实宜一夯挨一夯顺序进行。在独立柱基基坑内，宜按先外后里的顺序夯击。同一基坑底面高程不同时，应按先深后浅的顺序逐层夯实。累计夯击 10～20 次，最后两击平均夯沉量，对砂土不应超过 5～10mm，对细颗粒土不应超过 10～20mm。

重锤夯实的现场试验应确定最少夯击遍数、最后两遍平均夯沉量和有效夯实深度等。一般重锤夯实的有效夯实深度可达 1m 左右，并可消除 0～1.5m 厚土层的湿陷性。

3)平板振动法

平板振动法是使用振动压实机（图 2-15）来处理无黏性土或黏粒含量少、透水性较好的松散杂填土地基的一种方法。

振动压实机的工作原理是由电动机带动两个偏心块以相同速度反向转动而产生很大的垂直振动力。这种振动机的频率为 1160～1180r/min，振幅为 3.5mm，重量 2t，振动力可达 50～100kN，并能通过操纵机械使它前后移动或反转。

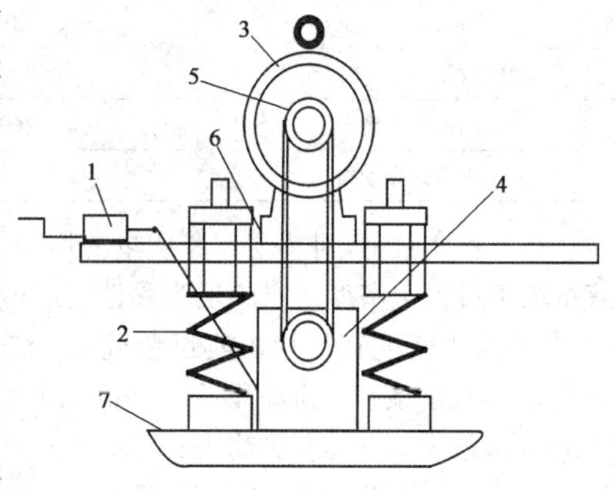

图 2-15　振动压实机示意图

1-操纵机械；2-弹簧减振器；3-电动机；4-振动器；5-振动机槽轮；6-减振架；7-振动板

振动压实的效果与填土成分、振动时间等因素有关，一般振动时间越长，效果越好，但振动时间超过某一值后，振动引起的下沉基本稳定，再继续振动就不能起到进一步的压实作用。为此，需要施工前进行试振，得出稳定下沉量和时间的关系。对主要由炉渣、碎砖、瓦块组成的建筑垃圾，振实时间约在 1min 以上，对含炉灰等细粒填土，振实时间为 3～5min，有效振实深度为1.2～1.5m。

振实范围应从基础边缘放出 0.6m 左右，先振基槽两边，后振中间，其振实的标准是以振动机原地振实不再继续下沉为合格，并辅以轻便触探试验检验其均匀性及影响深度。振实后地基承载力宜通过现场荷载试验确定。一般经振实的杂填土地基承载力可达100～120kPa。

二、按垫层材料分类

1. 砂（或砂石）垫层

砂垫层材料应选用级配良好的中粗砂，含泥量不超过 3%，并应除去树皮、草皮等杂质。若用细砂，应掺入 30%～50%的碎石，碎石最大粒径不宜大于 50mm，并应通过试验确定虚铺厚度、振捣遍数、振捣器功率等技术参数。

开挖基坑时应避免坑底土层扰动，可保留 200mm 厚土层暂不挖去，待铺砂前再挖至设计高程，如有浮土必须清除。当坑底为饱和软土时，须在与土面接触处铺一层细砂起反滤作用，其厚度不计入砂垫层设计厚度内。

砂垫层施工一般可采用分层振实法，压实机械宜采用 1.55～2.2kW 的平板振捣器。

第一分层（底层）松砂铺设厚度宜为 150～200mm，应仔细夯实并防止扰动坑底原状土，其余分层铺设厚度可取 200～250mm。

施工时应重叠半板往复振实，宜由四周逐步向中间推进。每层压实量以 50～70mm 为宜。

同座建筑物下砂垫层设计厚度不同时，顶面高程应相同，厚度不同的砂垫层搭接处或分段施工的交接处，应作成踏步或斜坡，加强捣实，并酌情增加质量检查点。

在基础做好后，应立即回填基坑，建筑物完工后，在邻近进行低砂垫层顶面的开挖工作时，应采取措施以保证砂垫层的稳定。

2. 素土垫层

素土（或灰土等）垫层材料的施工含水率宜控制在最优含水率 ω_{0p}±2%范围内。

素土（或灰土）垫层分段施工时不得在柱基、墙角及承重窗间墙下接缝。上下两层的缝距不得小于 500mm。灰土应拌和均匀，应当日铺填夯压，压实后 3d 内不得受水浸泡。

素土（或灰土）可用环刀法或钢筋贯入法检验垫层质量。垫层的质量检验必须分层进行，每夯压完一层，应检验该层的平均压实系数。当压实系数符合设计要求后，才能铺填上层。当采用环刀法取样时，取样点应位于每层 2/3 的深度处。

当采用钢筋贯入法或环刀法检验垫层质量时，其检验点数量与砂垫层检验标准相同。

3. 粉煤灰垫层

粉煤灰垫层可采用分层压实法，压实可用压路机和振动压路机、平板振动器、蛙式打夯机。机具选用应按工程性质、设计要求和工程地质条件等确定。

对过湿的粉煤灰应沥干装运，装运时含水率以 15%～25%为宜。底层粉煤灰宜选用较粗的灰，并使含水率稍低于最佳含水率。

施工压实参数（ρ_{dmax}，ω_{op}）可由室内击实试验确定。压实系数一般可取 0.9～0.95，根据工程性质、施工机具、地质条件等因素确定。

填筑应分层铺筑与碾压，设置泄水沟或排水盲沟。虚铺厚度、碾压遍数应通过现场小型试验确定。若无试验资料时，可选用铺筑厚度 200～300mm、压实厚度 150～200mm。

小型工程可采用人工分层摊铺，在整平后用平板振动器或蛙式打夯机进行压实。施工时须一板压 1/2～1/3 板，往复压实，由外围向中间进行，直至达到设计密实度要求。

大中型工程可采用机械摊铺，在整平后用履带式机具初压两遍，然后用中、重型压路机碾压。施工时须一轮压 1/2～1/3 轮，往复碾压，后轮必须超过两施工段的接缝，碾压遍数一般为 4～6 遍，直至达到设计密实度要求。

施工时宜当天铺筑、当天压实。若压实时呈松散状，则应洒水湿润再压实。洒水的水质应不含油质，pH＝6～9；若出现“橡皮土”现象，则应暂缓压实，采取开槽，翻开晾晒或换灰等方法处理。施工压实含水率可控制在 ω_{op}±4%范围内。施工最低气温不低于 0℃，以防粉煤灰含水冻胀。

每一层粉煤灰垫层经验收合格后，应及时铺筑上层或采用封层，以防干燥松散起尘污染环境，并禁止车辆在其上行驶通行。

粉煤灰质量检验可用环刀压入法或钢筋贯入法。对大中型工程测点布置要求为:环刀法按 100~400m^2 布置 3 个测点、钢筋贯入法按 20~50m^2 场地设置 1 个测点。

4. 土工合成材料垫层

土工合成材料上的第一层填土摊铺宜采用轻型推土机或前置式装载机。一切车辆、施工机械只允许沿路堤的轴线方向行驶。回填填料时,应采用后卸式货车沿加筋材料两侧边缘倾卸填料,以形成运土的交通便道,并将土工合成材料张紧。填料不允许直接卸在土工合成材料上面,必须卸在已摊铺完毕的土面上;卸土高度以不大于 1m 为宜,以免造成局部承载力不足。卸土后应立即摊铺,以免出现局部下陷。第一层填料宜采用推土机或其他轻型压实机具进行压实;只有当已填筑压实的垫层厚度大于 60cm 后,才能采用重型压实机械压实。

1)施工方法

柔性筏基施工方法,如图 2-16 所示。

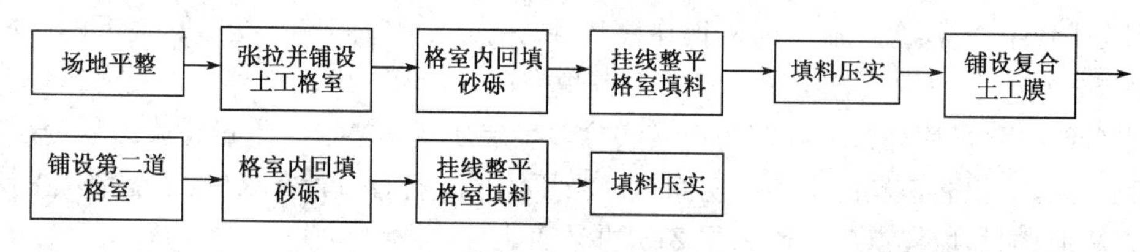

图 2-16 柔性筏基施工方法

2)施工质量控制

(1)土工格室材料检查验收

施工前必须对购进的土工格室材料进行检查验收,材料必须有出厂合格证和测试报告,每 5000m^2 应随机抽样并测试,结果必须达到设计对材料规格和性能的要求。

(2)整平地面并振压

铺设土工格室前,首先整平施工场地,对松软地层上有上覆硬壳时,应对地基进行碾压,其上平铺厚 0.3m 的粗粒土。对较松软地基,填粗粒土碾压整平后应保证地面以上厚 0.3m,然后铺设土工格室。

(3)张拉并铺设土工格室

相邻土工格室板块采用合页式插销整体连接。在完全张拉开土工格室后,在四周用钢钎或填料固定,否则,严禁进行下一工序的施工。

(4)格室填料

土工格室填料与路基填料相同,要求填料颗粒均匀,最大粒径不得大于 5cm。每层格室填料的虚填厚度不大于 30cm,但不宜小于 20cm,格室未填料前,严禁机械设备在其上行驶。由推土机向前摊平时,保证格室以上填土不小于 10cm,且不大于 15cm。格室上填土应从两边向中间进行。

4. 聚苯乙烯板块垫层

聚苯乙烯板块施工时,宜按施工放样的标志沿中线向两边采用人工或轻型机具把 EPS 块体准确就位,不许重型机械或拖拉机在 EPS 块体上行驶。EPS 块体与块体之间应分别采用连接件单面爪(底部和顶部)、双面爪(块体之间)和 L 形金属销钉连接紧密。

第五节　质量检验

对粉质黏土、灰土、粉煤灰和砂石垫层的施工质量检验可用环刀法、贯入仪、静力触探、轻型动力触探或标准贯入试验检验;对碎石、矿渣垫层可用重型动力触探试验等检验。并应通过现场试验以设计压实系数所对应的贯入度为标准检验垫层的施工质量,压实系数可用环刀法、灌砂法、灌水法或其他方法检验。

环刀压入法采用的环刀容积为(2～4)×10^5mm^3,不应小于200cm^3,以减少其偶然误差,环刀净高比1∶1。取样前测点表面应刮去30～50mm厚的松砂,并采用定向筒压入(定向筒构造参考中华人民共和国水利部《土工试验规程》(SL237—1999))。环刀内砂样应不包括尺寸大于10mm的泥团或石子。砂垫层干密度控制标准:中砂为1.6t/m^3,粗砂为1.7t/m^3。

钢筋贯入法采用ϕ20mm、长度1.25m的平头光圆钢筋,自由贯入高度为700mm,并应使钢筋垂直下落。测其贯入深度,检验点的间距应不小于4m。贯入时宜使水面与砂面齐平,符合质量控制要求的贯入度值应根据砂样品种通过试验确定。

垫层的施工质量检验必须分层进行。应在每层的压实系数符合设计要求后铺填层土。

采用环刀法检验垫层的施工质量时,取样点应位于每层厚度的2/3深度处。对大基坑每50～100m^{3}应不少于1个检验点;对基槽每10～20m应不少于1个点;每个单独柱基应不少于1个点。

竣工验收采用荷载试验检验垫层承载力时,每个单体工程不宜少于3点;对于大型工程,则应按单体工程的数量或工程的面积确定检验点数。

第六节　工程实例

一、工程概况与设计

甘肃省尹家庄—中川机场高速公路K25＋790～K26＋060段路基填土高度5.96m,路基宽度28.0m。地基土由三部分组成,上部为新近堆积黄土,硬塑状,具有强烈的湿陷性,层厚0.4～0.7m;中部为湿软黄土,土质软硬不均,多呈软塑～流塑状,层厚3.9～4.3m;下部为砂砾层,层厚2.8m左右。

K25＋790～K26＋060段软黄土物理力学指标,见表2-10。测试断面示意图,如图2-17所示。

K25＋790～K26＋060段软黄土物理力学指标　　表2-10

天然含水率(%)	天然重度(kN/m^3)	天然孔隙比	液限(%)	塑限(%)	压缩系数(MPa^{-1})	压缩模量(MPa)	内摩擦角(°)	黏聚力(kPa)
28.08	18.61	0.87	27.74	19.14	1.82	2.18	18.4	16.0

为提高地基承载力,减小路基不均匀沉降,采用土工格室加固法对湿软黄土地基进行处理。其中,土工格室规格为:焊距40cm,格室高度10cm,板材厚度1.1mm,分两层进行铺设,加固厚度20cm。

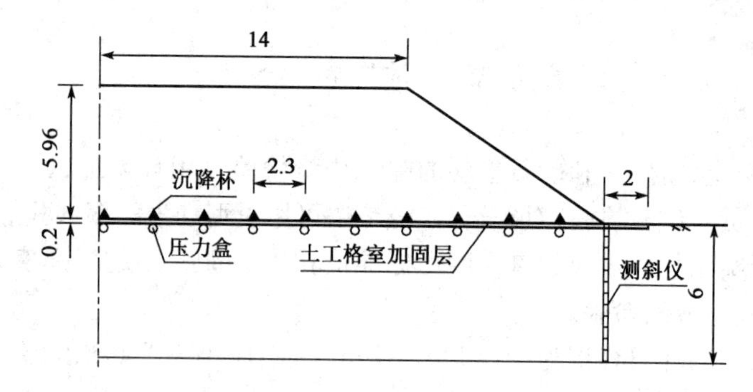

图 2-17　测试断面示意图(尺寸单位:m)

土工格室垫层加固地基的设计步骤如下：

(1)了解被加固地基的几何尺寸、荷载情况、地基土及填土的性质。

(2)确定铺设土工格室的宽度及土工格室尺寸规格。

(3)地基承载力计算。

(4)对加固地基进行稳定性验算。

二、土工格室垫层施工

1. 施工工艺(图 2-18)

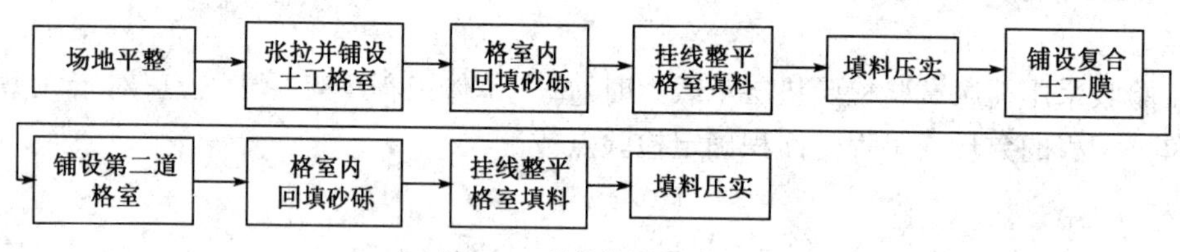

图 2-18　柔性筏基施工方法

2. 施工质量控制

(1)土工格室材料检查验收

施工前必须对购进的土工格室材料进行检查验收，材料必须有出厂合格证和测试报告，每 5000m^2 应随机抽样并测试，结果必须达到设计对材料规格和性能的要求。

(2)整平地面并振压

铺设土工格室前，首先整平施工场地，松软地层上有上覆硬壳时，应对地基进行碾压，其上平铺厚 0.3m 的粗粒土。对较松软地基，填粗粒土碾压整平后应保证地面以上厚 0.3m，然后铺设土工格室。

(3)张拉并铺设土工格室

相邻土工格室板块采用合页式插销整体连接。完全张拉开土工格室后，在四周用钢钎或填料固定，否则，严禁进行下一工序的施工。

(4)格室填料

土工格室填料与路基填料相同，要求填料颗粒均匀，最大粒径不得大于 5cm。每层格室填料的虚填厚度不大于 30cm，但不宜小于 20cm，格室未填料前，严禁机械设备在其上行驶。由推土机向前摊平时，保证格室以上填土不小于 10cm，且不大于 15cm。格室上填土应从两边向中间进行。

三、效 果 评 价

试验结果表明，利用土工格室垫层加固湿软黄土地基可明显改善地基表面所受竖向应力。竖向应力在土工格室加筋层出现较明显的应力集中，而且路基底面的竖向应力分布比未设置土工格室时均匀，同时最大竖向应力值减小40%左右。土工格室垫层加固软黄土地基时，其加固效果受湿软黄土层厚度制约，对于厚度小于4m的浅层湿软黄土地基，加固效果较好。

思考题与习题

2-1　什么叫换填法？它的适用范围是什么？

2-2　换土垫层可起到什么作用？

2-3　砂垫层的厚度是如何确定的？

2-4　试述粉煤灰的施工过程。

2-5　试述砂垫层、粉煤灰垫层、干渣垫层、土(及灰土)垫层的适用范围及其选用条件。

2-6　各种垫层施工控制的关键指标是什么？

2-7　碎石垫层和矿渣垫层各有什么构造要求？

2-8　某六层砖混结构住宅，承重墙下为条形地基，宽1.2m，埋深为1.0m，上部建筑物作用于基础的地表面上荷载为120kN/m³，基础及基础上土的平均重度为20kN/m³，基础沉降允许值为15cm。场地土质条件为第一层粉质黏土，层厚1.0m，重度为17.5kN/m³；第二层为淤泥质黏土，层厚15.0m，重度为17.8kN/m³，含水率为65%，承载力特征值为45kPa；第三层为密实砂砾石层。地下水距地表为1.0m。采用砂垫层处理，试完成以下设计计算工作：

(1)试制订砂垫层处理方案；

(2)进行地基承载力和变形验算；

(3)对砂垫层施工方法、施工质量检测要求进行说明。

2-9　某墙下采用钢筋混凝土条形基础，埋深1.5m，上部结构传至地面的轴心荷载为230kN/m。地基土第一层为粉质黏土，厚1.5m，重度为17.1kN/m³；第二层土为淤泥，较厚，重度为16.5kN/m³，地基承载力特征值f_{ak}=71kPa。因为地基土软弱，不能承受上部结构荷载，所以需在基础下设计一砂垫层，垫层材料采用粗砂，要求砂垫层的承载力特征值达到f_{ak}=160kPa。试确定该基础的底面宽度、砂垫层的厚度和砂垫层的底面宽度。

第三章 强夯法

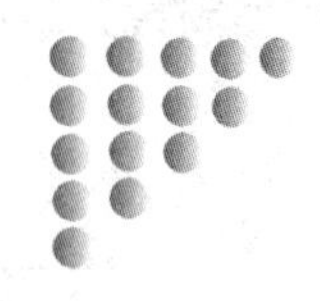

第一节 概 述

强夯法在国际上称为动力压实法或动力固结法，是法国 Menard 技术公司于 1969 年首创的一种地基加固方法。它通过一般 8～30t 的重锤（最重可达 200t）和 8～20m 的落距（最高可达 40m），对地基土施加很大的冲击能，一般能量为 500～8000kN · m。在地基土中所出现的冲击波和动应力，可提高地基土的强度、降低土的压缩性、改善砂土的抗液化条件、消除湿陷性黄土的湿陷性等。同时，夯击能还可提高土层的均匀程度，减少将来可能出现的差异沉降。对于高饱和度的粉土和黏性土地基，采用在夯坑内回填块石、碎石或其他粗颗粒材料，强行夯入并排开软土，最终形成砂石桩（墩）与软土的复合地基，此法称为强夯置换（或动力置换、强夯挤淤）。

对于强夯法和强夯置换法的适用范围，《建筑地基处理技术规范》（GB 50007—2011）规定，“强夯法适用于处理碎石土、砂土、低饱和度的粉土与黏性土、湿陷性黄土、素填土和杂填土等地基。强夯置换法适用于高饱和度的粉土与软～流塑的黏性土等地基上变形控制要求不严的工程。”

工程实践表明，强夯法具有施工简单、加固效果好、使用经济等优点，因而被世界各国工程界所重视。我国在 20 世纪 70 年代末首次在天津新港三号公路进行强夯试验研究。随后，在全国各地对各类土强夯处理都取得了良好的技术经济效果。当前，应用强夯法处理的工程范围极为广泛，有工业与民用建筑、仓库、油罐、储仓、公路和铁路路基、飞机场跑道及码头等。总之，强夯法在某种程度上比机械的、化学的和其他力学的加固方法更为广泛和有效。但对饱和度较高的黏性土，如用一般强夯处理效果不太显著，其中尤其是用以加固淤泥和淤泥质土地基，处理效果更差，使用时应慎重对待，必须给予排水的出路。为此，强夯法加袋装砂井（或塑料排水带）是一个在软黏土地基上进行综合处理的加固途径。

第二节 加 固 机 理

强夯法虽然在实践中已被证实是一种较好的地基处理方法，但到目前为止，国内外还没有一套成熟和完善的理论和设计计算方法。在第十届国际土力学和基础工程会议上，美国教授

Mitchell 在“地基处理”的科技发展水平报告中提到,“强夯法目前已发展到地基土的大面积加固,深度可达 30m。当应用于非饱和土时,压密过程基本上同实验室中的击实实验相同。在饱和无黏性土的情况下,可能会产生液化,其压密过程同爆破和振动密实的过程相同。这种加固方法对饱和细颗粒土的效果、成功和失败的工程实例均有报道。对于这类土,需要破坏土的结构,产生超孔隙水压力,以及通过裂隙形成排水通道进行加固。而强夯法对加固杂填土特别有效。”

关于强夯加固机理,首先,应该分为宏观机理和微观机理。其次,对饱和土与非饱和土应该加以区分,而在饱和土中,黏性土与非黏性土还应该再加以区分。另外,对于特殊土,如湿陷性黄土等,应该考虑特殊土的特征。再次,在研究强夯机理时应该首先确定夯击能量中真正用于加固地基的那一部分,而后再分析此部分能量对地基土的加固作用。

根据实测结果,强夯时突然释放的巨大能量,将转化为各种波形传到土体内。首先到达某指定范围的波是压缩波,振动能量以 7%传播出去,它使土体受压或受拉,能引起瞬时的孔隙水汇集,因而使地基土的抗剪强度大为降低。紧随压缩波之后的是剪切波,振动能量以 26%传播出去,它会导致土体结构的破坏。另外还有瑞利波(面波),振动能量以 67%传播出去,并能在夯击点附近造成地面隆起。对于饱和土而言,剪切波是使土体加密的波。

因此,对于土的不同的物理力学特性(颗粒大小、形状、级配,密实度,黏聚力,内摩擦角,渗透系数),土的不同类型(饱和土、非饱和土、砂性土、黏性土)和不同的施工方法(夯击能、夯点布置、特殊排水措施),强夯法的加固机理和效果也是不相同的。目前,强夯法加固地基有三种不同的加固机理:动力密实、动力固结和动力置换。

一、动力密实

采用强夯加固多孔隙、粗颗粒、非饱和土是基于动力密实的机理,即用冲击型动力荷载,使土体中的孔隙减小,土体变得密实,从而提高地基土强度。非饱和土的夯实过程,就是土中的气相(空气)被挤出的过程,其夯实变形主要是由于土颗粒的相对位移引起。在夯击动应力 p_d 的作用下,不同位置的土体处于不同的状态,大致可分为以下四个区域(图 3-1):A 区为主压实区,动应力 σ 超过土的强度 σ_f,土体结构被破坏后压实,并产生较大的侧向挤压力,该区加固效果明显;B 区为次压实区(消弱区),土中的应力 σ 小于破坏强度 σ_f,但大于土的弹性极限 σ_i;C 区为隆起区;D 区为未加固区。因此,动力密实的影响深度除了与动力大小有关外,还与地基土的结构强度有关。土的结构强度越大,影响深度越小。

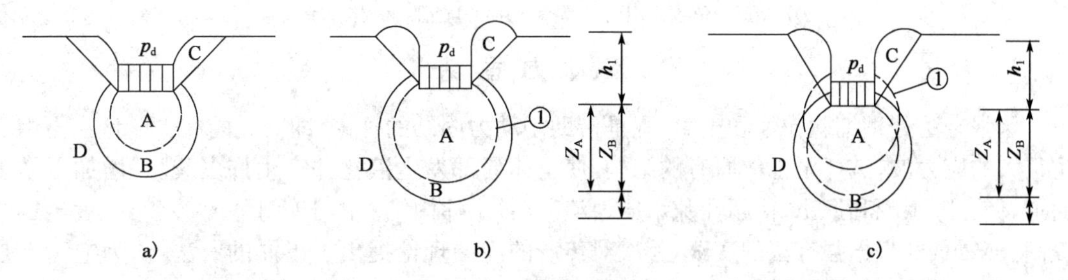

图 3-1 动力密实机理

a)加固区正扩大;b)加固区形成;c)加固区形成后,等速下沉,加固区下移

图 3-2 给出了动力密实法处理后地基的现场测量结果,包括地基中动应力等值线、干密度等值线以及夯坑沉降和周围地面隆起。强夯挤密过程中地基土中动应力随着深度和水平距离

的增加而减小，且具有明显的向水平向扩展的趋势。测量得到的地基土干密度也呈相同的规律。因此，强夯动力挤密过程中，除了夯坑下方的竖向挤密作用外，土体结构被破坏后产生较大的侧向挤压力而造成的侧向挤密作用是非常明显的。另外，在强夯过程中，随着夯击次数的增加，夯坑深度加大，夯坑周围底面产生不同程度的隆起。当场地的平均隆起量小于沉降量时，存在动力挤密作用；但当夯击次数增加至二者相当时，动力挤密作用不明显，此时对应的夯击能量即为“最佳夯击能”。

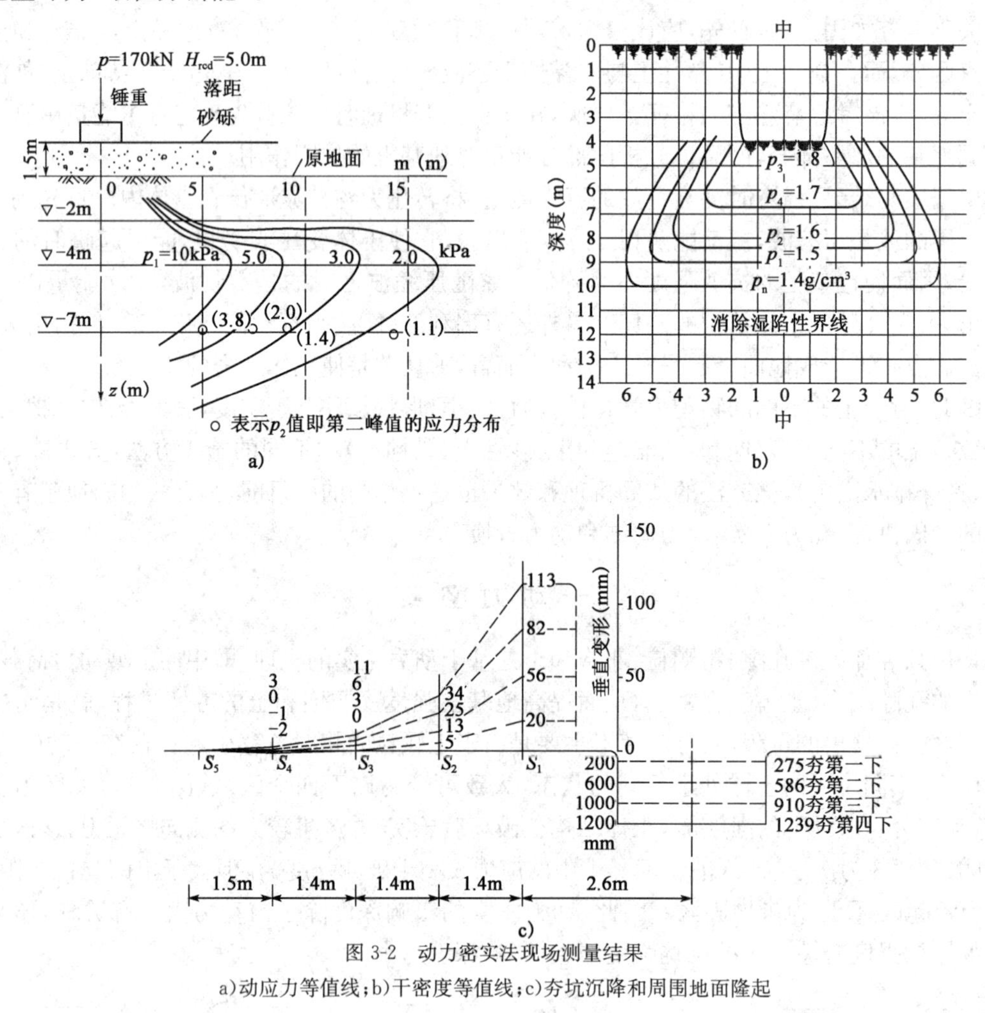

图 3-2 动力密实法现场测量结果

a)动应力等值线；b)干密度等值线；c)夯坑沉降和周围地面隆起

二、动力固结

用强夯法处理细颗粒饱和土时，则是借助于动力固结的理论，即巨大的冲击能量在土中产生很大的应力波，破坏了土体原有的结构，使土体局部发生液化并产生许多裂隙，增加了排水通道，使孔隙水顺利逸出，待超孔隙水压力消散后，土体固结。由于软土的触变性，强度会逐渐提高。Menard 根据强夯法的实践，首次对传统的固结理论提出了不同的看法，认为饱和土是可压缩的新机理。归纳成以下四点：

1. 饱和土的压缩性

Menard 教授认为：由于土中有机物的分解，第四纪土中大多数都含有以微气泡形式出现的气体，其含气量在 1%～4%范围内，进行强夯时，气体体积压缩，孔隙水压力增大，随后气体有所膨胀,孔隙水排出的同时,孔隙水压力就减少。这样每夯击一遍,液相气体和气相气体都有所减少。根据实验,每夯击一遍,气体体积可减少 40%。

2. 产生液化

在重复夯击作用下,施加在土体的夯击能量,使气体逐渐受到压缩。因此,土体的沉降量与夯击能成正比。当气体按体积百分比接近零时,土体便变成不可压缩的。相应于孔隙水压力上升到覆盖压力相等的能量级,土体即产生液化。图 3-3 所示的液化度为孔隙水压力与液化压力之比,而液化压力即为覆盖压力。当液化度为 100%时,亦即为土体产生液化的临界状态,而该能量级称为“饱和能”。此时,吸附水变成自由水,土的强度下降到最小值。一直达到“饱和能”而继续施加能量时,除了使土起重塑的破坏作用外,能量纯属是浪费。

图 3-4 为夯击三遍的情况。从图中可见,每夯击一遍时,体积变化有所减小,而地基承载力有所增长,但体积的变化和承载力的提高,并不是遵照夯击能线性增加的。

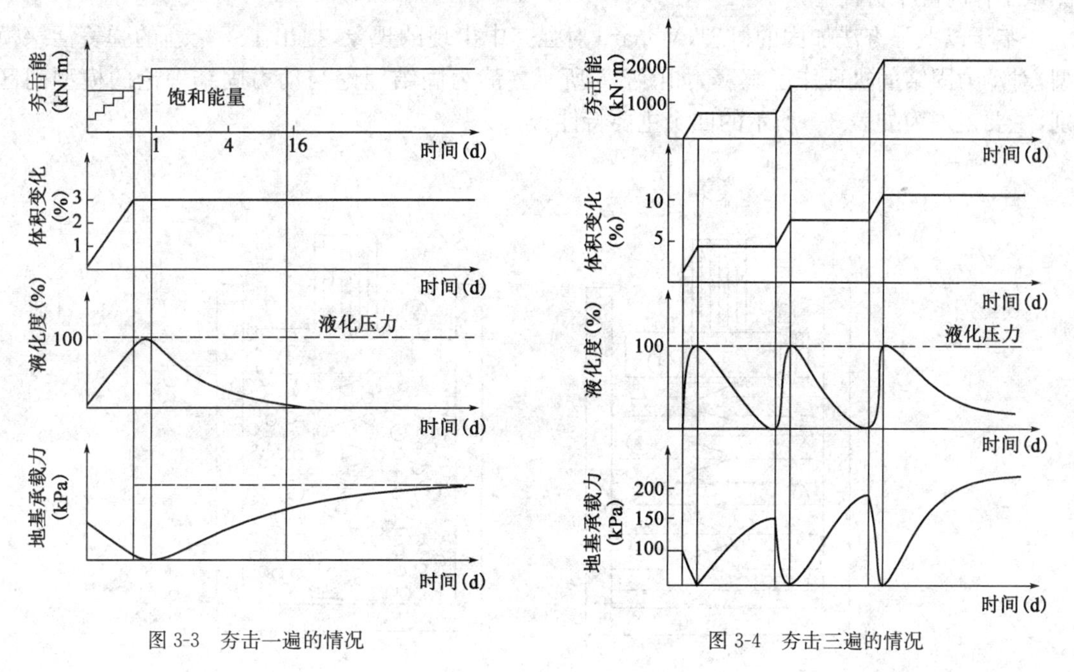

图 3-3 夯击一遍的情况　　图 3-4 夯击三遍的情况

应当指出,天然土的液化常常是逐渐发生的,绝大多数沉积物是层状和结构性的。粉质土层和砂质土层比黏性土层先进入液化。尚应注意的是,强夯时所出现的液化,它不同于地震时液化,只是土体的局部液化。

3. 渗透性变化

在很大夯击能作用下,地基土体中出现冲击波和动应力。当所出现的超孔隙水压力大于颗粒间的侧向压力时,致使土颗粒间出现裂隙,形成排水通道。此时,土的渗透系数骤增,孔隙水得以顺利排出。在有规则网格布置夯点的现场,通过积聚的夯击能量,在夯坑四周会形成有规则的垂直裂缝,夯坑附近出现涌水现象。

当孔隙水压力消散到小于颗粒间的侧向压力时,裂隙即自行闭合,土中水的运动重新又恢复常态。国外资料报道,夯击时出现的冲击波,将土颗粒间吸附水转化成为自由水,因而促进了毛细管通道横断面的增大。

4. 触变恢复

触变恢复指的是土体强度在动荷载作用下强度会暂时降低，但随着时间的增长会逐渐恢复的现象。在重复夯击作用下，土体的强度逐渐降低，当土体出现液化或接近液化时，使土的强度达到最低值。此时，土体产生裂隙，而土中吸附水部分变成自由水，随着孔隙水压力的消散，土的抗剪强度和变形模量都有了大幅度的增长。这是由于土颗粒间紧密的接触以及新吸附水层逐渐固定的原因，其吸附水逐渐固定的过程可能会延续至几个月。在触变恢复期间，土体的沉降却是很小的，有些在1‰以下。

相对于砂土和粉土，饱和黏性土的触变性较明显，尤其是对于灵敏度高的软土。因此，强夯后质量检验的勘探工作或测试工作，至少应当在强夯后一个月再进行，不然得出的指标会偏小。值得注意的是，经强夯后土在触变恢复过程中，对振动是十分敏感的，所以在进行勘探或测试工作时应十分注意。

鉴于以上强夯法加固的机理，Menard对强夯中出现的现象，提出了一个新的弹簧活塞模型，对动力固结的机理作了解释，如图3-5所示。静力固结理论与动力固结理论的模型间区别，主要表现为如表3-1所示的四个主要特性。

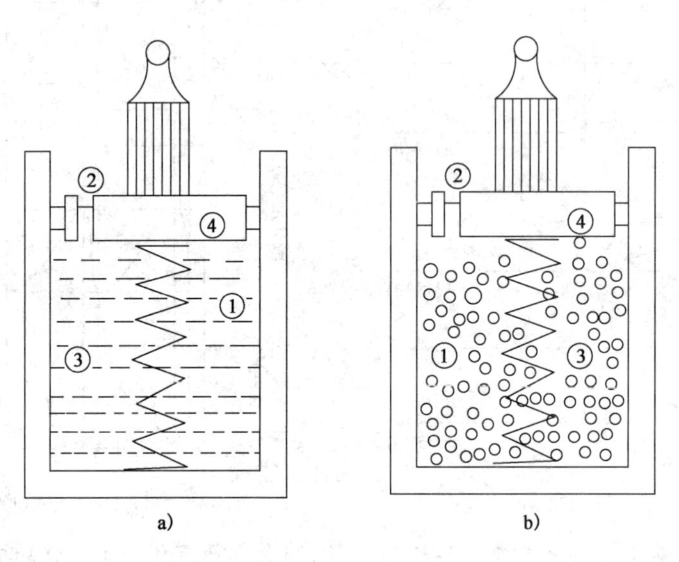

图3-5　静力固结理论与动力力固结理论的模型比较

a)静力固结理论模型；b)动力固结理论模型

静力固结和动力固结理论对比　　表3-1

静力固结理论(图3-5a)	动力固结理论(图3-5b)
①不可压缩的液体 ②固结时液体排出所通过的小孔，其孔径是不变的 ③弹簧刚度是常数 ④活塞无摩阻力	①含有少量气泡的可压缩液体，由于微气泡的存在，孔隙水是可压缩的 ②由于夯击前后土的渗透性发生变化，因此固结时液体排出所通过的小孔，其孔径是变化的 ③在触变恢复过程中，土的刚度有较大的改动，因此弹簧刚度为变数 ④活塞有摩阻力。在实际工程中，常可观测到孔隙水压力的减少，但并没有相应的沉降发生

三、动 力 置 换

动力置换可分为整式置换和桩式置换，如图 3-6 所示。整式置换是采用强夯将碎石整体挤入淤泥中，其作用机理类似于换土垫层。桩式置换是通过强夯将碎石填筑土体中，部分碎石桩(或墩)间隔地夯入软土中，形成桩式(或墩式)的碎石桩(或墩)。其作用机理类似于振冲法等形成的碎石桩，它主要是靠碎石内摩擦角和桩(或墩)间土的侧限来维持桩体的平衡，并与桩(或墩)间土起复合地基的作用。

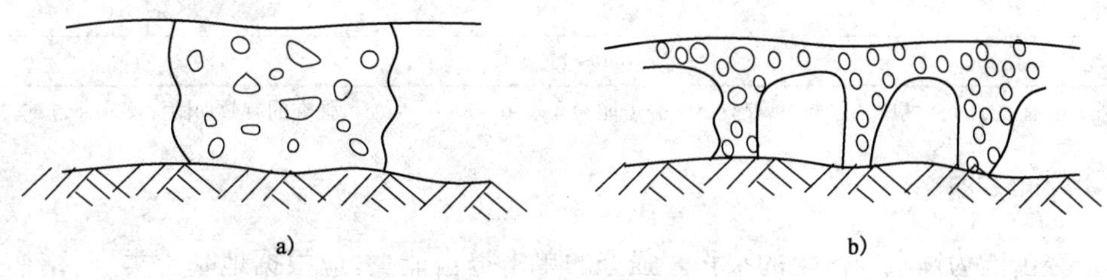

图 3-6　动力置换类型

a)整式置换；b)桩式置换

第三节　设 计 计 算

一、强夯法设计要点

1. 有效加固深度

有效加固深度既是选择地基处理方法的重要依据，又是反映处理效果的重要参数。一般可按下列公式估算有效加固深度：

$$H = \alpha \sqrt{Mh} \tag{3-1}$$

式中：H——有效加固深度(m)；

M——夯锤质量(t)；

h——落距(m)；

α——系数，须根据所处理地基土的性质而定，对软土可取 0.5，对黄土可取 0.34～0.5。

目前，国内外尚无关于有效加固深度的确切定义，但一般可理解为：经强夯加固后，该土层强度和变形等指标能满足设计要求的土层范围。

实际上影响有效加固深度的因素很多，除了锤重和落距外，还有地基土的性质、不同土层的厚度和埋藏顺序、地下水位以及其他强夯的设计参数等都与有效加固深度有着密切的关系。因此，强夯的有效加固深度应根据现场试夯或当地经验确定。在缺少经验或试验资料时，可根据单击夯击能(即夯锤重 M 与落距 h 的乘积)和地基土类型按表 3-2 预估。

强夯的有效加固深度(m)　　表 3-2

单击夯击能(kN·m)	碎石土、砂土等粗颗粒土	粉土、黏性土、湿陷性黄土等细颗粒土
1000	4.0～5.0	3.0～4.0
2000	5.0～6.0	4.0～5.0

续上表

单击夯击能(kN·m)	碎石土、砂土等粗颗粒土	粉土、黏性土、湿陷性黄土等细颗粒土
3000	6.0～7.0	5.0～6.0
4000	7.0～8.0	6.0～7.0
5000	8.0～8.5	7.0～7.5
6000	8.5～9.0	7.5～8.0
8000	9.0～9.5	8.0～8.5
10000	9.5～10.0	8.5～9.0
12000	10.0～11.0	9.0～10.0

注:强夯的有效加固深度应从起夯面算起;单击夯击能量大于12000kN·m时,强夯的有效加固深度应通过试验确定。

2. 夯锤和落距

单击夯击能为锤重与落距的乘积。强夯的单击夯击能量,应根据地基土类别、结构类型、地下水位、荷载大小和要求有效加固深度等因素综合考虑,亦可通过现场试验确定。在一般情况下,对砂土等粗粒土可取1000～6000kN·m;对黏性土等细粒土可取1000～3000kN·m。

一般,国内夯锤可取10～25t,我国至今采用的最大夯锤为40t。夯锤的平面一般有圆形和方形等形状,其中有气孔式和封闭式两种。实践证明,圆形和带有气孔的锤较好,它可克服方形锤由于上下两次夯击着地并不完全重合而造成夯击能量损失和着地时倾斜的缺点。夯锤中宜设置若干个上下贯通的气孔,孔径可取250～300mm,它可减小起吊夯锤时的吸力(在上海金山石油化工厂的试验工程中测出,夯锤的吸力达三倍锤重);又可减少夯锤着地前的瞬时气垫的上托力,从而减少能量的损失。锤底面积对加固效果有直接影响,对于同样的锤重,当锤底面积较小时,夯锤着地压力过大,会形成很深的夯坑,尤其是饱和细颗粒土,这既增加了继续起锤的阻力,又不能提高夯击的效果。因此,锤底面积宜按土的性质确定,强夯锤底静压力值可取25～40kPa。对细颗粒上锤底静压力宜取较小值。国内外资料报道,对砂性土和碎石填土,一般锤底面积为2～4m^2;对一般第四纪黏性土建议用3～4m^2;对于淤泥质土建议采用4～6m^2;对于黄土建议采用4.5～5.5m^2。同时应控制夯锤的高宽比,以防止产生偏锤现象,如黄土,高宽比可采用1∶2.5～1∶2.8。有的文献也提出,夯坑深度不超过夯锤宽度的一半,否则将有一部分能量损失在土中。由此可见,对细颗粒土在强夯时预计会产生较深的夯坑,因而事先要求加大锤底的面积。

国内外夯锤材料,特别是大吨位的夯锤,多数采用以钢板为外壳和内灌混凝土的锤。目前,也有为了运输的方便和根据工程的需要,浇筑成在混凝土的锤上能临时装配钢板的组合锤。由于锤重的日益增加,锤的材料已趋向于由钢材铸成。

夯锤确定后,根据要求的单点夯击能量,就能确定夯锤的落距。国内通常采用的落距是8～25m。对相同的夯击能量,常选用大落距的施工方案,这是因为增大落距可获得较大的接地速度,能将大部分能量有效地传到地下深处,增加深层夯实效果,减少消耗在地表土层塑性变形的能量。

3. 夯击点布置及间距

1)夯击点布置

强夯夯击点位置可根据基底平面形状,采用等边三角形、等腰三角形或正方形布置。同时，夯击点布置时应考虑施工时吊机的行走通道。强夯置换墩位布置宜采用等边三角形或正方形。对独立基础或条形基础可根据基础形状与宽度相应布置。

强夯和强夯置换处理范围应大于建筑物基础范围，具体的放大范围，可根据建筑物类型和重要性等因素考虑决定。对一般建筑物，每边超出基础外缘的宽度宜为设计处理深度的1/3～2/3，并不宜小于3m。

2)夯击点间距

夯击点间距(夯距)的确定，一般根据地基土的性质和要求处理的深度而定，以保证使夯击能量传递到深处和保护邻近夯坑周围所产生的辐射向裂隙为基本原则。强夯第一遍夯击点间距可取夯锤直径的2.5～3.5倍，这样才能使夯击能量传到深处。第二遍夯击点位于第一遍夯击点之间，以后各遍夯击点间距可适当减小。最后一遍以较低的能量进行夯击，彼此重叠搭接，用以确保地表土的均匀性和较高的密实度，俗称“普夯”(或称满夯)。如果夯距太近，相邻夯击点的加固效应将在浅处叠加而形成硬层，则将影响夯击能向深部传递。夯击黏性土时，一般在夯坑周围会产生辐射向裂隙，这些裂隙是动力固结的主要因素。如夯距太小时，等于使产生的裂隙重新又被闭合。对处理深度较深或单击夯击能较大的工程，第一遍夯击点间距宜适当增大。

4.夯击击数与遍数

整个加固场地的总夯击能量(即锤重×落距×总夯击数)除以加固面积称为单位夯击能。夯击击数和遍数越高，单位夯击能也就越大。强夯和强夯置换的单位夯击能应根据地基土类别、结构类型、荷载大小和要求处理的深度等综合考虑，并可通过试验确定。在一般情况下，对砂土等粗粒土可取1000～3000kN·m/m^2；对黏性土等细粒土可取1500～4000kN·m/m^2。

夯击能量根据需要可分几遍施加，两遍间可间歇一段时间，称为间歇时间。

1)夯击击数

单点夯击击数越多，夯击能也就越大，加固效果也越好。但是当夯击次数和夯击能增长到一定程度(即最佳夯击能)后，再增加夯击次数和夯击能，加固效果增长就不再明显。

强夯夯点的夯击击数和最佳夯击能一般可通过现场试夯确定，常以夯坑的压缩量最大、夯坑周围降起量最小为原则，根据试夯得到的强夯击数和夯沉量、隆起量的监测曲线来确定。尤其是对于饱和度较高的黏性土地基，随着夯击次数的增加，夯击过程中夯坑下的地基土会产生较大侧向挤出，而引起夯坑周围地面有较大隆起。在这种情况下，必须根据夯击击数和地基有效压缩量的关系曲线来确定。

对于碎石土、砂土、低饱和度的湿陷性黄土和填土等地基，夯击时夯坑周围往往没有隆起或有很少量隆起。在这种情况下，夯击次数可根据现场试夯得到的夯击击数和夯沉量关系曲线确定，且应同时满足下列条件：

(1)最后两击的平均夯沉量不宜大于下列数值：当单击夯击能量小于4000kN·m时为50mm；当夯击能为4000～6000kN·m时为100mm；当夯击能为6000～8000kN·m时为150mm；当夯击能为8000～12000kN·m时为200mm；当夯击能大于12000kN·m时应通过试验确定。

(2)夯坑周围地面不应发生过大隆起。

(3)不因夯坑过深而发生起锤困难。

强夯夯点的夯击击数和最佳夯击能也可通过试夯过程中地基中孔隙水压力的变化来确

定。在黏性土中，由于孔隙水压力消散慢，当夯击能逐渐增大时，孔隙水压力亦相应的叠加，当达到一定程度时，土体产生塑性破坏，孔压不再增长。因而在黏性土中，可根据孔隙水压力的叠加值来确定最佳夯击能。

在砂性土中，由于孔隙水压力增长及消散过程仅为几分钟，因此，孔隙水压力不能随夯击能增加而叠加，但孔压增量会随着夯击次数的增加而有所减小。为此可绘制孔隙水压力增量与夯击能的关系曲线，当孔隙水压力增量随着夯击击数（夯击能）减小而逐渐趋于恒定时，此能量即为最佳夯击能。

2）夯击遍数

强夯需分遍进行，即所有的夯点不是一次夯完，而是要分几遍，如图3-7所示。这样做的好处是：

（1）大的间距可避免强夯过程中浅层硬壳层的形成，从而加大处理深度。常采用先高能量、大间距加固深层，然后再采用满夯加固表层松土。

（2）对饱和细粒土，由于存在单遍饱和夯击能，每遍夯后需孔压消散，气泡回弹，方可进行二次压密、挤密，因此对同一夯击点需分遍夯击。

（3）对饱和粗颗粒土，当夯坑深度大时，或积水，或涌土需填粒料，为操作方便而分遍夯击。

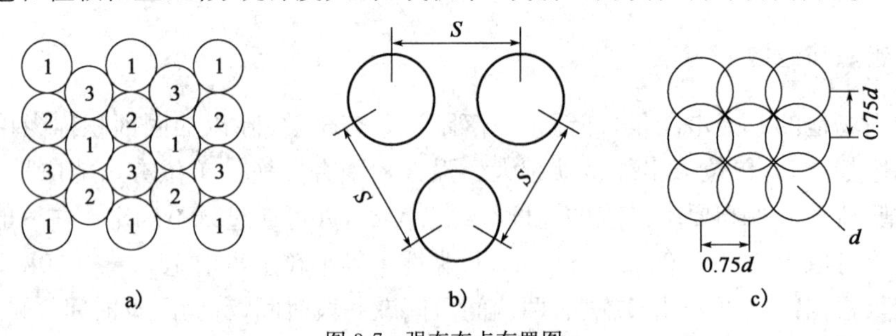

图3-7　强夯夯点布置图

a)夯点分遍；b)夯点间距；c)满夯布置

①表示第一遍；②表示第二遍；③表示第三遍

夯击遍数应根据地基土的性质确定，可采用点夯2～3遍，对于渗透性较差的细颗粒土，必要时夯击遍数可适当增加。最后再以低能量满夯2遍，满夯可采用轻锤或低落距锤多次夯击，锤印搭接。

5. 垫层铺设

施工前，要求拟加固的场地必须具有一层稍硬的表层，使其能支承起重设备；并便于对所施工的“夯击能”得到扩散；同时也可加大地下水位与地表面的距离，因此有时必须铺设垫层。对场地地下水位在−2m深度以下的砂砾石土层，可直接施行强夯，无需铺设垫层；对地下水位较高的饱和黏性土与易液化流动的饱和砂土，都需要铺设砂、砂砾或碎石垫层才能进行强夯，否则土体会发生流动。垫层厚度随场地的土质条件、夯锤重量及其形状等条件而定。当场地土质条件好，夯锤小或形状构造合理，起吊时吸力小者，也可减少垫层厚度。垫层厚度一般为0.5～2.0m。铺设的垫层不能含有黏土。

6. 间歇时间

对于需要分两遍或多遍夯击的工程，两遍夯击间应有一定的时间间隔。各遍夯间的间歇时间取决于加固土层中孔隙水压力消散所需要的时间。对砂性土，孔隙水压力的峰值出现在夯完后的瞬间，消散时间只有 2～4min（图 3-8a），故对渗透性较大的砂性土，两遍夯间的间歇时间很短，亦即可连续夯击。

对黏性土，由于孔隙水压力消散较慢，故当夯击能逐渐增加时，孔隙水压力亦相应叠加，其间歇时间取决于孔隙水压力的消散情况，一般为 2～4 周（图 3-8b）。目前，国内有的工程对黏性土地基的现场埋设了袋装砂井（或塑料排水带），以便加速孔隙水压力的消散，缩短间歇时间。有时根据施工流水顺序先后，两遍夯击间也能达到连续夯击的目的。

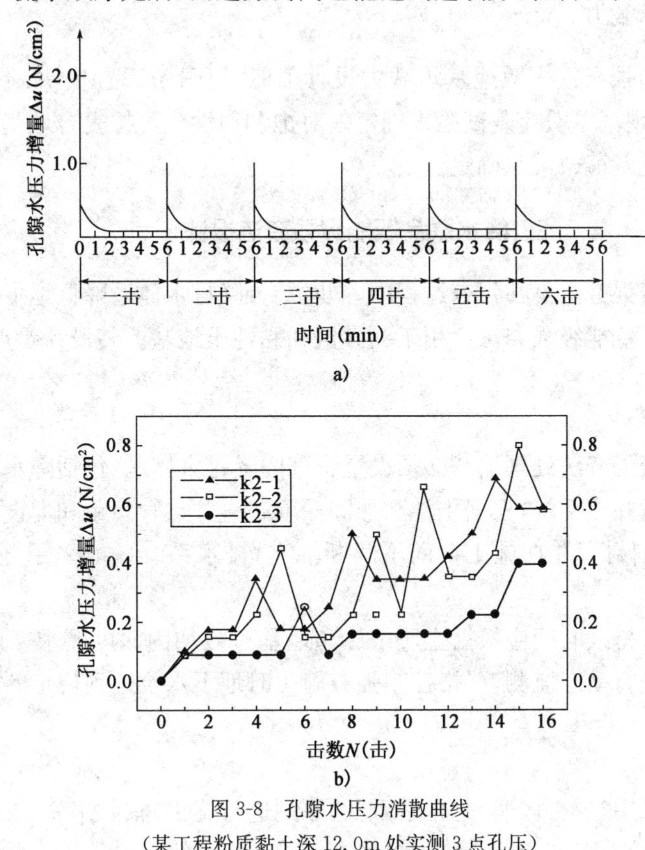

图 3-8　孔隙水压力消散曲线

（某工程粉质黏土深 12.0m 处实测 3 点孔压）

a)砂土地基中孔压消散；b)黏性土地基中孔压累积

二、强夯置换法设计要点

强夯置换法适用于高饱和度粉性土和软塑—流塑的黏性土等且对变形控制要求不严的工程，其设计要点如下。

1. 强夯置换墩材料

强夯置换墩材料宜采用级配良好的块石、碎石、矿渣、建筑垃圾等质地坚硬、性能稳定、无腐蚀性和放射性危害的粗颗粒材料，粒径大于 300mm 的颗粒含量不宜超过全重的 30%。

2. 强夯置换墩的深度

由土质条件和锤的形状决定，一般不宜大于 7m，采用柱锤时不宜大于 10m。当软弱土层较薄时，强夯置换墩应穿透软弱层；当软弱土层深厚时，应按地基的允许变形值或地基的稳定性要求确定。

3. 墩位布置

墩位布置宜采用等腰三角形、正方形布置，或按基础形式布置。强夯置换墩间距应根据荷载大小和原土的承载力选定，当满堂布置时可取夯锤直径的 2～3 倍。对独立基础或条形基础可取夯锤直径的 1.5～2.0 倍。墩的计算直径可取夯锤直径的 1.1～1.2 倍。

4. 置换墩地基承载力

确定软黏性土中强夯置换墩地基承载力设计值时，可只考虑置换墩，不考虑桩间土的作用，其承载力应通过现场单墩荷载试验来确定。对饱和粉性土可按复合地基考虑，其承载力可通过现场单墩复合地基荷载试验确定。

三、降水联合低能级强夯法设计要点

降水联合低能级强夯法是在强夯过程中，同时结合降排水体系降低地下水位，以提高地基处理效果。降水联合低能级强夯法适用于夹砂饱和黏性土地基。其设计要点如下：

1. 降排水体系

降水联合低能级强夯法处理地基必须设置合理的降排水体系，包括降水系统和排水系统。降水系统宜采用真空井点系统，根据土性和加固深度布置井点管间距和埋设深度，在加固区以外 3～4m 处设置外围封管并在施工期间不间断抽水；排水系统一般采用施工区域四周挖明沟，并设置集水井。

降水深度及降水持续时间应根据土质条件和地基有效加固深度要求来确定，并在降水施工期间对地下水位进行动态监测，严格控制强夯施工时地下水位达到规定的深度。

2. 夯击能量

低能级强夯应采用“少击多遍，先轻后重”的原则进行施工，宜采用 2～4 遍进行夯击，单击夯击能可从 400kN・m 逐渐增大到 2000kN・m 以上。具体夯击工艺参数应通过试夯来确定。

3. 间歇时间

每遍强夯间歇时间宜根据软土中超静孔隙水压力消散 80%以上所需时间确定，并应满足通过降水使地下水位达到规定的深度。

4. 夯击击数

每遍夯点的夯击数可按下列要求确定：

(1)夯坑周围地面不应发生过大的隆起，距夯坑边 25cm 左右地面隆起超过 5cm 时，则要适当降低夯击能。

(2)第 n 击以后连续两次夯沉量比前一击更小，则单点击数定为 n 击。

(3)不因夯坑过深而发生提锤困难。

具体每遍的夯击能和夯击次数可根据现场夯击效果进行调整。

5. 其他

大面积强夯开始前，对于地质条件特殊且尚无经验的场地，均应选择有代表性区域进行试夯，通过实测夯沉量、地下水位、孔隙水压力监测以及夯前夯后加固效果检测确定夯击能、夯击击数和间隔时间等施工参数。并结合勘察报告进行施工前的暗浜排查，宜将沟、浜、塘换填处理后再进行大面积施工。

第四节 施 工 方 法

一、施 工 机 械

欧洲一些国家所用的起重设备大多为大吨位的履带式起重机，稳定性好，行走方便；日本采用轮胎式起重机进行强夯作业，亦取得了满意结果；国外除使用现成的履带吊外，还制造了常用的三足架和轮胎式强夯机，用于起吊 40t 夯锤，落距可达 40m。国外所用履带吊都是大吨位的吊机，通常在 100t 以上。由于 100t 吊机，其卷扬机能力只有 20t 左右，如果夯击工艺采用单缆锤击法，则 100t 的吊机最大只能起吊 20t 的夯锤。我国绝大多数强夯工程只具备小吨位起重机的施工条件，所以只能使用滑轮组起吊夯锤，利用自动脱钩的装置，如图 3-9 所示，使锤形成自由落体。拉动脱钩器的钢丝绳，其一端拴在桩架的盘上，以钢丝绳的长短控制夯锤的落距，夯锤挂在脱钩器的钩上，当吊钩提升到要求的高度时，张紧的钢丝绳将脱钩器的伸臂拉转一个角度，致使夯锤突然下落。有时，为防止起重臂在较大的仰角下突然释重而有可能发生后倾，可在履带起重机的臂杆端部设置辅助门架，或采取其他安全措施，防止落锤时机架倾覆。自动脱钩装置应具有足够的强度，且施工时要求灵活。

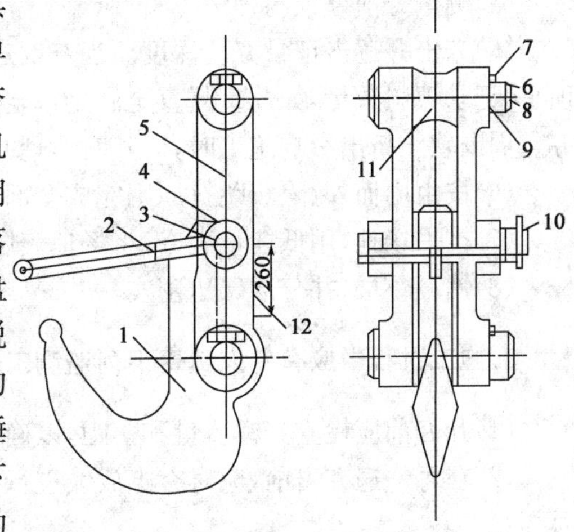

图 3-9 强夯脱钩装置图

1-吊钩；2-锁卡焊合件；3、6-螺栓；4-开口销；5-架板；7-垫圈；8-止动板；9-销轴；10-螺母；11-鼓形轮；12-护板

二、施 工 步 骤

1. 强夯施工步骤

(1)清理并平整施工场地。

(2)铺设垫层，在地表形成硬层，用以支承起重设备，确保机械通行和施工，同时可加大地下水和表层面的距离，防止夯击的效率降低。

(3)标出第一遍夯击点的位置，并测量场地高程。

(4)起重机就位，使夯锤对准夯点位置。

(5)测量夯前锤顶高程。

(6)将夯锤起吊到预定高度，待夯锤脱钩自由下落后放下吊钩，测量锤顶高程；若发现因坑底倾斜而造成夯锤歪斜时，应及时将坑底整平。

(7)重复步骤(6)，按设计规定的夯击次数及控制标准，完成一个夯点的夯击。

(8)重复步骤(4)～(7)，完成第一遍全部夯点的夯击。

(9)用推土机将夯坑填平，并测量场地高程。

(10)在规定的间隔时间后，按上述步骤逐次完成全部夯击遍数，最后用低能量满夯，将场地表层土夯实，并测量夯后场地高程。

当地下水位较高，夯坑底积水影响施工时，宜采用人工降低地下水位或铺设一定厚度的松散材料。夯坑内或场地的积水应及时排除。

当强夯施工时所产生的振动，对邻近建筑物或设备产生有害影响时，应采取防振或隔振措施。

2. 强夯置换施工步骤

(1)清理并平整施工场地，当表土松软时可铺设一层厚度为1.0～2.0m的砂石施工垫层。

(2)标出夯点位置，并测量场地高程。

(3)起重机就位，夯锤置于夯点位置。

(4)测量夯前锤顶高程。

(5)夯击并逐击记录夯坑深度。当夯坑过深而发生起锤困难时停夯，向坑内填料直至与坑顶平，记录填料数量，如此重复直至满足规定的夯击次数及控制标准完成一个墩体的夯击；当夯点周围软土挤出影响施工时，可随时清理并在夯点周围铺垫碎石，继续施工。

(6)按由内而外、隔行跳打原则完成全部夯点的施工。

(7)推平场地，用低能量满夯，将场地表层松土夯实，并测量夯后场地高程。

(8)铺设垫层，并分层碾压密实。

3. 施工过程中应有专人负责下列监测工作

(1)开夯前应检查夯锤质量和落距，以确保单击夯击能量符合设计要求。

(2)在每一遍夯击前，应对夯点放线进行复核，夯完后检查夯坑位置，发现偏差或漏夯应及时纠正。

(3)按设计要求检查每个夯点的夯击次数和每击的夯沉量。对强夯置换尚应检查置换深度。

第五节　现场观测与质量检验

一、现场观测

现场的测试工作是强夯设计施工中的一个重要组成部分。在大面积施工之前应选择面积不小于400m^{2}的场地进行现场试验，观测和分析地基中位移、孔压和振动加速度等数据，以便检验设计方案和施工方法是否合理，科学确定强夯施工各项参数。现场观测工作一般有以下几个方面内容：

1. 地面及深层变形

地面变形研究的目的是：

(1)了解地表隆起的影响范围及垫层的密实度变化。

(2)研究夯击能与夯沉量的关系,用以确定单点最佳夯击能量。

(3)确定场地平均沉降和搭夯的沉降量,用以研究强夯的加固效果。

变形研究的手段是:地面沉降观测、深层沉降观测和水平位移观测。

每当夯击一次应及时测量夯击坑及其周围的沉降量、隆起量和挤出量。图 3-10 为夯击次数(夯击能)与夯坑体积和隆起体积关系曲线,图中的阴影部分为有效压实体积。这部分的面积越大,说明夯实效果越好。

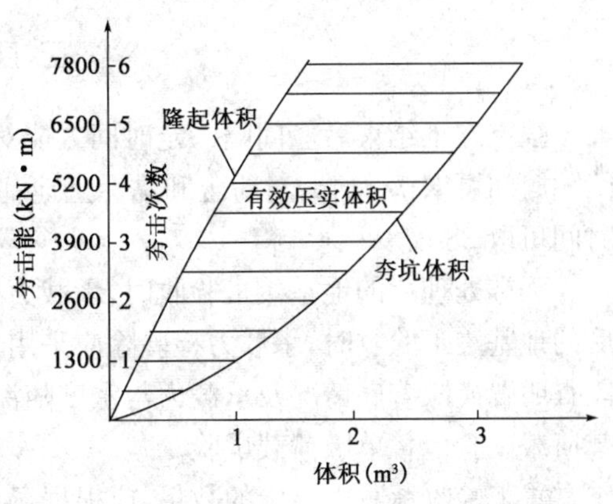

图 3-10　夯击次数(夯击能)与夯坑体积和隆起体积关系曲线

另外,对场地的夯前和夯后平均高程的水准测量,可直接观测出强夯法加固地基的变形效果。还有在分层土面上或同一土层上的不同高程处埋设一般深层沉降标,用以观测各分层土的沉降量,从而确定强夯法对地基土的有效加固深度;在夯坑周围埋设带有滑槽的测斜导管,再在管内放入测斜仪,在每一定深度范围内测定土体在夯击作用下的侧向位移情况,可以了解强夯过程中地基土的侧向位移情况。

2. 孔隙水压力

一般可在试验现场沿夯击点等距离的不同深度以及等深度的不同距离埋设双管封闭式孔隙水压力仪或钢弦式孔隙水压力仪,在夯击作用下,进行对孔隙水压力沿深度和水平距离的增长和消散的分布规律研究。从而确定两个夯击点间的夯距、夯击的影响范围、间歇时间以及饱和夯击能等参数。

3. 侧向挤压力

将土压力盒事先埋入土中后,在强夯加固前,各土压力盒沿深度分布的土压力的规律,应与静止土压力相近似。在夯击作用下,可测试每夯击一次的压力增量沿深度的分布规律。

4. 振动加速度

研究地面振动加速度的目的,是为了便于了解强夯施工时的振动对现有建筑物的影响。为此,在强夯时应沿不同距离测试地表面的水平振动加速度,绘成加速度与距离的关系曲线。将地表的最大振动加速度为 0.98m/s² 处(即0.1g,g 为重力加速度,相当于七度地震设防烈度)作为设计时振动影响安全距离。如图 3-11 所示,距夯击点 16m 处振动加速度为 0.98m/s²。虽然0.98m/s² 的数值与七度地震烈度相当,但由于强夯振动的周期比地震短得多,产生振动作用的时间短,1s 完成全过程,而地震六度以上的平均振动时间为 30s;且强夯产生振动作用的范围也远小于地震的作用范

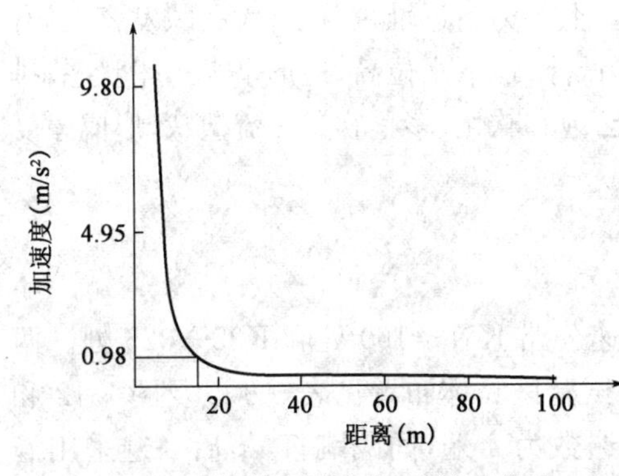

图 3-11　振动加速度与水平距离的关系

围,所以强夯施工时,对邻近已有建筑物和施工的建筑物的影响肯定要比地震的影响小。而减少振动影响的措施,常采用在夯区周围设置隔振沟(亦即指一般在建筑物邻近开挖深度3m左右的隔振沟)。隔振沟有两种,主动隔振是采用靠近或围绕振源的沟,以减少从振源向外辐射的能量;被动隔振是靠近减振的对象的一边挖沟,这两种效果都是有效的。

二、质 量 检 验

强夯施工结束后应间隔一定时间方能对地基加固质量进行检验,对碎石土和砂土地基,其间隔时间可取7～14d;对粉土和黏性土地基的间隔时间可取14～28d。强夯置换地基的间隔时间可取28d。

强夯处理后的地基竣工验收时,承载力检验应采用原位测试和室内土工试验。强夯置换后的地基竣工验收时,承载力检验除应采用单墩荷载试验检验外,尚应采用动力触探等有效手段查明置换墩着底情况及承载力与密度随深度的变化,对饱和粉土地基允许采用单墩复合地基荷载试验代替单墩荷载试验。

竣工验收承载力检验的数量,应根据场地复杂程度和建筑物的重要性确定,对于简单场地上的一般建筑物,每个建筑地基的荷载试验检验点不应少于3点;对于复杂场地或重要建筑地基应增加检验点数。强夯置换地基荷载试验检验和置换墩着底情况检验数量均不应少于墩点数的1%,且不应少于3点。

检测点位置可分别布置在夯坑内、夯坑外和夯击区边缘。检验深度应不小于设计处理的深度。

此外,质量检验还包括检查施工过程中的各项测试数据和施工记录,凡不符合设计要求时,应补夯或采取其他有效措施。

第六节　工 程 实 例

一、强夯置换处理公路工程地基效果评价——尹中高速公路工程

1. 场地概况

依托尹中高速公路工程,选择K31+160～K32+325典型软黄土地基路段进行强夯加固试验。本路段主要分布在沿线山间盆地、冲沟及洼地,上部为新近堆积黄土,大孔隙发育,具有强烈湿陷性,属Ⅲ～Ⅳ级自重湿陷性黄土。由于地势低洼,地下水位高,地形呈半封闭状态,排洪条件差,地下水位以下新近堆积黄土经长期浸泡,已饱和软化,多呈软塑～流塑状,形成厚度变化较大的软黄土层。

2. 设计方案

本次试验分为A、B两个区域,分别位于尹中高速公路K31+160处和K32+325处。两个试验区的大小分别为40m×20m和40m×30m。试验区具体布置见表3-3以及图3-12和图3-13所示。试验采用夯击能为2000kN·m,夯击遍数为4遍,间隔跳打,最后一遍采用满夯。间歇期为7d。

试验区两种方案　表 3-3

试验区	位置	夯间距(m)	排距(m)	夯锤重(t)
A	K31＋160	3	2.6	14.3
B	K32＋325	2.5	2.17	14.7

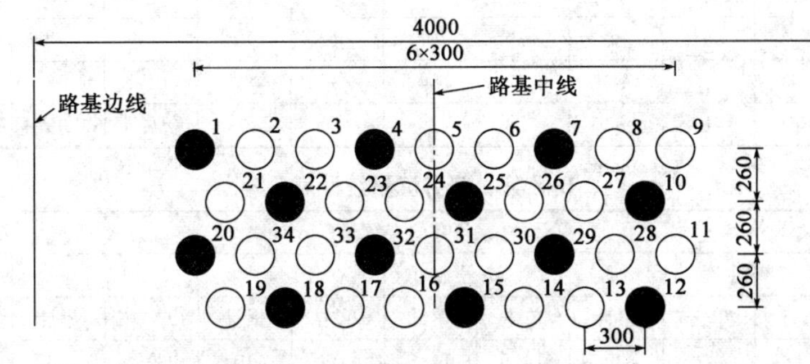

图 3-12　强夯 A 区(尺寸单位:cm)

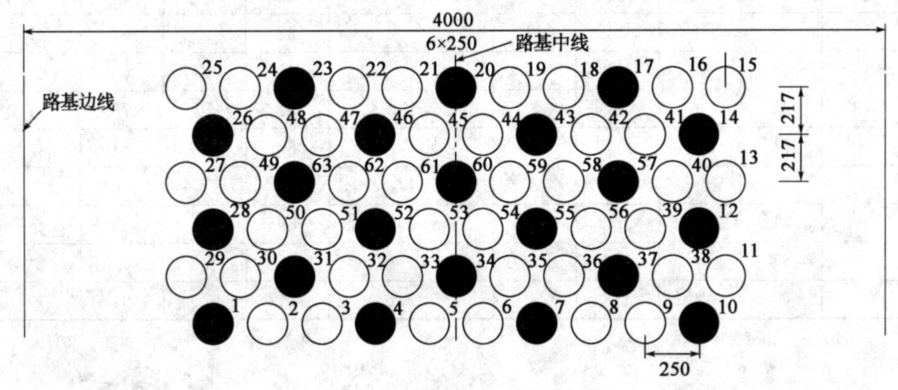

图 3-13　强夯 B 区(尺寸单位:cm)

试验前,清除表面 20cm 沼泽,换填 80cm 厚砂砾,采取强夯置换处理软黄土地基。

强夯加固过程中,量测夯沉量随夯击数变化、试验区外土体隆起量随时间及到试验区边界距离变化关系。

为了确定软黄土地基强夯处理时的最佳夯击数,研究了单击夯沉量、累计夯沉量与夯击数的关系。其中,单击夯沉量表示每夯一次夯位处地表的沉降量,累计夯沉量为各单击夯沉量之和。将两个试验区的夯沉量统计如表 3-4、表 3-5 所示,并在每个试验区中取代表性的几个夯点作累计夯沉量与单点夯沉量图,如图 3-14～图 3-17 所示。

A 区第一遍夯沉量统计表　表 3-4

击数	各夯位夯沉量(cm)											
	1号		4号		7号		10号		22号		25号	
	单击	累计	单击	累计	单击	累计	单击	累计	单击	累计	单击	累计
1	27	27	19	19	20	20	22	22	29	29	18	18
2	11	38	19	38	16	36	13	35	15	44	13	31
3	14	52	10	48	12	48	12	47	12	56	10	41
4	12	64	10	58	10	58	10	57	7	63	14	55
5	1	65	7	65	9	67	6	63	10	73	6	61
6	2	67	3	68	6	73	5	68	3	76	6	67

续上表

击数	各夯位夯沉量(cm)											
	1号		4号		7号		10号		22号		25号	
	单击	累计	单击	累计	单击	累计	单击	累计	单击	累计	单击	累计
7	10	77	6	74	5	78	7	75	9	85	4	71
8	2	79	6	80	3	81	4	79	7	92	4	75
9	5	84	3	83	3	84	3	82	1	93	5	80
10	2	86	1	84	2	86	2	84	2	95	3	83

B区第一遍夯沉量统计表 表3-5

击数	各夯位夯沉量(cm)											
	1号		4号		7号		10号		12号		14号	
	单击	累计	单击	累计	单击	累计	单击	累计	单击	累计	单击	累计
1	7	7	29	29	14.5	14.5	10	10	20	20	21	21
2	11	18	13	42	25	39.5	16	26	21	41	18	39
3	11	29	13	55	11	50.5	6	32	10	51	31	70
4	18	47	13	68	7	57.5	13	45	12	63	2	72
5	16	63	9	77	8	65.5	7	52	10	73	4	76
6	8	71	8.5	85.5	10	75.5	8	60	8	81	8	84
7	4	75	10.5	96	3	78.5	7	67	5	86	4	88
8	6	81	10	106	5	83.5	2	69	3	89	5	93
9	6	87	4	110	6	89.5	1	70	1.5	90.5	3	96
10	3	90	1	111	3	92.5	1	71	0.5	91	2	98

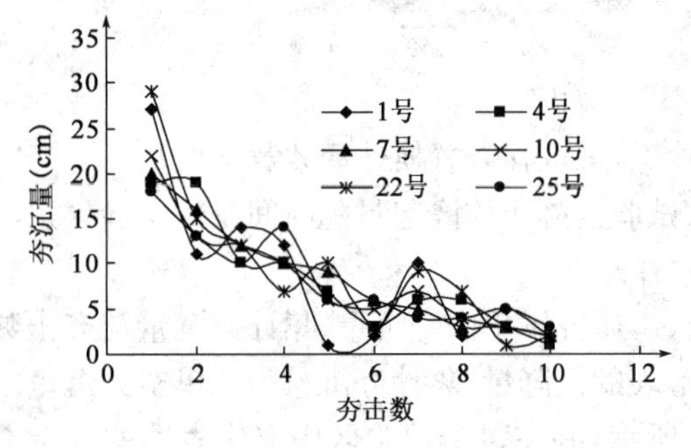

图3-14 A区单击夯沉量

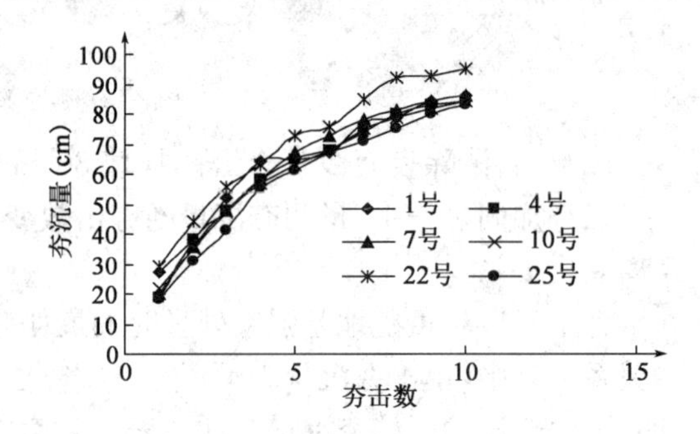

图3-15 A区累计夯沉量

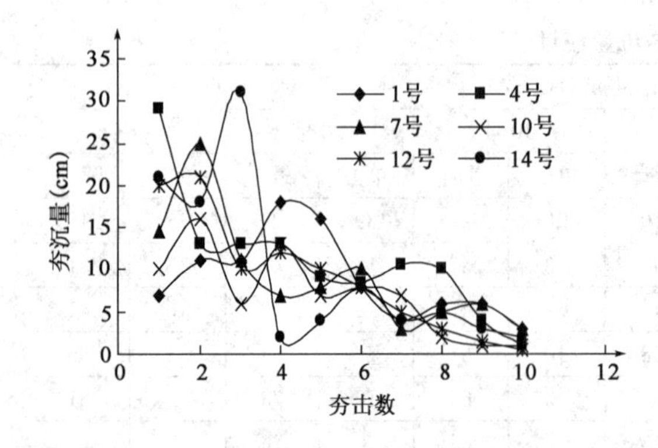

图3-16 B区单击夯沉量

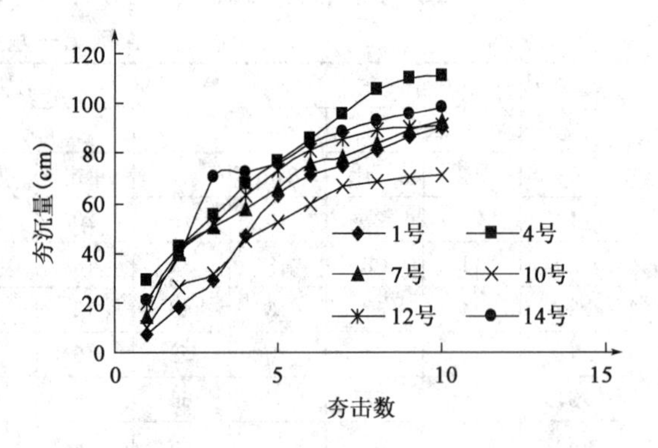

图3-17 B区累计夯沉量

从以上图表中可以看出：单击夯沉量随着夯击次数的增加逐渐减少，最后趋于收敛，小部分测点出现较大起伏主要是由于强夯时夯锤偏离夯点引起的，表明土体由于强夯作用而被压实；另外，小部分夯点单击夯沉量随着夯击次数的增加而逐渐减小，而后又增加，表明土体先被压实，而后被强大的冲击能冲切破坏，夯沉量反而增大，最后趋于收敛。累计夯沉量都随着夯击次数的增加而增大，增加的幅度逐渐减小，趋于平缓，各个试验区累计夯沉量在第7～9击即可达到停锤后总沉降量的90％。因此，可认为软黄土地基强夯处理时最佳夯击数为7～9击。

为了确定强夯影响范围及随时间变化规律，对两个试验区外土体隆起量进行了量测。在试验区外距离强夯边界1.5m、2.5m、5.0m、6.0m、8.0m的位置埋设了垂直向的水准点，图3-18、图3-19是试验区外地表土体隆起图。

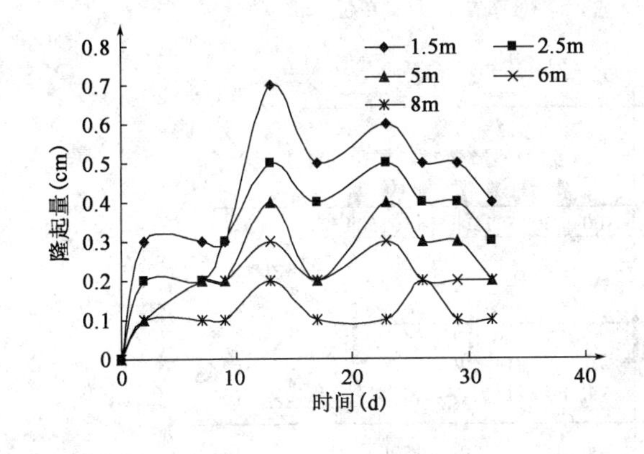

图3-18　隆起量与时间关系

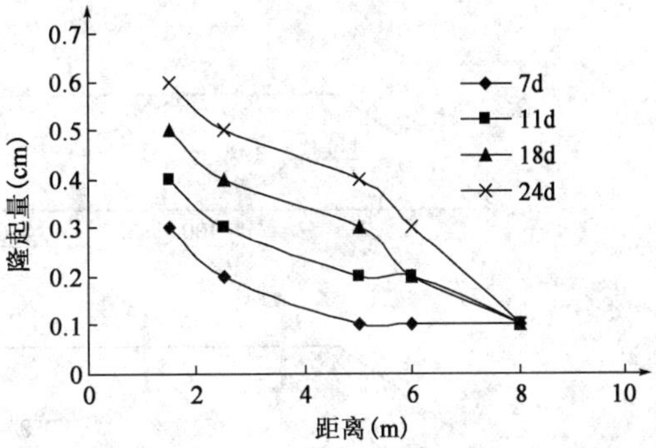

图3-19　隆起量与距离关系

从图中可以得出以下规律：

(1)试验区外地表土体隆起量随着时间的推移，先增大，后减小，然后再增大，后减小，一周为一个周期。正好与夯击遍数周期相同，即夯击时隆起量增加，停夯时隆起量减小。距试验区边界6m、8m处，一个月后隆起量曲线趋于平缓并且收敛，表明强夯对6m以外土体的影响随时间变化不大；而1.5～5m范围内，隆起量在24d后虽然仍呈周期变化，但总体呈衰减趋势，这是由于土体中超静水压力的消散及土体模量的增加所致。

(2)试验区外地表土体隆起量随到强夯边界距离的增大而逐渐减小。试验区外距离强夯边界8m处地表土体的隆起量仅为0.1cm，因此可认为强夯影响范围为8m。

3. 处理效果评价

强夯法加固地基是使地基土体密实、承载力提高、压缩模量增大的一个过程，强夯效果的好坏直接影响上部结构物的稳定和变形，因此对强夯效果监测非常重要。强夯效果监测包括两个方面：一个是夯后地基质量检测，即采用动力触探与现场荷载试验对强夯处理后软黄土地基进行效果检测；二是施工工程中的动态检测，即按图3-20、图3-21所示测点布置图检测施工处理后软黄土地基在路堤荷载作用下受力、沉降特性。

该工程原位沉降观测表明工后沉降量较小，强夯处理效果明显。

经过近2个月的观测结果表明，试验段路基的沉降量很小，工后沉降满足规范要求。因此，采用强夯置换处理湿软黄土是可行的。

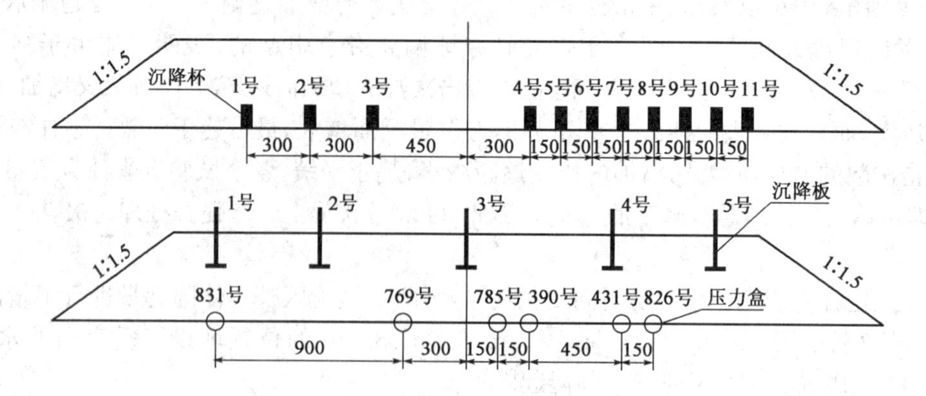

图 3-20　K31＋160 断面沉降杯、压力盒、沉降板布置图(尺寸单位:cm)

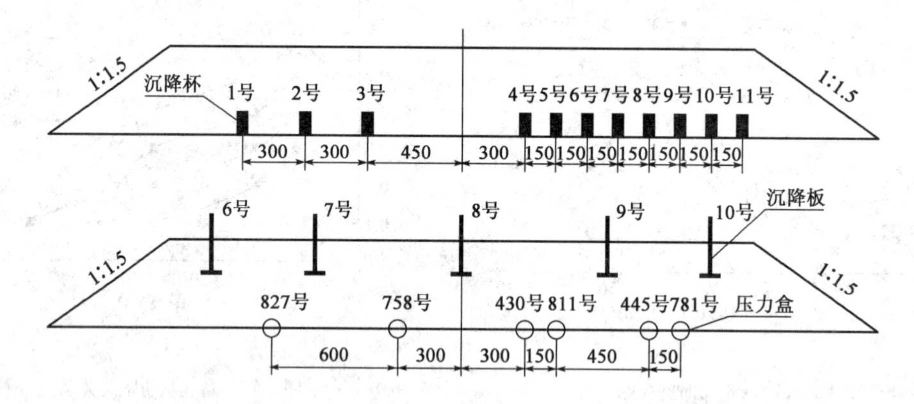

图 3-21　K32＋325 断面沉降杯、压力盒、沉降板布置图(尺寸单位:cm)

二、强夯置换处理公路工程地基效果评价——嘉安一级公路工程

嘉安一级公路是我国东起连云港西至霍尔果斯国道主干线的重要组成部分,根据工程的具体情况,选定嘉安一级公路 JA10 标段 K117＋900～K118＋200 为盐渍化软基处理试验段。图 3-22 为修建好的嘉安一级公路。

图 3-22　嘉安一级公路

通过对原地基进行原位荷载试验,可知原地基最大允许承载力为 100kPa,不能满足设计所需承载力,故设计采用强夯置换加固＋垫层(土工格室加筋粒料垫层)的处理方案对所选路段进行处理。

1. 强夯置换加固方案参数的设计

强夯置换加固试验段位于 K117＋900～K118＋200 段,该段地基土体为低液限粉质黏土,呈软塑状,地下水位 1.2m,盐渍化程度较高,工程地基条件较差。试验段强夯置换的设计参数为:

(1)夯点布置:夯点按等边三角形布置,夯点间距 3m,排距 2.6m。强夯置换现场施工夯点布置,如图 3-23 所示。

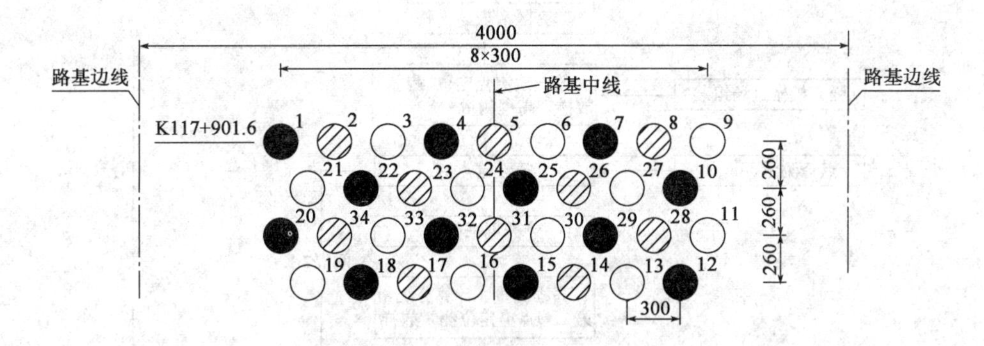

图 3-23 强夯置换加固施工夯点布置图(尺寸单位:cm)

(2)强夯置换参数:夯击能 2000kN·m,夯锤直径 1.5m,夯锤质量 14t,落距 13m,有效加固深度 5.0m。

(3)施工参数:夯击遍数为 4 遍,采用平底夯锤,间隔跳打,最后一遍采用满夯,夯锤印迹重叠 1/3,每遍夯控制标准以最后 2 击夯沉量小于 5cm 计。

(4)强夯置换后,采用砂石石填料回填。

2. 强夯置换加固法施工方法

1)施工机械

强夯置换施工采用 20t 履带式吊机 2 台,夯锤直径为 1.5m,锤重分别为 14.3t 和 14.7t。使用滑轮组起吊夯锤,利用自动脱钩装置,使锤形成自由落体,自动脱钩装置应具有足够的强度,且施工时要求灵活。为防止起重臂在较大的仰角下突然释重而有可能发生后倾,可在履带起重机的臂杆端部设置辅助门架,或采取其他安全措施,防止落锤时机架倾覆。试夯前应准备好施工中使用的各种机械设备、工具、材料,并组织设备进行安装、调试。

2)施工工序

强夯置换施工可按下列步骤进行:

(1)清理并平整场地。

(2)在地表铺设 0.3~0.5m 厚的砂、砂石或碎石垫层,形成硬层,以支承起重设备。

(3)夯点放线定位,标出夯点,并测量场地高程。

(4)强夯置换机就位,使夯锤对准夯点位置,测量夯前锤顶高程。

(5)将夯锤吊到预定高度脱钩,自由下落进行夯击,测量锤顶高程;若发现因坑底倾斜而造成夯锤歪斜时,应及时将坑底整平。

(6)重复步骤(5),连续夯击该点直至最后两锤的夯沉量均小于 5cm。将夯坑回填至与原垫层顶面相平,继续连续夯击直至最后两锤的夯沉量小于 5cm。若夯坑的深度小于 30cm,则完成该点的强夯置换,否则继续填料再夯,直至最后两击的夯沉量小于 5cm 并且夯坑深度小于 30cm,则该点的强夯置换完成。

(7)重复步骤(4)~(6),完成第一遍全部夯点的夯击。

(8)平整场地,测量场地高程。

(9)按规定的间歇时间完成全部夯击遍数,最后低能量满夯,将场地表松土夯实,并测量夯后场地高程。

具体施工方法流程,见图 3-24。

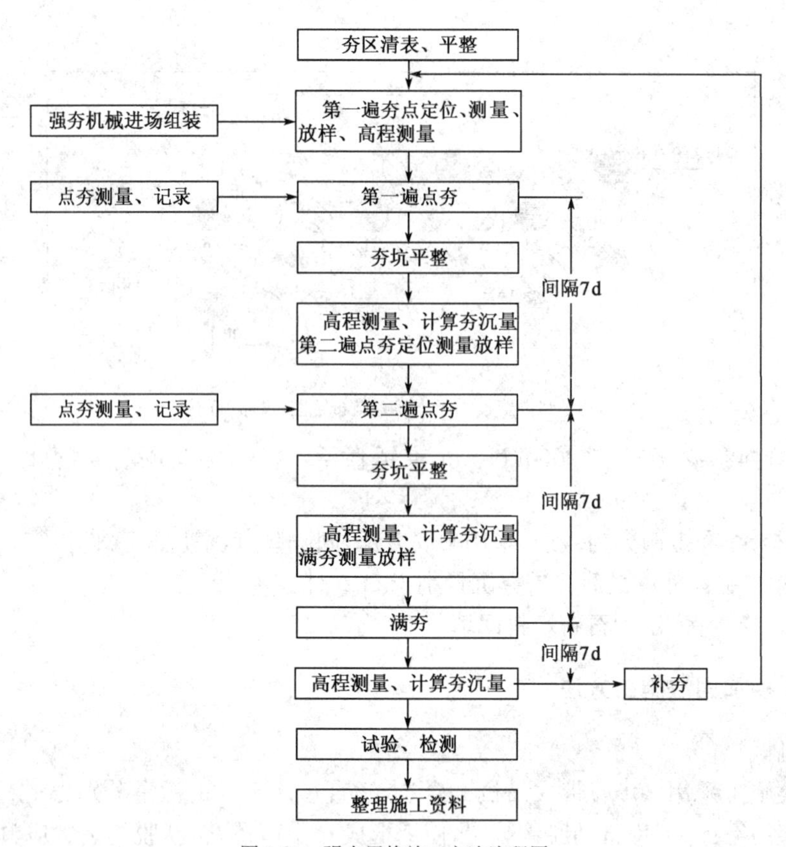

图 3-24　强夯置换施工方法流程图

3)夯点夯击顺序

施工采用由 K117+900 和 K118+200 同时相向强夯置换，夯击采用间隔跳打方法，每次跳打间隔 2 个夯点，如图 3-25 所示。

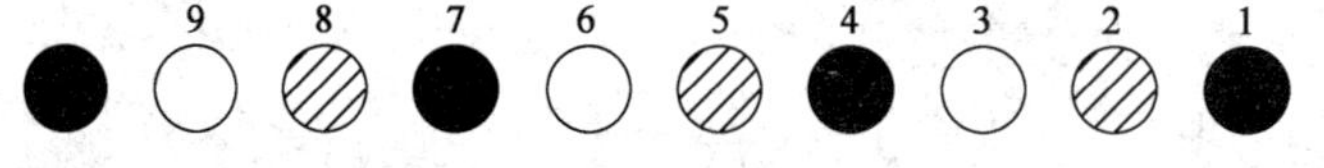

图 3-25　夯点夯击顺序

如图 3-25 所示，先夯击图中 1、4…；再夯击 2、5、8…；然后夯击 3、6、9…；最后一遍满夯。

3. 强夯置换加固法施工质量检验

在大面积施工前应选择面积不小于 400m² 的场地进行现场强夯置换试验，以优化设计参数。试验应有单点及小片试区，必要时应有不同单击夯击能的对比，以提供合理的夯击能。试夯区应选在施工现场有代表的地段，根据布点要求确定试夯面积、各遍夯击的夯击能、锤距等，以使试夯区内部的检验具有代表性。测试内容包括单点夯时的地表位移、深层位移、每击夯沉量、夯坑深度、直径并计算夯坑体积，还应记录各遍的填料以及各遍的场地下沉量，以便正式施工时合理预留下沉量及校核加固效果。

强夯置换施工结束后应间隔一段时间方能对地基加固质量进行检验，低饱和度的粉土和黏性土地基一般间隔 3～4 周。质量检验的方法，可采用原位测试或室内试验。检验点的数量最低应保证 3 处，强夯置换面积超过 1000m²，每增加 1000m²，应增加一处检验。

本试验段采用室内试验和原位测试相结合的方式，对强夯置换加固效果进行检测：

(1)室内试验:主要比较夯前、夯后土的物理性质指标来判定加固效果。包括:抗剪强度指标,压缩模量、孔隙比、重度、含水率等。

(2)原位测试:采用动力触探试验和平板荷载试验来检测夯点及夯间土的承载力。

试验进行压力和沉降现场监测,所采用的试验元件为钢弦式土压力盒和静力水准沉降杯。经过近2个月的观测结果表明,试验段路基的沉降量很小,工后沉降满足规范要求。

三、强夯置换处理公路工程地基效果评价—铜川至黄陵高速公路

铜川至黄陵高速公路是国家公路网中G65包(头)茂(名)线在陕西境内的重要路段,也是陕西省规划的"2637高速公路网"公路主骨架的组成部分,北接黄延高速公路,南接西铜一级公路。途经铜川市、宜君县,止于黄陵县康崖底,全长72.254km,是关中通往陕北的重要通道。铜黄高速公路全线处于黄土地区,大部分路段采用强夯法复合地基进行处治,该公路自2001年4月30日建成通车以来,交通量迅速增长,但道路运营情况良好。图3-26为运营期的铜黄高速公路。

a)

b)

图3-26　铜黄高速公路

思考题与习题

3-1　叙述强夯法的适用范围以及对于不同土性的加固机理。

3-2　阐述强夯法的动力密实机理。

3-3　阐述动力固结理论以及在强夯法中的应用。

3-4　阐述强夯法有效加固深度的影响因素。

3-5　阐明"触变恢复"、"时间效应"、"平均夯击能"、"饱和能"、"间歇时间"这些词语的含义。

3-6　阐明现场试夯确定强夯夯击击数和间歇时间的方法。

3-7　阐明强夯施工过程中夯击点分遍施工的意义。

3-8　为减少强夯施工对邻近建筑物的振动影响,在夯区周围常采用何种措施?

3-9　阐述降水联合低能级强夯法加固饱和黏性土地基的机理。

3-10　叙述强夯置换法质量检测的主要项目和方法。

3-11　某湿陷性黄土地基，厚度为7.5m，地基承载力特征值为100kPa。要求经过强夯处理后的地基承载力大于250kPa，压缩模量大于20MPa。完成以下强夯法地基处理方案的制订工作：

(1)制订强夯法施工初步方案。

(2)拟定试夯方案，确定根据试夯方案调整施工参数的方法。

(3)提出地基处理效果检验的方法和要求。

第四章 排水固结法

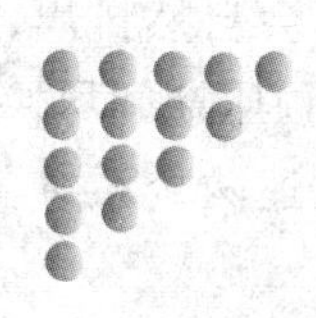

第一节 概　　述

排水固结法亦称预压法，是对地下水位以下的天然地基或设置有砂井（袋装砂井或塑料排水板）等竖向排水体的地基，通过加载系统在地基土中产生水头差，使土体中的孔隙水排出，逐渐固结，地基发生沉降，同时强度逐步提高的方法。该法常用于解决软黏土地基的沉降和稳定问题，可使地基的沉降在加载预压期间基本完成或大部分完成，使建筑物或构造物在使用期间不致产生过大的沉降或沉降差。同时，可增加地基土的抗剪强度，从而提高地基的承载力和稳定性。

实际上，排水固结法是由排水系统和加压系统两部分共同组合而成的。

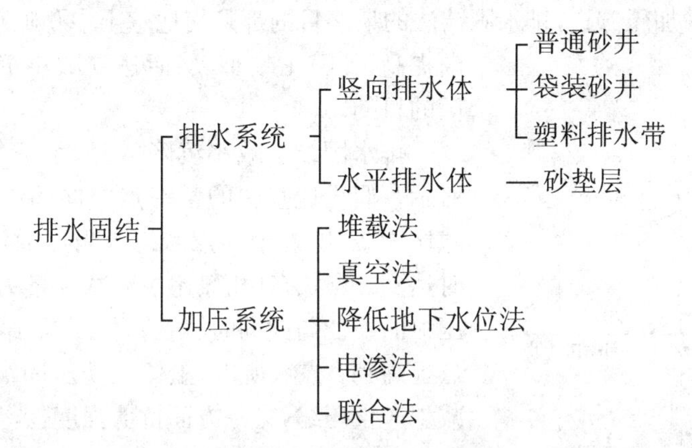

排水系统主要在于改变地基原有的排水边界条件，增加孔隙水排出的途径，缩短排水距离。该系统是由水平排水垫层和竖向排水体构成。当软土层较薄或土的渗透性较好而施工期允许较长，可仅在地面铺设一定厚度的砂垫层，然后加载。当工程上遇到渗水性很差的深厚软土层时，可在地基中设置砂井和塑料排水带等竖向排水体，地面连以排水砂垫层，构成排水系统，加快土体固结。

加压系统的目的是在地基土中产生水力梯度，从而使地基土中的自由水排出而孔隙比减小。加压系统主要包括堆载法、真空法、降低地下水位法、电渗法和联合法。对于一些特殊工程,可以采用建筑物或构筑物的自重作为堆载预压法的堆载材料,如高路堤软基处理中可以采用路堤自重作为堆载,油罐软基处理可在油罐中注水作为堆载。堆载预压法中的荷载通常需要根据地基承载力的增长分级施加,科学控制加载速率以免产生地基失稳。而对于真空法、降低地下水位法、电渗法,由于未在地基表面堆载,也就不需要控制加载速率。当单一方法效果不足时,也可采用联合加载的方法,如堆载联合真空预压法、堆载联合降水预压法。

排水系统是一种手段,如没有加压系统,孔隙中的水没有压力差就不会自然排出,地基也就得不到加固。如果只增加固结压力,不缩短土层的排水距离,则不能在预压期间尽快地完成设计所要求的沉降量,强度不能及时提高,加载也不能顺利进行。所以上述两个系统,在设计时总是联系起来考虑的。

排水固结法适用于处理各类淤泥、淤泥质土及冲填土等饱和黏性土地基。砂井法特别适用于存在连续薄砂层的地基。真空预压法适用于能在加固区形成(包括采取措施后形成)稳定负压边界条件的软土地基,当软土地基中存在连续薄砂层夹层时,需要采用可靠的隔断措施以保证负压的稳定。降低地下水位法、真空预压法和电渗法由于不增加剪应力,地基不会产生剪切破坏,所以它适用于很软弱的黏土地基。

排水固结法一般根据预压目的选择加压方法:如果预压是为了减小建筑物的沉降,则应采用预先堆载加压,使地基沉降产生在建筑物建造之前;若预压的目的主要是增加地基强度,则可用自重加压,即放慢施工速度或增加土的排水速率,使地基强度增长与建筑物荷重的增加相适应。

第二节 加固机理

一、排水固结法原理

无论采用何种加压方式,排水固结法的最终目的都是使地基土中孔隙水排出,有效应力逐渐提高,孔隙比减小,从而达到减小沉降、增加地基土强度的目的。

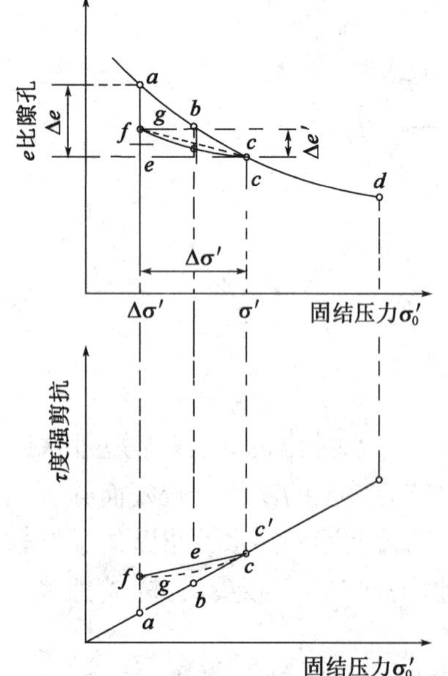

图 4-1 排水固结法减小沉降、增加承载力机理

排水固结法减小沉降、增加承载力的机理,如图 4-1 所示。假设地基中的某一点竖向固结压力为 σ_0',天然孔隙比为 e_0,即处于 a 点状态。当压力增加 $\Delta\sigma'$,固结终了时达到 c 点状态,孔隙比相应减少量为 Δe,曲线 abc 称为压缩曲线。与此同时,抗剪强度与固结压力成比例地由 a 点提高到 c 点。所以,土体在受压固结时,一方面孔隙比减少产生压缩,另一方面抗剪强度也得到提高。如从 c 点卸除压力 $\Delta\sigma'$,则土样沿 cef 回弹曲线回弹至 f 点状态。由于回弹曲线在压缩曲线的下方,因此卸载回弹后该位置土体虽然与初始状态具有相同的竖向固结压力,但孔隙比已减小。从强度曲线上可以看出,强度也有一定程度增长。

经过上述过程后,地基土处于超固结状态。如从 f 点施加相同的加载量 $\Delta\sigma'$,土样沿虚线 fgc' 发生再压缩至

c'点，此间孔隙比减少值为 $\Delta e'$，$\Delta e'$比 Δe 小得多。因此可以看出，经过预压处理后，建筑物所引起的沉降即可大大减小。如果预压荷载大于建筑物荷载，即所谓超载预压，则效果更好。

综上所述，排水固结法就是通过不同加压方式进行预压，使原来正常固结黏土层变为超固结土，而超固结土与正常固结土相比具有压缩性小和强度高的特点，从而达到减小沉降和提高承载力的目的。

当然，上述过程是逐渐发生的，土体固结的发生需要一定的时间。排水固结效果越好，地基处理所需要的时间就越小，效率就越高。地基土层的排水固结效果与它的排水边界有关。根据固结理论，在达到同一固结度时，固结所需的时间与排水距离的长短平方成正比。如图 4-2a)所示，软黏土层越厚，一维固结所需的时间越长。如果淤泥质土层厚度大于 10～20m，要达到较大固结度 $U>80\%$，所需的时间要几年至几十年之久。为了加速固结，最为有效的方法是在天然土层中增加排水途径，缩短排水距离，在天然地基中设置竖向排水体，如图 4-2b)所示。这时，土层中的孔隙水主要通过砂井、部分通过水平向排水体排出。所以砂井(袋装砂井或塑料排水带)的作用就是增加排水条件。为此，缩短了预压工程的预压期，在短期内达到较好的固结效果，使沉降提前完成；加速地基土强度的增长，使地基承载力提高的速率始终大于施工荷载施工的速率，以保证地基的稳定性，这一点无论在理论和实践上都得到了证实。

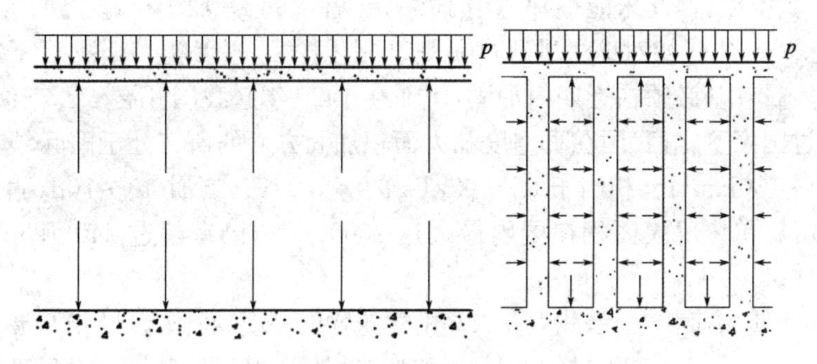

图 4-2 排水法的原理

a)竖向排水情况；b)砂井地基排水情况

二、堆载预压法原理

堆载预压法是用填土等加荷对地基进行预压，是通过增加总应力 σ，并使孔隙水压力 μ 消散来增加有效应力 σ' 的方法。堆载预压是在地基中形成超静水压力的条件下排水固结，称为正压固结。

堆载预压，根据土质情况分为单级加荷或多级加荷；根据堆载材料分为自重预压、加荷预压和加水预压。堆载一般用填土、碎石等散粒材料；油罐通常用充水对地基进行预压。对堤坝等以稳定为控制的工程，则以其本身的重量有控制地分级逐级加载，直至设计高程；有时也采用超载预压的方法来减少堤坝使用期间的沉降。

三、真空预压法原理

真空排水预压法是在预加固的软土地基上按照一定的间隔打设垂直排水通道，然后在地面上铺设砂垫层，再用不透气的封闭薄膜铺在砂垫层上，薄膜四周埋入土中，使其与大气隔绝，借助砂垫层内埋设的吸水管道，用抽真空装置将膜下土体中的空气和水抽出，使土体得以排水固结，土体的强度得以增长，达到加固地基土的目的，如图 4-3 所示。

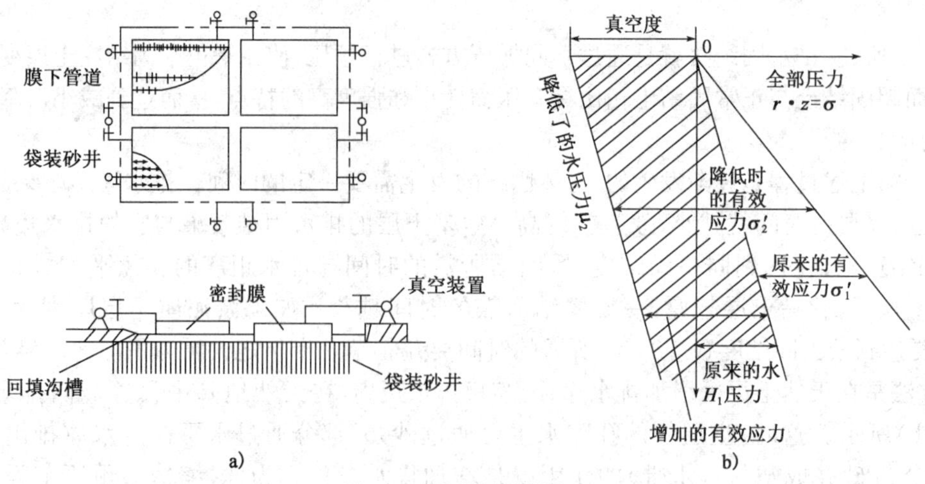

图 4-3　真空预压示意图

真空预压法最早是瑞典皇家地质学院 W. Kjellman 教授于 1952 年提出的，随后有关国家相继进行了探索和研究，但因密封问题未能很好解决，又未研究出合适的真空装置，故不易获得和保持所需的真空度，因此未能很好地用于实际工程，同时其加固机理也进展甚少。我国于 20 世纪 50 年代末 60 年代初对该法进行过研究，也因同样的原因就一直被搁置起来。由于港口发展，沿海的大量软基必须在近期内加固，因而在 1980 年起我国开展了真空预压法的研究，并于 1985 年通过国家鉴定，我国在真空度和大面积加固方面的研究处于国际领先地位。其膜下真空度达 610～730mmHg，相当于 80～95kPa 的等效荷载，历时 40～70d，固结度达 80%，承载力提高到 3 倍，单块薄膜面积在国内最大达 30000m^2。已在超过 240 万 m^2 的工程中使用，得到了满意效果。

为了满足某些使用荷载大、承载力要求高的建筑物的需要，我国 1983 年开展了真空一堆载联合预压法的研究，开发了一套先进的工艺和优良的设备，并从理论和实践方面论证了真空和堆载的加固效果是可叠加的，并已在 50 多万平方米的软土地基上应用，取得了良好效果。该法已多次在国际会议上进行介绍，国外同行给予了很高的评价，认为中国在这方面创造了奇迹。

1. 真空预压的原理

1）薄膜上面承受等于薄膜内外压差的荷载

在抽气前，薄膜内外都承受一个大气压 p_a。抽气后薄膜内气压逐渐下降，首先是砂垫层，其次是砂井中的气压降至 p_v，故使薄膜紧贴砂垫层。由于土体与砂垫层和砂井间的压差，发生渗流，使土中的孔隙水压力不断降低，有效应力不断增加，从而促使土体固结。土体和砂井间的压差，开始时为 p_a-p_v，随着抽气时间的增长，压差逐渐变小，最终趋向于零，此时渗流停止，土体固结完成。

2）地下水位降低，相应增加附加应力

抽气前，地下水位离地面 H_1，抽气后土体中水位降至 H_2，即下降了 H_2-H_1，在此范围内的土体便从浮重度变为湿重度，此时土骨架增加了大约水高 H_2-H_1 的固结压力。

3）封闭气泡排出，土的渗透性加大

如饱和土体中含有少量封闭气泡，在正压作用下，该气泡堵塞孔隙，使土的渗透降低，固结过程减慢。但在真空吸力下，封闭气泡被吸出，从而使土体的渗透性提高，固结过程加速。

2. 堆载预压法和真空预压法加固原理对比

1)加载方式

堆载预压法采用堆重，如土、水、油和建筑物自重；真空预压法则通过真空泵、真空管、密封膜来提供稳定负压。

2)地基土中总应力

堆载预压过程中地基土中总应力是增加的，是正压固结；真空预压过程中地基土中总应力不变，是负压固结。

3)排水系统中水压力

堆载预压过程中排水系统中的水压力接近静水压力；真空预压过程中排水系统中的水压力小于静水压力。

4)地基土中水压力

堆载预压过程中地基土中水压力由超孔压逐渐消散至静水压力；真空预压过程中地基土中水压力是由静水压力逐渐消散至稳定负压。

5)地基土水流特征

堆载预压过程中地基土中水由加固区向四周流动，相当于“挤水”过程；真空预压过程中地基土中水由四周向加固区流动，相当于“吸水”过程。

6)加载速率

堆载预压法需要严格控制加载，地基有可能失稳；真空预压法不需要控制加载速率，地基不可能失稳。

四、降低地下水位法原理

降低地下水位法是指利用井点抽水降低地下水位以增加土的自重应力，达到预压加固的目的。降低地下水位能使土的性质得到改善，使地基发生附加沉降。降低地基中的地下水位，使地基中的软土承受了相当于地下水位下降高度水柱的重量而固结。这种增加有效应力的方法，如图 4-4 所示。

降低地下水位法最适用于砂性土或在软黏土层中存在砂或者粉土的情况。对于深厚的软黏土层，为加速其固结，往往设置砂井并采用井点法降低地下水位。当用真空装置降水时，地下水位能降 5～6m。需要更深的降水时，则需要高扬程的井点法。

降水方法的选用与上层的渗透性关系很大，见表 4-1。

各类井点的适用范围　　表 4-1

各类井点	土层渗透系数	降低水位深度(m)
单层轻型井点	0.1～50	3～6
多层轻型井点	0.1～50	6～12
喷射井点	0.1～2	8～20
电渗井点	<0.1	根据选用的井点确定
管井井点	20～200	3～15
深井井点	10～250	>15

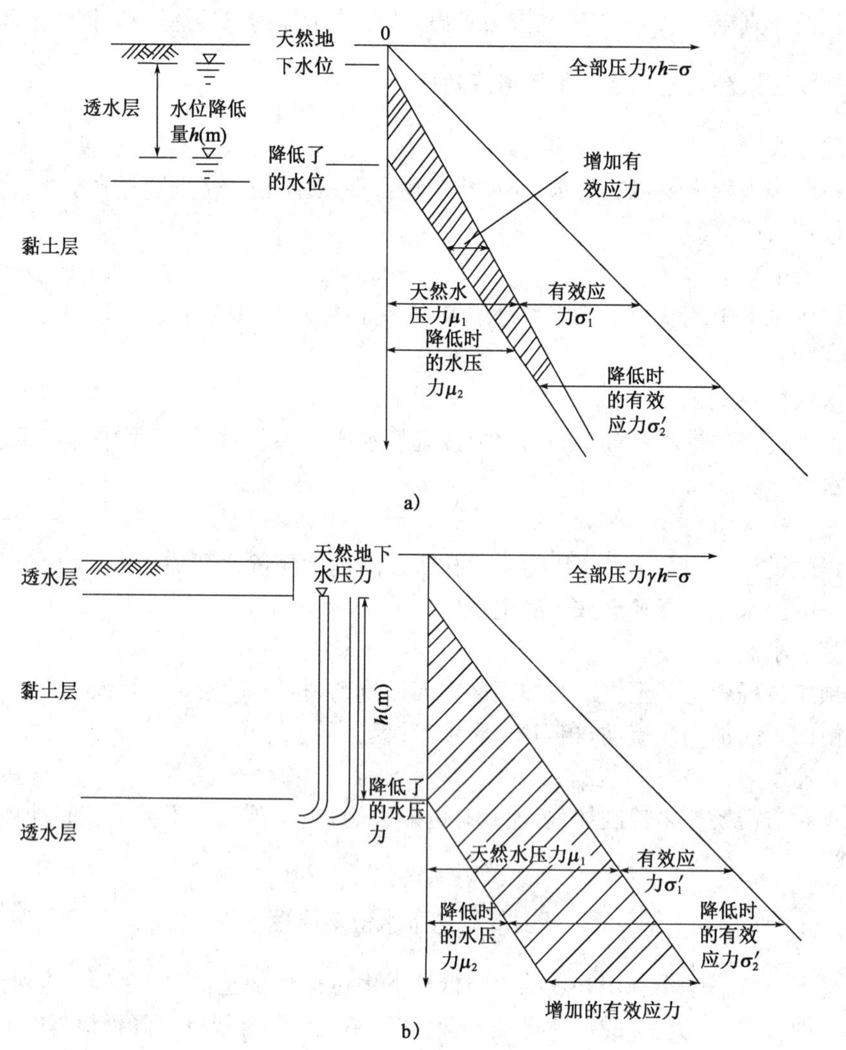

图 4-4　降低地下水位和增加有效应力的关系

a)天然地下水；b)有压地下水

在选用降水方法时，还要根据多种因素，如地基土类型、透水层位置、厚度、水的补给源、井点布置形状、水位降深、粉粒及黏土的含量等进行综合判断后选定。

井点降水的计算可参照有关理论进行，但实际上影响因素很多，仅仅采用经过简化的图式进行计算是难以求出可靠结果的，因此计算必须和经验密切结合起来。

五、电渗法原理

在土中插入金属电极并通以直流电，由于直流电场作用，土中水分从阳极流向阴极，这种现象称为电渗。如将水在阴极排出而在阳极不予补充的情况下土就会固结，引起土层压缩。

四十余年来，电渗已作为一种实用的加固技术用于改进软弱细粒土的强度和变形性质。如 Casagrande(1961 年)曾叙述过一个用电渗来加固加拿大 Pic 河松软饱和土的例子，边坡最小处理深度 12m，电极最大间距 3m，电压为 100V，相当于电压梯度 0.3V/cm。3 个月后土的平均含水率约减少 4%，地下水位在坡顶处降低 10m，坡趾处降低 15m。

电渗施工时，水的流动速率随时间减小，当阳极相对于阴极的孔隙水压力降低所引起的水力梯度（导致水由阴极流向阳极）恰好同电场所产生的水力梯度（导致水由阳极流向阴极）相平衡时，水流便停止。在这种情况下，有效应力比加固前增加一个$\Delta\sigma'$值。

$$\Delta\sigma' = \frac{k_e}{k_h}\gamma_w \cdot V \tag{4-1}$$

式中：k_e——电渗渗透系数。其值为$8.64\times10^{-6}\sim8.64\times10^{-4}\,m^2/(d\cdot V)$，典型值为$4.32\times10^{-4}\,m^2/(d\cdot V)$；

k_h——水的渗导性(m/d)；

γ_w——水的重度(kN/m^3)；

V——电压(V)。

土层的压缩量为：

$$s_c = \sum_{i=1}^{n} m_{Vi} \cdot \Delta\sigma'_{Vi} \cdot h_i \tag{4-2}$$

式中：m_{Vi}——第i土层体积压缩系数；

$\Delta\sigma'_{Vi}$——第i土层的平均有效竖向压力增量；

h_i——第i土层的厚度。

电渗法应用于饱和粉土和粉质黏土，正常固结黏土以及孔隙水电解浓度低的情况下是经济和有效的。工程上可利用电渗法降低黏土中的含水率和地下水位来提高土坡和基坑边坡的稳定性；利用电渗法加速堆载预压饱和黏土地基的固结和提高强度等。

第三节　设 计 计 算

排水固结法的设计，实质上在于根据上部结构荷载的大小、地基土的性质及工期要求，合理安排排水系统和加压系统的关系，使地基在受压过程中快速排水固结，从而满足建筑物的沉降控制要求和地基承载力要求。主要设计计算项目包括：排水系统设计（包括竖向排水体的深度、间距等）、加载系统设计（包括加载量、预压时间等）、地基变形验算、地基承载力验算和监测系统设计（包括监测内容、监测方法、监测点布置、监测标准等）。

一、沉 降 计 算

对于以稳定控制的工程，如堤、坝等，通过沉降计算可预估施工期间由于基底沉降而增加的土方量；还可估计工程竣工后尚未完成的沉降量，作为堤坝预留沉降高度及路堤顶面加宽的依据。对于以沉降控制的建筑物，沉降计算的目的在于估计所需预压时间和各时期沉降量的发展情况，以满足建筑物的沉降控制要求，即：建筑物使用期间的沉降小于允许沉降值。

我国《建筑地基基础设计规范》(GB 50007—2011)中对各类建筑物地基的允许沉降和变形值做了明确规定。其他类型构筑物的沉降控制标准可参照相关规范规程。

1. 建筑物使用期间的沉降计算

建筑物使用期间的沉降计算方法根据预压工程的不同特性而有所差别。

对于预压荷载与建筑物自身荷载分离的工程（如真空预压法），预压荷载在地基处理结束后移除，地基土会产生一定的回弹变形。在其后建筑物修建和使用过程中，地基土会产生再压缩变形。在这种情况下，建筑物荷载作用下地基的总沉降量可按照《建筑地基基础设计规范》(GB 50007—2011)中给出的天然地基沉降计算方法即分层总和法进行计算，但其中地基土的压缩模量要根据预压处理后的土的压缩试验获得。因此，在地基处理结束后，需要对处理后的地基土取样进行压缩试验，以测得处理后地基土压缩模量值。在地基处理方案初步设计阶段，可以采用与预压加载路径相同的压缩试验结果来确定压缩模量值。

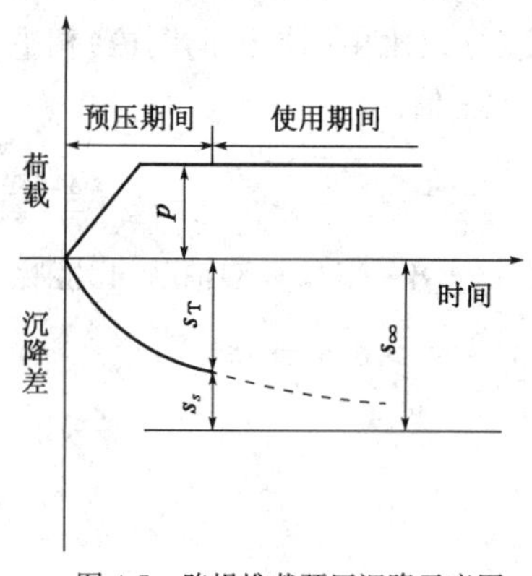

图 4-5　路堤堆载预压沉降示意图（等载预压）

对于预压荷载即建筑物自重的情况，如高速公路路堤的修建、大坝的修建，预压荷载就是建筑物的荷载，在预压处理后预压荷载并不移除。在这种情况下，建筑物在使用期间的沉降量 s 为建筑物在荷载（在等载预压情况下，建筑物荷载与预压荷载相同）作用下的总沉降量 s_∞ 减去预压期 T 内的沉降量 s_T，见图 4-5。

2. 总沉降量计算

地基土的总沉降量 s_∞ 一般包括瞬时沉降、固结沉降和次固结沉降三部分。瞬时沉降是在荷载作用下由于土的畸变（这时土的体积不变，即 $\mu=0.5$）所引起，并在荷载作用下立即发生的。这部分变形是不可忽略的，这一点正在逐渐被人们所认识。固结沉降是由于孔隙水的排出而引起土体积减小所造成的，占总沉降量的主要部分。而次固结沉降则是由于超静水压力消散后，在恒值有效应力作用下土骨架的徐变所致，次固结的大小和土的性质有关。泥炭土、有机质土或高塑性黏性土土层，次固结沉降占很可观的部分，而其他土则所占比例不大。次固结沉降目前还不容易计算。若忽略次固结沉降，则最终沉降 s_∞ 可按下式（单项压缩分层总和法）计算：

$$s_\infty = \psi_s \sum_{i=1}^{n} \frac{e_{0i} - e_{1i}}{1 + e_{0i}} h_i \tag{4-3}$$

式中：s_∞——最终竖向变形量(m)；

e_{0i}——第 i 层中点土自重应力所对应的孔隙比，由室内固结试验 $e-p$ 曲线查得；

e_{1i}——第 i 层中点土自重应力与附加应力之和所对应的孔隙比，由室内固结试验 $e-p$ 曲线查得；

h_i——第 i 层土层厚度(m)；

ψ_s——经验系数，对于堆载预压施工，正常固结饱和黏性土地基可取 $\psi_s=1.1\sim1.4$。荷载较大、地基土较软弱时取较大值，否则取较小值；对于真空预压施工，ψ_s 可取 0.8～0.9；对于考虑施工过程的沉降量时，真空排水预压 ψ_s 可取 1.0～1.25；真空—堆载联合预压法以真空预压法为主时，ψ_s 可取 0.9。

变形计算时，可取附加应力与土自重应力的比值为 0.1 的深度作为受压层计算深度。也可通过预压期间的地基变形监测数据来推测最终沉降量，详细过程见后文部分。

3. 预压期间沉降量计算

预压期间的沉降量可按照预压期固结度采用下式进行计算：

$$s_T = \overline{U}_z s_\infty \tag{4-4}$$

采用固结理论可求得地基平均固结度 $\overline{U}_z$。在竖向排水情况下，可采用太沙基固结理论计算预压期内地基平均固结度；对于布置竖向排水体的地基，主要产生径向渗流，要采用砂井固结理论计算地基平均固结度。

根据固结理论，预压时间 T 越长，地基平均固结度 $\overline{U}_z$ 就越大，预压期间沉降量 s_T 就越大，使用期间的沉降 s 就越小。因此，需要根据工程沉降要求来确定预压期和预压荷载的大小。

二、承载力计算

处理后地基承载力可根据斯开普顿极限荷载的半经验公式作为初步估算，即：

$$f=\frac{1}{K}\times 5C_u\left(1+0.2\frac{B}{A}\right)\left(1+0.2\frac{D}{B}\right)+\gamma D \tag{4-5}$$

式中：K——安全系数；

D——基础埋置深度(m)；

A、B——分别为基础的长边和短边(m)；

γ——基础标高以上土的重度(kN/m³)；

C_u——处理后地基土的不排水抗剪强度(kPa)。

对饱和软黏性土也可采用下式估算：

$$f=\frac{5.14C_u}{K}+\gamma D \tag{4-6}$$

对长条形填土，可根据 Fellenius 公式估算：

$$f=\frac{5.52C_u}{K} \tag{4-7}$$

采用排水预压处理后，地基土的不排水抗剪强度 C_u 要大于天然土的不排水抗剪强度值 $C_{(u)}$。根据土的抗剪强度理论，即摩尔库伦理论，强度增长与有效应力的增长呈正比关系，因此，排水预压处理后地基土的不排水抗剪强度 C_u 可采用下式估算：

$$C_u=C_{(u)}+\Delta\sigma_z\cdot\overline{U}_t\tan\varphi_{Cu} \tag{4-8}$$

式中：C_u——t 时刻该点土的抗剪强度(kPa)；

$C_{(u)}$——地基土的天然抗剪强度(kPa)；

$\Delta\sigma_z$——预压荷载引起的地基的附加竖向应力(kPa)；

$\overline{U}_t$——地基土平均固结度；

φ_{Cu}——由固结不排水剪切试验得到的内摩擦角(°)。

三、砂井地基固结度计算

地基平均固结度 $\overline{U}_t$ 计算是砂井地基设计中的一个重要内容。通过固结度计算可推算地基强度的增长，确定适应地基强度增长的加荷计划。如果已知各级荷载下不同时间的固结度，还可推算各个时间的沉降量。固结度与砂井布置、排水边界条件、固结时间以及地基固结系数有关，计算之前，要先确定有关参数。

现有砂井地基的固结理论通常假设荷载是瞬时施加的，所以首先介绍瞬时加荷条件下固结度的计算，然后根据实际荷载工程进行修正计算。

1. 瞬时加荷条件下砂井地基固结度的计算

砂井地基固结度的计算是建立在太沙基固结理论和巴伦固结理论基础上的。如果软黏土层是双面排水的，则每个砂井的渗透途径如图 4-6 所示。在一定压力作用下，土层中的固结渗流水沿径向和竖向流动，所以砂井地基属于三维固结轴对称问题。若以圆柱坐标表示，设任意点(r,z)处的孔隙水压力为u，则固结微分方程为：

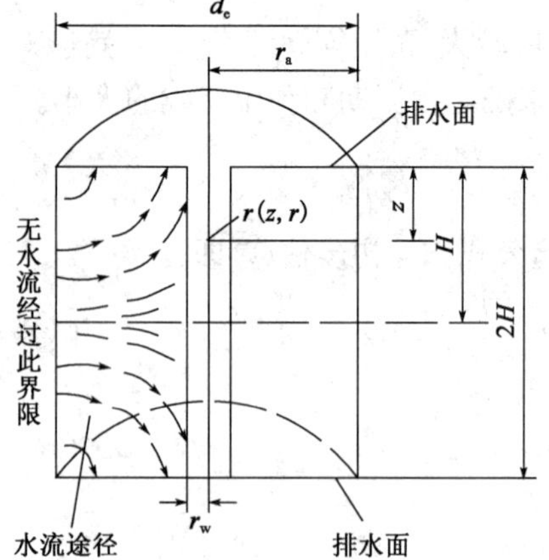

图 4-6　砂井地基渗流模型

$$\frac{\partial u}{\partial t}=C_v\left(\frac{\partial^2 u}{\partial r^2}+\frac{1}{r}\cdot\frac{\partial u}{\partial r}+\frac{\partial^2 u}{\partial z^2}\right) \tag{4-9}$$

当水平向渗透系数k_h和竖向渗透系数k_v不等时，则上式应改为：

$$\frac{\partial u}{\partial t}=C_h\left(\frac{\partial^2 u}{\partial r^2}+\frac{1}{r}\cdot\frac{\partial u}{\partial r}\right)+C_v\frac{\partial^2 u}{\partial z^2} \tag{4-10}$$

式中：t——时间；

C_v——竖向固结系数，$C_v=\dfrac{k_v(1+e)}{a\cdot\gamma_w}$；

C_h——径向固结系数（或称水平向固结系数），$C_h=\dfrac{k_h(1+e)}{a\cdot\gamma_w}$。

砂井固结理论作如下假设：

(1)每个砂井的有效影响范围为一直径为d_e的圆柱体，圆柱体内的土体中水向该砂井渗流(图 4-6)，圆柱体边界处无渗流，即处理为非排水边界。

(2)砂井地基表面受均布荷载作用，地基中附加应力分布不随深度而变化，故地基土仅产生竖向的压密变形。

(3)荷载是一次施加上去的，加荷开始时，外荷载全部由孔隙水压力承担。

(4)在整个压密过程中，地基土的渗透系数保持不变。

(5)井壁上面受砂井施工所引起的涂抹作用(可使渗透性发生变化)的影响不计。

式(4-10)可用分离变量法求解，即可分解为：

$$\frac{\partial u_z}{\partial t}=C_v\frac{\partial^2 u_z}{\partial z^2} \tag{4-11a}$$

$$\frac{\partial u_z}{\partial t}=C_h\left(\frac{\partial^2 u_r}{\partial r^2}+\frac{1}{r}\frac{\partial u_r}{\partial r}\right) \tag{4-11b}$$

亦即分为竖向固结和径向固结两个微分方程，从而根据起始条件和边界条件分别解得竖向排水的孔隙水压力分量u_z和径向向内排水固结的孔隙水压力分量u_r。根据N·卡里罗(Carrillo)理论证明：任意一点的孔隙水压力u有如下关系：

$$\frac{u}{u_0}=\frac{u_r}{u_0}\cdot\frac{u_z}{u_0} \tag{4-12a}$$

式中：u_0——起始的孔隙水压力。

整个砂井影响范围内土柱体平均孔隙水压力也有同样的关系：

$$\frac{\overline{u}}{u_0}=\frac{\overline{u_r}}{u_0}\cdot\frac{\overline{u_z}}{u_0} \tag{4-12b}$$

或以固结度表达为：

$$(1-\overline{U}_{rz})=(1-\overline{U}_r)(1-\overline{U}_z) \tag{4-13}$$

式中：$\overline{U}_{rz}$——每一个砂井影响范围内圆柱的平均固结度；

$\overline{U}_r$——径向排水的平均固结度；

$\overline{U}_z$——竖向排水的平均固结度。

1)竖向排水的平均固结度

对于土层为双面排水条件或土层中的附加压力为平均分布时，某一时间竖向固结度的计算公式为：

$$\overline{U}_z = 1 - \frac{8}{\pi^2}\sum_{m=1,3,\cdots}^{m=\infty}\frac{1}{m^2}e^{-\frac{m^2\pi^2}{4}T_v} \tag{4-14}$$

$$T_v = \frac{C_v t}{H^2} \tag{4-15}$$

式中：m——正奇数(1,3,5…)。

当$\overline{U}_z > 30\%$时，可采用下列近似公式计算：

$$\overline{U}_z = 1 - \frac{8}{\pi^2}e^{-\frac{\pi^2 T_v}{4}} \tag{4-16}$$

式中：$\overline{U}_z$——竖向排水平均固结度(%)；

e——自然对数底，自然数，可取 $e=2.718$；

T_v——竖向固结时间因数(无因次)；

t——固结时间(s)；

H——土层的竖向排水距离(cm)，双面排水时 H 为土层厚度的一半，单面排水时 H 为土层厚度。

2)径向排水平均固结度

巴伦(Barron)曾分别在自由应变和等应变两种条件下求得$\overline{U}_r$ 的解答，但以等应变求解比较简单，其结果为：

$$\overline{U}_r = 1 - e^{-\frac{8}{F}T_h} \tag{4-17}$$

式中：T_h——径向固结的时间因数，无量纲：

$$T_h = \frac{C_h t}{d_e^2} \tag{4-18}$$

d_e——每一个砂井有效影响范围的直径；

F 为与 n 有关的系数：

$$F = \frac{n^2}{n^2 - 1}\ln(n) - \frac{3n^2 - 1}{4n^2} \tag{4-19}$$

n——井径比，$n = d_e/d_w$；

d_w——砂井直径(m)。

实际工程中的砂井呈正方形或正三角形布置。方形排列的每个砂井，其影响范围为一个正方形，正三角形排列的每个砂井，其影响范围则为一个正六边形(图 4-7)。在实际进行固结计算时，由于多边形作为边界条件求解很困难，为简化起见，巴伦建议每个砂井的影响范围由多边形改为由面积与多边形面积相等的圆(图 4-7)来求解，即：

正方形排列时：

$$d_e = \sqrt{\frac{4}{\pi}} \cdot l = 1.13l \tag{4-20}$$

正三角形排列时：

$$d_e=\sqrt{\frac{2\sqrt{3}}{\pi}}\cdot l=1.05l \tag{4-21}$$

式中：d_e——每一个砂井的有效影响范围直径(m)；

l——砂井间距(m)。

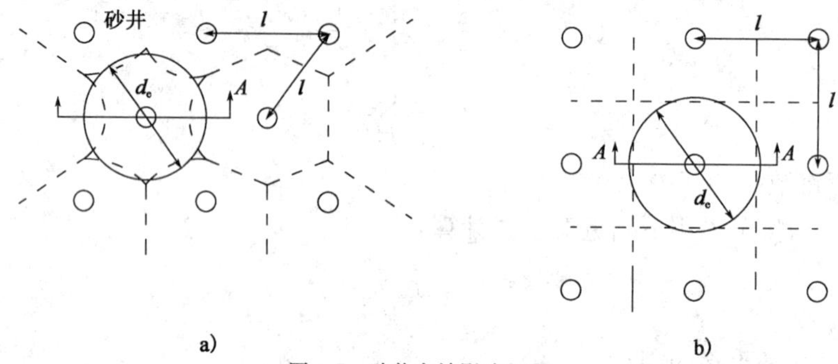

图 4-7　砂井有效影响面积

a)正三角形排列；b)正方形排列

3)总固结度

将式(4-16)和式(4-17)代入式(4-13)后，则得 $U_{rz}>30\%$时的砂井平均固结度 $\overline{U}_{rz}$为：

$$\overline{U}_{rz}=1-\alpha\cdot e^{-\beta\cdot t} \tag{4-22}$$

式中：

$$\alpha=\frac{8}{\pi^2},\beta=\frac{8\cdot C_h}{F\cdot d_e^2}+\frac{\pi^2 C_v}{4H^2} \tag{4-23}$$

当砂井间距较密或软土层很厚或 $C_h\gg C_v$ 时，竖向平均固结度$\overline{U}_z$ 的影响很小，常可忽略不计，可只考虑径向固结度计算作为砂井地基平均固结度。

随着砂井、袋装砂井及塑料排水带的广泛应用，人们逐渐意识到井阻和涂抹作用对固结效果的影响是不可忽视的。考虑井阻和涂抹作用时，式(4-17)中的 F 采用下式计算：

$$F=F_n+F_s+F_r \tag{4-24}$$

$$F_n=\ln(n)-\frac{3}{4}\qquad n\geqslant 15 \tag{4-25a}$$

$$F_s=\left(\frac{k_h}{k_s}-1\right)\ln s \tag{4-25b}$$

$$F_r=\frac{\pi^2 L^2}{4}\frac{k_h}{q_w} \tag{4-25c}$$

式中：k_h 和 k_s——天然土层水平向和砂井涂抹区土的水平向渗透系数；

s——涂抹比，砂井涂抹后的直径 d_s 与砂井直径 d_w 之比；

L——竖井深度(cm)；

q_w——竖井纵向通水量，为单位水力梯度 F 单位时间的排水量(cm^3/s)。

2. 逐渐加荷条件下地基固结度的计算

以上计算固结度的理论公式都是假设荷载是一次瞬间加足的。实际工程中，荷载总是分级逐渐施加的。因此，根据上述理论方法求出的固结时间关系或沉降时间关系都必须加以修正。修正的方法有改进的太沙基法和改进的高木俊介法。

1)改进的太沙基法

对于分级加荷的情况，太沙基的修正方法是假定：

(1)每一级荷载增量 p_i 所引起的固结过程是单独进行的，与上一级荷载增量所引起的固结度完全无关。

(2)总固结度等于各级荷载增量作用下固结度的叠加。

(3)每一级荷载增量 p_i，在等速加荷经过时间 t 的固结度与在 $t/2$ 时的瞬时加荷的固结度相同，也即计算固结的时间为 $t/2$。

(4)加荷停止以后，在恒载作用期间的固结度，即时间 t 大于 T_i（此处 T_i 为 p_i 的加载期）时的固结度和在 $T_i/2$ 时瞬时加荷 p_i 后经过时间 $\left(t-\frac{T_i}{2}\right)$ 的固结度相同。

(5)所算得的固结度仅对本级荷载而言，对总荷载还要按荷载的比例进行修正。

图 4-8 为二级等速加荷的情况。图中实线是按瞬时加荷条件用太沙基理论计算的地基固结过程 $(\overline{U}'_t-t)$ 关系曲线；虚线表示二级等速加荷条件的修正固结过程曲线。

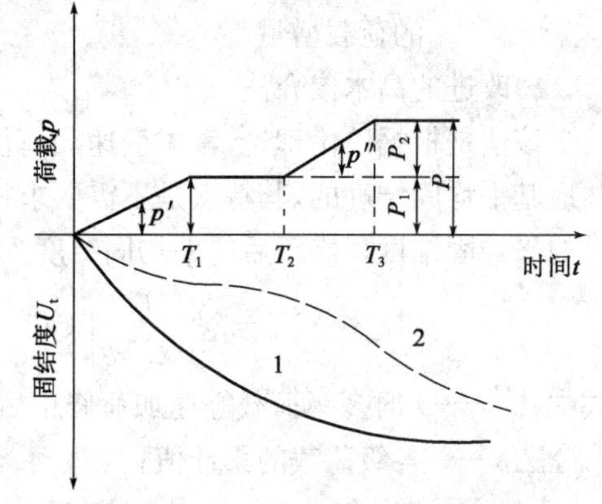

图 4-8　二级等速与瞬时加荷的固结过程

1-二级等速加荷；2-瞬时加荷

现以二级等速加荷为例，计算对于最终荷载 p 而言的平均固结度 $\overline{U}'_t$（图 4-9），可由下列公式计算：

当 $t<T_1$ 时：

$$\overline{U}'_t=\overline{U}_{rz\left(\frac{t}{2}\right)}\frac{p'}{p} \tag{4-26}$$

当 $T_1<t<T_2$ 时：

$$\overline{U}'_t=\overline{U}_{rz\left(t-\frac{T_1}{2}\right)}\frac{p_1}{p} \tag{4-27}$$

当 $T_2<t<T_3$ 时：

$$\overline{U}'_t=\overline{U}_{rz\left(t-\frac{T_1}{2}\right)}\cdot\frac{p_1}{p}+\overline{U}_{rz\left(\frac{t-T_2}{2}\right)}\cdot\frac{p''}{p} \tag{4-28}$$

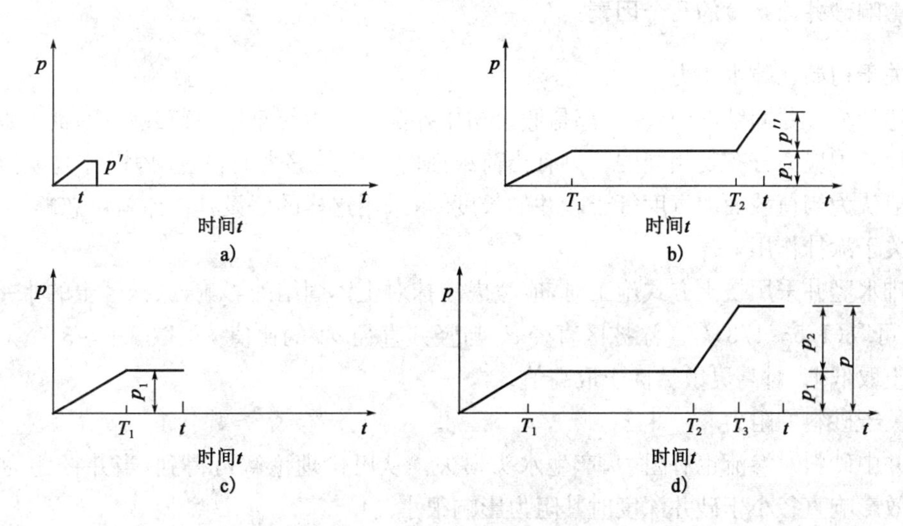

图 4-9　二级等速加荷过程

a)第一级等速加荷；b)第一级加荷后，保持恒载阶段；c)第二级等速加荷；d)第二级加荷后，保持恒载阶段

当 $t>T_3$ 时：

$$\overline{U}'_t=\overline{U}_{rz(t-\frac{T_1}{2})}\cdot\frac{p_1}{p}+\overline{U}_{rz(t-\frac{T_2+T_3}{2})}\cdot\frac{p_2}{p} \tag{4-29}$$

对多级等速加荷，可依次类推，并归纳如下：

$$U'_t=\sum_{i=1}^{n}\overline{U}_{rz(t-\frac{T_{i-1}-T_i}{2})}\cdot\frac{\Delta p_i}{\sum\Delta p} \tag{4-30}$$

式中：U'_t——多级等速加荷，t 时刻修正后的平均固结度；

$\overline{U}_{rz}$——瞬时加荷条件的平均固结度；

T_{i-1}、T_i——每级等速加荷的起点和终点时间（从时间 0 点起算），当计算某一级加荷期间 t 的固结度时，则 T_i 改为 t；

Δp_i——第 i 级荷载增量，如计算加荷过程中某一时刻 t 的固结度时，则用该时刻相对应的荷载增量。

2）改进的高木俊介法

该法是根据巴伦理论，考虑变速加荷使砂井地基在辐射向和垂直向排水条件下推导出砂井地基平均固结度的，其特点是不需要求得瞬时加荷条件下地基固结度，而是可直接求得修正后的平均固结度。修正后的平均固结度为：

$$\overline{U}'_t=\sum_{i=1}^{n}\frac{q_i}{\sum\Delta p}\left[(T_i-T_{i-1})-\frac{\alpha}{\beta}e^{-\beta\cdot t}(e^{\beta T_i}-e^{\beta T_{i-1}})\right] \tag{4-31}$$

式中：$\overline{U}'_t$——t 时多级荷载等速加荷修正后的平均固结度（%）；

$\sum\Delta p$——各级荷载的累计值；

q_i——第 i 级荷载的平均加载速率（kPa/d）；

T_{i-1}、T_i——各级等速加荷的起点和终点时间（从时间零点起算），当计算某一级等速加荷过程中时间 t 的固结度时，则 T_i 改为 t；

α、β——计算参数。

3. 影响砂井固结度的几个因素

1）关于初始孔隙水压力

上述计算砂井固结度的公式，都是假设初始孔隙水应力等于地面荷载强度；而且假设在整个砂井地基中应力分布是相同的。只有当荷载面的宽度足够大时，这些假设才与实际基本符合。一般认为当荷载面的宽度等于砂井的长度时，采用这样的假设其误差就可忽略不计。

2）关于涂抹作用

当排水竖井采用挤土方式施工时，应考虑涂抹对土体固结的影响，涂抹区土的水平向渗透系数 k_s 可取（1/5～1/3）k_h。涂抹区直径 d_s 与竖井直径 d_w 的比值 s 可取 2.0～3.0，对中等灵敏黏性土取低值，对高灵敏黏性土取高值。

3）关于砂料的阻力

砂井中砂料对渗流也有阻力，产生水头损失。从巴伦理论解可得到，当井径比为 7～15，井的有效影响直径小于砂井深度时其阻力影响很小。

当竖井的纵向通水量 q_w 与天然土层水平向渗透系数 k_h 的比值较小，且长度又较长时，尚应考虑井阻影响。

四、堆载预压法设计

堆载预压法设计包括加压系统和排水系统的设计。加压系统主要指堆载预压计划以及堆载材料的选用;排水系统包括竖向排水体的材料选用、排水体长度、断面、平面布置的确定。

1. 加压系统设计

堆载预压,根据土质情况分为单级加荷和多级加荷;根据堆载材料分为自重预压、加荷预压和加水预压。

堆载一般用填土、砂石等散粒材料;油罐通常利用罐体充水对地基进行预压。对堤坝等以稳定为控制的工程,则以其本身的重量有控制地分级逐渐加载,直至设计高程。

由于软黏土地基抗剪强度低,无论直接建造建筑物还是进行堆载预压往往都不可能快速加载,而必须分级逐渐加荷,待前期荷载下地基强度增加到足已加下一级荷载时方可加下一级荷载。其计算步骤是,首先用简便的方法确定一个初步的加荷计划,然后校核这一加荷计划下的地基的稳定性和沉降,具体计算步骤如下:

(1)利用地基的天然地基土抗剪强度计算第一级容许施加的荷载 p_1。天然地基承载力 f_0 一般可根据斯开普顿极限荷载的半经验公式作为初步估算,并保证第一级荷载 p_1 小于天然地基承载力 f_0。

(2)采用式(4-31)计算 p_1 荷载作用下经预定预压时间后达到的固结度$\overline{U}'_{t1}$。

(3)采用式(4-8)计算 p_1 荷载作用下经过一段时间预压后地基强度 c_{u1}。

(4)采用式(4-7)估算预压处理后地基强度 f_1,确定第二级荷载 p_2,保证其小于地基承载力 f_1。

(5)按以上步骤确定的加荷计划进行每一级荷载下地基的稳定性验算。如稳定性不满足要求,则调整加荷计划。

(6)计算预压荷载下地基的最终沉降量和预压期间的沉降,从而确定预压荷载卸除的时间,保证所剩留的沉降是建筑物所允许的。

2. 排水系统设计

1)竖向排水体材料选择

竖向排水体可采用普通砂井、袋装砂井和塑料排水带。若需要设置竖向排水体长度超过20m,建议采用普通砂井。

2)竖向排水体深度设计

竖向排水体深度主要根据土层的分布、地基中附加应力大小、施工期限和施工条件以及地基稳定性等因素确定。

(1)当软土层不厚、底部有透水层时,排水体应尽可能穿透软土层。

(2)当深厚的高压缩性土层间有砂层或砂透镜体时,排水体应尽可能打至砂层或砂透镜体;而采用真空预压时应尽量避免排水体与砂层相连接,以免影响真空效果。

(3)对于无砂层的深厚地基则可根据其稳定性及建筑物在地基中造成的附加应力与自重应力之比值确定(一般为 0.1~0.2)。

(4)按稳定性控制的工程,如路堤、土坝、岸坡、堆料等,排水体深度应通过稳定分析确定,排水体长度应大于最危险滑动面的深度。

(5)按沉降控制的工程，排水体长度可从压载后的沉降量满足上部建筑物容许的沉降量来确定。

竖向排水体长度一般为10～25m。

3)竖向排水体平面布置设计

普通砂井直径一般为200～500mm。

袋装砂井直径一般为70～100mm。

塑料排水带常用当量直径表示，塑料排水带宽度为b，厚度为δ，则换算直径可按下式计算：

$$d_{\mathrm{p}}=\frac{2(b+\delta)}{\pi} \tag{4-32}$$

式中：d_{p}——塑料排水带当量换算直径(mm)；

b——塑料排水带宽度(mm)；

δ——塑料排水带厚度(mm)。

竖向排水体直径和间距主要取决于土的固结性质和施工期限的要求。排水体截面大小只要能及时排水固结就行，由于软土的渗透性比砂性土为小，所以排水体的理论直径可以很小。但直径过小，施工困难；直径过大对增加固结速率并不显著。从原则上讲，为达到同样的固结度，缩短排水体间距比增加排水体直径效果要好，即井距和井间距关系是"细而密"比"粗而稀"为佳。

排水竖井的间距可根据地基土的固结特性和预定时间内所要求达到的固结度确定。设计时，竖井的间距可按井径比n选用($n=d_{\mathrm{e}}/d_{\mathrm{w}}$，$d_{\mathrm{w}}$为竖井直径，对塑料排水带可取$d_{\mathrm{w}}=d_{\mathrm{p}}$)。塑料排水带或袋装砂井的间距可按$n$=15～22选用，普通砂井的间距可按$n$=6～8选用。

竖向排水体的布置范围一般比建筑物基础范围稍大为好。扩大的范围可由基础的轮廓线向外增大2～4m。

4)砂料设计

制作砂井的砂宜用中粗砂，砂的粒径必须能保证砂井具有良好的透水性。砂井粒度要不被黏土颗粒堵塞。砂应是洁净的，不应有草根等杂物，其黏粒含量不应大于3%。

5)地表排水砂垫层设计

为了使砂井排水有良好的通道，砂井顶部必须铺设砂垫层，以连通各砂井，将水排到工程场地以外。砂垫层采用中粗砂，含泥量应小于3%。

砂垫层应形成一个连续的、有一定厚度的排水层，以免地基沉降时被切断而使排水通道堵塞。陆上施工时，砂垫层厚度不应小于500cm；水下施工时，一般为1m。砂垫层的宽度应大于堆载宽度或建筑物的底宽，并伸出砂井区外边线2倍砂井直径。在砂料贫乏地区，可采用连通砂井的纵横砂沟代替整片砂垫层。

3. 应用实测沉降—时间曲线推测最终沉降量

在预压期间应及时整理竖向变形与时间、孔隙水压力与时间等关系曲线，并推算地基的最终竖向变形、不同时间的固结度以分析地基处理效果，并为确定卸载时间提供依据。工程上往往利用实测变形与时间关系曲线推算最终竖向变形量s_{t}和参数β值。

各种排水条件下土层平均固结度的理论解，可归纳为下面一个普遍的表达式：

$$\overline{U}=1-\alpha\cdot e^{-\beta\cdot t}$$

而根据固结度的定义：

$$\overline{U}=\frac{s_{ct}}{s_{c}}=\frac{s_{1}-s_{d}}{s_{\infty}-s_{d}}$$

解以上两式得：

$$s_{t}=(s_{\infty}-s_{d})(1-\alpha\cdot e^{-\beta t})+s_{d} \tag{4-33}$$

从实测的沉降—时间($s-t$)曲线上选取任意三点：(s_1,t_1)，(s_2,t_2)，(s_3,t_3)，并使 $t_2-t_1=t_3-t_2$，则：

$$s_{1}=s_{\infty}(1-\alpha\cdot e^{-\beta t_{1}})+s_{d}\cdot\alpha\cdot e^{-\beta t_{1}} \tag{4-34a}$$

$$s_{2}=s_{\infty}(1-\alpha\cdot e^{-\beta t_{2}})+s_{d}\cdot\alpha\cdot e^{-\beta t_{2}} \tag{4-34b}$$

$$s_{3}=s_{\infty}(1-\alpha\cdot e^{-\beta t_{3}})+s_{d}\cdot\alpha\cdot e^{-\beta t_{3}} \tag{4-34c}$$

由式(4-34a)、式(4-34b)、式(4-34c)解得：

$$e^{\beta(t_{2}-t_{1})}=\frac{s_{2}-s_{1}}{s_{3}-s_{2}} \tag{4-35}$$

∴

$$\beta=\frac{\ln\dfrac{s_{2}-s_{1}}{s_{3}-s_{2}}}{t_{2}-t_{1}} \tag{4-36}$$

$$s_{\infty}=\frac{s_{3}(s_{2}-s_{1})-s_{2}(s_{3}-s_{2})}{(s_{2}-s_{1})-(s_{3}-s_{2})} \tag{4-37}$$

$$s_{d}=\frac{s_{t}-s_{\infty}(1-\alpha\cdot e^{-\beta t})}{\alpha\cdot e^{-\beta t}} \tag{4-38}$$

为了使推算的结果精确些，(s_3,t_3)点应尽可能取 $s-t$ 曲线的末端，以使(t_2-t_1)和(t_3-t_2)尽可能大些。

注意，上述各个时间是按修正的 0′点算起，对于两级等速加荷的情况(图 4-10)，0′点按下式确定：

$$00'=\frac{\Delta p_{1}(T_{1}/2)+\Delta p_{2}(T_{2}+T_{3})/2}{\Delta p_{1}+\Delta p_{2}} \tag{4-39}$$

五、真空预压法设计

真空预压的设计内容主要包括：密封膜内的真空度、加固土层要求达到的平均固结度、竖向排水体的尺寸、加固后的沉降和工艺设计等。

1. 膜内真空度

真空预压效果与密封膜内所能达到的真空度大小关系极大。膜内真空度应稳定维持在 650mmHg 以上，且应分布均匀。

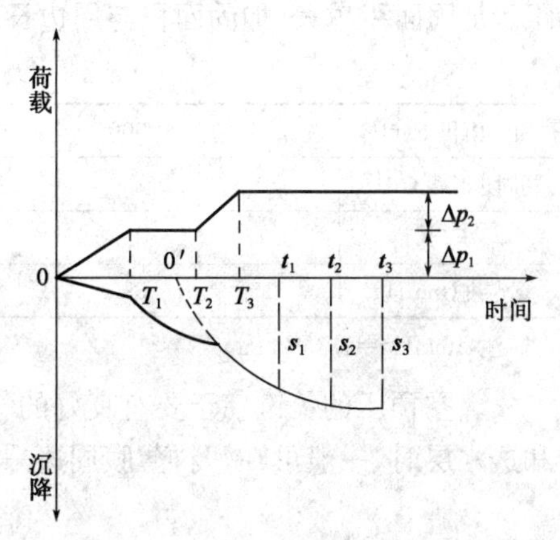

图 4-10　两级等速加荷情况的沉降与时间曲线以及修正零点

2. 平均固结度

竖井深度范围内土层的平均固结度应大于 90%。

3. 竖向排水体

一般采用袋装砂井或塑料排水带。真空预压处理地基时，必须设置竖向排水体，由于砂井(袋装砂井和塑料排水带)能将真空度从砂垫层中传至土体，并将土体中的水抽至砂垫层然后排出。若不设置砂井就起不到上述的作用和加固目的。竖向排水体的规格、排列方式、间距和深度的确定与堆载预压相同。

抽真空的时间与土质条件和竖向排水体的间距密切相关。达到相同的固结度，间距越小，则所需的时间越短(表 4-2)。

袋装砂井间距与所需时间关系 表 4-2

袋装砂井间距(m)	固结度(%)	所需时间(d)
1.3	80	40～50
	90	60～70
1.5	80	60～70
	90	85～100
1.8	80	90～105
	90	120～130

4. 监测项目设计

真空预压法的现场测试设计同堆载预压法。

对承载力要求高、沉降限制严的建筑，可采用真空—堆载联合预压法。通过工程实践量测证明，二者的效果是可叠加的。

真空预压的面积不得小于基础外缘所包围的面积，真空预压区边缘比建筑基础外缘每边增加量不得小于 3m；另外，每块顶压的面积应尽可能大，根据加固要求彼此间可搭接或有一定间距。加固面积越大，加固面积与周边长度之比也越大，气密性就越好，真空度就越高(表 4-3)。

真空度与加固面积关系 表 4-3

加固面积 F(m^2)	264	900	1250	2500	3000	4000	10000	20000
周边长度(m)	70	120	143	205	230	260	500	900
F/S	3.77	7.5	8.74	12.2	13.04	15.38	20	22.2
真空度(mmHg)	515	530	600	610	630	650	680	730

注：1mmHg=133.322Pa。

真空预压的关键在于要有良好的气密性，使预压与大气隔绝。当在加固区发现有透气层和透水层时，一般可在塑料薄膜周边采用另加水泥土搅拌桩的壁式密封措施。

第四节　施　工　方　法

从施工角度分析，要保证排水固结法的加固效果，应主要做好以下三个环节：铺设水平排水垫层、设置竖向排水体和施加固结压力。

一、排 水 系 统

1. 水平排水垫层的施工

排水垫层的作用是使在预压过程中，从土体进入垫层的渗流水迅速地排出，使土层的固结能正常进行，防止土颗粒堵塞排水系统。因而垫层的质量将直接关系到加固效果和预压时间的长短。

1)垫层材料

垫层材料应采用透水性好的砂料，其渗透系数一般不低于 10^{-3}cm/s，同时能起到一定的反滤作用。通常，采用级配良好的中、粗砂，含泥量不大于 3%。一般不宜采用粉、细砂。

2)垫层尺寸

(1)垫层厚度应根据保证加固全过程砂垫层排水的有效性确定，若垫层厚度较小，在较大的不均匀沉降下很可能使垫层的排水性失效。一般情况下，陆上排水垫层厚度为 0.5m 左右，水下垫层为 1.0m 左右。对新冲填不久的或无硬壳层的软黏土及水下施工的特殊条件，应采用厚的或混合粒排水垫层。

(2)排水砂垫层宽度等于铺设场地宽度，砂料不足时，可用砂沟代替砂垫层。

(3)砂沟的宽度为 2～3 倍砂井直径，一般深度为 40～60cm。

3)垫层施工

不论采用何种施工方法，都应避免对软土表层的过大扰动，以免造成砂和淤泥混合，影响垫层的排水效果。另外，在铺设砂垫层前，应清除干净砂井顶面的淤泥或其他杂物，以利砂井排水。

2. 竖向排水体施工

1)砂井施工

砂井施工要求：(1)保持砂井连续和密实，并且不出现颈缩现象；(2)尽量减小对周围土的扰动；(3)砂井的长度、直径和间距应满足设计要求。

砂井施工一般先在地基中成孔，再在孔内灌砂形成砂井。表 4-4 为砂井成孔和灌砂方法。

砂井成孔和灌砂方法 表 4-4

类　　型	成 孔 方 法		灌 砂 方 法	
使用套管	管端封闭	冲击打入 振动打入	用压缩空气	静力提拔套管 振动提拔套管
		静力压入	用饱和砂	静力提拔套管
	管端敞口	射水排土 螺旋钻排土	浸水自然下沉	静力提拔套管
不适用套管	旋转、射水 冲击、射水		用饱和砂	

砂井施工时必须保证砂井的施工质量以防缩颈、断颈或错位现象(图 4-11)。

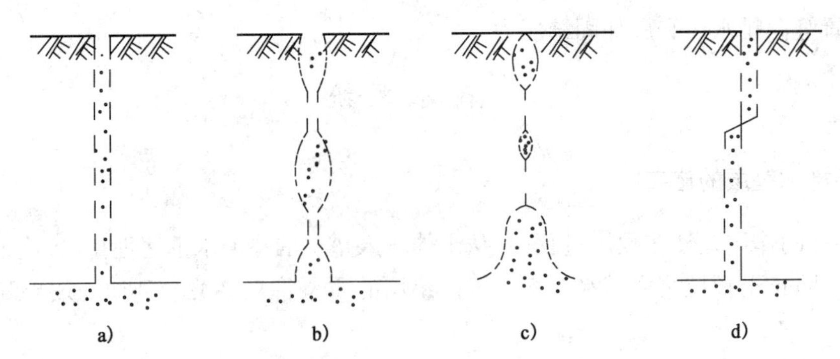

图 4-11 砂井可能产生的质量事故

a)理想的砂井形状;b)缩颈;c)断颈;d)错位

砂井的灌砂量,应按砂在中密状态时的干重度和井管外径所形成的体积计算,其实际灌砂量按质量控制要求,不得小于计算值的 95%。灌砂时可适当灌水,以利密实。

砂井位置的允许偏差为该井的直径,垂直度的允许偏差为 1.5%。

2)袋装砂井施工

袋装砂井基本上解决了大直径砂井中所存在的问题,使砂井的设计和施工更加科学化,保证了砂井的连续性,施工设备实现了轻型化,比较适应在软弱地基上施工;用砂量大为减少;施工速度加快、工程造价降低,是一种比较理想的竖向排水体。

(1)施工机具和工效

在国内,袋装砂井成孔的方法有锤击打入法、水冲法、静力压入法、钻孔法和振动贯入法五种。

(2)砂袋材料的选择

砂袋材料必须选用抗拉力强、抗腐蚀和抗紫外线能力强、透水性能好、韧性和柔性好、透气且在水中能起滤网作用和不外露砂料的材料制作。国内采用过的砂袋材料有麻布袋和聚丙烯编织袋,其力学性能如表 4-5 所示。

砂袋材料力学性能表 表 4-5

材料名称	拉 伸 试 验		弯曲 180°试验			渗透性 (cm/s)
	抗拉强度(MPa)	伸长率(%)	弯心直径(cm)	伸长率(%)	破坏情况	
麻布袋	1.92	5.5	7.5	4	完整	
聚丙烯编织袋	1.70	25	7.5	23	完整	>0.01

(3)施工要求

灌入砂袋的砂宜用干砂,并应灌制密实。砂袋长度应较砂井孔长度长 50cm,使其放入井孔内后能露出地面,以便埋入排水砂垫层中。

袋装砂井施工时,所用钢管的内径宜略大于砂井直径,但不宜过大,以减小施工过程中对地基土的扰动。另外,拔管后带上砂袋的长度不宜超过 0.50m。

3)塑料排水带施工

塑料排水带法是将塑料排水带用插带机将其插入软土中,然后在地基面上加载预压(或采用真空预压),土中水沿塑料带的通道逸出,从而使地基土得到加固的方法。

(1)塑料排水带材料

塑料排水带由于所用材料不同,其断面结构形式各异。

(2)塑料排水带性能

各种塑料排水带性能列于表 4-6。

塑料排水带性能表

表 4-6

测试项目		SPB1	SPB2	SPB3	SVD1	SVD2	STK-A	Colonddraia，荷兰	Caste Board，日本	FD4，马来西亚	Mebra，荷兰	GEODRAIN，日本
芯板	单位长度质量(g/m)	90～100	100～110	110～120	83.4	85.4		83.3				
	厚度(mm)	>3.5	>4.0	>4.0	7.4	7.5	3～4	3.5	2.6	4	3～4	3.7
	宽度(mm)	100±2	100±2	100±2	99.8	99.8	100±2	91	95	100	100	96
	抗拉强度(kN/10cm)	>1.0	>1.3	>1.5	1.45	2.1	2.68	1.91	2.5	2.6	1.0	1.7～2.4
	伸长率(%)	<10	<10	10	10	51	4.6～5.3	27				
	纵向通水量(cm^3)	15	25	40	30.2	40.1	>25	32	36.1	27	25	30
滤膜	单位面积质量(g/m^2)				93.5	122		168				
	厚度(mm)				0.5	0.62		0.8				
	抗拉强度(湿态)(N/cm)	>15	>30	>30	46.4	80	44.8～50.8	103				
	抗拉强度(干态)(N/cm)	>10	>20	>25	22.6	74	23.8～25.7	100				
	渗透系数(cm/s)	5×10^{-4}	5×10^{-4}	$>5\times10^{-4}$	3.13×10^{-4}		0.95×10^{-4}		1.5×10^{-2}	7×10^{-4}	1.0×10^{-2}	1.0×10^{-4}
	隔土性(μm)	<75	<75	<15			48				75	
每卷长度(m)		200	200	200			200					

选塑料排水带时，应使其具有良好的透水性和强度，塑料带的纵向通水量不小于(15～40)×$10^3mm^3/s$；滤膜的渗透系数不小于 $5\times10^{-3}mm/s$；芯带的抗拉强度不小于 10～15N/mm；滤膜的抗拉强度，干态时不小于 1.5～3.0N/mm，湿态时不小于 1.0～2.5N/mm(插入土中较短时用小值，较长时用大值)。整个排水带应反复对折 5 次不断裂才认为合格。

(3)塑料排水带施工

①插带机械

塑料排水带的施工质量在很大程度上取决于施工机械的性能，有时会成为制约施工的重要因素。

用于插设塑料带的插带机，种类很多，性能不一。由于大多在软弱地基上施工，因此要求行走装置：

A. 机械移位迅速，对位准确。

B. 整机稳定性好，施工安全。

C. 对地基土扰动小、接地压力小等性能。

从国外资料分析，有专门厂商生产，也有自行设计和制造的；或用挖掘机、起重机、打桩机改装的。从机型分，有轨道式、滚动式、履带浮箱式、履带式和步履式等多种。

②塑料排水带导管靴与桩尖

一般打设塑料带的导管靴有圆形和矩形两种。由于导管靴断面不同，所用桩尖各异，并且一般都与导管分离。桩尖主要作用是在打设塑料带过程中防止淤泥进入导管内，并且对塑料带起锚定作用，防止提管时将塑料带拔出。

A. 圆形桩尖应配圆形管靴，一般为混凝土制品，如图 4-12 所示。

B. 倒梯形绑扎连接桩尖，此板尖配矩形管靴，一般为塑料制品，也可用薄金属板，如图 4-13所示。

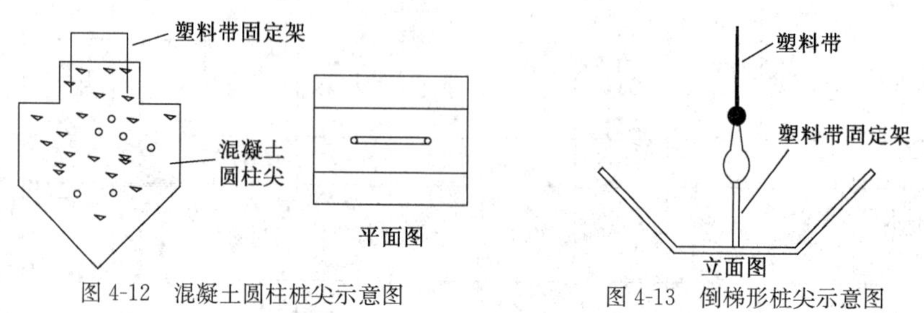

图 4-12　混凝土圆柱桩尖示意图　　图 4-13　倒梯形桩尖示意图

C. 倒梯形楔挤压连接桩尖。该桩尖固定塑料带比较简单，一般为塑料制品，也可用薄金属板，如图 4-14 所示。

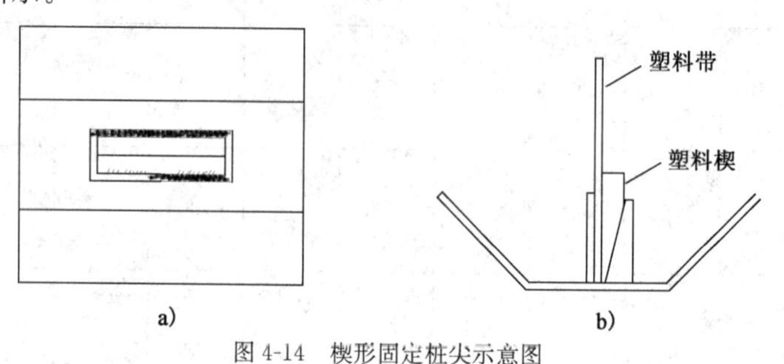

图 4-14　楔形固定桩尖示意图

a)平面图；b)立面图

③塑料排水带的施工方法

塑料排水带打设顺序包括：定位、将塑料带通过导管从管靴穿出、将塑料带与桩尖连接贴紧管靴并对准桩位、插入塑料带、拔管剪断塑料带等。

袋装砂井和塑料排水带施工的质量要求、施工要点和施工程序，见表 4-7。

袋装砂井和塑料排水带施工　　表 4-7

项目	质 量 要 求	施 工 要 点	施 工 程 序
袋装砂井	①平面位置允许偏差，水下 20cm，陆地 10cm ②垂直度允许偏差 1.5cm/m ③井底高程符合设计要求，砂袋顶端高出地面，外露长度 30^{+15}_{-15}cm ④砂袋入井下沉时，严禁发生扭结、断裂现象 ⑤砂袋灌砂率必须大于 95%	①地位准确 ②导架上设有明显标志，控制打入深度 ③编织袋避免裸晒，防止老化 ④“桩头”与套管要配合好 ⑤套管进料口处设有滚轮，套管内壁要光滑，避免挂破编织袋 ⑥套管拔起后，及时向砂袋内补灌砂至设计高程 ⑦砂井验收后，及时按要求埋入砂垫层	先把套管对准井位，整理好“桩尖”，开动机器把套管打至设计深度，然后把砂袋从套管上部侧面进料口投入，随之灌水，以便顺利拔起套管至下一井位

续上表

项目	质量要求	施工要点	施工程序
塑料排水袋	①平面位置允许偏差小于10cm ②垂直度允许偏差1.5cm/m ③排水带顶端必须高出地面，外露长度30^{+15}_{-15}cm ④排水带底高程偏差小于10cm ⑤严禁出现扭结，断裂和撕破滤膜现象	①选择合适的打设机械和管靴 ②管靴要与塑料带连接好，与套管扣紧，防止套管进泥 ③打设机上设有进尺标志，控制塑料带打设深度 ④地面上每个井位应有明显标志 ⑤塑料带施工完毕验收后，按要求埋入砂垫层	打设塑料带前，应有明显标志把塑料带井位置于砂面上标出，并将塑料袋从套管上端入口处穿入套管至桩头，于管靴连接好。对准点位，开机将套管打至设计深度，然后上拔套管至地面，剪断塑料带，即完成一个塑料排水带的打设

二、预压荷载

产生固结压力的荷载一般分三类：一是利用建筑物自身加压；二是外加预压荷载；三是通过减小地基土的孔隙水压力而增加固结压力的方法。另外，也可以采用上述方法两两结合，如外加预压与减小孔隙水压力相结合的处理方法。

1.利用建筑物自重压重

利用建筑物本身重量对地基加压是一种经济而有效的方法。此法一般应用于以地基的稳定性为控制条件，且能适应较大变形的建筑物，如路堤、土坝、储矿场、油罐、水池等。特别是对油罐或水池等建筑物，先进行充水加压，一方面可检验罐壁本身有无渗漏现象；同时，还利用分级逐渐充水预压，使地基强度得以提高，满足稳定性要求。对路堤、土坝等建筑物，由于填土高、荷载大，地基的强度不能满足快速填筑的要求，工程上都采取严格控制加荷速率、逐层填筑的方法以确保地基的稳定性。

2.堆载预压

堆载预压的材料一般以散料为主，如石料、砂、砖等。大面积施工时通常采用自卸汽车与推土机联合作业。对超软地基的堆载预压，第一级荷载宜用轻型机械或人工作业。

施工时应注意以下几点：

(1)堆载面积要足够。堆载的顶面积不小于建筑物底面积。堆载的底面积也应适当扩大，以保证建筑物范围内的地基得到均匀加固。

(2)堆载要求严格控制加荷速率，保证在各级荷载下地基的稳定性，同时要避免部分堆载过高而引起地基的局部破坏。

(3)对超软黏性土地基，荷载的大小、施工方法更要精心设计，以避免对土的扰动和破坏。

不论利用建筑物荷载加压还是堆载预压，最为危险的是急于求成，不认真进行设计，忽视对加荷速率的控制，施加超过地基承载力的荷载。特别对打入式砂井地基，未待因打砂井而使地基减小的强度得到恢复就进行加载，这样就容易导致工程的失败。从沉降角度来分析，地基的沉降不仅仅是固结沉降，由于侧向变形也产生一部分沉降，特别是当荷载大时，如果不注意加荷速率的控制，地基内产生局部塑性区，侧向变形引起沉降，从而增大总沉降量。

3. 真空预压

1)加固区划分

加固区划分是真空预压施工的重要环节,理论计算结果和实际加固效果均表明,每块真空预压加固场地的面积宜大不宜小。目前,国内单块真空预压面积已达 30000m²。如果受施工能力或场地条件限制,需要把场地划分几个加固区域,分期加固,在划分区域时应考虑以下几个因素:

(1)按建筑物分布情况,应确保每个建筑物位于一块加固区域之内,建筑边线距加固区有效边线根据地基加固厚度可取 2～4m 或更大。应避免两块加固区的分界线横过建筑物。否则,将会由于两块加固区分界区域的加固效果差异而导致建筑物发生不均匀沉降。

(2)应考虑竖向排水体打设能力、加工大面积密封膜的能力、大面积铺膜的能力和经验,以及射流装置和滤管的数量等方面的综合指数。

(3)应以满足建筑工期要求为依据,一般加固面积 6000～10000m² 为宜。

(4)加固区之间的距离应尽量小或者共用一条封闭沟。

2)工艺设备

抽真空工艺设备包括真空源和一套膜内、膜外管路。

(1)真空源目前国内大多采用射流真空装置,射流真空装置由射流箱和离心泵等组成。

抽真空装置的布置视加固面积和射流装置的能力而定,一套高质量的抽真空装置在施工初期可承担 1000～1200m² 的加固面积,后期可负担 1500～2000m² 的加固面积。抽真空装置设置数量,应以始终保持密封膜内高真空度为原则。

(2)膜外管路连接着射流装置的回阀、截水阀、管路。过水断面应能满足排水量,且能承受 100kPa 径向力而不变形破坏的要求。

(3)膜内水平排水滤管,目前常用直径为 ϕ60～70mm 的铁管或硬质塑料管。

为了使水平排水滤管标准化并能适应地基沉降变形,滤水管一般加工成长 5m 一根,滤水部分钻有 ϕ8～10 的滤水孔,孔距 5cm,三角形排列,滤水管外绕 3mm 铅丝(圈距 5cm),外包一层尼龙窗纱布,再包滤水材料构成滤水层。目前常用的滤水层材料为土工合成材料,其性能见表 4-8。

常用滤水层材料性能表 表 4-8

项　目		参考数值
渗透系数(cm/s)		0.4×10^{-3}～2.0×10^{-3}
抗拉强度(N/cm)	干态	20～44
	湿态	15～30
隔土性(mm)		<0.075

(4)滤水管的布置与埋设,滤水管的平面布置一般采用条形或鱼刺形排列,如图 4-15 和图 4-16 所示。遇到不规则场地时,应因地制宜地进行滤水管排列设计,保证真空负压快速而均匀地传至场地各个部位。

滤水管的排距 l 一般为 6～10m,最外层滤水管距场地边的距离为 2～5m。滤水管之间的连接采用软连接,以适应场地沉降。

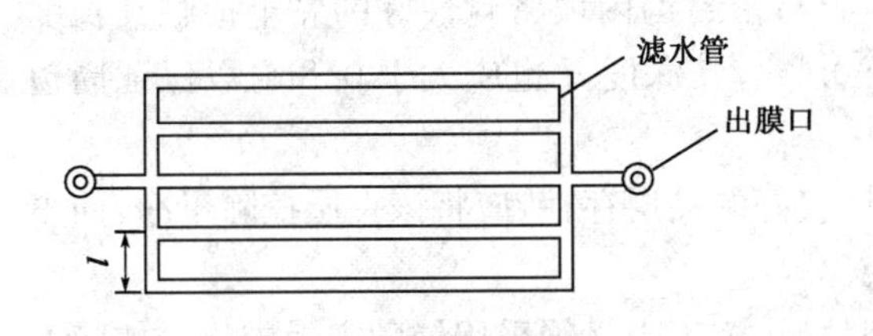

图 4-15　滤水管条形排列图

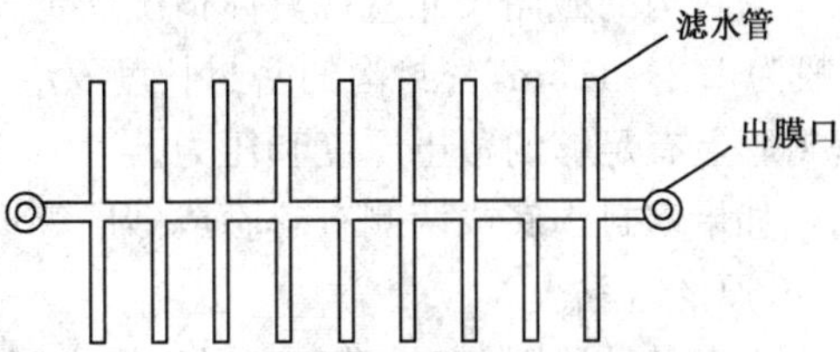

滤水管
出膜口

图 4-16　滤水管鱼刺形排列图

滤水管埋设在水平排水砂垫层的中部，其上应有 0.10～0.20m 砂覆盖层，防止滤水管上尖利物体刺破密封膜。

(5)膜外管与膜内水平排水滤管连接(出膜装置)，如图 4-17 所示。

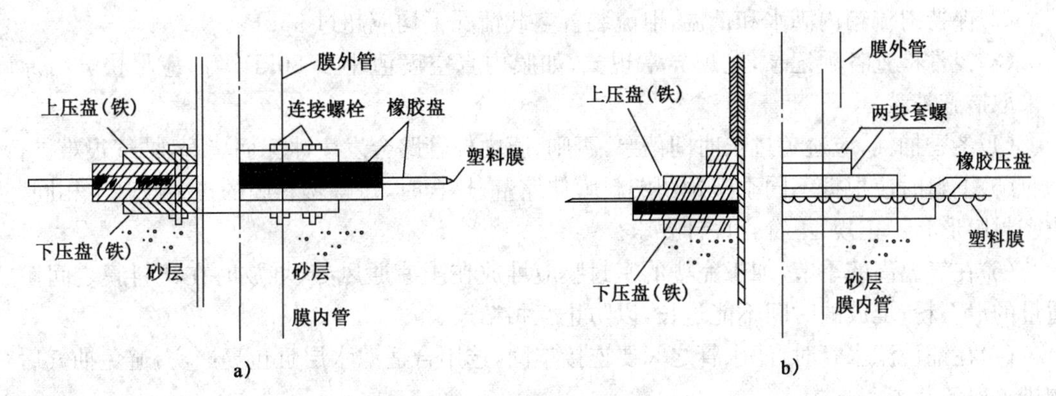

图 4-17　出膜装置示意图

3)密封系统

密封系统由密封膜、密封沟和辅助密封措施组成。

一般选用聚乙烯或聚氯乙烯薄膜，其性能见表 4-9。

密封膜性能表　　表 4-9

抗拉强度(MPa)		伸长率(%)		直角断裂强度(MPa)	厚度(mm)	微孔(个)
纵向	横向	断裂	低温			
≥18.5	≥16.5	≥220	20～45	≥4.0	0.12±0.02	≤10

塑料膜经过热合加工才能成为密封膜，热合时每幅塑料膜可以平搭接，也可以立缝搭接，搭接长度 1.5～2.0cm 为宜。热合时根据塑料膜的材质、厚度确定热合温度、刀的压力和热合时间，使热合缝牢而不熔。

为了保证整个预压过程中的密封性，塑料膜一般宜铺设 2～3 层，每层膜铺好后应检查和粘补破漏处。膜周边的密封可采用挖沟折铺膜，见图 4-18。在地基土颗粒细密、含水率较大、地下水位浅的地区也可采用平铺膜，如图 4-19 所示。

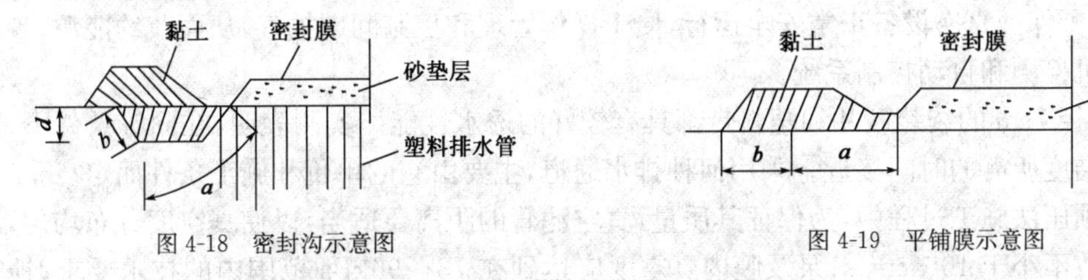

图 4-18　密封沟示意图　　图 4-19　平铺膜示意图

密封沟的截面尺寸应视具体情况而定，密封膜与密封沟内坡密封性好的黏土接触其长度 a 般为 1.3～1.5m，密封沟的密封长度 b 应大于 0.8m，其深度 d 也应大于 0.8m，以保证周边密封膜上有足够的覆土厚度和压力。

如果密封沟底或两侧有碎石或砂层等渗透性较好的夹层存在，应将该夹层挖除干净，回填 40cm 厚的软黏土。

由于某种原因，密封膜和密封沟发生漏气现象时，施工中必须采用辅助密封措施。如膜上沟内同时覆水、封闭式板桩墙或封闭式板桩墙内覆水等。

4）抽气阶段施工要求与质量要求

（1）膜上覆水一般应在抽气后，膜内真空度达 80kPa，确认密封系统不存在问题方可进行，这段时间一般为 7～10d。

（2）保持射流箱内满水和低温，射流装置空载情况下均应超过 95kPa。

（3）经常检查各项记录，发现异常现象，如膜内真空度值小于 80kPa 等，应尽快分析原因并采取措施补救。

（4）冬季抽气，应避免过长时间停泵，否则，膜内外管路会发生冰冻而堵塞，抽气很难进行。

（5）下料时应根据不同季节预留塑料膜伸缩量；热合时，每幅塑料膜的拉力应基本相同，防止密封膜形状不正规、不符合设计要求。

（6）在气温高的季节，加工完毕的密封膜应堆放在阴凉通风处；堆放时在塑料膜之间撒放适量的滑石粉；堆放的时间不能过长，以防止互相粘连。

（7）在铺设滤水管时，滤水管之间要连接牢固，选用合适滤水层且包裹严实，避免抽气后杂物进入射流装置。

（8）铺膜前应用砂料把砂井孔填充密实；密封膜破裂后，可用砂料把井孔填充密实至砂垫层顶面，然后分层把密封膜粘牢，以防止砂井孔处下沉，密封膜破裂。

（9）抽气阶段质量要求：膜内真空大于 80kPa；停止预压时地基固结度大于 80%；预压的沉降稳定标准为连续 5d，实测沉降速率不大于 2mm/d。

在真空预压法的施工中，根据实测资料表明：

（1）在大面积软基加固工程中，每块预压区面积尽可能要大，因为这样可加快工程进度和消除更多的沉降量。

（2）两个预压区的间隔不宜过大，需根据工程要求和土质决定，一般以 2～6m 较好。

（3）膜下管道在不降低真空度的条件下尽可能少，为减少费用可取消主管，全部采用滤管，由鱼刺形排列改为环形排列。

（4）砂井间距应根据土质情况和工期要求来定。当砂井间距从 1.3m 增至 1.8m 时，达到相同固结度所需的时间增率与堆载预压法相同。

（5）当冬季的气温降至－17℃时，如对薄膜、管道、水泵、阀门及真空表等采取常规保温措施，则可照常进行作业。

（6）为了保证真空设备正常安全运行，便于操作管理和控制间歇抽气，从而节约能源，现已研制成微机检测和自动控制系统。

（7）直径 7cm 的袋装砂井和塑料带都具有较好的透水性能。实测表明，在同等条件下，达到相同固结度所需的时间接近。采用何种排水通道，主要由它的单价和施工条件而定。

真空预压法施工过程中，为保证其质量，真空滤管的距离要适当，以使真空度分布均匀，滤管渗透系数不小于 10^{-2}cm/s；泵及膜内真空度应达到在 73～96kPa 范围内的技术要求，地表总沉降规律应符合一般堆载预压时的沉降规律，如发现异常，应及时采取措施，以免影响最终加固效果。因此必须做好真空度、地面沉降量、深层沉降、水平位移、孔隙水压力和地下水位的现场测试工作。

4. 真空联合堆载预压

该工艺既能加固超软土地基，又能较高地提高地基承载力，其工艺流程为：

真空联合堆载预压施工时，除了要按真空预压和堆载预压的要求进行以外，还应注意以下几点：

(1)堆载前要采取可靠措施保护密封膜，防止堆载时刺破密封膜。

(2)堆载底层部分应选颗粒较细且不含硬块状的堆载物，如砂料等。

(3)选择合适的堆载时间和荷重。

堆载部分的荷重为设计荷载与真空等效荷载之差。如果堆载部分荷重较小，可一次施加；荷重较大时，应根据计算分级施加。

堆载时间应根据理论计算确定，现场可根据实测孔隙水压力资料计算当时地基强度值来确定堆载时间和荷重。一般可在膜内真空度值达 80kPa 后 7～10d 开始堆载；若天然地基很软，可在膜内真空度值达 80kPa 后 20d 开始堆载。

5. 降水预压

井点降水，一般是先用高压射水将井管外径为 38～50mm、下端具有长约 1.7m 的滤管沉到所需深度，并将井管顶部用管路与真空泵相连，借真空泵的吸力使地下水位下降，形成漏斗状的水位线，如图 4-20 所示。

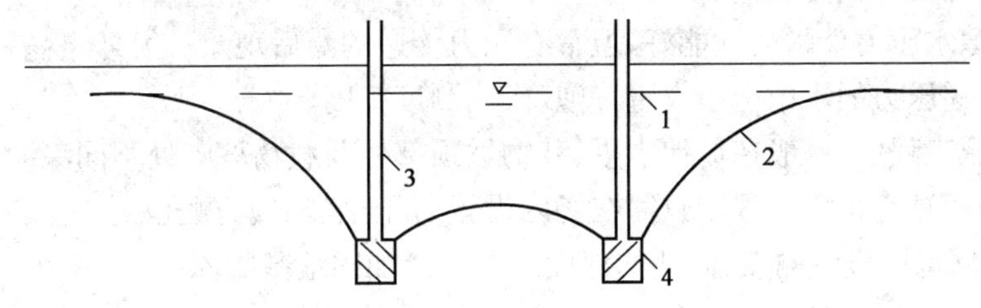

图 4-20　井点降水

1-降水前的地下水位线；2-抽水后的水位降落线；3-抽水井管；4-滤水管

井管间距视土质而定，一般为 0.8～2.0m，井点可按实际情况进行布置。滤管长度一般取 1～2m，滤孔面积应占滤管表面积的 20%～25%，滤管外包两层滤网及棕皮，以防止滤管被堵塞。

降水 5～6m 时，降水预压荷载可达 50～60kPa，相当于堆高 3m 左右的砂石料，而相对降水预压工程量小很多，如采用多层轻型井点或喷射井点等其他降水方法，则其效果将更为显著。日本常将此法与砂井结合使用。日本仙台火力发电厂在软黏土地基上建造堆煤场，预压荷载为 35kPa，井点降水深度 3.5m，经 5 个月后，抗剪强度由 21kPa 提高到 40.5kPa，满足设计要求。当前，国内天津等沿海城市成功地采用了射流喷射方法降低地下水位，降水深度可达 9m，而真空泵一般只能降水 5m。

降水预压法较堆载预压法的另一优点是:降水预压使土中孔隙水压力降低,所以不会使土体发生破坏,因而不需控制加荷速率,可一次降至预定深度,从而能加速固结时间。

第五节　现场观测及堆载速率控制

在排水预压地基处理施工过程中,为了了解地基中固结度的实际发生情况,更加准确地预估最终沉降和及时调整设计方案,需要同时进行一系列的现场观测。另外,现场观测是控制堆载速率非常重要的手段,可以避免工程事故的发生。因此,现场观测不仅是发展理论和评价处理效果的依据,同时也可及时防止因设计和施工不完善而引起的意外工程事故。

一、现 场 观 测

现场观测项目包括:孔隙水压力观测、沉降观测、边桩水平位移观测、真空度观测,地基土物理力学指标检测等。

1. 孔隙水压力观测

孔隙水压力现场观测时,可根据测点孔隙水压力—时间变化曲线,反算土的固结系数、推算该点不同时间的固结度,从而推算强度增长,并确定下一级施加荷载的大小,根据孔隙水压力和荷载的关系曲线可判断该点是否达到屈服状态,因而可用来控制加荷速率,避免加荷过快而造成地基破坏。

现场观测孔隙水压力的仪器,目前常用钢弦式孔隙水压力计和双管式孔隙水压力计。

钢弦式孔隙水压力计的构造原理与土压力盒相似,其主要优点是反应灵敏、时间延滞短,所以适用于荷载变化比较迅速的情况,也便于实现原位测试技术的电气化和自动化。实践证明,它的长期稳定性也较好。

双管式孔隙水压力计耐久性能好,但常有压力传递的滞后现象。另外,容易在接头处发生漏气,并能使传递压力的水中逸出大量气泡,影响测读精度。

在堆载预压工程中,一般在场地中央、载物坡顶部处及载物坡脚处不同深度处设置孔隙水压力观测仪器,而真空预压工程则只需在场内设置若干个测孔。测孔中测点布置垂直距离为1～2m,不同土层也应设置测点,测孔的深度应大于待加固地基的深度。

2. 沉降观测

沉降观测是最基本、最重要的观测项目之一。观测内容包括;荷载作用范围内地基的总沉降、荷载外地面沉降或隆起、分层沉降以及沉降速率等。

堆载预压工程的地面沉降标应沿场地对称轴线上设置,场地中心、坡顶、坡脚和场外10m范围内均需设置地面沉降标,以掌握整个场地的沉降情况和场地周围地面隆起情况。

真空预压工程地面沉降标应在场内有规律地设置,各沉降标之间距离一般为20～30m,边界内外适当加密。

深层沉降一般用磁环或沉降观测仪,布置在堆载轴线下地基的不同土层中,孔中测点位于各土层的顶部。通过深层沉降观测可以了解各层土的固结情况,有利于更好地控制加荷速率。

3. 水平位移观测

水平位移观测包括边桩水平位移和沿深度的水平位移两部分。它是控制堆载预压加荷速率的重要手段之一。

地表水平位移标一般由木桩或混凝土桩制成，布置在堆载的坡脚，并根据荷载情况，在堆载作用面外再布置2～3排观测点。它是控制堆载预压加荷速率和监视地基稳定性的重要手段之一。一般情况下，水平位移值应控制在4mm/d。

深层水平位移则由测斜仪测定，测孔中测点距离为1～2m，一般布置在堆载坡脚或坡脚附近。通过深层侧向位移观测可更有效地控制加荷速率，保证地基稳定。

真空预压的水平位移指向加固场地，不会造成加固地基的破坏。

4. 真空度观测

真空度观测分为真空管内真空度、膜下真空度和真空装置的工作状态。膜下真空度则能反映整个场地“加载”的大小和均匀程度。膜下真空度测头要求分布均匀，每个测头监控的预压面积为1000～2000m^2，抽真空期间一般要求真空管内真空度值大于90kPa，膜下真空度值大于80kPa。

5. 地基土物理力学指标检测

通过对比加固前、后地基土物理力学指标可更直观地反映出排水固结法加固地基的效果。

对以稳定性控制的重要工程，应在预压区内选择有代表性地点预留孔位，对堆载预压法在堆载不同阶段、真空预压法在抽真空结束后，进行不同深度的十字板抗剪强度试验和取土进行室内试验，以验算地基的抗滑稳定性，并检验地基的处理效果。

现场观测的测试要求，如表4-10所示。

动态观测的测试要求 表4-10

<table>
<tr><th>观测内容</th><th>观测目的</th><th>观测次数</th><th>备注</th></tr>
<tr><td>沉降</td><td>推算固结程度
控制加荷速率</td><td>(1)4次/日
(2)2次/日
(3)1次/日
(4)4次/日</td><td rowspan="4">(1)加荷期间，加荷后一星期内观测次数
(2)加荷停止后第二个星期至一个月内观测次数
(3)加荷停止一个月后观测次数
(4)若软土层很厚，产生次固结情况</td></tr>
<tr><td>坡趾侧向位移</td><td>控制加荷速率</td><td>(1)、(2)1次/日
(3)1次/2日</td></tr>
<tr><td>孔隙压力</td><td>测定孔隙水压增长
和消散情况</td><td>(1)8次/昼夜
(2)2次/日
(3)1次/日</td></tr>
<tr><td>地下水位</td><td>了解水位变化，
计算孔隙水压</td><td>1次/日</td></tr>
</table>

二、加荷速率控制

1. 地基破坏前的变形特征

地基变形是判别地基破坏的重要指标。软土地基一旦接近破坏，其变形量就会急剧增加，故根据变形量的大小可以大致判别破坏预兆。

在堆载情况下，地基破坏前有如下特征：

(1)堆载顶部和斜面出现微小裂缝。

(2)堆载中部附近的沉降量 s 急剧增加。

(3)堆载坡趾附近的水平位移 δ_H 向堆载外侧急剧增加。

(4)堆载坡趾附近地面隆起。

(5)停止堆载后，堆载坡趾的水平位移和坡趾附近地面的隆起继续增大，地基内孔隙水压力也继续上升。

2. 控制加荷速率的方法

加荷速率可通过理论计算。但在一般情况下，加荷速率可以通过在土中埋设仪器，由现场测试控制。如果埋设仪器有困难，也可根据某些经验值加以判别。

1)现场测试

通过现场测试，判别地基破坏的具体方法有：

(1)根据沉降 s 和侧向位移 δ_H 判别(图 4-21)

①利用 s 和 δ_H 关系，即同时测试堆载中部的沉降量 s 和堆载坡趾侧向位移 δ_H。日本富永和桥本指出：当 δ_H/s 值急剧增加时，意味着地基接近破坏(图 4-22)。当预压荷载较小时，s—δ_H 曲线应与 s 轴有个夹角 θ，测点在 E 线上移动。预压荷载接近破坏荷载时，δ_H 增加要比 s 增加显著，如图 4-21 中的Ⅰ、Ⅱ所示。

②尽管影响地基稳定的因素很复杂，条件不相同，但地基破坏时 s 和 δ_H/s 关系大致在一条曲线上，如图 4-22 中 $q/q_t=1.0$ 的曲线，该曲线称为破坏基准线。

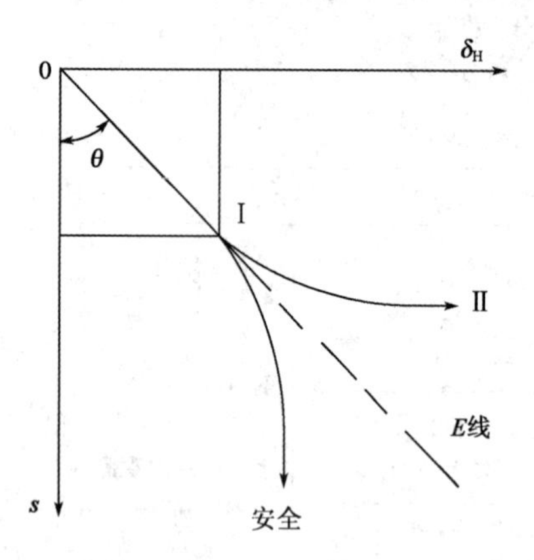

图 4-21　s 和 δ_H 的关系曲线

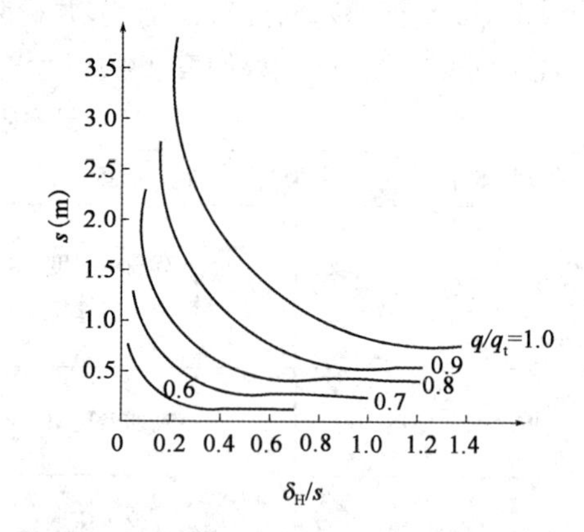

图 4-22　判别堆载的安全图

q-任意时候的荷载；q_t-地基土破坏时的荷载

将堆载过程中实测到的变形值绘制在 s—δ_H/s 图上，视其规律是接近还是远离破坏基准线，如接近破坏基准线，则表示接近破坏；远离则表示安全稳定。根据国外工程实例，堆载各位置上出现的裂缝，其 q/q_t 值为 0.8～0.9。

(2)根据侧向位移速率判别

该法是以堆载坡趾侧向位移速率 $\Delta\delta_H/\Delta t$ 不超过某极限值作为判别标准。$\Delta\delta_H/\Delta t$ 的极限值是随荷载大小、形状、土质等不同而变化。日本栗原和一本在泥炭土上进行试验：当 $\Delta\delta_H/\Delta t$ 为 20mm/d 时，在堆载顶面上就发生裂缝，所以将该值作为控制堆载速度的标准。

(3)根据侧向位移系数判别

图 4-23 是荷载 q(或堆高 h)、时间 t 和侧向位移 δ_H 的关系图。堆载按图中所示的分级进行。在某级荷载的 Δt 时间内，侧向位移增量为 $\Delta\delta_H$（Δt 取等间隔)，有一个 Δq 就有一个相应的 $\Delta\delta_H$ 值，就可绘制出 $\Delta q/\Delta\delta_H$—q(或 h)曲线(图 4-24)。

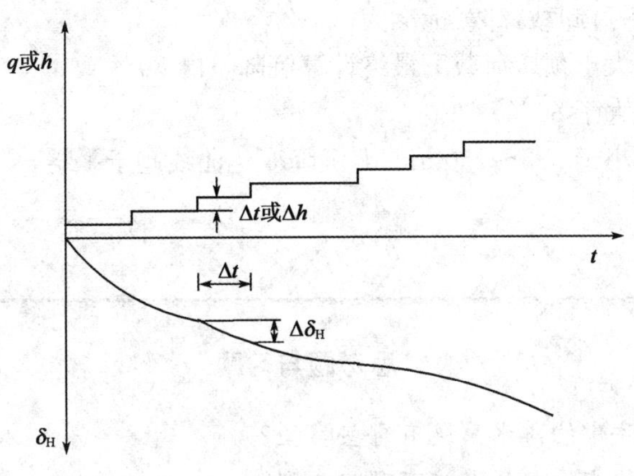

图 4-23 q(或 h)、t、δ_H 关系曲线

由图 4-24 可知，当 q(或 h)值较小时，$\Delta q/\Delta\delta_H$(或 $\Delta h/\Delta\delta_H$)值就较大。当 q 达到某值后，q 则和 $\Delta q/\Delta\delta_H$ 呈直线关系，将直线延长与横轴 q 相交，则该交点为极限荷载 q_f(或堆载极限高度 h_f)。$\Delta q/\Delta\delta_H$ 为侧向位移系数，它是表示地基刚性的一个指标。

(4)根据土中孔隙水压力判别

图 4-25 为测定的孔隙水压力 u 和荷载 q 的曲线，1、2、3 三个测点的曲线有明显的转折点，对应于转折点的荷载为 q_y：

当 $q<q_y$ 时，地基土处在弹性阶段。

当 $q=q_y$ 时，设置孔隙水压力计测头处的土发生塑性挤出。

当 $q>q_y$ 时，塑性区扩大。

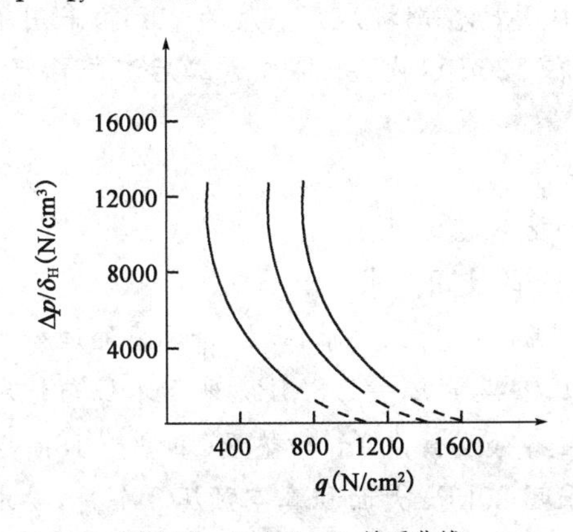

图 4-24 $\Delta q/\Delta\delta_H$—q 关系曲线

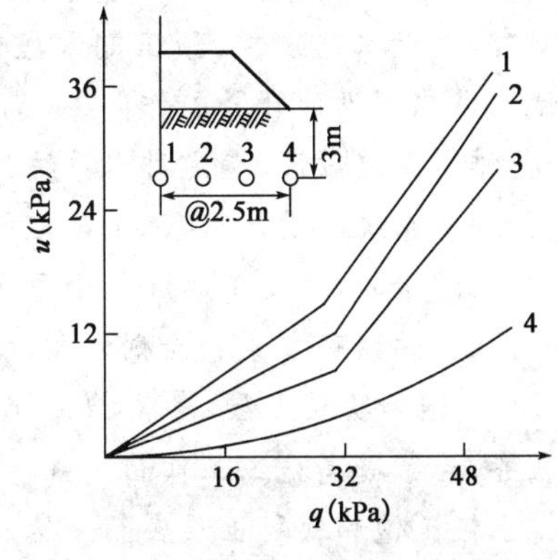

图 4-25 q—u 关系曲线

q_y 和极限荷载 q_f 间存在的关系：$q_f/q_y=1.6$。

亦即在 q—u 图中，当出现直线的折点时，极限荷载(或极限高度)为该点荷载的 1.6 倍。

2)根据经验值判别

根据某些工程经验，加载期间如超过下述三项指标时，地基有可能破坏：

(1)在堆载中心点处，埋设地面沉降观测点的地面沉降量每天超过 10mm。

(2)堆载坡趾侧向位移(在坡趾埋设测斜管或打入边桩)每天超过4mm。

(3)孔隙水压力(在地基不同深度处埋设孔隙水压力计)超过预压荷载所产生应力的50%~60%。

3)卸荷标准

预压到某一程度后可卸载,卸载标准为:

(1)地面总沉降量大于预压荷载下最终计算沉降量的80%。

(2)地基总固结度大于80%。

(3)地面沉降速率小于0.5~1.0mm/d,沉降变化曲线趋于平缓。

思考题与习题

4-1 排水固结法中的排水系统有哪些类型?

4-2 排水固结法中的加压系统有哪些类型?

4-3 试述采用排水固结提高地基强度和压缩模量的原理。

4-4 对比真空预压法与堆载预压法的原理。

4-5 阐述砂井固结理论的假设条件。

4-6 简述涂抹作用和井阻的意义。在何种情况下需要考虑砂井的井阻和涂抹作用?

4-7 在真空预压法中,密封系统该如何设计以保证稳定的真空度?

4-8 堆载预压中如何通过现场监测来控制加载速率?

4-9 应用实测沉降—时间曲线推测最终沉降量的方法。

4-10 某高速公路地基为淤泥质黏土,固结系数 $C_h=C_v=1.8\times10^{-3}cm^2/s$,$E_s=2MPa$,厚度为50m,不排水抗剪强度 $s_u=15kPa$,固结不排水强度指标为 $C=0$,$\phi=20$,其下为不排水土层。路堤总高度为5m,总荷载为100kPa。路堤底部宽度为20m。采用堆载预压法进行处理,由于工期限制,预压期需控制在120d以内,并要求达工后沉降小于20cm的要求。试完成以下设计计算工作:

(1)进行排水系统设计,确定排水系统的布置。

(2)进行加载系统的设计,保证堆载期间的地基稳定性。

(3)进行沉降验算,满足工后沉降小于20cm的使用要求。

(4)制订相应的监测方案和检测方案,提出监测和检测要求,以检验地基处理效果。

4-11 有一饱和软黏土层,厚度 $H=8m$,压缩模量 $E_s=1.8MPa$,地下水位与饱和软黏土层顶面相齐,为了提高施工工作面高程,先准备分层铺设1m砂垫层(重度为 $18kN/m^3$)、施工塑料排水板至饱和软黏土层底面。然后采用80kPa大面积真空预压3个月,要求固结度达到80%(沉降修正系数取1.0,不考虑附加应力随深度变化)。试完成以下设计计算工作:

(1)进行排水系统设计,确定排水系统的布置。

(2)设计相应的监测方案,了解施工过程中固结度的发展情况。

第五章 碎(砂)石桩法

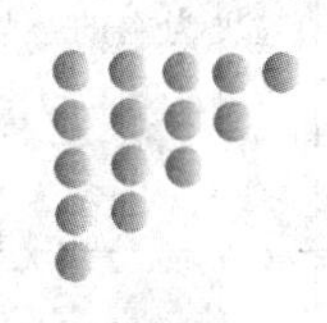

第一节 概 述

碎石桩和砂桩总称为碎(砂)石桩,又称粗颗粒土桩,是指用振动、冲击或水冲等方式在软弱地基中成孔后,再将碎石或砂挤压入已成的孔中,形成大直径的碎(砂)石所构成的密实桩体。

一、碎 石 桩

碎石桩最早出现在1835年,此后就被人们所遗忘。1937年德国人发明了振动水冲法(简称振冲法)用来挤密砂土地基,直接形成挤密的砂土地基。20世纪50年代末,振冲法开始用来加固黏性土地基,并形成碎石桩。此后一般认为振冲法在黏性土中形成的密实碎石柱称为碎石桩。

随着时间的推移,各种不同的施工方法相应产生,如沉管法、振动气冲法、袋装碎石桩法、强夯置换法等。它们施工方法虽不同于振冲法,但同样可形成密实的碎石桩,因此人们自觉或不自觉地套用了"碎石桩"的名称。

我国应用振冲法始于1977年,那时江苏省江阴市振冲器厂正式投产系列振冲器并供应市场,当前我国振冲设备也在不断改进,75kN大功率振冲器业已问世。为了克服振冲法加固地基时要排出大量泥浆的弊病,河北省建筑科学研究所采用干振冲法加固地基,应用于石家庄和承德等地区。

砂桩在19世纪30年代起源于欧洲。但长期缺少实用的设计计算方法和先进的施工方法及施工设备,砂桩的应用和发展受到很大的影响;同样,砂桩在应用初期,主要用于松散砂土地基的处理,最初采用的有冲孔捣实施工法,以后又采用射水振动施工法。自20世纪50年代后期,产生了目前日本采用的振动式和冲击式的施工方法,并采用了自动记录装置,提高了施工质量和施工效率,处理深度也有较大幅度的增大。

砂桩技术自20世纪50年代引进我国后,在工业、交通、水利等建设工程中都得到了应用。目前,国内外碎石桩的施工方法多种多样,按其成桩过程和作用可分为四类,如表5-1所示。

碎石桩施工方法分类　表 5-1

分　类	施工方法	成　桩　工　艺	适用土类
挤密法	振冲挤密法	采用振冲器振动水冲成孔，再振动密实填料成桩，并挤密桩间土	砂性土、非饱和黏性土，以炉灰、炉渣、建筑垃圾为主的杂填土，松散的素填土
	沉管法	采用沉管成孔，振动或锤击密实填料成桩，并挤密桩间土	
	干振法	采用振孔器成孔，再用振孔器振动密实填料成桩，并挤密桩间土	
置换法	振冲置换法	采用振冲器振动水冲成孔，再振动密实填料成桩	饱和黏性土
	钻孔锤击法	采用沉管且钻孔取土方法成孔，锤击填料成桩	
排水法	振动气冲法	采用压缩气体成孔，振动密实填料成桩	饱和黏性土
	沉管法	采用沉管成孔、振动或锤击填料成桩	
	强夯置换法	采用重锤夯击成孔和重锤夯击填料成桩	
其他方法	水泥碎石桩法	在碎石内加水泥和膨润土制成桩体	饱和黏性土
	裙围碎石桩法	在群桩周围设置刚性的（混凝土）裙围来约束桩体的侧向鼓胀	
	袋装碎石桩法	将碎石装入土工膜袋而制成桩体，土工膜袋可约束桩体的侧向鼓胀	

二、砂　桩

目前，国内外砂桩常用的成桩方法有振动成桩法和冲击成桩法。振动成桩法是使用振动打桩机将桩管沉入土层中，并振动挤密砂料。冲击成桩法是使用蒸汽或柴油打桩机将桩管打入土层中，并用内管夯击密实砂填料，实际上这也就是碎石桩的沉管法。因此，砂桩的沉桩方法，对于砂性土相当于挤密法，对于黏性土则相当于排土成桩法。

砂桩与碎石桩一样也可用于提高松散砂土地基的承载力和防止砂土振动液化，也可用于增大软弱黏土地基的整体稳定性。早期砂桩用于加固松散砂土和人工填土地基，如今在软黏土中，国内外都有成功使用的丰富经验，但国内也有失败的教训。对用砂桩处理饱和软土地基持有不同观点的学者和工程技术人员认为，黏性土的渗透性较小，灵敏度又大，成桩过程中土内产生的超孔隙水压力不能迅速消散，故挤密效果较差，同时又破坏了地基土的天然结构，使土的抗剪强度降低。如果不预压，砂桩施工后的地基仍会有较大的沉降，因而对沉降要求严格的建筑物而言，就难以满足沉降的要求。所以应按工程对象区别对待，最好能在现场试验研究以后再确定。

根据国内外碎石桩和砂桩的使用经验，可适用在下列工程：

(1)中小型工业与民用建筑物。

(2)港湾构筑物，如码头、护岸等。

(3)土工构筑物，如土石坝、路基等。

(4)材料堆置场，如矿石场、原料场。

(5)其他，如轨道、滑道、船坞等。

中华人民共和国行业标准《建筑地基处理技术规范》(JGJ 79—2012)中规定：振冲碎石桩、

沉管砂石桩复合地基适用于挤密处理松散砂土、粉土、粉质黏土、素填土、杂填土等地基，以及用于处理可液化地基。饱和黏土地基，如对变形控制不严格，可采用砂石桩置换处理。对大型的、重要的或场地地层复杂的工程，以及对于处理不排水抗剪强度不小于20kPa的饱和黏性土和饱和黄土地基，应在施工前通过现场试验确定其适用性。不加填料振冲挤密法适用于处理黏粒含量不大于10%的中砂、粗砂地基，在初步设计阶段宜进行现场工艺试验，确定不加填料振密的可行性，确定孔距、振密电流值、振冲水压力、振后砂层的物理力学指标等施工参数；30kW振冲器振密深度不宜超过7m，75kW振冲器振密深度不宜超过15m。

第二节　加固机理

一、对松散砂土加固机理

碎石桩和砂桩挤密法加固砂性土地基的主要目的是提高地基土承载力、减小变形和增强抗液化性。

碎石桩和砂桩加固砂土地基抗液化的机理主要有以下三方面作用：

1. 挤密作用

对挤密砂桩和碎石桩的沉管法或干振法，由于在成桩过程中桩管对周围砂层产生很大的横向挤压力，桩管中的砂挤向桩管周围的砂层，使桩管周围的砂层孔隙比减小，密实度增大，这就是挤密作用。有效挤密范围可达3～4倍桩直径。

对振冲挤密法，在施工过程中由于水冲使松散砂土处于饱和状态，砂土在强烈的高频强迫振动下产生液化并重新排列致密，且在桩孔中填入大量粗集料后，被强大的水平振动力挤入周围土中，这种强制挤密使砂土的密实度增加，孔隙比降低，干密度和内摩擦角增大，土的物理力学性能改善，使地基承载力大幅度提高，一般可提高2～5倍。由于地基密度显著增加，密实度也相应提高，因此抗液化的性能得到改善。

2. 排水减压作用

对砂土液化机理的研究证明，当饱和松散砂土受到剪切循环荷载作用时，将发生体积的收缩和趋于密实，在砂土无排水条件时体积的快速收缩将导致超静孔隙水压力来不及消散而急剧上升。当砂土中有效应力降低为零时，便形成了完全液化。碎石桩加固砂土时，桩孔内充填碎石（卵石、砾石）等反滤性好的粗颗粒料，在地基中形成渗透性能良好的人工竖向排水减压通道，可有效地消散超孔隙水压力，防止超孔隙水压力的增高和砂土液化。

3. 砂基预震效应

美国H. B. Seed等人（1975）的试验表明，相对密度$D_r=54\%$但受过预振影响的砂样，其抗液能力相当于相对密度$D_r=80\%$的未受过预振的砂样。即在一定应力循环次数下，当两试样的相对密度相同时，要造成经过预振的试样发生液化，所需施加的应力要比施加未经预振的试样引起液化所需应力值提高46%。从而得出了砂土液化特性除了与砂土的相对密度有关外，还与其振动应变史有关的结论。在振冲法施工时，振冲器以1450次/min频率振动、$98m/s^2$水平加速度和90kN激振力喷水沉入土中，施工过程使填土料和地基土在挤密的同时获得强烈的预振，这对砂土增强抗液能力是极为有利的。

国内报道中指出，只要小于0.074mm的细颗粒含量不超过10%，都可得到显著的挤密效应。根据经验数据，土中细颗粒含量超过20%时，振动挤密法不再有效。

二、对黏性土加固机理

对黏性土地基(特别是饱和软土)，碎(砂)石桩的作用不是使地基挤密，而是置换。碎石桩置换法是一种换土置换，即以性能良好的碎石来替换不良地基土；排土法则是一种强制置换，它是通过成桩机械将不良地基土强制排开并置换，而对桩间土的挤密效果并不明显，在地基中形成具有密实度高和直径大的桩体，它与原黏性土构成复合地基而共同工作。

由于碎(砂)石桩的刚度比桩周黏性土的刚度为大，而地基中应力按材料变形模量进行重新分布。因此，大部分荷载将由碎(砂)石桩承担，桩体应力和桩间黏性土应力之比值称为桩土应力比，一般为2～4。

在制桩过程中，由于振动、挤压和扰动等原因，桩间土会出现较大的附加孔隙水压力，从而导致原地基土的强度降低。制桩结束后，一方面原地基土的结构强度会随时间逐渐恢复；另一方面孔隙水压力会向桩体转移消散，结果是有效应力增大，强度提高和恢复，甚至超过原地基强度。

如果在选用碎(砂)石桩材料时考虑级配，则所制成的碎(砂)石桩是黏土地基中一个良好的排水通道，它能起到排水砂井的效能，且大大缩短了孔隙水的水平渗透途径，加速软土的排水固结，使沉降速率加快。

由于碎(砂)石桩是由散粒体组成，承受荷载后产生径向变形，并引起周围的黏性土产生被动抗力。如果黏性土的强度过低，不能使碎石桩和砂桩得到所需的径向支持力，桩体就会产生鼓胀破坏，这样就使加固效果不佳。为此，近年来国外开发了增强桩身强度的方法，如袋装碎石桩、水泥碎石桩和裙围碎石桩等方法。

如果软弱土层厚度不大，则桩体可贯穿整个软弱土层，直达相对硬层，此时桩体在荷载作用下主要起应力集中的作用，从而使软土负担的压力相应减少；如果软弱土层较厚，则桩体可不贯穿整个软弱土层，此时加固的复合土层起垫层的作用，垫层将荷载扩散，使应力分布趋于均匀。

总之，碎(砂)石桩在复合地基中起到加固作用，除了提高地基承载力、减小地基的沉降量外，还可用来提高土体的抗剪强度，增大土坡的抗滑稳定性。

不论对疏松砂性土或软弱黏性土，碎(砂)石桩的加固作用有五种：挤密、置换、排水、垫层和加筋。

第三节　设 计 计 算

一、一般设计原理

1. 加固范围

加固范围应根据建筑物的重要性和场地条件及基础形式确定，通常都大于基底面积。对一般地基，在基础外缘宜扩大1～3排，对可液化地基，在基础外缘扩大宽度不应小于可液化土层厚度的1/2，并不应小于5m。

2. 桩位布置

对大面积满堂处理，桩位宜用等边三角形布置，对独立或条形基础，桩位宜用正方形、矩形或等腰三角形布置，对于圆形或环形基础(如油罐基础)，宜用放射形布置，见图5-1。

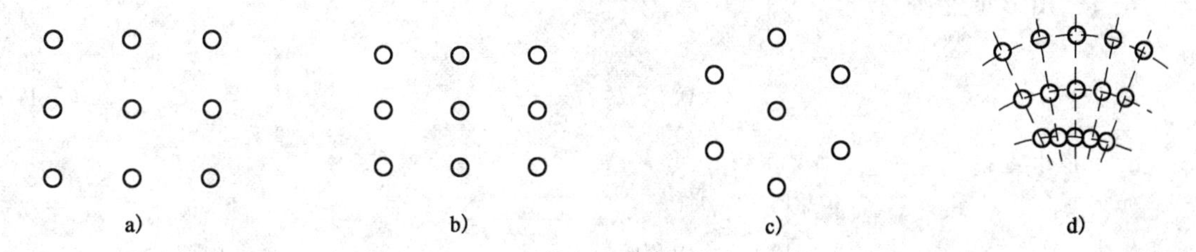

图5-1　桩位布置

a)正方形；b)矩形；c)等腰三角形；d)放射性

3. 加固深度

加固深度应根据软弱土层的性能、厚度或工程要求，按下列原则确定：

(1)当相对硬层的埋藏深度不大时，应按相对硬层埋藏深度确定。

(2)当相对硬层的埋藏深度较大时，对按变形控制的工程，加固深度应满足碎石桩或砂桩复合地基变形不超过建筑物地基容许变形值并满足软弱下卧层承载力的要求。

(3)对按稳定性控制的工程，加固深度应不小于最危险滑动面以下2m的深度。

(4)在可液化地基中，加固深度应按要求的抗震处理深度确定。

(5)桩长不宜短于4m。

4. 桩径

碎石桩和砂桩的直径应根据地基土质情况和成桩设备等因素确定。采用30kW振冲器成桩时碎石桩的桩径一般为0.70～1.0m，采用沉管法成桩时，碎石桩和砂桩的桩径一般0.30～0.70m，对饱和黏性土地基宜选用较大的直径。

5. 材料

桩体材料可以就地取材，一般使用中、粗混合砂，碎石，卵石，软石，砂砾石等，含泥量不大于5%，不宜选用风化易碎的石料。碎石桩桩体材料的容许最大粒径与振冲器的外径和功率有关，一般不大于8cm，对碎石，常用的粒径为2～5cm。

6. 垫层

碎(砂)石桩施工完毕后，基础底面应铺设30～50cm厚度的碎(砂)石垫层，垫层应分层铺设，用平板振动机振实。在不能保证施工机械正常行驶和操作的软土层上，应铺设施工用临时性垫层。

二、用于砂性土设计计算方法

对于砂性土地基，主要是从挤密的观点出发考虑地基加固中的设计问题，首先根据工程对地基加固的要求(如提高地基承载力、减小变形或抗地震液化等)，确定达到要求的密度度和孔

隙比，并考虑桩位布置形式和桩径大小，计算桩的间距。

1. 桩距确定

根据《建筑地基处理技术规范》(JGJ 79—2012)中规定：

等边三角形布置：

$$s=0.95d\xi\sqrt{\frac{1+e_0}{e_0-e_1}} \tag{5-1}$$

正方形布置：

$$s=0.89d\xi\sqrt{\frac{1+e_0}{e_0-e_1}} \tag{5-2}$$

$$e_1=e_{max}-D_{ri}(e_{max}-e_{min}) \tag{5-3}$$

式中：s——砂石桩间距；

d——砂石桩直径；

ξ——修正系数，当考虑振动下沉密实作用时，可取1.1～1.2；不考虑振动下沉密实作用时，可取1.0；

e_0——地基处理前砂土的孔隙比，可按原状土样试验确定，也可按动力或静力触探等对比试验确定；

e_1——地基挤密后要求达到的孔隙比；

e_{max}、e_{min}——砂土的最大、最小孔隙比，可按国家现行标准《土工试验方法标准》(GB T 50123—1999)的有关规定确定；

D_{ri}——地基挤密后要求砂土达到的相对密实度，可取0.70～0.85。

2. 液化判别

根据《建筑抗震设计规范》(GB 50011—2010)规定：应采用标准贯入试验判别法，判别在地面下20m深度范围内的液化；当有成熟经验时，尚可采用其他判别方法，具体内容参见规范。

$$N_{63.5}<N_{cr} \tag{5-4}$$

$$N_{cr}=N_0\beta[\ln(0.6d_s+1.5)-0.1d_w]\sqrt{\frac{3}{\rho_c}} \tag{5-5}$$

式中：$N_{63.5}$——饱和土标准贯入锤击数实测值(未经杆长修正)；

N_{cr}——液化判别标准贯入锤击数临界值；

N_0——液化判别标准贯入锤击数基准值，应按表5-2采用；

d_s——饱和土标准贯入点深度(m)；

ρ_c——黏粒含量百分率，当小于3或为砂土时，应采用3；

β——调整系数，设计地震第一组取0.80，第二组取0.95，第三组取1.05；

d_w——地下水位深度(m)，宜按建筑使用期内年平均大最高水位采用，也可按近期内年最高水位采用。

标准贯入锤击数基准值　　表 5-2

设计基本地震加速度(g)	0.10	0.15	0.20	0.30	0.40
液化判别标准贯入锤击数基准值	7	10	12	16	19

这种液化判别法只考虑了桩间土的抗液化能力，而并未考虑碎石桩和砂桩的作用，因而是偏于安全的。

日本采用标准贯入击数面积加权平均的方法。设要求处理的标准贯入击数为 N_1，如处理后桩间土的标准贯入击数为 N_1'，而桩中心处的标准贯入击数为 N_p，则按面积比例加权平均的标准贯入击数为：

$$\overline{N} = mN_p + (1-m)N_1' \tag{5-6}$$

式中：m——面积置换率，其值等于$\frac{A_p}{A}$；

A_p——桩截面积；

A——根桩所分担的加固面积(图 5-2)。

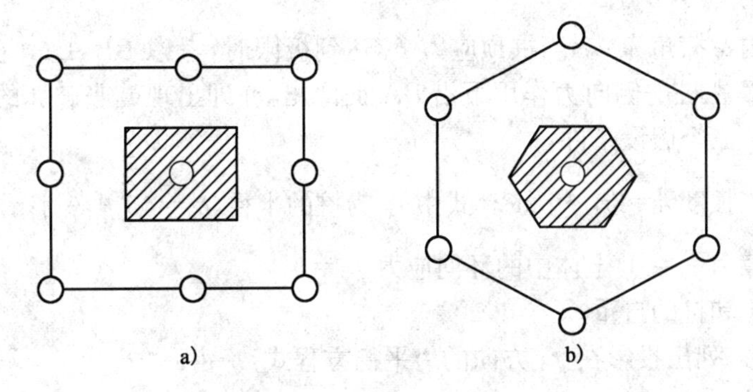

图 5-2　桩的加固范围

a)正方形布置；b)等腰三角形布置

三、用于黏性土的设计计算

1. 承载力计算

1)单桩承载力

由于碎石桩和砂桩均由散体土粒组成，其桩体的承载力主要取决于桩间土的侧向约束能力，对这类桩最可能的破坏形式为桩体的鼓胀破坏，见图 5-3。

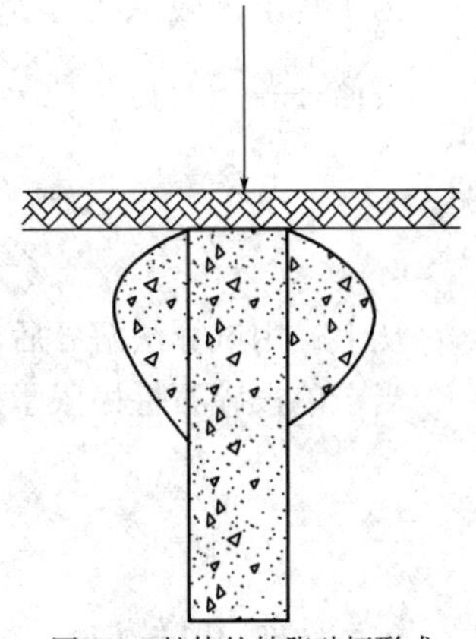

图 5-3　桩体的鼓胀破坏形式

目前，国内外估算碎石桩的单桩极限承载力的方法有若干种，如侧向极限应力法、整体剪切破坏法、球穴扩张法等，以下只介绍 Brauns 单桩极限承载力法和综合极限承载力法。

(1)Brauns 单桩极限承载力法

根据鼓胀破坏形式，J. Brauns(1978)提出单根碎石桩极限承载力计算，如图 5-4 所示。J. Brauns假设单根碎石桩的破坏是空间轴对称问题，桩周土体是被动破坏。

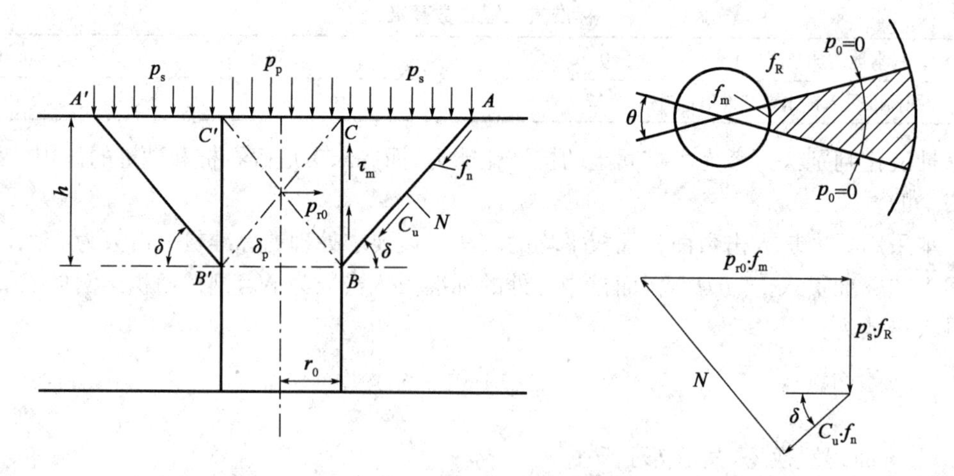

图 5-4 Brauns 的单根碎石桩的计算图式

f_R-地基土极限承载力 p_s 的作用面积(m^2)；f_n-C_u 的作用面积(m^2)；f_m-p_{r0}的作用面积(m^2)；p_p-桩顶应力(kPa)；p_s-桩间土面上的应力(kPa)；δ-BA 面与水平面的夹角(°)；C_u-地基土不排水抗剪强度(kPa)

如碎石桩的内摩擦角为 φ_p，当桩顶应力 p_p 达到极限时，考虑 $BB'AA'$ 内的土体发生被动破坏，即土块 ABC 在桩的侧向力作用下沿 BA 面滑出，亦即出现鼓胀破坏的情况。J. Brauns 在推导公式时作了三个假设条件：

①桩的破坏段长度 $h=2r_0\cdot\tan\delta_p\left(\text{式中 } r_0 \text{ 为桩的半径}, \delta_p=45°+\frac{\varphi_p}{2}\right)$。

②桩土间摩擦力 $\tau_m=0$，土体中的环向应力 $p_0=0$。

③不计地基土和桩的自重。

根据力多边形，列出投影在 f_n 方向的力平衡方程式：

$$p_{r0}\cdot f_m\cdot\cos\delta=c_V\cdot f_R\cdot\sin\delta \tag{5-7}$$

整理得：

$$p_{r0}=\left(p_s+\frac{2C_u}{\sin2\delta}\right)\left(1+\frac{\tan\delta_p}{\tan\delta}\right) \tag{5-8}$$

$$p_p=p_{r0}\cdot\tan^2\delta_p \tag{5-9}$$

为了解出极限承载力 p_p，必须求出 p_{r0}的极值。

按照$\frac{\partial p_{r0}}{\partial\delta}=0$得：

$$\frac{p_s}{2C_u}\cdot\tan\delta_p=-\frac{\tan\delta}{\tan2\delta}-\frac{\tan\delta_p}{\tan2\delta}-\frac{\tan\delta_p}{\sin2\delta} \tag{5-10}$$

从上式用试算法解 δ 后，再代入式(5-8)和式(5-9)，从而可确定单根桩极限承载力 p_p。

当求单根碎石桩极限承载力时，则式(5-8)为：

$$p_{r0}=-\frac{2C_u}{\sin2\delta}\left(-\frac{\tan\delta_p}{\tan\delta}+1\right) \tag{5-11}$$

相应按照$\frac{\partial p_{r0}}{\partial\delta}=0$得：

$$\tan\delta_p = \frac{1}{2}\tan\delta(\tan^2\delta - 1) \tag{5-12}$$

在已知 δ_p 的条件下，代入式(5-12)可求得 δ，另外在已知 δ_p 和 δ 的情况下，代入式(5-11)可求得 p_{r0}，将 δ_p 和 p_{r0} 代入式(5-9)得 p_p。

求解时可假定碎石桩的内摩擦角 $\varphi_p = 38°$，从而求出 $\delta_p = 45° + \frac{\varphi_p}{2}$ 后代入式(5-12)得 $\delta = 61°$。再将 $\varphi_p = 38°$ 和 $\delta = 61°$ 代入式(5-11)得 p_{r0} 再将 p_{r0} 代入式(5-9)，得 $[p_p]_{max}$。

则

$$[p_p]_{max} = \tan^2\delta_p \cdot \frac{2C_u}{\sin 2\delta}\left(\frac{\tan\delta_p}{\sin 2\delta + 1}\right) = 20.75C_u$$

由上式可见，只要得知建筑场地的 C_u 值，便可求得单桩极限承载 $[p_p]_{max}$。

(2)综合单桩极限承载力法

目前，计算碎石桩单桩承载力最常用的方法是侧向极限应力方法，即假设单根碎石桩的破坏是空间轴对称问题，桩周土体是被动破坏。为此，碎石桩的单桩极限承载力可按下式计算：

$$[p_p]_{max} = K_p \cdot \sigma_{r1} \tag{5-13}$$

式中：K_p——被动土压力系数，$K_p = \tan^2\left(45° + \frac{\varphi_p}{2}\right)$；

φ_p——碎石料的内摩擦角，可取 35°～45°；

σ_{r1}——桩体侧向极限应力。

有关侧向极限应力 σ_{r1}，目前有几种不同的计算方法，但它们可写成一个通式，即：

$$\sigma_{r1} = \sigma_{h0} + KC_u \tag{5-14}$$

式中：C_u——地基土的不排水抗剪强度(kPa)；

K——常量，对于不同的方法有不同的取值；

σ_{h0}——某深度处的初始总侧向应力。

σ_{h0} 的取值也随计算方法不同而有所不同。为了统一起见，将 σ_{h0} 的影响包含于参数 K'，则式(5-14)可改写为：

$$[p_p]_{max} = K_p \cdot K' \cdot C_u \tag{5-15}$$

如表 5-3 所示，对于不同的方法有其相应的值 $K_p \cdot K'$，在表中可看出，它们的值是接近的。

不排水抗剪强度及单装极限承载力 表 5-3

C_u(kPa)	土　类	K'　值	$K_p \cdot K'$	文　献
19.4	黏土	4.0	25.2	Hughes 和 Witbers(1974)
19.0	黏土	3.0	15.8～18.8	Mokashi 等(1976)
—	黏土	6.4	20.8	Brauns(1978)
20.0	黏土	5.0	20.0	Mori(1979)
—	黏土	5.0	25.0	Broms(1979)
15.0～40.0	黏土	—	14.0～24.0	韩杰(1992)
—	黏土	—	12.2～15.2	郭蔚东、钱鸿缙(1990)

2)复合地基承载力

如图 5-5 所示,在黏性土和砂桩(或碎石桩)所构成的复合地基上,当作用荷载为 p 时,设作用于砂桩的应力为 p_p 和作用于黏性土的应力为 p_s,假定在砂桩和黏性土各自面积 A_p 和 $A—A_p$ 范围内作用的应力不变时,则可求得:

$$p \cdot A = P_p \cdot A_p + p_s(A - A_p) \tag{5-16}$$

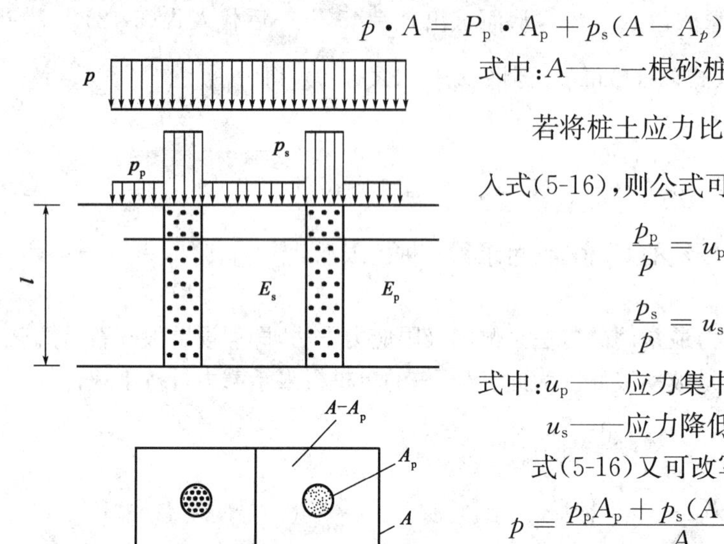

图 5-5　复合地基应力状态

式中:A——一根砂桩所分担的面积。

若将桩土应力比 $n=\frac{p_p}{p_s}$ 及面积置换率 $m=\frac{A_p}{A}$ 代入式(5-16),则公式可改为:

$$\frac{p_p}{p} = u_p = \frac{n}{1+(n-1)m} \tag{5-17}$$

$$\frac{p_s}{p} = u_s = \frac{1}{1+(n-1)m} \tag{5-18}$$

式中:u_p——应力集中系数;

u_s——应力降低系数。

式(5-16)又可改写为:

$$p = \frac{p_p A_p + p_s(A - A_p)}{A} = [m(n-1)+1]p_s \tag{5-19}$$

从上式可知,只要由实测资料求得 p_p 与 p_s 后,就可求得复合地基极限承载力 p。一般桩土应力比 n 可取 2~4,原土强度低者取大值。

对小型工程的黏性土地基,如无现场荷载试验资料,复合地基的承载力标准值可按下式计算:

$$p = [m(n-1)+1] \cdot S_V \tag{5-20}$$

式中:S_V——桩间土的十字板抗剪强度,也可用处理前地基土的十字板抗剪强度代替。

式(5-19)中的桩间土承载力标准值也可用处理前地基土的承载力标准值代替。

2. 沉降计算

碎石桩和砂桩的沉降计算主要包括复合地基加固区的沉降和加固区下卧层的沉降。加固区下卧层的沉降可按国家标准《建筑地基基础设计规范》(GB 50007—2011)计算,此处不再赘述。

地基土加固区的沉降计算亦应按国家标准《建筑地基基础设计规范》(GB 50007—2011)的有关规定执行,而复合土层的压缩模量可按下式计算:

$$E_{sp} = [1 + m(n-1)E_s] \tag{5-21}$$

式中:E_{sp}——复合土层的压缩模量;

E_s——桩间土的压缩模量。

式(5-21)中桩土应力比 n 在无实测资料时,对黏性土可取 2~4,对粉土可取 1.5~3,原土强度低者取大值,原土强度高者取小值。

目前,尚未形成碎石桩和砂桩复合地基的沉降计算经验系数 φ_s。韩杰(1992)通过对 5 幢建筑物的沉降观测资料分析得到,$\varphi_s=0.43\sim1.20$,平均值为 0.93,在没有统计数据时可假定 $\varphi_s=1.0$。

3. 稳定分析

若碎石桩和砂桩用于改善天然地基整体稳定性时，可利用复合地基的抗剪特性，再使用圆弧滑动法来进行计算。

如图 5-6 所示，假定在复合地基中某深度处剪切面与水平面的交角为 θ，如果考虑碎石桩（或砂桩）和桩间土两者都发挥抗剪强度，则可得出复合地基的抗剪强度 τ_{sp}。

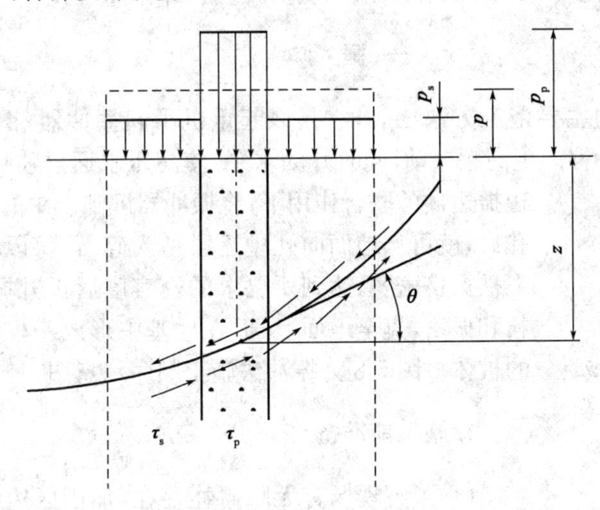

图 5-6　复合地基的剪切特性

$$\tau_{sp} = (1-m)C + m(u_p p + \gamma_p z)\tan\varphi_p \cos^2\theta \tag{5-22}$$

式中：C——桩间土的黏聚力；

z——自地表面起算的计算深度；

γ_p——碎石料（或砂料）的重度；

φ_p——碎石料（或砂料）的内摩擦角；

u_p——应力集中系数，$u_p = \dfrac{n}{1+m(n-1)}$；

m——面积置换率。

如不考虑荷载产生固结而对黏聚力提高时，则可用天然地基黏聚力 c_0。如考虑作用于黏性土上的荷载产生固结，则计算黏聚力提高。

$$C = C_0 + u_s pU\tan\varphi_{cu} \tag{5-23}$$

式中：U——固结度；

φ_{cu}——由三轴固结不排水剪切试验得到的桩间土的内摩擦角；

u_s——应力降低系数。

若 $\Delta\sigma = u_s pU\tan\varphi_{cu}$则强度增长率：

$$\frac{\Delta\sigma}{p} = u_s pU\tan\varphi_{cu} \tag{5-24}$$

Pricbe(1978)所提出的方法，采用了 φ_{sp}和 C_{sp}的复合值，并由下式求得：

$$\tan\varphi_{sp} = \omega\tan\varphi_p + (1-\omega)\tan\varphi_s \tag{5-25}$$

$$C_{sp} = (1-\omega)C_s \tag{5-26}$$

式中：ω——与桩土应力比和置换率有关的参数，$\omega = m \cdot u_p$ 一般取 $\omega = 0.4 \sim 0.6$。

如已知 C_{sp} 和 φ_{sp} 后，可用常规稳定分析方法计算抗滑安全系数，或者根据要求的安全系数，反求需要的 ω 和 m。

第四节　施工方法

目前的施工方法有多种多样，本书介绍两种施工方法，即振冲法和沉管法。

一、振　冲　法

振冲法是碎石桩的主要施工方法之一，它是以起重机吊起振冲器（图 5-7），启动潜水机后，带动偏心块，使振冲器产生高频振动，同时开动水泵，使高压水通过喷嘴喷射高压水流，在边振边冲的联合作用下，将振冲器沉到土中的设计深度。经过清孔后，就可从地面向孔中逐段填入碎石，每段填料均在振动作用下被振挤密实，达到所要求的密实度后提升振冲器，如此重复填料和振密，直至地面，从而在地基中形成一根大直径的和很密实的桩体。图 5-8 为振冲法施工顺序示意图。

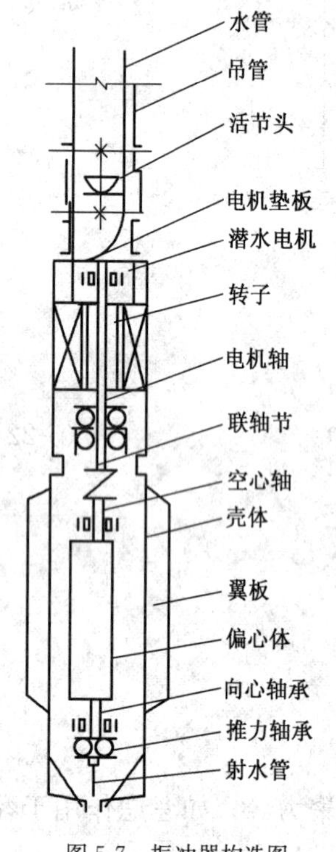

图 5-7　振冲器构造图

1. 施工前准备

（1）了解现场有无障碍物存在，加固区边缘留出的空间是否够施工机具使用，空中有无电线，现场有无河沟可作为施工时的排泥池；料场是否合适。

（2）了解现场地质情况，土层分布是否均匀；有无软弱夹层。

（3）对中大型工程，宜事先设置一试验区，进行实地制桩试验，从而求得各项施工参数。

2. 施工组织设计

进行施工组织设计，以便明确施工顺序、施工方法，计算出在允许的施工期内所需配备的机具设备，所需耗用的水、电、料。排出施工进度计划表和绘出施工平面布置图。

振冲器是振冲施工的主要机具。江苏省江阴市江阴振冲器厂的定型产品的各项技术参数参见表 5-4，应根据地质条件和设计要求进行选用。

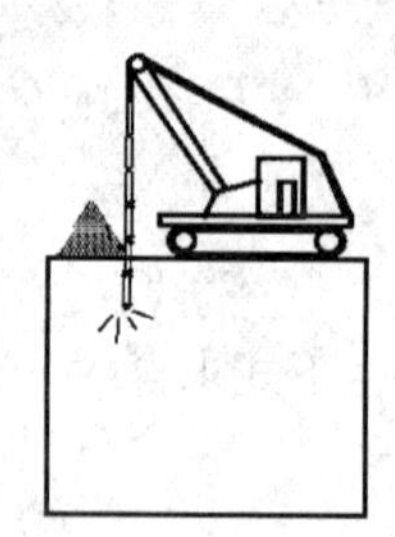

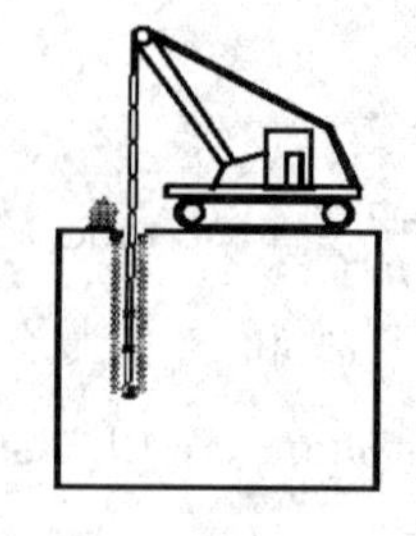

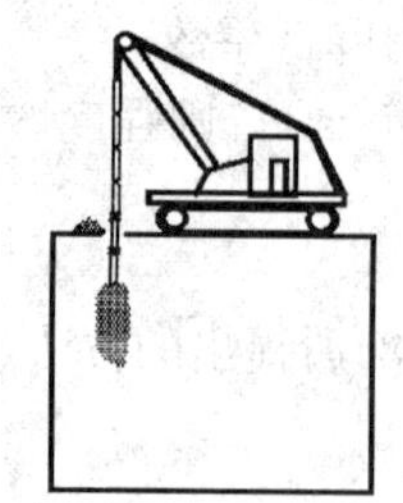

图 5-8　振冲器施工顺序图

振冲器系列参数　　表 5-4

类别 型号			ZCQ13	ZCQ30	ZCQ55
潜水电机	功率	kW	13	30	55
	转速	r/min	1430	1450	1450
	固定电流	A	25.6	60	100
振动机体	振动频率	次/min	1460	1450	1450
	不平衡部分质量	kg	31	66	104
	偏心距	cm	5.2	5.7	8.2
	重力矩	N·cm	1490	3850	8510
	振动力	N	3500	90000	200000
	振幅(自由振动时)	mm	2	4.2	5.0
	加速度(自由振动时)	g	4.5	9.9	11
振动体直径		mm	φ27	φ351	φ450
长度		mm	2000	2160	2359
总质量		kg	780	940	1800

起重机械一般采用履带吊、汽车吊、自行井架式专用吊机。起重能力和提升高度均应满足施工要求，并需符合起重规定的安全值，一般起重能力为 10～15t。

在加固过程中，要有足够的压力水通过橡皮管引入振冲器的中心水管，最后从振冲器的孔端喷出水压为 400～600kPa，水量为 20～30m^3/s。振冲法施工配套机械，如图 5-9 所示。

水压水量按下列原则选择：

(1)黏性土(应低水压、大水量)比砂性土为低。

(2)软土比硬土低；随深度适当增高，但接近加固深度 1m 处应降低，以免底层土扰动。

(3)制桩比造孔低。

一般加固深度为 11m 左右时，需保证输送填料量 4～6m^3/h 以上，填料可用含泥量不大的碎石、卵石、角砾、圆砾等硬质材料。碎石的粒径一般可采用 20～50mm，最大不超过 80mm。

应特别注意排污问题，要考虑将泥浆水引出加固区，可从沟渠中流到沉泥池内，也可用泥浆泵直接将泥水打出去。

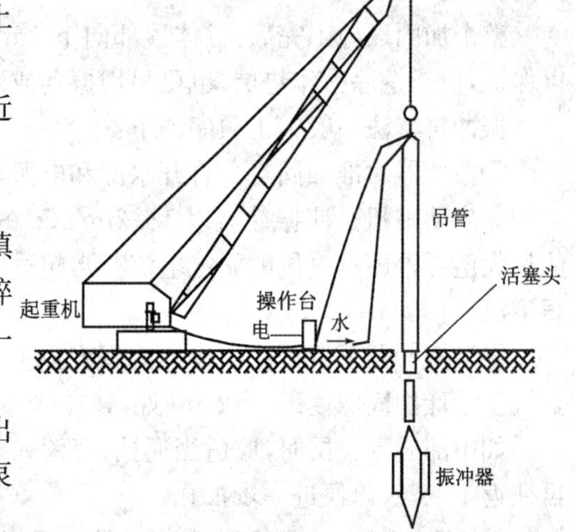

图 5-9　振冲器施工配套机械

要设置好三相电源和单相电源的线路和配电箱。三相电源主要是供振冲器使用，其电压需保证在 380V，变化范围在±20V 之间，否则会影响施工质量，甚至损坏振冲器的潜水电机。

1)施工顺序

施工顺序一般可采用“由里向外”或“一边向另一边”的顺序进行。因为“由外向里”的施工，常常是外围的桩都加固好后，再施工里面的桩，这时很难挤振。

在地基强度较低的软黏土地基中施工时，要考虑减少对地基土的扰动影响，因而可采用“间隔跳打”的方法。

当加固区附近有其他建筑物时，必须先从邻近建筑物一边的桩开始施工，然后逐步向外推移。

2)施工方法

填料一般使用的方法是把振冲器提出孔口往孔内加料，然后再放下振冲器进行振密。另有一种方法是振冲器不提出孔口，只是往上提一些，使振冲器离开原来振密过的地方，然后往下倒料，再放下振冲器进行振密。还有一种是连续加料，即振冲器只管振密，而填料是连续不断地往孔内添加，只要在其深度上达到规定的振密标准后就往上提振冲器，再继续进行振密。究竟选用何种填料方式，主要视地基土的性质而定。在软黏土地基中，由于孔道常会被坍塌下来的软黏土所堵塞，所以常需进行清孔除泥，故不宜使用连续加料的方法。砂性土地基的孔道，坍孔现象不像软弱黏土地基那样厉害，所以为了提高工效，可以使用连续加料的施工方法。

振冲法具体施工根据“振冲挤密”和“振冲置换”的不同要求，其施工操作要求亦有所不同：

(1)“振冲挤密法”施工操作要求

振冲挤密法在中粗砂地基中使用时一般可不另外加料，而利用振冲器的振动力，使原地基的松散砂振挤密实。在粉细砂、黏质粉土中制桩，最好是边振边填料，以防振冲器提出后地面孔内塌方。施工操作时，其关键是水量的大小和留振时间的长短。

“留振时间”是指振冲器在地基中某一深度处停一下振动的时间。水量的大小是要保证地基中的砂土充分饱和。砂土只要在饱和状态下并受到了振动便会产生液化，足够的留振时间是让地基中的砂土“完全液化”和保证有足够大的“液化区”，砂土经过液化在振冲停止后，颗粒便会慢慢重新排列，这时的孔隙比将较原来的孔隙比为小，密实度相应增加，这样就可达到加固的目的。

整个加固区施工完后，桩体顶部向下 1m 左右这一土层，由于上层压力小，桩的密实度难以保证，应予挖除另作垫层，也可另用振动或碾压等密实方法处理。

振冲挤密法一般施工顺序如下：

①振冲器对准加固点。打开水源和电源，检查水压、电压和振冲器的空载电流是否正常。

②启动吊机。使振冲器以 1～2m/min 的速度徐徐沉入砂基，并观察振冲器电流变化，电流最大值不得超过电机的额定电流。当超过额定电流值时，必须减缓振冲器下沉速度，甚至停止下沉。

③当振冲器下沉到在设计加固深度以上 0.3～0.5m 时，需减小冲水，其后继续使振冲器下沉至设计加固深度以下 0.5m 处，并在这一深度上留振 30s。

如中部遇硬夹层时，应适当通孔，每深入 1m 应停留扩孔 5～10s，达到设计孔深后，振冲器再往返 1～2 次以便进一步扩孔。

④以 1～2m/min 速度提升振冲器。每提升振冲器 0.3～0.5m 就留振 30s，并观察振冲器电机电流变化，其密实电流一般是超过空振电流 25～30A。记录每次提升高度、留振时间和密实电流。

⑤关机、关水和移位，在另一加固点上施工。

⑥施工现场全部振密加固完后，整平场地，进行表层处理。

(2)“振冲置换法”施工操作要求

在黏性土层中制桩，孔中的泥浆太稠时，碎石料在孔内下降的速度将减缓，且影响施工速度，所以要在成孔后，留有一定时间清孔，用回水把稠泥浆带出地面，降低泥浆的比重。

若土层中夹有硬层时，应适当进行扩孔，把振冲器多次往复上下几次，使得此孔径能扩大，以便于加碎石料。

加料时宜“少吃多餐”，每次往孔内倒入的填料数量不宜大于 50cm，然后用振冲器振密，再继续加料。施工要求填料量大于造孔体积，孔底部分要比桩体其他部分多些，因为刚开始往孔内加料时，一部分料沿途沾在孔壁上，到达孔底的料就只能是一部分，孔底以下的土受高压水破坏扰动而造成填料的增多。密实电流应超过原空振时电流 35～45A。

在强度很低的软土地基中施工，则要用“先护壁、后制桩”的方法。即在开孔时，不要一下到达加固深度，可先到达第一层软弱层，然后加些料进行初步挤振，让这些填料挤到此层的软弱层周围去，把此段的孔壁保护住，接着再往下开孔到第二层软弱层，给予同样的处理，直到加固深度，这样在制桩前已将整个孔道的孔壁保护住，就可按常规制桩。

目前常用的填料是碎石，其粒径不宜大于 50mm，太大将会损坏机具。也可采用卵石、矿渣等其他硬粒料，各类填料的含泥量均不得大于 5%，已经风化石块，不能作为填料使用。

同理，在地表 1m 范围内的土层，也需另行处理。振冲置换法的一般施工顺序与振冲挤密法基本相似，此处不再多赘述。

以上施工时的质量检验关键是填料量、密实电流和留振时间，这三者实际上是相互联系和保证的。只有在一定填料量的情况下，才可能保证达到一定的密实电流，而这时也必须要有一定的留振时间，才能把填料挤紧振密。

在比较硬的土或砂性较大的地基中，振冲电流有时会超过密实电流规定值，如果随着留振的过程中电流缓慢地下降，则电流由于振冲下沉时，瞬时较快地进入石料，而会产生瞬时电流高峰，因此不能以此电流来控制制桩的质量。密实电流必须是在振冲器留振过程中稳定下来的电流值。

在黏性土地基中施工，由于土层中常常夹有软弱层，这会影响填料量的变化，有时在填料量达到的情况下，密实电流还不一定能够达到规定值，这时就不能单纯用填料量来检验施工质量，而要更多地注意密实电流是否达到规定值。

二、沉　管　法

沉管法过去主要用于制作砂桩，近年来已开始用来制作碎石桩，这是一种干法施工。沉管法包括振动成桩法和冲击成桩法两种。其常用的成孔机械性能，如表 5-5 所示。

常用成孔机械的性能　　表 5-5

分　类	型号名称	技术性能		试用桩孔直径(cm)	最大桩孔深度(m)	备　注
		锤重(t)	落距(cm)			
柴油锤打夯机	D_1-6	0.6	187	30～35	5～6.5	安装在拖拉机或履带式吊车上行走
	D_1-12	1.2	170	35～45	6～7	
	D_1-18	1.8	210	45～57	6～8	
	D_1-25	2.5	250	50～60	7～9	
电动落锤	电动落锤打桩机	锤重 0.75～1.5t，落距 100～200mm		30～45	6～7	

续上表

分类	型号名称	技术性能		试用桩孔直径(cm)	最大桩孔深度(m)	备注
		锤重(t)	落距(cm)			
振动沉桩机	7～8t 振动沉桩机	激振力 70～80kN		30～45	5～6	安装在拖拉机或履带式吊车上行走
	10～15t 振动沉桩机	激振力 100～150kN		30～35	6～7	
	15～20t 振动沉桩机	激振力 150～200kN		36～40	7～8	
冲击成孔机		卷窗提升力(kN)	冲击重力(kN)	50～60	＞10	轮胎式行走
		30	25			
	YKC-30	16	10	40～50	＞10	

1.振动成桩法

振动成桩法施工机械包括以下几部分:振动机、料斗、振动套管组成的振动打桩机。吊钩、缓冲器悬挂在中间,可沿着导架上下移动。套管的下端装有底盖或砂塞。为了使砂或碎石有效地排出或者套管易于打入,还装有高压空气的喷射装置。其配备机械有:起重机、装砂(碎石)机、空压机和施工管理仪器等,如图5-10所示。

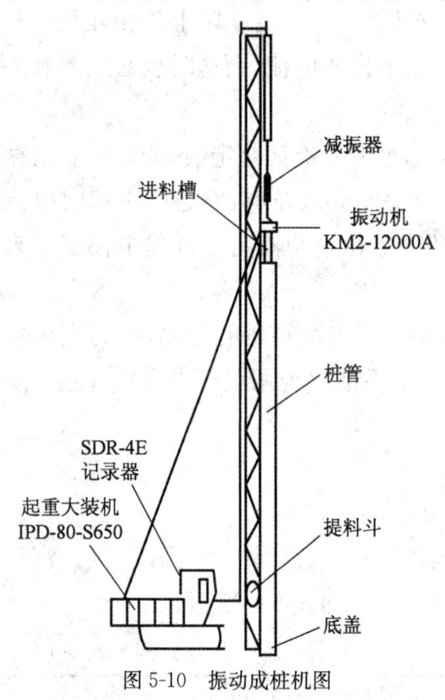

图5-10　振动成桩机图

振动挤密砂(碎石)桩的成桩工艺就是在振动机的振动作用下,把带有底盖(或砂塞)的套管打入规定的设计深度。套管入土后,挤密了套管周围土体,然后投入砂(碎石),再排砂(碎石)于土中,振动密实成桩,多次循环后就成为砂(碎石)桩。其施工顺序,如图5-11所示。图中:①在地面上把套管的位置确定好;②开动振动机把套管打入土中,如遇有坚硬难打的土层,可辅以喷气或射水打入;③把套管打到预定的深度,然后由上部送料斗投入套管一定量的砂(碎石);④再将套管拔到规定的高度,套管内的砂(碎石)即被压缩空气从套管内压出;⑤将套管打下规定的深度,并加以振动,使排出的砂(碎石)振密。于是,砂(碎石)再一次挤压周围的土体;⑥再一次投砂(碎石)于套管内,把套管拔到规定的高度;⑦将以上打桩工艺重复多次,一直打到地面,即成为砂(碎石)桩。

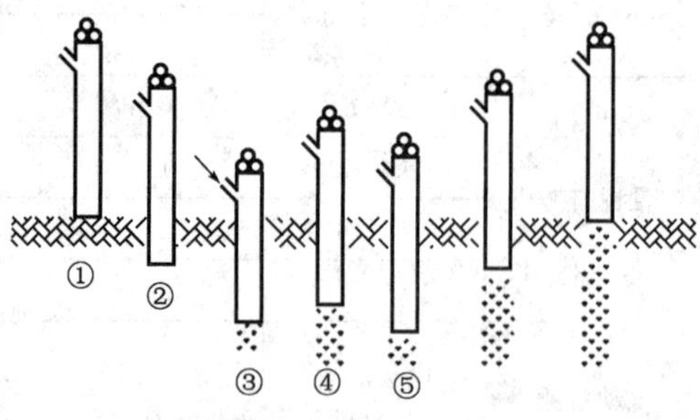

图5-11　振动挤密砂(或碎石)桩施工顺序

在进行成桩施工方法时,尚需注意以下几个方面:

(1)在套管未入土之前,先在套管内投砂(碎石2～3斗,打入规定深度时,复打2～3次)。在软黏土中,如果不采取这个措施,打出的砂(碎石)桩的底端会出现夹泥断桩现象。因为套管打入规定深度后拉拔时,软黏土没有挤密又重新恢复,形成缩颈和断桩。同时，底端的软黏土极为软弱，受到振动扰动后会往下塌沉。由于复打2～3次，使底部的土更密实，成孔更好，加上有少量的砂(碎石)排出，分布在桩周，既挤密桩周的土，又形成较为坚硬的砂孔，极为有利。

(2)适当加大风压。在打入或排砂(碎石)时，套管内会产生泥砂倒流现象，这可能是套管打下时，产生较大的孔隙水压力，加上外部风管的残余风压，形成较大的反冲力量，造成排砂(碎石)不畅、泥砂倒流现象。如加大风压，就可克服这些现象。

(3)注意贯入曲线和电流曲线。如土质较硬或砂(碎石)量排出正常，则贯入曲线平缓，而电流曲线幅度变化大。

(4)套管内的砂(碎石)料应保持一定的高度。

(5)每段成桩不要过大，如排砂(碎石)不畅，可适当加大拉拔高度。

(6)拉拔速度不宜过快，以使排砂(碎石)充分。

2.冲击成桩法

1)单管法

(1)施工机具

主要有蒸汽打桩机或柴油打桩机、下端带有活瓣钢制桩靴的或预制钢筋混凝土锥形桩尖的(留在土中)桩管和装砂料斗等。

(2)成桩工艺

如图5-12所示：①桩靴闭合，桩管垂直就位；②将桩管打入土层中到规定深度；③用料斗向桩管内灌砂(碎石)，灌砂(碎石)量较大时，可分成二次灌入。第一次灌入三分之二，待桩管从土中拔起一半长度后再灌入剩余的三分之一；④按规定的拔出速度从土层中拔出桩管。

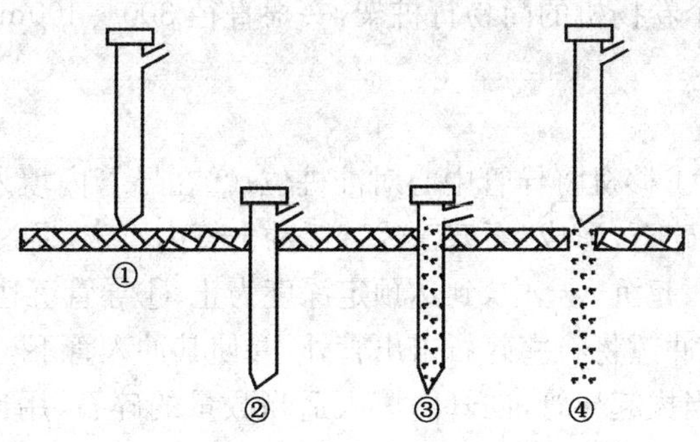

图5-12　单管冲击成桩工艺

(3)质量控制

①桩身连续性：以拔管速度控制桩身连续性。拔管速度可根据试验确定，在一般土质条件下，每分钟应拔出桩管1.5～3.0m。

②桩直径：灌砂(碎石)量控制桩直径。当灌砂(碎石)量达不到设计要求时，应在原位再沉下桩管灌砂(碎石)进行复打一次，或在其旁补加一根砂(碎石)桩。

2)双管法

(1)芯管密实法

①施工机具

主要有蒸汽打桩机或柴油打桩机、履带式起重机、底端开口的外管(套管)和底端闭口的内管(芯管)以及装砂(碎石)料斗等。

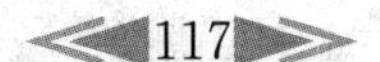

②成桩工艺

如图 5-13 所示:①桩管垂直就位;②锤击内管和外管,下沉到规定的深度;③拔起内管,向外管内灌砂(碎石);④放下内管到外管内的砂(碎石)面上,拔起外管到与内管底面平齐;⑤锤击内管和外管将砂(碎石)压实;⑥拔起内管,向外管内灌砂(碎石);⑦重复进行④~⑥工序,直至桩管拔出地面。

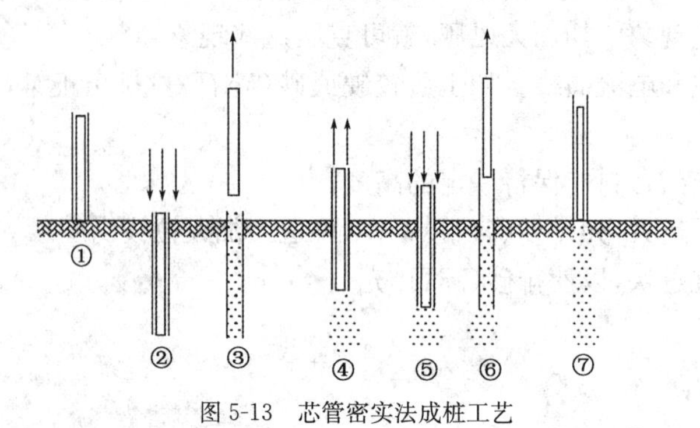

图 5-13　芯管密实法成桩工艺

③质量控制

进行工序⑤时按贯入度控制,可保证砂(碎石)桩体的连续性、密实性和其周围土层挤密后的均匀性。该工艺在有淤泥夹层中能保证成桩,不会发生缩颈和塌孔现象,成桩质量较好。

(2)内击沉管法

内击沉管法与“福兰克桩”工艺相似,不同之处在于该桩用料是混凝土,而内击沉管法用料是碎石。

①施工机具

施工机具主要有两个卷扬机的简易打桩架,一根直径 300~400mm 钢管,管内有一吊锤,重 1.0~2.0t。

②成桩工艺

成桩工艺见图 5-14:①移机将导管中心对准桩位;②在导管内填入一定数量(一般管内填料高度为 0.6~1.2m)的碎石,形成“石塞”;③冲锤冲击管内石塞,通过碎石与导管内壁的侧摩擦力带动一导管与石塞一起沉入土中,到达预定深度为止;④导管沉达预定深度后,将管拔高,离孔底数十厘米,然后用冲锤将石塞碎石击出管外,并使其冲入管下土中一定深度(称为“冲锤超深”);⑤穿塞后,再适当拔起导管,向管内填入适当数量的碎石,用冲锤反复冲夯。然后,再次拔管—填料—冲夯,反复循环至制桩完成。

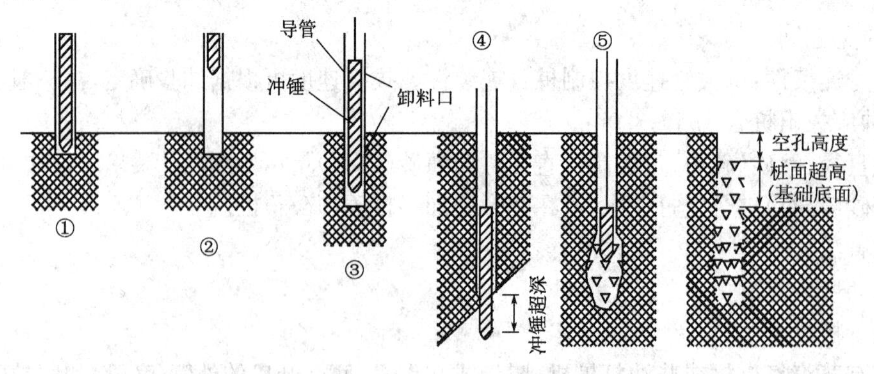

图 5-14　内击沉管法制桩工艺

③特点

有明显的挤土效应，桩密实度高，可适用于地下水位以下的软弱地基，该法是干作业、设备简单、耗能低。缺点是工效较低，夯锤的钢丝绳易断。

第五节 质量检验

碎石桩或砂桩施工结束后，除砂土地基外，应间隔一定时间方可进行质量检验。对黏性土地基，间隔时间可取 3～4 周，对粉土地基可取 2～3 周。

质量检验可用单桩荷载试验，其圆形压板的直径与桩的直径相等，可按每 200～400 根桩随机抽取一根进行检验，但总数不得少于 3 根。对砂土或粉土层中的碎石桩和砂桩，除用单桩荷载试验检验外，尚可用标准贯入、静力触探等试验对桩间土进行处理前后的对比试验。对砂桩还可采用标准贯入或动力触探等方法检测桩的挤密质量。

对大型的、重要的或场地复杂的碎石桩工程，应进行复合地基的处理效果检验。检验方法可用单桩或多桩复合地基荷载试验。检验点应选择在有代表性的或土质较差的地段，检验点数量可按处理面积大小取 2～4 组。

对饱和黏性土地基中的碎石桩和砂桩，复合地基荷载试验的稳定标准宜取 1h 内沉降增量小于 0.25mm。

第六节 工程实例

一、尹中高速公路工程

1. 工程概况

选择尹中高速公路地基处理工程 K30＋160～K30＋200 处进行振动沉管挤密砂石桩处理软黄土地基试验研究。

该场地分布在沿线山间盆地、冲沟及洼地，上部为新近堆积黄土，大孔隙发育，具有强烈湿陷性，属Ⅲ～Ⅳ级自重湿陷性黄土。由于地势低洼，地下水位高，地形呈半封闭状态，排洪条件差，地下水位以下新近堆积黄土经长期浸泡，已饱和软化，多呈软塑—流塑状，形成厚度变化较大的软黄土层。

2. 方案设计

振动沉管挤密砂石桩复合地基的设计包括加固范围、平面布置、砂石料、桩长、桩径、垫层、现场试验等。

1)平面加固范围

根据砂石桩一般设计原则，砂石桩加固的范围应超出基础一定宽度，基础每边加宽不少于 1～3 排桩。之所以加宽处理，一是因为在上部荷载作用下，基础压力会向基础外扩散；二是由于外围的砂石桩挤密效果较差，为了保证基础范围内的处理效果，所以要加宽。由于试验段地基具有软黄土和盐渍土的双重特性，地质条件比较差，所以设计加固范围为：在设计地基外缘再扩大 3 排桩。

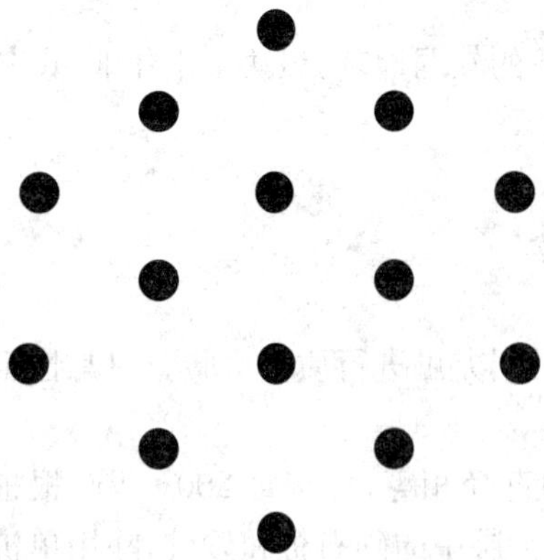

2)平面布置

砂石桩的平面布置形式要根据基础的形状来确定，一般的布置形式有：正方形、矩形、等腰三角形、等边三角形和放射形。对于砂土地基，由于要靠砂石桩的挤密作用来提高桩周土的密度，所以一般采用等边三角形(图 5-15)，这种形式使得地基挤密较为均匀。对于软黏土地基，主要靠置换作用，因而选用任何一种都可以。

图 5-15　振动沉管挤密砂石桩布置示意图

3)砂石料

砂石桩可以使用砂砾、粗砂、中砂、圆砾、角砾、卵石等质坚稳定的散体材料，这些材料可以单独使用，也可以按一定比例将粗细料混合使用，以改善级配，提高桩体密实度。试验段为软黄土地基，选用颗粒范围在 20～50mm 的砾石和级配良好的中粗砾组成混合料，混合料不均匀系数≥5，曲率系数 1～3。

4)桩长

砂石桩的长度主要取决于被加固土层的性能、厚度和工程的要求，一般按下列原则确定：

(1)当地基中软弱土层厚度不大时，桩长宜穿透软弱土层至相对硬层，这样有利于控制变形。

(2)当地基中软弱土层较厚时，桩长不一定要穿透软弱土层，桩长可以根据地基的允许变形值、软弱下卧层的承载力以及设计所要求的地基承载力来计算。

本试验段主要的不良土层为饱和黄土层和饱和淤泥质粉土层，统计厚度在 7m 左右，其下为圆砾层持力层。由于软弱土层厚度不是很大，所以将砂石桩的桩长设计为 9.0m，使桩端进入圆砾层，以减少沉降变形。

5)桩径

砂石桩的直径要根据地基处理的目的、地基土的性质、成桩方式和成桩设备来确定。采用沉管法成桩时，砂石桩的桩径一般为 0.30～0.70m，对饱和软黄土地基宜采用较大直径。在砂石桩施工时，桩管宜选用较大直径，以减少对原地基土的扰动程度。

6)垫层

砂石桩施工完毕后，桩顶部分的桩体比较松散，密实度较小，应该进行碾压或者夯实使之密实，然后铺设 0.3～0.5m 厚的碎石或者砂石垫层。垫层的厚度根据地基土的性质确定，要使其满足应力传递扩散和地基变形的需要。必要时，可在垫层中加设筋织物，加大地基抗剪强度。

在本试验段，为了增大地基的刚度模量、分散荷载、约束土体的侧向变形、减少工后地基沉降量和地基的不均匀变形，垫层采用铺设土工格室及填筑砂、碎石混合料组成 30cm 厚加筋复合褥垫层的方式，以增大地基抗剪强度。

7)现场试验

对于重要建筑地基，要先选择有代表性的场地，分别以不同的布桩形式、桩间距、桩长的几种组合，有条件的还可采用不同的施工方法进行现场制桩试验。如果处理效果达不到预期目标，应对有关参数进行调整，以获得较合理的设计参数、施工方法参数，待检测合格后才可以大面积推广应用。

3. 施工方法

砂石桩在正式施工前做好相应的准备工作，以便施工可以顺利进行，确保工程质量。

1)施工场地的三通一平

施工场地要做到三通一平，即路通、水通、电通和场地平整，以便设备进场、砂石料的运输和人员的进出，以及满足施工和人员生活的用电、用水需要。场地平整包括地表整平、排水清淤，并回填适当厚度的垫层，以利重型机械施工。

2)施工设备的选定和进场

根据地质情况选择成桩方法和施工设备，对黏性土，一般选用锤击成桩法或振动成桩法。当选定了成桩方法后，便可根据砂石桩的具体设计，选定机器设备进场。本试验段选用振动沉管成桩法，选定的振动沉管成桩法的主要设备包括：振动沉管桩机、桩管、桩尖、加料设备。

(1)振动沉管桩机选用桩机激振力为400kN的振动沉拔桩机，桩架安装在履带起重机上，振动桩锤选用中频电动振动锤。

(2)桩管选用管径规格为525mm的无缝钢管，长度为11m。桩管上端前侧焊接投料漏斗，下端装有平底型活瓣式桩靴。

(3)加料设备选用手推车，用投料漏斗将石料通过桩管上的投料口倒入管中。

3)施工顺序的确定

由于试验段地基为强度较低的软黄土，为了减少对地基土体的扰动影响，施工时由两路基边线向路中线同时施工，采用间隔跳打的施工方法。

4. 成桩工艺

振动沉管挤密砂石桩的成桩工艺就是在振动机的振动作用下，把带有底盖或排料活瓣的桩管打入规定的设计深度，桩管入土后，挤密了桩管周围的土体，然后投入填料，再将填料挤入土体，振动密实成桩，多次循环后就成为砂石桩。

振动沉管法按沉拔管的次数可分为一次拔管法、逐步拔管法和重复压拔管法三种。振动沉管法施工砂石桩工艺流程，如图5-16所示。

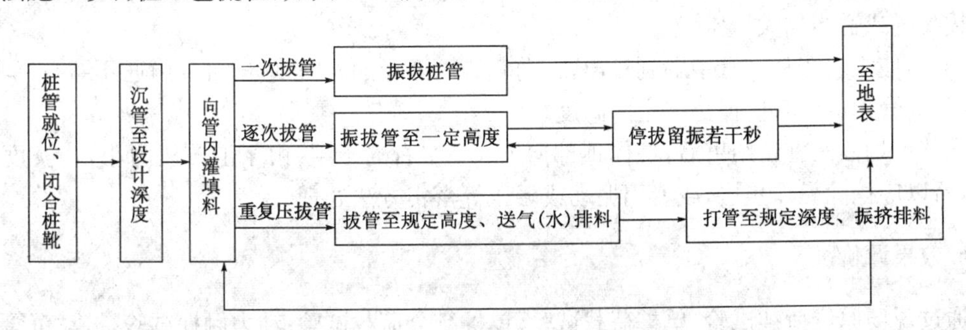

图5-16 振动沉管法砂石桩施工方法流程

重复压拔管工艺成桩的施工顺序如下：

(1)桩机就位，桩管垂直对准桩位，闭合桩靴。

(2)启动振动机，将桩管振动沉入土中，达到设计深度，如遇有坚硬难打的土层，可辅以喷气或射水助沉，加快下沉速度。

(3)在沉管到达预定的设计深度后，从桩管上端的投料漏斗向管内投入填料，数量根据设计确定。

(4)边振动边拔管，同时向桩管内送入压缩空气，使桩管中的填料排于土中。桩管每拔50cm，停止拔管继续振动。桩管拔出的高度由设计或试验确定。

(5)边振动边向下压管，再将桩管压入设计或者试验的深度。

(6)停止拔管，继续振动，使排出的填料振密。

(7)再一次投料于桩管内，再将桩管拉拔到设计的高度。

(8)重复(3)～(7)步骤多次，直至桩管拔出地面。

5. 质量控制

为了使处理效果能达到预期目的、保证工程质量，在成桩过程中，要采取一些措施进行质量控制。

(1)应对砂石桩的平面位置、垂直度和深度进行准确测量。保证桩位准确，纵向偏差不大于桩管直径，垂直度偏差不大于1.5%，深度达到设计要求。

(2)在桩管未入土之前，先在桩管内投料(1.0～1.5m^3)，打到规定深度时，要复打2～3次，这样可以保证桩底成孔质量。在软弱黏土中，如不采取这个措施，桩底部就会出现夹泥断桩现象。因为桩管在打入规定深度拉拔管时，没有挤密的软黏土又会重新恢复，形成缩颈或断桩，同时底部的软黏土极其软弱，受到振动后会往下塌沉。采用上述措施后，使底部的土更密实，成孔更好，再加上有少量的填料被排出，分布在桩周，既挤密桩周的土，又形成较为坚硬的砂泥混合孔壁，对成桩极为有利。

(3)控制每段砂石桩的桩径达到设计值，即要确保成桩时实际所灌入的砂石数量不得少于理论计算值的95%。当达不到设计要求时，要在原位再沉管投料一次，或者在旁边补打一根。

(4)为了控制砂石桩的密实度和桩体连续性，应对桩管拉拔速度、拔管高度、压管高度进行控制，以保证桩身密实、均匀连续。桩管拉拔速度太快可能造成断桩或缩颈，慢速拔管可使砂石桩有充分的时间振密，从而保证桩体的密实度。通常的拔管速度宜控制在1～2m/min，拔管高度和压管高度由现场试验确定。

(5)每段成桩不宜过大。成桩段过大，易造成排料不畅的现象。如遇排料不畅，可适当加大拉拔高度或适当加大风压。

(6)为使填料能从套管中顺利排出，在向套管内灌料的同时，应向桩管内通压缩空气和水。

(7)套管内的砂料应保持一定的高度。

在整个加固区施工结束后，桩体顶部向下1m左右的土层，由于上覆压力小，密实度难以保证，所以应挖除另作垫层，或者用振动或碾压等密实方法处理。

6. 效果评价

通过现场原位荷载试验、单桩荷载试验、单桩复合荷载试验、动力触探试验，振动沉管挤密砂石桩试验结果表明地基承载力提高了60%～84%，处理效果明显，满足了设计的需要。砂石桩桩长对复合地基承载力的影响不明显，桩长增长不会使地基承载力提高很多，故在设计砂石桩时，桩长要根据土体的实际情况而定，并不是越长越好，有必要进行经济比选。处理软黄土地基时，采用不同桩间距挤密砂石桩处理的复合地基极限承载力相差不大，主要的差距在于沉降量的大小，所以只要可以解决地基的沉降问题或者对地基的沉降量要求不是很严格时，就可以扩大桩间距,降低处理成本。

从现场压力盒监测结果中得出,湿软黄土地区振动沉管挤密砂石桩复合地基的桩土应力比集中在1.5～2.5。从现场沉降观测可知,复合地基最大沉降出现在路基中线处,随着远离路基中线,沉降量逐渐减小,路肩处沉降量最小。地基沉降趋势与荷载的施加规律一致,且在施工期间基本完成,工后沉降很小。

二、嘉安一级公路工程

1.工程概况及方案设计

选择嘉安一级公路JA10标段K118＋200～K118＋405的盐渍化软基地段作为试验段。该区域为地势低洼和地下水溢出处,地下水埋深浅。由于该地区常年受积水和泉水的浸泡,土体含水率和孔隙率较大,质地疏松软弱,愈向下含水分愈多,呈软塑状饱和土,且盐渍化程度较高,具有软弱土和盐渍土的双重特性,为盐渍化软基,地质条件较差。

试验段振动沉管挤密砂石桩的设计参数为:

(1)平面加固范围:为了保证处理效果,在设计地基外缘再扩大3排桩。

(2)平面布置:砂石桩采用等腰三角形满堂布置,施工图设计桩间距1.1m,即顺路线方向排距0.55m,横路线方向排距1m,置换率为0.183,布置示意图如图5-17所示。

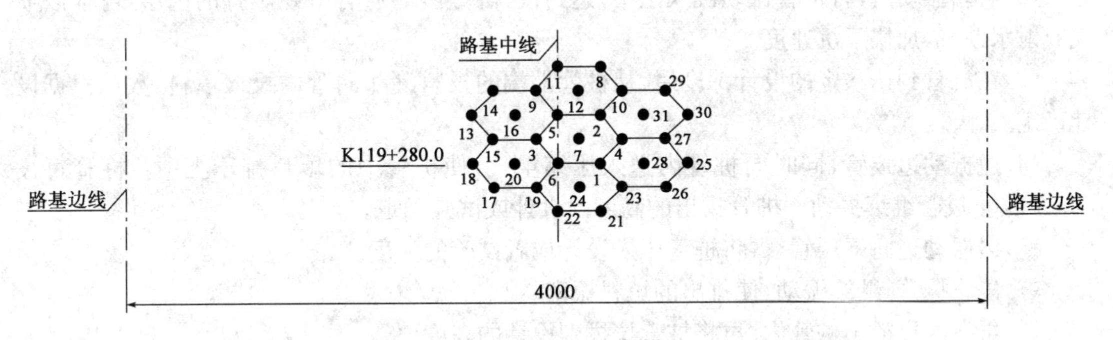

图5-17 振动沉管挤密砂石桩平面布置示意图

(3)桩长:本试验段主要的不良土层为表层盐渍土层、饱和粉土层和饱和淤泥质粉土层统计厚度在7m左右,其下为圆砾层持力层,所以将振动沉管挤密砂石桩的桩长设计为9.0m,使桩端进入圆砾层,以减少沉降变形。

(4)桩径:采用沉管法成桩时,砂石桩的桩径一般为0.30～0.70m,对饱和黏性土地基宜采用较大直径,故本试验段设计的桩径为0.5m。

(5)施工顺序:由于试验段地基为强度较低的盐渍化软基,为了减少对地基土体的扰动影响,施工时由两路基边线向路中线同时施工,采用间隔跳打的施工方法。

(6)桩身材料的选择:桩孔内的材料选用颗粒范围在20～50mm的砾石和级配良好的中粗砾组成混合料,混合料不均匀系数≥5,曲率系数1～3。

2.施工方法

1)施工准备

砂石桩在正式施工前必须做好相应的准备工作,以便施工可以顺利进行。

(1)施工场地的三通一平

施工场地要做到三通一平,即路通、水通、电通和场地平整,以便设备进场、砂石料的运输和人员的进出,以及满足施工和人员生活的用电、用水需要。场地平整包括地表整平、排水清淤,并回填适当厚度的垫层,以利重型机械施工。

(2)施工设备的选定和进场

根据地质情况选择成桩方法和施工设备,对黏性土,一般选用锤击成桩法或振动成桩法。本试验段选用振动沉管成桩法,选定的振动沉管成桩法的主要设备包括:振动沉管桩机、桩管、桩尖、加料设备。

①振动沉管桩机选用桩机激振力为 400kN 的振动沉拔桩机,桩架安装在履带起重机上,振动桩锤选用中频电动振动锤。

②桩管选用管径规格为 525mm 的无缝钢管,长度为 11m。桩管上端前侧焊接投料漏斗,下端装有平底型活瓣式桩靴。

③加料设备选用手推车,用投料漏斗将石料通过桩管上的投料口倒入管中。

2)施工顺序

振动沉管挤密砂石桩的成桩按沉拔管的次数可分为一次拔管法、逐步拔管法和重复压拔管法三种。本试验段采用重复压拔管工艺成桩,其施工顺序如下:

(1)桩机就位,桩管垂直对准桩位,闭合桩靴。

(2)启动振动机,将桩管振动沉入土中,达到设计深度,如遇有坚硬难打的土层,可辅以喷气或射水助沉,加快下沉速度。

(3)在沉管到达预定的设计深度后,从桩管上端的投料漏斗向管内投入填料,数量根据设计确定。

(4)边振动边拔管,同时向桩管内送入压缩空气,使桩管中的填料排于土中。桩管每拔 50cm,停止拔管继续振动。桩管拔出的高度由设计或试验确定。

(5)边振动边向下压管,再将桩管压入设计或者试验的深度。

(6)停止拔管,继续振动,使排出的填料振密。

(7)再一次投料于桩管内,再将桩管拉拔到设计的高度。

(8)重复(3)~(7)步骤多次,直至桩管拔出地面。

振动沉管法施工砂石桩工艺流程,如图 5-18 所示。

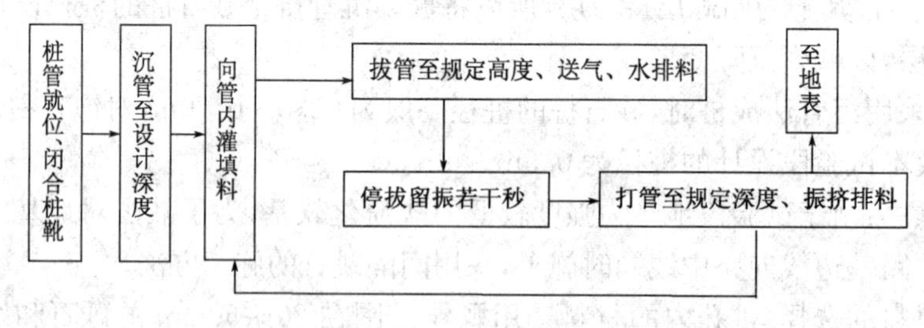

图 5-18　振动沉管成桩施工流程

3)施工质量控制

为了使处理效果能达到预期目的,保证工程质量,在成桩过程中,要采取一些措施进行质量控制:

(1)应对砂石桩的平面位置、垂直度和深度进行准确测量。保证桩位准确,纵向偏差不大于桩管直径，垂直度偏差不大于1.5%，深度达到设计要求。

(2)在桩管未入土之前，先在桩管内投料($1.0\sim1.5m^3$)，打到规定深度时，要复打2～3次，这样可以保证桩底成孔质量。在软弱黏土中，如不采取这种措施，桩底部就会出现夹泥断桩现象。因为桩管在打入规定深度拉拔管时，没有挤密的软黏土又会重新恢复，形成缩颈或断桩，同时底部的软黏土极其软弱，受到振动后会往下塌沉。采用上述措施后，使底部的土更密实，成孔更好，再加上有少量的填料被排出，分布在桩周，既挤密桩周的土，又形成较为坚硬的砂泥混合孔壁，对成桩极为有利。

(3)控制每段砂石桩桩径达到设计值，即要确保成桩时实际灌入的砂石数量不得少于理论值的95%。当达不到设计要求时，要在原位再沉管投料一次，或者在旁边补打一根。

(4)为了控制砂石桩的密实度和桩体连续性，应对桩管拉拔速度、拔管高度、压管高度进行控制，以保证桩身密实、均匀连续。桩管拉拔速度太快可能造成断桩或缩颈，慢速拔管可使砂石桩有充分的时间振密，从而保证桩体的密实度。通常的拔管速度宜控制在1～2m/min，拔管高度和压管高度由现场试验确定。

(5)每段成桩不宜过大。成桩段过大，易造成排料不畅的现象。如遇排料不畅，可适当加大拉拔高度或适当加大风压。

(6)为使填料能从套管中顺利排出，向套管内灌料时应向桩管内通压缩空气和水。

(7)套管内的砂料应保持一定的高度。

在整个加固区施工结束后，桩体顶部向下1m左右的土层，由于上覆压力小，密实度难以保证，所以应挖除另作垫层，或者用振动或碾压等密实方法处理。

3. 振动沉管挤密砂石桩施工质量检验

1)挤密桩的质量要求

(1)挤密桩必须上下连续，确保设计长度。

(2)满足单位深度的灌料量。

(3)桩体的密实度、强度以及桩间土的加固效果，均应满足设计要求。

(4)挤密桩的平面位置和垂直度偏差均应满足其允许值。

2)检验内容

桩体和桩间土密实度可用$N_{63.5}$动力触探试验检测，桩体及复合地基的承载力采用动力触探试验和平板荷载试验联合评定。桩间土质量的检测位置应在等边三角形的中心位置，桩体测点应位于桩体轴心。质量检验应在施工后间隔一定时间方可进行，对饱和黏性土，应待孔隙水压力基本消散后进行，间隔时间应为2周。

4. 效果评价

通过现场原位荷载试验可知，试验区原地基承载力在40～100kPa，处理后的复合地基承载力提高到160～184kPa，地基承载力明显提高，处理效果明显，满足了设计的需要，表明振动沉管挤密砂石桩法是处理盐渍化软基行之有效的方法。

三、土工格室＋碎石桩复合地基处理临长高速公路软土地基

京珠国道主干线湘境临湘至长沙高速公路是经国务院批准的“两纵两横”国道主干线网北京至珠海公路中的一段。它的建成对于完善全国公路网、发展社会经济均具有十分重要的意

义。从1992年对临长高速公路进行规划开始，到2002年底建成通车，历经10年时间。

临长高速公路K132＋550～645合同段采用土工格室＋碎石桩复合地基进行处理。图5-19为运营期的临长高速公路。

图5-19　临长高速公路

思考题与习题

5-1　什么是碎石桩和砂桩？其适用条件、加固机理和质量检验的方法是什么？

5-2　叙述碎石桩和砂桩的承载力影响因素及桩体破坏模式。

5-3　阐述“桩土应力比”和“置换率”的概念。

5-4　碎石桩和砂桩在黏性土和砂土中，其设计长度主要取决于哪些因素？

5-5　简述振冲法的施工过程。

5-6　简述振动成桩法和冲击成桩法的质量保证措施。

5-7　某场地地表下1.5m为细砂层，该层厚约15m，孔隙比$e=0.8$，该层以下为硬塑状粉质黏土，地下水位在地面下1.0m。要求处理后细砂层孔隙比$e_1\leqslant 0.67$，试进行该场地的地基处理设计。

5-8　某库房为黏土地基，承载力特征值为$f_{ak}=85$kPa，压缩模量为$E_s=4$MPa。库房地坪使用荷载(荷载效应标准组合)为125kPa，堆载面积为20m×15m。要求处理后复合地基承载力达到120kPa，使用期间地坪沉降小于30cm。拟采用碎石桩地基处理方法，试制订地基处理方案，并对施工和检测提出要求。

第六章 土(或灰土)桩法

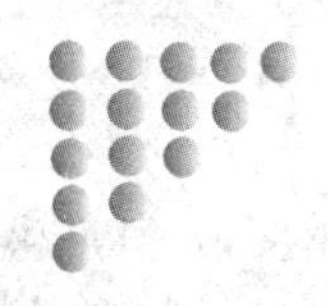

第一节 概 述

一、土(或灰土)桩

土(或灰土)桩法是利用沉管、冲击或爆扩等方法在地基中挤土成孔,然后向孔内分层夯填素土(或灰土)成桩的方法。成孔时,桩孔部位的土被侧向挤出,从而使桩周土得以加密,所以又称为挤密桩法。土(或灰土)桩挤密地基,是由土(或灰土)桩与桩间挤密土共同组成的复合地基。

土(或灰土)桩的特点是:就地取材、以土治土、原位处理、深层加密和费用较低。因此,在我国西北及华北等黄土地区已得到广泛应用。

二、土(或灰土)桩的适用条件

土(或灰土)挤密桩复合地基适用于处理地下水位以上的粉土、黏性土、素填土、杂填土和湿陷性黄土等地基,可处理地基的厚度宜为3～15m;当以消除地基土的湿陷性为主要目的时,可选用土挤密桩;当以提高地基土的承载力或增强其水稳定性为主要目的时,宜选用灰土挤密桩;当地基土的含水率大于24%、饱和度大于65%时,应通过试验确定其适用性。对重要工程或在缺乏经验的地区,施工前应按设计要求,在有代表性地段进行现场试验。

三、土(或灰土)桩的特征

土(或灰土)桩挤密法与其他地基处理方法比较,有以下主要特征:

(1)土(或灰土)桩挤密法是横向挤密,但可同样达到所要求加密处理后的最大干密度的密度指标。

(2)与土垫层相比,无需开挖回填,因而节约了开挖和回填土方工作量,比换填法缩短工期约一半。

(3)由于填入桩孔的材料均属就地取材,因而通常比其他处理湿陷性黄土和人工填土的造价为低,尤其是利用粉煤灰可变废为宝,取得很好的社会效益。

第二节　加固机理

土桩及灰土桩的加固机理，其共同之处是对桩间土的挤密作用，但两者又有所不同，现分述如下。

一、土桩挤密地基

湿陷性黄土属于非饱和的欠压密土，具有较大的孔隙率和偏低的干密度，是其产生湿陷性的根本原因。试验研究及工程实践证明，若土的干密度或其压实系数达到某一标准时，即可消除其湿陷性。土桩挤密法正是利用这一原理，通过沉管、冲击或爆扩等方法在土层中挤压成孔，迫使桩孔内的土体侧向挤出，从而使桩周一定范围内的土体受到压缩、扰动和重塑，若桩周土被挤密到一定的干密度或压实系数时，则沿桩孔深度范围内土层的湿陷性就会消除。

在单个桩孔外围，孔壁附近土的干密度 ρ_d 接近甚至超过其最大干密度 ρ_{dmax}，压实系数 $\lambda_c \approx 1.0$，依次向外，ρ_d 逐渐减小，直至其值逐渐趋于自然土的情况。若以桩孔中心为原点，"挤密影响区"即塑性区的半径为 1.5～2.0d（d 为桩孔直径）；但当以消除土的湿陷性为标准时，通常以 $\rho_d \geqslant 1.5\text{g/cm}^3$ 或 $\lambda_c \geqslant 0.90$ 划界，确定出满足工程实用的"有效挤密区"，其半径为 1.0～1.5d。因此，合理的桩孔中心距离常为 2.0～3.0d。群桩挤密效果试验表明，在相邻桩孔挤密区交接处的挤密效果相互叠加，桩间中心部位土的干密度会有所增大，并使桩间土的干密度变得较为均匀。桩距愈近，叠加效应愈显著。

影响成孔挤密效果的主要因素是地基土的天然含水率（ω）及干密度（ρ_d）。当土的含水率接近其最优含水率时，土呈塑性状态，挤密效果最佳，成孔质量良好。当土的含水率偏低（$\omega <$ 12%～14%）时，土呈半固体状态，有效挤密区缩小，桩周土挤压扰动而难以重塑，成孔挤密效果较差，且施工难度较大。当土的含水率过高（$\omega > 23\%$）时，由于挤压引起的超孔隙水压力短时期难以消散，桩周土仅向外围移动而挤密效果甚微，同时桩孔容易出现缩孔、回淤等情况，有的甚至不能成孔。当土的天然干密度愈大，有效挤密区半径愈大；反之，则挤密区缩小，挤密效果较差。如两个场地土的天然干密度 ρ_d 分别为 1.36g/cm³ 和 1.25g/cm³，而桩孔间距均采用 2.5d，并同样按等边三角形布桩。成孔挤密试验实测结果是：前者有效挤密半径为 1.5d，而后者仅为 1.0d；前者桩间挤密土的平均干密度为 1.60g/cm³，而后者为 1.40g/cm³。显然，在同一桩距情况下，后一场地未能满足消除湿陷性的要求，若将其桩距减小为 2.0d 时，方可满足。

土桩挤密地基由桩间挤密土和分层夯填的素土桩组成，土桩面积占处理地基总面积的 10%～23%，两者土质相同或相近，且均为被机械加密的重塑土，其压实系数和其他物理力学性质指标也基本一致。因此，可以把土桩挤密地基视为一个厚度较大和基本均匀的素土垫层。图 6-1 左侧为土桩挤密地基在均布荷载作用下，刚性压板接触压力分布的实测结果。图中显示，土桩桩体与桩间土的接触压力并无明显差异，两者的应力分担比接近于 1.0。国内外有关规范对土桩挤密地基的设计原则，如承载力的确定及处理范围的规定与验算等均与土垫层的设计原则基本相同，其原因即在于此。

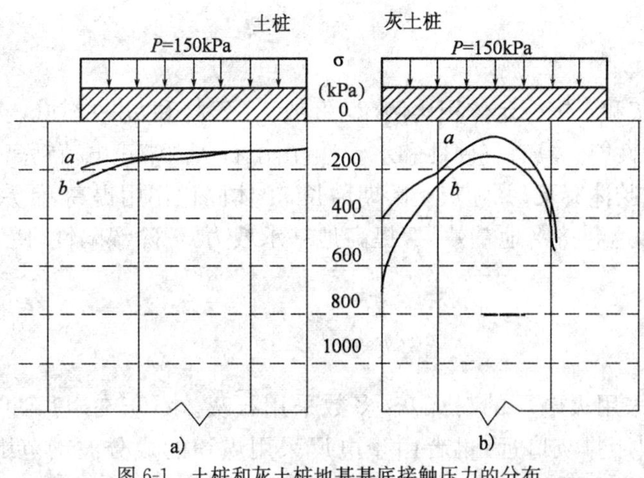

图 6-1　土桩和灰土桩地基基底接触压力的分布

a)浸水前;b)浸水后

二、灰土性质、作用

1. 灰土的基本性质

石灰是一种最常用的气硬性胶凝物质,也是一种传统的建筑材料。但当熟石灰与土混合之后,将发生较为复杂的物理化学反应,其主要反应及生成物包括:离子交换作用、凝硬反应并生成硅酸钙及铝酸钙等水化物,以及部分石灰的碳化与结晶等。由此可见,灰土的硬化既具有气硬性,同时又具有水硬性,而不同于一般建筑砂浆中的石灰。灰土的力学性质决定于石灰的质量、土的类别、施工及养护条件等多种因素。用作灰土桩的灰土,其无侧限抗压强度不宜低于500kPa。灰土的其他力学性质指标与其无侧限抗压强度 f_{cu} 有关,抗拉强度为 0.11~0.29f_{cu},抗剪强度为 0.20~0.40f_{cu},抗弯强度为 0.35~0.40f_{cu}。灰土的水稳定性以软化系数表示,其值一般为 0.54~0.90,平均约为 0.70。若在灰土中掺入 2%~4%的水泥时,软化系数可提高到 0.80 以上,能充分保证灰土在水中的长期稳定性,同时灰土的强度也可提高 50%~85%。灰土的变形模量为 40~200MPa,但其值随应力的增高而降低。据试验分析,灰土桩顶面的应力在设计荷载下一般为 0.40~0.90f_{cu},超过了灰土强度的比例界限,有的甚至已达到极限强度,这是灰土桩工作的主要特点。灰土桩在竖向荷载下,桩身分段荷载 Q 及桩周摩阻力 f 的分布,如图 6-2 所示。

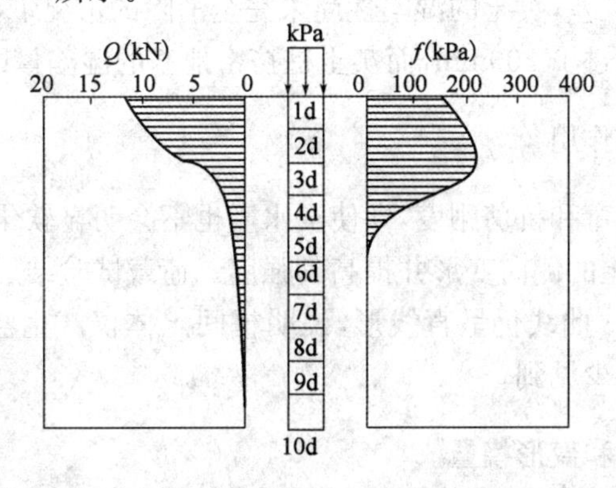

图 6-2　灰土桩桩身的分段荷载 Q 及桩周摩阻力 f 的分布图

2. 灰土桩

灰土桩是用石灰和土按一定体积比例(2∶8或3∶7)拌和,并在桩孔内夯实加密后形成的桩,这种材料在化学性能上具有气硬性和水硬性,由于石灰内带正电荷钙离子与带负电荷黏土颗粒相互吸附,形成胶体凝聚,并随灰土龄期增长,土体固化作用提高,使灰土逐渐增加强度。在力学性能上,它可达到挤密地基效果,提高地基承载力,消除湿陷性,使沉降均匀和沉降量减小。

3. 二灰桩

在地基加固中采用火电厂的粉煤灰,多数采用石灰。石灰在电厂冲排过程中,粗粒料距排灰口近,细粒料距排灰口远;再者由于电厂采用煤粉的成分波动范围和燃烧充分程度不同等因素,使粉煤灰的化学成分波动范围很大,即使如此,也均不影响其用于地基加固技术需要。

粉煤灰中含有较多的焙烧后的氧化物。粉煤灰中活性 SiO_2 和 Al_2O_3 玻璃体与一定量的石灰和水拌和后,由于石灰的吸水膨胀和放热反应,通过石灰的碱性激发作用,促进粉煤灰之间离子相互吸附交换,在水热合成作用下,产生一系列复杂的硅铝酸钙和水硬性胶凝物质,使其相互填充于粉煤灰空隙间,胶结成密实坚硬类似水泥水化物块体,从而提高了二灰的强度。同时由于二灰中晶体 $Ca(OH)_2$ 的作用,有利于石灰粉煤灰的水稳性。

三、灰土桩在挤密地基中的作用

1. 分担荷载,降低上层土中应力

灰土桩的变形模量高于桩间土数倍至数十倍,因此在刚性基础底面下灰土桩顶的应力分担比相应增大。图6-1右侧所示灰土桩挤密地基接触压力的分布情况,灰土桩上的应力 σ_p 已超过600kPa,而桩间土的应力 $\sigma_s=50\sim100$kPa,应力比 $\sigma_p/\sigma_s=6\sim12$,浸水后比值进一步增大。若基底平均压力增大时,桩土应力比将有所降低并趋于稳定。由于占基底面积约20%的灰土桩承担了总荷载的一半左右,其余一半荷载由占基底面积约80%的桩间土分担,从而使土的应力降低了20%左右。基底下一定范围(2.0～4.0m)内桩间土的应力降低,可使主要持力层内地基土的压缩变形显著减少,并可能部分或全部消除其湿陷性。某场地浸水荷载试验表明,在桩间土挤密效果较差,黄土的湿陷性尚未完全消除的情况下,土桩挤密地基在200kPa压力下的浸水湿陷量仍超过了200mm,而灰土桩挤密地基的湿陷量则已基本消除。

2. 桩对土的侧向约束作用

灰土桩具有一定的抗弯和抗剪刚度,即使浸水后也不会明显软化,因而它对桩间土具有较强的侧向约束作用,阻止土的侧向变形并提高其强度。荷载试验结果表明,桩间土在压力达到300kPa的情况下,通常 p-s 曲线仍呈直线形,说明桩间土体仅产生竖向压缩变形。这在天然地基或土桩挤密地基中很少见到。

3. 提高地基的承载力和变形模量

现场试验和大量工程经验证明,灰土桩挤密地基的承载力标准值比天然地基可提高1倍左右；其变形模量高达 21～36MPa，为天然地基的 3～5 倍，因而可大幅度减少建筑物的沉降量，并消除黄土地基的湿陷性。

综上所述，灰土桩具有分担荷载和减少桩间土应力的作用，但其荷载有效传递的深度也是有限的，在有效深度以下桩土应力趋于一致，两者不再产生相对位移，而灰土桩加固地基的其他作用仍然存在。

第三节　设计计算

一、设计依据和基本要求

设计土桩或灰土桩挤密地基时，应具有下列资料和条件：

(1)建筑场地的工程地质勘察资料。重点了解土的含水率、孔隙比和干密度等物理性质指标及其变异性，掌握场地黄土湿陷的类型、等级和湿陷性土层分布的深度。对杂填土和素填土，应查明其分布范围、成分及均匀性，必要时需做补充勘察，以确定人工填土的承载力和湿陷性。

(2)建筑结构的类型、用途及荷载。确定建筑物的等级及使用后地基浸水可能性的大小，以及基础的构造、尺寸和埋深，提供对地基承载力和沉降变形(包括压缩变形及湿陷量)的具体要求。

(3)场地的条件与环境。了解建筑场地范围内地面上下的障碍物，分析挤密桩施工对相邻建筑物可能造成的影响。

(4)当地的施工装备条件和工程经验。

依据上述资料及条件，即可确定地基处理的主要目的和基本要求，并可初步确定采用何种桩孔填料和施工方法。通常，地基处理的目的可分下列几种情况：

(1)一般湿陷性黄土场地。对单层或多层建筑物，以消除黄土地基的湿陷性为主要目的，基底压力一般不超过 200kPa，地基的承载力易于满足，宜采用土桩挤密法；对高层建筑、重型厂房以及地基浸水可能性较大的重要建筑物，处理地基不仅是消除湿陷性，同时还必须提高地基的承载力和变形模量，则宜采用灰土桩挤密法。

(2)新近堆积黄土场地。除要求消除其湿陷性外，通常需以降低其压缩性和提高承载力为主要目的，可根据建筑类型及荷载大小选用土桩或灰土桩。

(3)杂填土或素填土场地。当填土厚度较大时，由于其均匀性差，压缩性较高，承载力偏低，通常仍具有湿陷性，处理时常以提高承载力和变形模量为主要目的，一般宜采用灰土桩挤密法。

桩孔直径宜为 300～600mm，沉管法的桩管直径多在 400mm 左右，设计桩径时应根据成孔设备条件或成孔方法确定。桩孔布置以等边三角形为好，如图 6-3 所示，桩孔呈等间距布置，可使桩间土的挤密效果趋于均匀。

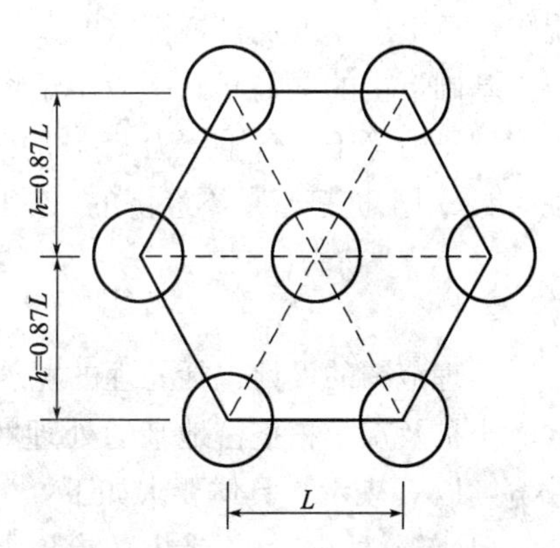

图 6-3　等边三角形排列桩孔示意图

土桩及灰土桩的设计计算内容包括：桩距和桩排、桩孔深度、处理范围、承载力和变形等项的确定，对其设计计算方法进行如下分述。

二、桩距和桩排

土(或灰土、二灰)桩的挤密效果与桩距有关。而桩距的确定又与土的原始干密度和孔隙比有关。有的工程由于采用桩距为 $2d$,却使地面造成隆起和桩管施打不下去。所以桩距的设计一般应通过试验或计算确定。而设计桩距的目的在于使桩间土挤密后达到一定平均密实度(指平均压实系数 λ_c 和干土密度 ρ_d 的指标)不低于设计要求标准。一般规定桩间土的最小干密度不得小于 1.5t/m³,桩间土的平均压实系数不宜小于 0.93。

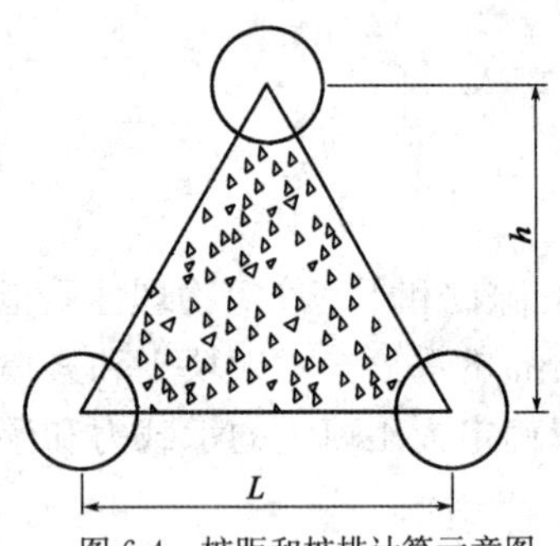

图 6-4 桩距和桩排计算示意图

为使桩间土得到均匀挤密,桩孔应尽量按等边三角形排列,但有时为了适应基础尺寸,合理减少桩孔排数和孔数时,也可采用正方形和梅花形等排列方式。

按等边三角形布置桩孔时的桩距 L 和桩排 h 的计算原则是挤密范围内平均干密度达到一定密实度的指标,如图 6-4 所示,等边△ABC 范围内天然土的平均干密度 $\bar{\rho}_d$ 挤密后,其面积减少正好是半个圆面积$\left(0.435L^2-\frac{\pi}{8}d^2\right)$,而减少了面积的干土密度,由于桩孔内土的挤入而增大,由此可导出:

$$L=0.95d\sqrt{\frac{\rho_{dmax}\bar{\lambda}_c}{\rho_{dmax}\lambda_c-\bar{\rho}_d}} \tag{6-1}$$

$$h=0.866L \tag{6-2}$$

式中:d——桩孔直径(mm);

L——桩间距(mm);

$\bar{\lambda}_c$——地基挤密后,桩间土的平均压实系数,不宜小于 0.93;

ρ_{dmax}——桩间土的最大干密度(t/m³);

$\bar{\rho}_d$——地基挤密前土的平均干密度(t/m³)。

三、桩孔深度

桩孔深度(即挤密处理的厚度)应根据建筑物对地基的要求、地基的湿陷类型、湿陷等级、湿陷性黄土层厚度及打桩机械的条件综合考虑决定。对非自重湿陷性黄土地基,其处理厚度应为基础下土的湿陷起始压力小于附加压力和上覆土的饱和自重压力之和的所有黄土层,或为附加压力等于土自重压力 25%的深度处,桩长从基础算起一般不宜小于 3m,当处理深度过小时,采用土桩挤密是不经济的,桩孔深度目前施工可达 12~15m。

四、处理范围

处理范围的设计包括处理的宽度及深度两个方面。

土桩及灰土桩挤密地基的处理宽度应大于基础的宽度。参照图 6-5,自基础边缘起的外放宽度以 C 表示。具体要求如下:

(1)部分处理时(不考虑防渗隔水作用)。

对非自重湿陷性场地:$C\geqslant0.5B$;$C\geqslant0.5$m。

对自重湿陷性场地：$C \geqslant 0.75B$；$C \geqslant 1.0$m。

(2)整片处理，适用于Ⅲ、Ⅳ级自重湿陷性场地，需考虑防渗隔水作用及外围场地自重湿陷时对地基的影响。

$C \geqslant 1/2$ 处理土层的厚度，$C \geqslant 2.0$m。

土桩及灰土桩挤密地基的处理宽度，见图 6-5。

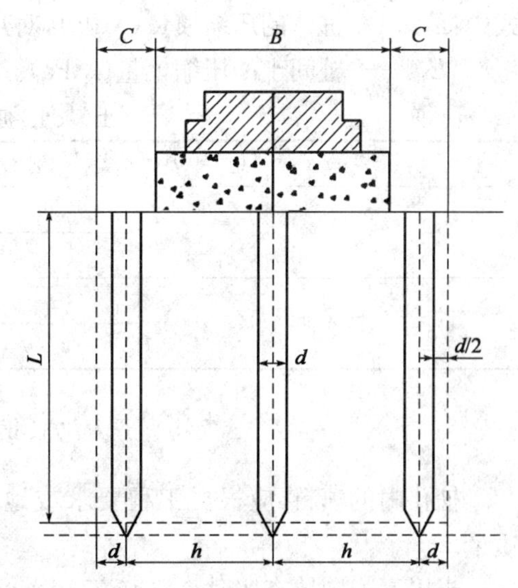

图 6-5 灰土桩挤密地基处理范围示意图

土桩及灰土桩挤密地基的处理深度，应根据土质情况、工程要求和施工条件等因素确定。对于湿陷性黄土地基，应按《湿陷性黄土地区建筑规范》(GB 50025—2004)的有关规定进行设计计算。

当以提高地基承载力为主要处理目的时，对基底以下持力层范围内的软弱土层应尽可能全部处理，并应验算下卧层土的承载力是否满足要求。对设计处理深度，要考虑施工后桩顶可能出现部分疏松及桩间土上部表层松动，因而在设计图中应注明挖去 0.25～0.35m 的松动层，并在其上设置 0.30～0.60m 厚的素土或灰土垫层。综合技术与经济两方面的因素，土桩及灰土桩的长度不宜小于 5.0m。

五、承载力和变形

土桩及灰土桩挤密地基的承载力标准值，应通过现场荷载试验、其他可靠的原位测试方法或当地经验确定。当无试验资料时，对土桩挤密地基，不应大于处理前的 1.4 倍，并不应超过 180kPa；对灰土桩挤密地基，不应大于处理前的 2 倍，并不应超过 250kPa。

处理后复合地基的荷载试验，应按国家行业标准《建筑地基处理技术规范》(JGJ 79—2012)中的有关规定进行。对高层建筑或重要的工程，应尽量通过荷载试验确定处理后复合地基的承载力标准值和变形模量，这样不仅安全可靠，同时也可不受规范中对关于承载力标准值的限制。

当基础的埋深大于 0.5m 时，处理地基的承载力设计值可按有关规范进行计算，深度修正系数取 1.0，宽度不做修正。近期的工程经验表明，灰土桩挤密地基的承载力设计值已超过了 400kPa，拓宽了灰土桩的应用范围。

若已知桩体的承载力标准值和变形模量 $f_{s,pk}$、$E_{0,p}$，桩间土的承载力标准值和变形模量 f_{sk}、$E_{0,s}$(一般按原地基取值)，以及处理地基中桩的面积置换率 m，则可按下列公式计算复合地基的承载力标准值 $f_{s,pk}$ 和变形模量 $E_{0,sp}$。

$$f_{s,pk} = mf_{pk} + (1-m)f_{sk} \tag{6-3}$$

$$E_{0,sp} = mE_{0,p} + (1-m)E_{0,s} \tag{6-4}$$

按上式计算结果，一般是偏于安全的。但也有少数情况是计算值高于复合地基的实测值。土(灰土)桩挤密地基的变形模量可参照表 6-1 取值。

土桩及灰土桩挤密地基的变形计算应按国家标准《建筑地基基础设计规范》(GB 50007—2011)的有关规定进行。变形包括处理的复合土层变形及下部未处理层的变形两部分，前者按复合地基的压缩模量 $E_{s,sp}$ 计算，其值为：

$$E_{s,sp} = mE_{s,p} + (1-m)E_{s,s} \tag{6-5}$$

式中：$E_{s,p}$——桩体的压缩模量(MPa)，对灰土桩可取其变形模量值；

$E_{s,s}$——桩间土的压缩模量(MPa)。

土(灰土)桩挤密地基的变形模量　　表6-1

地基类别		变形模量(kPa)
土桩	平均值	15000
	一般值	13000～18000
灰土桩	平均值	32000
	一般值	29000～36000

六、填料和压实系数

桩孔内的填料，应根据工程要求或地基处理的目的确定，并应用压实系数 λ_c 控制夯实质量。

当用素土同填夯实时：$\lambda_c \geqslant 0.97$。

当用灰土回填夯实时：$\lambda_a \geqslant 0.97$，灰与土的体积配合比宜为2∶8或3∶7。

第四节　施工方法

一、施工程序与准备

1.施工程序

土桩或灰土桩的施工方法与程序基本相同，主要工序包括：施工准备、成孔挤密、桩孔夯填和质量检验等项，其中质量检验需在各项工序后分次进行，填料配制应在夯填施工中及时配用。施工方法程序可用图6-6的框图表示。

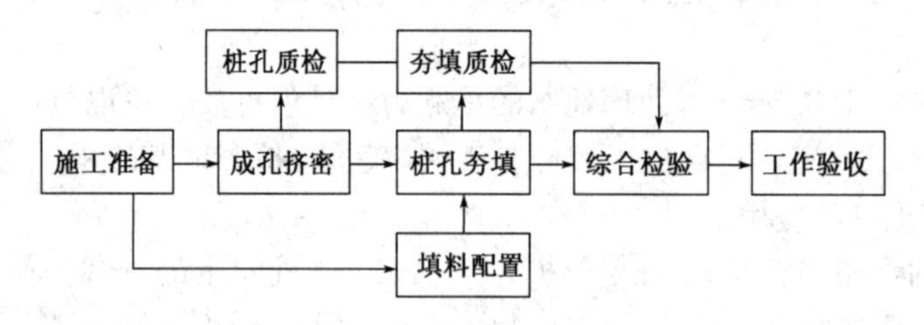

图6-6　土桩及灰土桩施工方法程序框图

2.施工准备

(1)施工装备进场前，应切实了解场地的工程地质条件和周围环境，如地基土的均匀性和含水率的变化情况，场地内外、地面上下有无影响施工的障碍物等。避免盲目进场后无法施工或施工难度很大。必要时，可先进行简易施工勘察，或向有关方面提出处理对策，为进场施工创造条件。

(2)编制好施工技术措施。主要内容包括：绘制施工详图、编制施工进度、材料供应及其他必要的施工计划和技术措施。

(3)场地达到三通一平后，应首先进行成孔挤密试验，若场地内的土质与含水率变化较大时，在不同地段成孔挤密试验不宜少于2组，并根据试验结果修改设计或提出切实可行的施工技术措施。

(4)预浸水湿润地基。当土的含水率低于12%～14%时，土呈坚硬状态，成孔施工困难，挤密效果也差。对此，可采用人工定量预浸水的方法，使地基土的含水率接近其最优含水率。人工定量预浸水宜采用浅层水畦和深层浸水孔相结合的方式进行，浸水深孔用直径8cm洛阳铲打孔，孔深为预计湿润土层底深的3/4左右，间距1.0～2.0m，孔内填小石子或砂砾；水畦深0.3～0.5m，底面铺2～3cm小石子并与深孔口相通。预浸水用量可按(6-6)式估算：

$$W=k\cdot\overline{\gamma}_{d}(\omega_{op}-\omega)V \tag{6-6}$$

式中：W——预浸水总量(t)；

k——损耗系数，$k=1.05\sim1.10$，冬季取低值，夏季取高值；

$\overline{\gamma}_{d}$——地基处理前土的天然干密度加权平均值(t/m^3)；

ω_{op}——土的最优含水率(%)，通过室内击实试验求得；

ω——地基处理前土的天然含水率加权平均值(%)；

V——浸水范围内土的总体积(m^3)。

二、成孔挤密

1.成孔方法与要求

成孔挤密施工方法分为：沉管法、爆扩法和冲击法，使孔内土体向外围挤密，并在地基中形成稳定的桩孔。采用何种成孔施工方法，应根据土质情况、设计要求和施工条件等因素确定。国内最常用的是锤击沉管法，本节主要介绍沉管法施工。有的地区采用挖孔或钻孔等非挤土方法成孔，并夯填成灰土桩或二灰桩，由于其桩间土无挤密效果，故已不属于挤密地基的范畴。

成孔施工顺序宜间隔进行，对大型工程可采取分段施工，不必强求由外向内施工，以免造成内排施工时成孔及拔管困难的情况。成孔挤密地基施工时，土的含水率宜接近其最优含水率，当含水率低于12%～14%时，可预先浸水增湿。

成孔施工质量应符合下列要求：

(1)桩孔中心点的偏差不应超过桩距设计值的5%。

(2)桩孔垂直度偏差不应大于1.5%。

(3)桩孔的直径和深度。对沉管法，其直径与深度应与设计值相同；对爆扩法及冲击法，桩孔直径的误差不得超过设计值的±70mm，孔深不应小于设计深度0.5m。

(4)对已成的桩孔应防止灌水或土块、杂物落入其中，所有桩孔均应尽快夯填。

2.沉管法成孔

沉管法成孔是利用柴油或振动沉桩机，将带有通气桩尖的钢制桩管沉入土中的设计深度，然后缓慢拔出桩管，在土中形成桩孔。桩管用无缝钢管制成，壁厚约10mm，外径与桩孔设计直径相同，桩尖有活瓣式或锥形活动桩尖，以便拔管时通气消除负压。有的在桩管底部加箍，可扩大成孔直径及减少拔管时的阻力。沉桩机的导向架安装在履带式起重机上，由起重机起吊、行走和定位。沉管法成孔挤密效果稳定，孔壁规整，施工技术和质量易于掌握，是国内广泛应用的一种成孔施工方法。沉管法成孔时，由于受到桩架高度和锤击力的限制，孔深一般不超过8～10m。最近几年，为了处理大厚度的湿陷性黄土地基，有的单位已将桩架改进增高，使成孔深度达到15m左右。比较而言，冲击法和爆扩法成孔不受机械高度的限制，成孔深度可以达到20m以上。

沉管法成孔施工的程序如图6-7所示，主要工序为：

(1)桩机就位。

(2)沉管挤土。

(3)拔管成孔。

(4)桩孔夯填。

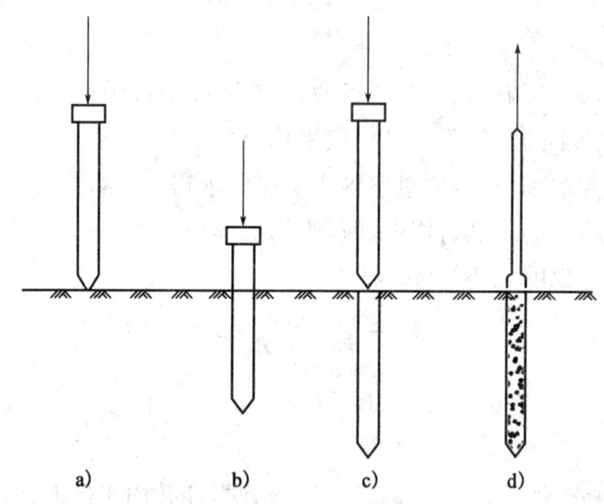

图6-7 沉管法成孔施工方法程序

a)桩机就位;b)沉管挤土;c)拔管成孔;d)夯填桩孔

一般每机组每台班可成桩30～50个，每日施工1.5～2.0个台班，可成桩100个左右。一台沉桩机应配备2～3台夯填机，以便及时将桩孔夯填成桩。

沉管法成孔施工时，应注意下列几点：

(1)桩机就位要求平稳准确，桩管与桩孔中心相互对中，在施工过程中桩架不应发生移位或倾斜。

(2)桩管上需设置显著牢靠的尺度标志，每0.5m一点。沉管过程中应注意观察桩管的贯入速度和垂直度变化。如出现反常情况，应及时分析原因并进行处理。

(3)桩管沉至设计深度后，应及时拔出，不宜在土中搁置过久，以免拔管时阻力增大。拔管困难时，可沿管周灌水润土，也可设法将桩管转动后再拔。

(4)拔管成孔后，应由专人检查桩孔的质量，观测孔径、孔深及垂直度是否符合要求。如发现缩径、回淤及塌孔等情况时，应做好记录并及时进行处理。

三、桩孔夯填

1.填料配制

桩孔填料的选择与配制应按设计进行，同时应符合下列要求：

1)素土

土料应选用纯净的黄土或一般黏性土或粉土，有机质含量不得超过5%，同时不得含有杂土、砖瓦和石块，冬季应剔除冻土块，土料粒径不宜大于 50mm。当用于拌制灰土时，土块粒径不得大于 15mm。土料最好选用就近挖出的土方，以降低费用。

2)石灰

应选用新鲜的消石灰粉，其颗粒直径不得大于 5mm。石灰的质量标准不应低于Ⅰ级，活性 $CaO+MgO$ 含量(按干重计)不低于 60%。在市区施工，也可采用袋装生石灰粉。

3)灰土

灰土的配合比应符合设计要求，常用的体积配合比为 2∶8 或 3∶7。配制灰土时应充分搅拌至颜色均匀，在拌和过程中通常需洒水，使其含水率接近最优含水率。

用作填料的素土及灰土，事前均应通过室内击实试验求得其最大干密度 ρ_{dmax} 和最优含水率 ω_{op}。填料夯实后要求达到的干密度 $\rho_d=\lambda_c\cdot\rho_{dmax}$，式中 λ_c 即设计要求填料夯实后应达到的压实系数，填料的平均压实系数不应低于 0.97，其中压实系数最小值不应低于 0.93。

2. 填料夯实

目前，夯实机械尚无定型产品，多由施工单位自行加工而成。常用的夯实机有：

(1)偏心轮夹杆式夯实机，锤重 0.1t 左右，落距 0.6～1.0m，夯击功能偏低。

(2)卷扬机提升式夯实机，锤重 0.15～0.30t，落距 1.0～2.0m，夯击功能较高，夯实效果较易保证，但应用不如前者普遍。

现有夯填施工均由人工配合填料，机械连续夯击，填与夯的协调配合至关重要。填进过快过多，则夯实不足，这是产生夯填质量事故的主要原因。夯填施工前应进行工艺试验，确定出合理的分次填料量和夯击次数。

夯填施工应按下列要求进行：

(1)夯实机就位应平正稳固，夯锤与桩孔相互对中，使夯锤能自由下落孔底。

(2)夯填前应查看桩孔内有无落土、杂物或积水，待清理后再开始孔底夯实，然后在最优含水率状态下，定量分层填料夯实。

(3)工填料应按规定数量均匀填进，不得盲目乱填，更不允许用送料车直接倒料入孔。

(4)孔填料夯实高度宜超出设计桩顶设计高程 20～30cm。在其以上孔段可用其他土料回填，并轻夯至施工地面，待作垫层时，将超出设计桩顶的桩头及土层挖掉。

(5)为保证夯填质量，应严格控制并记录每一桩孔的填料数量和夯实时间。夯实施工应有专人监督和检测。

第五节　质量检验

土桩及灰土桩质量检验的内容包括：桩孔质量检验、夯填质量检验、挤密效果和综合检验等项，其中前两项在施工过程中应及时进行，挤密效果检验宜在施工前或初期尽早进行；对于重要及大型的工程项目以及对施工质量疑点较多的工程，在施工结束后，可进行处理效果的综合检验。综合检验的方法有：荷载或浸水荷载试验、有据可依的原位测试、开剖取样测试桩及桩间土的物理力学性质指标等。在各项检验中，夯填质量与挤密效果的检验最为重要。现将各项检验的内容与方法分述如下。

一、桩孔质量检验

成孔施工后，应及时进行桩孔质量检验，检验内容包括：桩孔间距、孔径、孔深及垂直度，以上各项均以不超过容许偏差为合格。检查时，如发现桩孔有缩径、回淤、塌土或渗水等情况，应认真记录并进行必要的处理。

二、挤密效果检验

桩间土的挤密效果，主要决定于桩间距设计的大小，同时也与桩孔施工质量有一定关系。检验应在由3个桩构成的挤密单元内，依天然土层或每1.0～1.5m分为一层，按图6-8所示的小方格内(边长10～15cm)分别用小环刀取出土样，测试各点土的干密度并计算其压实系数λ_{ci}，然后按式(6-7)计算该层桩间土的平均压实系数$\bar{\lambda}_c$：

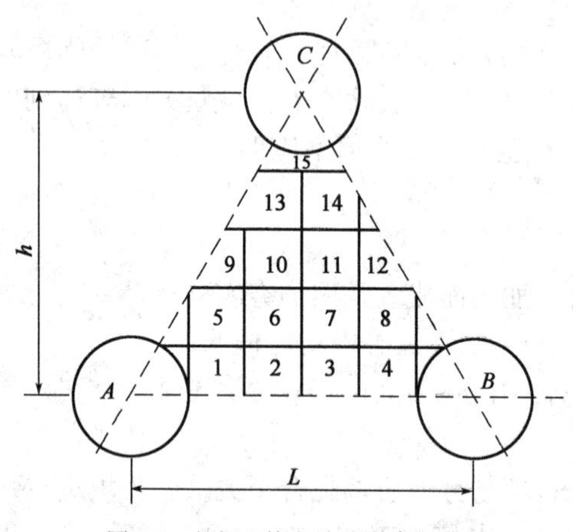

图6-8 桩间土挤密效果检验取样点

$$\bar{\lambda}_c=\frac{\sum_{i=1}^{n}\lambda_{ci}}{n} \tag{6-7}$$

式中：n——测点(方格)数；

λ_{ci}——桩间土同层各测点的压实系数。

挤密效果检验宜在正式施工前进行，设计单位可根据检验结果及时调整桩距设计。若施工已经结束，可在开剖时采取直径100mm左右的土样，送室内进行桩间土的湿陷性和压缩性等指标的试验，综合判定桩间土的挤密效果与工程性质。

三、夯填质量检验

桩孔的夯填质量是保证地基处理效果的重要因素，同时夯填质量检验也是施工质检的重点和难点。抽检的数量不应少于桩孔总数的2%，并应按随机取样法抽检。检验的项目包括压实系数、强度或其他物理力学性质指标。下面介绍几种常用的夯填质量检验方法。

(1)轻便触探检验法

施工前，先在现场进行夯填试验，分别用轻便动力触探和取样法测试夯填桩体的锤击数N_{10}与压实系数λ_c，求得N_{10}-λ_c的关系曲线。再按设计要求达到的压实系数[λ_c]定出轻便触探的“检定锤击数”施工时以实际锤击数$N_{10}\geqslant[N_{10}]$者为合格。同时也可根据N_{10}-λ_c关系曲线和实测的N_{10}值，推测了解桩孔夯填的压实情况。由于灰土的强度随时间而增长，触探试验应在成桩后24h内进行。触探试验的有效深度为3～4m，过深时探头容易偏离桩体。

(2)小环刀深层取样检验法

先用洛阳铲在桩体内挖孔至预定深度处，然后用带有长把杆的专用小环刀(直径40mm，薄壁)在孔底取出原状土样，测试其干密度和压实系数。从设计桩顶面起每1.0～1.5m取一次样，依次向下，最深可达5～6m。小环刀深层取样检验，方法简便，结果直观，但应注意取样时尽量减少对原样的扰动，压入环刀可用穿心锤在环刀上端徐徐击入。检验灰土桩时，不宜超过成桩后的36h。

(3)开剖取样检验法

人工挖探并开剖桩体，按每1.0～1.5m为一取样层，每层取样不少于2件，分别测试其干密度及压实系数，也可进行强度、压缩性和湿陷性试验。开剖取样直观可靠，但费工费时，只有在检验桩间土挤密效果时一并进行，或确有必要和条件允许时采用。

(4)荷载试验法

对重要的大型工程,应进行现场荷载试验和浸水荷载试验,直接观测承载力和湿陷情况。

上述前三项检验法,对于灰土桩应在桩孔夯填后48h内进行,二灰桩应在36h内进行,否则将由于灰土或二灰的胶凝强度的影响而无法进行检验。

对一般工程,主要应检查桩和桩间土的干密度和承载力;对重要或大型工程,除应检测上述内容外,尚应进行荷载试验或其他原位测试。也可在地基处理的全部深度内取土样,测定桩间土的压缩性和湿陷性。

夯填桩孔属深层隐蔽工程,检测难度较大。上述方法均有一定的局限性和不足,因此仍需进一步探索更为简便有效的检验方法。为保证施工质量,在夯填过程中加强控制和监督是十分重要的,也更为有效。

思考题与习题

6-1　土桩和灰土桩在应用范围上有何不同?

6-2　简述土桩(或灰土桩)的加固机理。

6-3　简述土桩(或灰土桩)设计中桩间距的确定原则。

6-4　简述土桩(或灰土桩)施工的桩身质量控制标准。

6-5　某场地黄土的物理性质指标为:含水率$\omega=16\%$,孔隙比$e=0.9$,土粒密度$G_s=2.70\text{g/cm}^3$,要求经ϕ400mm的灰土挤密桩挤密后桩间土的干密度达到1.60g/cm^3以上,试设计灰土桩的布置方式与间距。

6-6　某湿陷性黄土地基,厚度6.5m,平均干密度1.28t/m^3,最大干密度为1.63t/m^3。根据经验,当桩间土平均挤密系数$\overline{\eta}_c=0.93$,可以消除失陷性。试完成挤密桩法的设计方案,并对施工方法、施工质量检测和地基处理效果监测提出要求。

6-7　某湿陷性黄土厚6～6.5m,平均干密度$\overline{\rho}_d 1.25\text{t/m}^3$,要求消除黄土湿陷性,地基治理后,桩间土最大干密度要求达1.60t/m^3,现采用灰土挤密桩处理地基,桩径0.4m,等边三角形布桩,试求灰土桩间距。

6-8　某场地湿陷性黄土厚度为8m,需加固面积为200m^2,平均干密度$\overline{\rho}_d=1.15\text{t/m}^3$,平均含水率为10%,该地基土的最优含水率为18%。现决定采用挤密灰土桩处理地基。根据《建筑地基处理技术规范》(JGJ 79—2012)的要求,需在施工前对该场地进行增湿,增湿土的加水量应为多少?(损耗系数k取1.10)

第七章 水泥粉煤灰碎石桩法

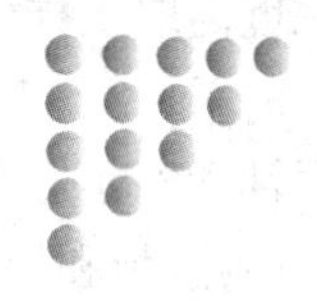

第一节 概　　述

一、水泥粉煤灰碎石桩

水泥粉煤灰碎石桩(Cement Fly-ash Gravel Pile)简称CFG桩,是在碎石桩基础上加进一些石屑、粉煤灰和少量水泥加水拌和,用各种成桩机制成的具有可变黏结强度的桩型。根据《建筑地基处理技术规范》规定:"由水泥、粉煤灰、碎石等混合料加水拌和在土中灌注形成竖向增强体的复合地基称为水泥粉煤灰碎石桩复合地基。"通过调整水泥掺量及配比,可使桩体强度等级在C5～C20变化。桩体中的粗集料为碎石;石屑为中等粒径集料,可使级配良好;粉煤灰具有细集料及强度等级低的水泥作用。

CFG桩作为近年来新开发的一种地基处理技术,它与一般碎石桩的差异如表7-1所示。

一般碎石桩与CFG桩的对比　　　　表7-1

项　目	一般碎石桩	CFG　桩
复合地基承载力	加固黏性土复合地基承载力的提高幅度较小,一般为0.5～1.0倍	承载力提高幅度有较大的可调性,可提高4倍或更高
变形	减小地基变形的幅度较小,总的变形量较大	增加桩长可有效地减小变形,总的变形量小
三轴应力应变曲线	应力应变曲线不呈直线关系,增加围压,破坏主应力差增大	应力应变曲线为直线关系,围压对应力应变曲线没有多大影响
适用范围	多层建筑地基	多层和高层建筑地基
单桩承载力	桩的承载力主要靠桩顶以下有限长度范围内桩周土的侧向约束。当桩长大于有效桩长时,增加桩长对承载力的提高作用不大。以置换率10%计,桩承担荷载占总荷载的百分比为15%～30%	桩的承载力主要来自全桩长的摩阻力及桩端承载力,桩越长则承载力越高。以置换率10%计,桩承担的荷载占总荷载的百分比为40%～75%

CFG桩和桩间土一起,通过褥垫层形成CFG桩复合地基,如图7-1所示。此处的褥垫层,

不是基础施工时通常做的10cm厚素混凝土垫层，而是由粒状材料组成的散体垫层。

工程中，对散体桩(如碎石桩)和低黏结强度桩(如石灰桩)复合地基，有时可不设置褥垫层，也能保证桩与土共同承担荷载。CFG桩系高黏结强度桩，褥垫层是CFG桩和桩间土形成复合地基的必要条件，亦即褥垫层是CFG桩复合地基不可缺少的一部分。

CFG桩属高黏结强度桩，它与素混凝土桩的区别仅在于桩体材料的构成不同，而在其受力和变形特性方面没有什么区别。因此，这里是将CFG桩作为高黏结强度桩的代表进行研究。复合地基性状和设计计算，对其他高黏结强度桩复合地基都适用。

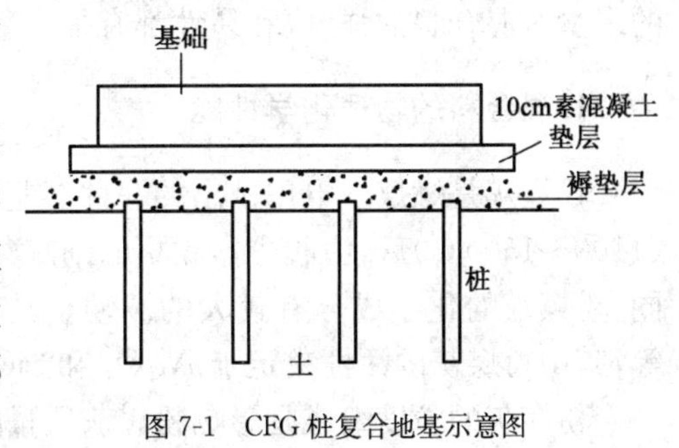

图7-1　CFG桩复合地基示意图

二、水泥粉煤灰碎石桩的适用范围

对基础形式而言，CFG桩既可适用于独立基础和条形基础，也可适用于筏基和箱形基础，在路基工程中应用亦较广泛。

就土性而言，CFG桩可用于处理黏性土、粉土、砂土和自重固结已完成的素填土地基。对淤泥质土，应按照地区经验或通过现场试验确定其适用性。

当CFG桩用于挤密效果好的土时，承载力的提高既有挤密分量，又有置换分量；当CFG桩用于不可挤密土时，承载力的提高只与置换作用有关。CFG桩和其他桩型相比，它的置换作用很突出是一重要特点。

当天然地基承载力标准值$f_k \leqslant 50$kPa时，CFG桩的适用性取决土的性质。

当土是具有良好挤密效果的砂土、粉土时，振动可使土大幅度挤密或振密。

塑性指数高的饱和软黏土，成桩时土的挤密分量接近于零。承载力的提高只取决于桩的置换作用。由于桩间土承载力太小，土的荷载分担比太低，此时不宜直接做复合地基。

三、CFG桩的工程特性

1.承载力提高幅度大、可调性强

CFG桩桩长可从几米到二十多米，并可全桩长发挥桩的侧阻力。

当地基承载力较好时，荷载又不大，可将桩长设计得短一些，荷载大时桩长可以长一些。特别是天然地基承载力较低而设计要求的承载力较高，用柔性桩难以满足设计要求时，则CFG桩复合地基比较容易实现。

2.时间效应

利用振动成桩工艺施工，将会对桩间土产生扰动，特别是对高灵敏度土，会导致结构强度丧失、强度降低。施工结束后，随着恢复期的增长，结构强度的恢复，桩间土承载力会有所增加。

CFG桩复合地基，通过改变桩长、桩距、褥垫厚度和桩体配比，可使复合地基承载力提高幅度有很大的可调性。沉降变形小、施工简单、造价低，具有明显的社会和经济效益。为此，建设部1994年将其作为重点科研成果在全国推广应用。国家科委列为国家级全国重点推广项目向全国推广。一般情况下和桩基相比CFG桩可节省工程造价1/3～1/2。

四、水泥粉煤灰碎石桩的材料配合比

将水泥、粉煤灰、石子、石屑加水拌和形成的混合料灌注而成 CFG 桩。它们各自成分含量的多少对混合料的强度、和易性都有很大影响,可通过室内外配比及力学性能试验确定。

1. 混合料的物理化学性能

粉煤灰是燃煤发电厂排出的一种工业废料。它是磨至一定细度的粉煤灰在煤粉炉中燃烧(1100～1500℃)后,由收尘器收集的细灰(简称干灰)。由于煤种、煤粉细度以及燃烧条件的不同,粉煤灰的化学成分有较大的波动。其主要化学成分有 SiO_2、Al_2O_3、Fe_2O_3、CaO 和 MgO 等,其中粉煤灰的活性决定于 Al_2O_3 和 SiO_2 的含量,CaO 对粉煤灰的活性也极为有利。

粉煤灰的粒度组成是影响粉煤灰质量的主要指标,其中各种粒度的相对比例,由于原煤种类,煤粉细度以及燃烧条件的不同,会有较大的差异。由于球形颗粒在水泥浆体中起润滑作用,所以如果粉煤灰中圆滑的球形颗粒占多数,就具有需水量小、活性高的特点。一般粉煤灰越细,球形颗粒越多,因而水化及接触界面增加,容易发挥粉煤灰的活性。

粉煤灰中未燃尽煤的含量,通常用烧失量表示。烧失量过大说明燃烧不充分,对粉煤灰的质量不佳。含炭量大的粉煤灰在掺入混合料中往往增加需水量,从而大大降低强度。

用湿法排灰所得的粉煤灰称为湿排灰。由于部分活性组成先行水化,所以其活性也较干排灰为低。

可见,不同火力发电厂收集的粉煤灰,由于原煤种类、燃烧条件、煤粉细度、收集方式的不同,其活性随之有较大的差异,因此掺入混合料中后,对混合料的强度就有较大的影响。

2. 石子、石屑、水泥

CFG 桩的集料为碎石,掺入石屑可填充碎石的孔隙,使其级配良好。在水泥掺量不高的混合料中掺加石屑是配比试验中的重要环节。若不掺加中等粒度的集料石屑,粗集料碎石间多数为点接触,接触比表面积小,连接强度一旦达到极限,桩体就会破坏,掺加石屑后使级配良好,接触比表面积增大,提高了桩体抗剪强度。

表 7-2 为某项材料配比试验中的石子、石屑的物理性能指标。水泥一般采用 425 号普通水泥。

石子、石屑的物理性能指标 表 7-2

材料指标	粒径(mm)	相对密度	松散密度(t/m^3)	含水率(%)
石子	20～50	2.7	1.39	0.96
石屑	2.5～10	2.7	1.47	1.05

第二节 加固机理

一、水泥粉煤灰碎石桩的桩体作用和挤密作用

CFG 桩加固软弱地基主要有两种作用:

(1)桩体作用。

(2)挤密作用。

CFG 桩不同于碎石桩，是具有一定黏结强度的混合料。在荷载作用下 CFG 桩的压缩性明显比其周围软土小，因此基础传给复合地基的附加应力随地基的变形逐渐集中到桩体上，出现应力集中现象，复合地基中的 CFG 桩起到了桩体作用。南京造纸厂复合地基荷载试验结果表明，CFG 桩单桩复合地基的桩土应力比 $n=24.3\sim29.4$；四桩复合地基桩土应力比 $n=31.4\sim35.2$；而碎石桩复合地基的桩土应力比 $n=2.2\sim2.4$，可见 CFG 桩复合地基的桩土应力比明显大于碎石桩复合地基的桩土应力比，亦即其桩体作用显著。

理论计算和现场试验表明，软弱地基经碎石桩加固后，其承载力比天然地基一般可提高 50%～100%，提高幅度不大，且置换率较大，一般为 0.20～0.40。其主要原因是碎石桩桩体是由松散材料组成，自身没有黏结强度，依靠周围土体的约束才能承受上部荷载，而 CFG 桩桩身具有一定的黏结强度，在荷载作用下桩身不会出现压胀变形，桩承受的荷载通过桩周的摩阻力和桩端阻力传到深层地基中，其复合地基承载力提高幅度较大。

CFG 桩采用振动沉管法施工，由于振动和挤压作用使桩间土得到挤密。南京造纸厂地基采用 CFG 桩加固，加固前后取土进行物理力学指标试验。由表 7-3 可知，经加固后地基土的含水率、孔隙比、压缩系数均有所减小，重度、压缩模量均有所增加，说明经加固后桩间土已挤密。

加固前后土的物理力学指标对比　　表 7-3

类　别	土层名称	含水率（%）	重度（kN/m³）	干密度（t/m³）	孔隙比	压缩系数（MPa⁻¹）	压缩模量（MPa）
加固前	淤泥质粉质黏土	41.8	17.8	1.25	1.178	0.8	3
加固前	淤泥质粉土	37.8	18.1	1.52	1.069	0.37	4
加固后	淤泥质粉质黏土	36	18.4	1.35	1.01	0.6	3.11
加固后	淤泥质粉土	25	19.8	1.58	0.71	0.18	9.27

二、褥垫层加固地基

1. 保证桩与土共同承担荷载

如前所述，对 CFG 桩复合地基，基础通过厚度为 H 的褥垫层与桩和桩间土相联系，如图 7-2a）所示。若基础和桩之间不设置褥垫层（即 $H=0$），则如图 7-2b）所示，桩和桩间土传递垂直荷载与桩基相类似。当桩端落在坚硬土层上，基础承受荷载后，桩顶沉降变形很小，绝大部分荷载由桩承担，桩间土的承载力很难发挥。

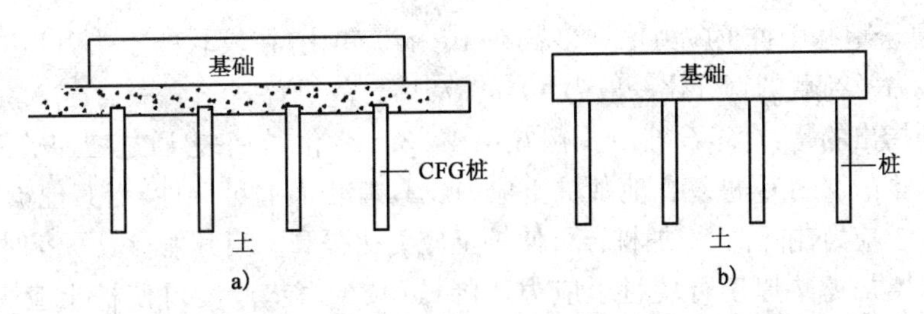

图 7-2　褥垫层作用示意图

a）$H>0$；b）$H=0$

对褥垫厚度 $H=0$，桩端落在一般黏性土上，基础承受荷载后，桩和桩间土受力随时间而发生变化。随着时间的增加，基础和桩的沉降变形不断增加，基础下桩间土分担的荷载不断增加，桩承担的荷载相应减少，即有一个桩所承担的荷载逐渐向桩间土转移的过程。

基础和桩之间设置一定厚度的褥垫层后，复合地基中桩和桩间土对荷载进行分担，当荷载一定时，桩顶平均应力 σ_p 和桩间土应力 σ_a 不随时间增长而变化。即使桩端落在好的土层上，σ_p、σ_a 也均为一常值。这是因为褥垫层的设置，可以保证基础始终通过褥垫把一部分荷载传到桩间土上。

2. 调整桩与土垂直和水平荷载的分担作用

复合地基中桩与土的荷载分担可以用桩土应力比 n 表示：

$$n=\frac{\sigma_p}{\sigma_s} \tag{7-1}$$

式中：σ_p——桩顶应力(kPa)；

σ_s——桩间土应力(kPa)。

也可用桩土荷载分担比 δ_p、δ_s 表示：

$$\delta_p=\frac{P_p}{P} \tag{7-2}$$

$$\delta_s=\frac{P_s}{P} \tag{7-3}$$

式中：P_p——桩承担的荷载(kN)；

P_s——桩间土承担的荷载(kN)；

P——总荷载(kN)。

当复合地基面积置换率 m 已知后，桩土应力比 n 和桩土荷载分担比，可以互相表示为：

$$n=\frac{1-m}{m}\cdot\frac{\delta_p}{\delta_s} \tag{7-4}$$

$$\delta_p=\frac{mn}{1+m(n-1)} \tag{7-5}$$

$$\delta_s=\frac{mn}{1+m(n-1)} \tag{7-6}$$

CFG 桩复合地基中桩土应力比 n 多数在 10～40 变化，在较软的土中，可达到 100 左右。桩承担的荷载占总荷载的百分比一般为 40%～75%。

需要特别指出的是：对碎石桩，n 一般在 1.4～3.8 变化，如果想通过增加桩长来提高桩上应力比是很困难的。CFG 桩复合地基桩土应力比具有较大的可调性，当其他参数不变时，减少桩长可使桩土应力比降低；增加桩长可使桩土应力比提高。当其他参数不变时(桩长、桩径、桩距一定时)，增加褥垫厚度可使桩土应力比降低；减少褥垫厚度可使桩土应力比提高。如图 7-3所示，当褥垫厚度 $H=0$ 时(图 7-3a)，桩土应力比很大；当褥垫厚度 H 很大时(图 7-3b)，桩土应力比接近于 1。

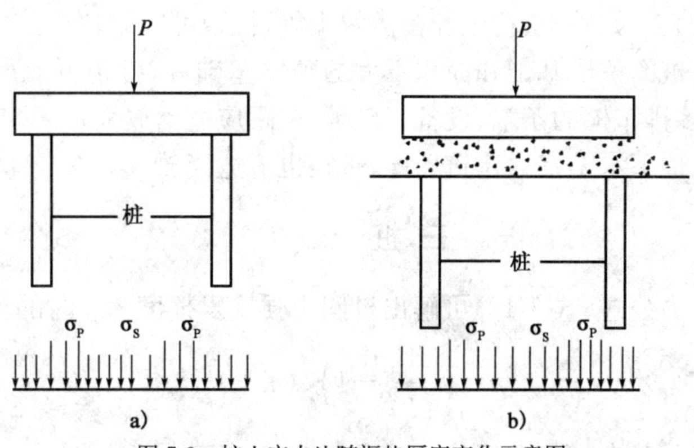

图 7-3 桩土应力比随褥垫厚度变化示意图

a)$H=0$;b)H 很大

3.减少基础底面的应力集中

当褥垫厚度 $H=0$ 时,桩对基础的应力集中很明显,和桩基础一样,需要考虑桩对基础的冲切破坏。

当 H 大到一定程度,基底反力即为天然地基的反力分布。

一般情况下,桩顶对应的基础底面测得的反力 σ_{R_p},与桩间土对应的基础底面测得的反力 σ_{R_s} 之比用 β 表示($\beta=\sigma_{R_p}/\sigma_{R_s}$)。当褥垫厚度 H 大于 10cm 时,桩对基础底面产生的应力集中已显著降低,当 H 为 30cm 时,β 值已经很小。

第三节 设计计算

CFG 桩处理软弱地基,应以提高地基承载力和减少地基变形为其主要目的,其途径是发挥 CFG 桩的桩体作用。对松散砂性土地基,可考虑其施工时的挤密效应。但若以挤密松散砂性土为其主要目的,则采用 CFG 桩是不经济的。

一、桩 径 d

CFG 桩采用长螺旋钻中心压灌、干成孔和振动沉管法施工,桩径宜为 350~600mm;泥浆护壁钻孔成桩宜为 600~800mm;钢筋混凝土预制桩宜为 300~600mm。

二、桩 距 S

桩距(表 7-4)的选用需要考虑承载力提高幅度要能满足设计要求,且施工方便,桩作用的发挥、场地地质条件以及造价等因素。

桩距选用表 表 7-4

土质 / 基础形式	挤密性好的土,如砂土、粉土、松散填土等	可挤密性土,如粉质黏土、非饱和黏土等	不可挤密性土,如饱和黏土、淤泥质土等
单、双排布桩的条基	$(3\sim5)d$	$(3.5\sim5)d$	$(4\sim5)d$
含 9 根以下的独立基础	$(3\sim6)d$	$(3.5\sim6)d$	$(4\sim5)d$
满堂布桩	$(4\sim6)d$	$(4\sim6)d$	$(4.5\sim7)d$

注:d 为桩径,以成桩后桩的实际桩径为准。

(1)对挤密性好的土，如砂土、粉土和松散填土等，桩距可取得较小。

(2)对单、双排布桩的条形基础和面积不大的独立基础等，桩距可取得较小；反之，满堂布桩的筏基、箱基以及多排布桩的条基、设备基础等，桩距应适当放大。

(3)地下水位高、地下水丰富的建筑场地，桩距也应适当放大。

三、桩　长　L

由复合地基承载力公式(式 7-13)可解出桩间土强度发挥度为 β 时的桩土应力比：

$$n=\left(\frac{f_{sp,k}}{\alpha\cdot\beta}-1\right)\Big/(m+1) \tag{7-7}$$

设计时复合地基承载力 $f_{sp,k}$ 和天然地基承载力 f_k 是已知的；桩径 d 和桩距 S 确定后，置换率 m 也为已知，α 有经验时可按实际预估，没经验时一般黏性土可取 1。β 通常可取 0.9～1.0，对重要建筑物或变形要求高的建筑物可取 0.75～1.0。这样，式(7-1)中 n 为已知值。

桩顶应力：

$$\sigma_p=n\alpha\beta\cdot f_k \tag{7-8}$$

桩顶受的集中力：

$$P_p=n\alpha\beta\cdot A_p f_k \tag{7-9}$$

式中：A_p——桩断面面积(m^2)。

由式(7-9)求得的 P_p 和地基土的性质，参照与施工方法相关的桩周摩阻力和桩端端承力，即可预估单桩承载力为 P_p 时的桩长 L。

四、桩 体 强 度

原则上桩体配比按桩体强度控制，最低强度按 3 倍桩顶应力 σ_p 确定，亦即 $f_{28}\geqslant 3\sigma_p$。

五、承载力计算

CFG 桩复合地基承载力取决于桩径、桩长、桩距、上部土层和桩尖下卧层土体的物理力学指标以及桩间土内外区面积的比值等因素。CFG 桩复合地基承载力取值应以能够较充分地发挥桩和桩间土的承载力为原则，按此原则可取比例界限荷载值为复合地基承载力。此时桩达到承载力，桩间土内外应力的面积平均值达到天然地基承载力的 80%以上。复合地基承载力可按下式确定：

$$R_{pa}=\frac{N\cdot Q}{A}+\eta\cdot\frac{R_s\cdot A_s}{A} \tag{7-10}$$

式中：R_{pa}——CFG 桩复合地基承载力(kPa)；

N——基础下桩数；

Q——单桩承载力(kN)；

R_s——天然地基承载力(kPa)；

A_s——桩间土面积(mm^2)；

A——基础面积(mm^2)；

η——桩间土承载力折减系数，一般取 0.8～1.0。

也有采用下式计算复合地基承载力：

$$R_{pa}=\xi[1+m(n-1)]R_s \tag{7-11}$$

式中：ξ——桩间土承载力折减系数，一般取0.8；

n——桩土应力比，一般取10～14。

其他符号意义同前。

复合地基是由桩间土和增强体(桩)共同承担荷载。目前，复合地基承载力计算公式比较多，但比较普遍的有两种，其一是由桩间土承载力和单桩承载力进行合理组合叠加；其二是将复合地基承载力用天然地基承载力扩大一个倍数来表示。

必须指出，复合地基承载力不是天然地基承载力和单桩承载力的简单叠加，需要对如下的一些因素予以考虑：

(1)施工时对桩间土是否产生扰动或挤密，桩间土承载力有无降低或提高。

(2)桩对桩间土有约束作用，使土的变形减少；在垂直方向上荷载水平不大时，对土起阻碍变形的作用，使土沉降减少；荷载水平高时起增大变形的作用。

(3)复合地基中桩的 P_p-s 曲线呈加工硬化型，比自由单桩的承载力要高。

(4)桩和桩间土承载力的发挥都与变形有关，变形小，桩和桩间土承载力的发挥都不充分。

(5)复合地基桩间土的发挥与褥垫层厚度有关。

综合考虑以上情况，结合工程实践经验的总结，CFG桩复合地基承载力可用下面的公式进行估算：

$$f_{sp,k}=m\frac{R_k}{A_p}+\alpha\beta(1-m)f_k \tag{7-12}$$

$$f_{sp,k}=[1+m(n-1)]\alpha\beta(1-m)f_k \tag{7-13}$$

式中：$f_{sp,k}$——复合地基承载力标准值(kPa)；

m——面积置换率；

n——桩土应力比；

A_p——桩的断面面积(m^2)；

f_k——天然地基承载力标准值(kPa)；

α——桩间土强度提高系数，$\alpha=f_{s,k}/f_k$；

$f_{s,k}$——加固后桩间土承载力标准值(kPa)；

β——桩间土强度发挥度，对一般工程 $\beta=0.9\sim1.0$；对重要工程或对变形要求高的建筑物 $\beta=0.75\sim1.0$；

R_k——自由单桩承载力标准值(kPa)。

R_k 可按下式计算，取其较小者：

$$R_k=\eta R_{28}\cdot A_p \tag{7-14}$$

$$R_k=[U_p\sum q_{si}h_i+q_p\cdot A_p]/K \tag{7-15}$$

式中：η——取0.30～0.33；

R_{28}——桩体28d立方体试块强度(150mm×150mm×150mm)(kPa)；

U_p——桩的周长(m)；

q_{si}——第 i 层土与土性和施工方法有关的极限侧阻力，按建筑桩基技术规范有关规定取值；

h_i——第 i 层土厚度(m)；

q_p——与土性和施工方法有关的极限端阻力，按建筑桩基技术规范有关规定取值；

K——安全系数，$K=1.5\sim1.75$。

当用单桩静载荷试验求得单桩极限承载力后，R_k 可按下式计算：

$$R_k=\frac{R_u}{K} \tag{7-16}$$

重要工程和基础下桩数较少时 K 取高值，一般工程和基础下桩数较多时 K 取低值。

K 的取值比《建筑地基基础设计规范》(GB 50007—2011)规定 $K=2.0$ 降低 12.5%～25%是根据工程计算并综合考虑复合地基中桩的承载力与单桩承载力的差异、桩的负摩擦作用、桩间土受力后桩的承载能力会有提高等一系列因素而确定的。

六、沉降计算

目前，复合地基在荷载作用下应力场和位移场的实测资料还不多。就测试手段而言，测定复合地基位移场要比测定应力场容易些。有些学者试图以测定的位移场为基础，再通过测定桩间土应力、桩顶应力和桩的轴力沿桩长的变化，利用土的本构关系的研究成果，用有限元计算应力场，将其计算结果与测定的有限的桩间土应力和桩顶应力进行比较，对计算结果不断进行修正，以期得到符合实际的复合地基应力场，为建立合理的复合地基沉降计算模式提供依据。

沉降计算理论和实践正处在不断发展之中，相比之下，复合地基沉降计算远不如承载力计算研究的更深入、更成熟。尽管按变形控制进行复合地基设计更为合理，但由于沉降计算理论尚不成熟，在实际工作中用得还比较少。

在进行沉降计算时，一般以土为计算对象。荷载将是桩间土应力 σ_s 和桩荷载 P_p。通常，又可将 P_p 用桩侧阻力 P_{pr} 和桩端阻力 P_{pd} 替代。这样，土体受到的荷载为三项，即 σ_s、P_{pr} 和 P_{pd}。由它们产生的附加应力分布计算地基土的沉降。显然，这一思路是合理的，但还需进一步研究。

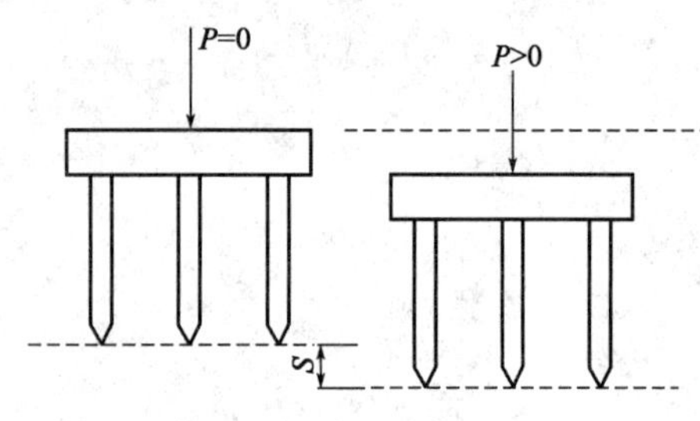

图 7-4　基础沉降示意图

目前，比较统一的另一个认识是，把总沉降量分为加固区的沉降 s_1 和压缩层范围内下卧层的沉降 s_2，分别计算再求和。沉降计算示意图，如图 7-4 所示。

当荷载不超过复合地基承载力时，可按下式计算复合地基沉降：

$$s=s_1+s_2=\phi\left(\sum_{i=0}^{n_1}\frac{\Delta\sigma_{s0,i}}{E_{si}}h_i+\sum_{j=0}^{n_2}\frac{\Delta\sigma_{p0,j}}{E_{sj}}h_j\right) \tag{7-17}$$

式中：n_1——加固区土分层数；

n_2——下卧层土分层数；

$\Delta\sigma_{s0,i}$——桩间土应力 σ_{s0} 在加固区第 i 层土产生的平均附加应力(kPa)；

$\Delta\sigma_{p0,j}$——荷载 σ_{p0} 在下卧层第 j 层土产生的平均附加应力(kPa)；

E_{si}——加固区第 i 层的压缩模量；

E_{sj}——下卧层第 j 层土的压缩模量；

h_i 和 h_j——加固区和下卧层第 i 层和第 j 层的分层厚度；

ϕ——沉降计算经验系数，参照《建筑地基基础设计规范》(GB 50007—2011)相关表取值。

七、褥 垫 层

褥垫层厚度一般取150～300mm为宜，当桩距过大并考虑土性时，褥垫厚度还可适当加大。

褥垫层材料可用碎石、级配砂石(限制最大粒径)、粗砂或中砂，最大粒径不宜大于30mm。

第四节 施 工 方 法

一、施 工 方 法

CFG桩复合地基设计时，必须同时考虑CFG桩的施工。施工时采用什么样的设备和施工方法，要视场地土的性质、设计要求的承载力、变形以及拟建场地周围环境等情况而定。

目前常用的施工方法有：

1)长螺旋钻孔灌注成桩

适用于地下水埋藏较深的黏性土，成孔时不会发生坍孔现象，且对噪声、泥浆污染要求比较严格的场地。

2)泥浆护壁钻孔灌注成桩

适用于分布有砂层的地质条件，以及对振动噪声要求严格的场地。

3)长螺旋钻孔泵压混合料成桩

适用于分布有砂层的地质条件，以及对噪声和泥浆污染要求严格的场地。

施工时，首先用长螺旋钻钻孔达到预定高程，然后提升钻杆，同时用高压泵将桩体混合料通过高压管路及长螺旋钻杆的内管压到孔内成桩。这一工艺具有低噪声、无泥浆污染的优点，是一种很有发展前途的施工方法。

4)振动沉管灌注成桩

适用于无坚硬土层和密实砂层的地质条件，以及对振动噪声限制不严格的场地。

当遇坚硬黏性土层时，振动沉管会发生困难，此时可考虑用长螺旋钻预引孔，再用振动沉管机成孔制桩。

就国内目前情况，振动沉管机灌注成桩用得比较多。这主要是由于振动沉管打桩机施工效率高，造价相对较低。

振动沉管机的管端采用混凝土桩尖或活瓣桩尖，如图7-5所示。

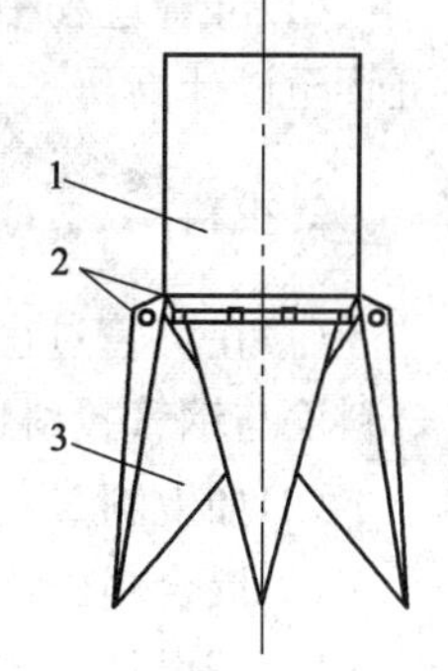

图7-5　活瓣桩尖

1-桩管；2-锁轴；3-活瓣

二、施工准备和施工技术措施内容

由于实际工程中振动沉管机成桩用得比较多，下面对振动沉管机施工做简要介绍。

1. 施工准备

施工前应具备下列资料和条件：

(1)建筑物场地工程地质报告书。

(2)CFG桩布桩图，图应注明桩位编号，以及设计说明和施工说明。

(3)建筑场地临近的高压电缆、电话线、地下管线、地下构筑物及障碍物等调查资料。

(4)建筑物场地的水准控制点和建筑物位置控制坐标等资料。

(5)具备“三通一平”条件。

2. 施工技术措施内容

(1)确定施工机具和配套设备。

(2)材料供应计划,标明所用材料的规格、技术要求和数量。

(3)试成孔应不少于两个,以复核地质资料以及设备、工艺是否适宜,核定选用的技术参数。

(4)按施工平面图放好桩位,若采用钢筋混凝土预制桩尖,需埋入地表以下 30cm 左右。

(5)确定施打顺序。

(6)复核测量基线、水准点及桩位、CFG 桩的轴线定位点,检查施工场地所设的水准点是否会受施工影响。

(7)振动沉管机沉管表面应有明显的进尺标记,并以米为单位。

三、水泥粉煤灰碎石桩施工

1. 沉管

(1)桩机就位须平整、稳固、调整沉管与地面垂直,确保垂直度偏差不大于 1%。

(2)若采用预制钢筋混凝土桩尖,需埋入地表以下 300mm 左右。

(3)启动马达,开始沉管,沉管过程中注意调整桩机的稳定,严禁倾斜和错位。

(4)沉管过程中做好记录。激振电流每沉 lm 记录一次,对土层变化处应特别说明,直到沉管至设计高程。

2. 投料

(1)在沉管过程中可用料斗进行空中投料。待沉管至设计高程后须尽快投料,直到管内混合料面与钢管投料口平齐。

(2)如上料量不够,须在拔管过程中空中投料,以保证成桩桩顶高程满足设计要求。

(3)混合料配比应严格执行设计规定,碎石和石屑含杂质不大于 5%。

(4)按设计配比配制混合料,投入搅拌机加水拌和,加水量由混合料坍落度控制,一般坍落度为 30~50mm,成桩后桩顶浮浆厚度一般不超过 200mm。

(5)混合料的搅拌须均匀,搅拌时间不得少于 1min。

3. 拔管

(1)当混合料加至钢管投料口平齐后,开动马达,沉管原地留振 10s 左右,然后边振动边拔管。

(2)拔管速度按均匀线速控制,一般控制在 1.2~1.5m/min,如遇淤泥土或淤泥质土,拔管速率可适当放慢。

(3)桩管拔出地面,确认成桩符合设计要求后,用粒状材料或湿黏土封顶,然后移机继续下一根桩施工。

4. 施工顺序

施工顺序应考虑隔排隔桩跳打，施打新桩时与已打桩间隔时间不应少于 7d。桩的施打顺序可参考图 7-6。

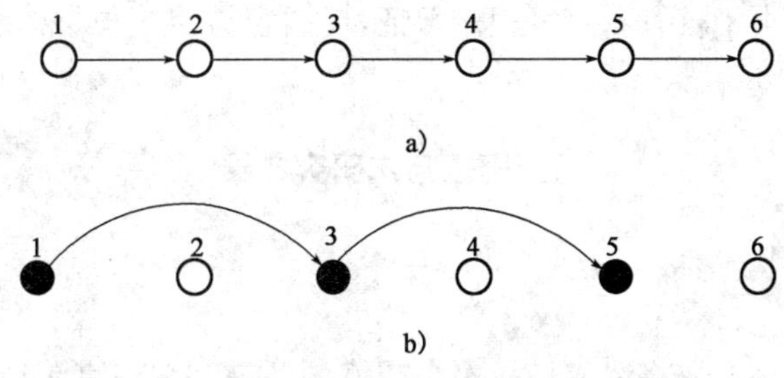

图 7-6　桩的施打顺序示意图

5. 桩头处理

CFG 桩施工完毕待桩体达到一定强度(一般为 7d 左右)，方可进行基槽开挖。在基槽开挖中，如果设计桩顶高程距地表不深(一般不大于 1.5m)，宜考虑采用人工开挖，不仅可防止对桩体和桩间土产生不良影响，而且经济可行，如果基槽开挖较深，开挖面积大，采用人工开挖不经济，可考虑采用机械和人工联合开挖，但人工开挖留置厚度一般不宜小于 700mm。

四、施工中常见的几个问题

1. 施工扰动土的强度降低

振动沉管成桩工艺与土的性质具有密切关系。就挤密性而言，可将地基土分为三大类：

(1)挤密性好的土，如松散填土、粉土、砂土等。

(2)可挤密性土，如塑性指数不大的松散的粉质黏土和非饱和黏性土。

(3)不可挤密土，如塑性指数高的饱和软黏土和淤泥质土。

需要着重指出的是，土的密实度对土的挤密性影响很大。密实的砂土或粉土会振松、松散的砂土或粉土可振密。因此，讨论土的挤密性时，一定要考虑加固前土的密实度。

2. 缩颈和断桩

在饱和软土中成桩，桩机的振动力较小，当采用连打作业时，新打桩对已打桩的作用主要表现为挤压，即使得已打桩被挤扁成椭圆形或不规则形，严重的会产生缩颈和断桩。

在上部有较硬的土层或中间夹有硬土层中成桩，桩机的振动力较大，对已打桩的影响主要为振动破坏。采用隔桩跳打工艺，若已打桩结硬强度又不太高，在中间补打新桩时，已打桩有时会被振裂，且裂缝一般与水平呈 0°～30°。

3. 桩体强度不均匀

桩机卷扬系统提升沉管线速度太快时，为控制平均速度，一般采用提升一段距离，停下留振一段时间，非留振时，速度太快可能导致缩颈断桩。拔管太慢或留振时间过长，使得桩的端部桩体水泥含量较少，桩顶浮浆过多，而且混合料也容易产生离析，造成桩身强度不均匀。

4. 桩料与土的混合

当采用活瓣桩靴成桩时，可能出现的问题是桩靴开口打开的宽度不够，混合料下落不充分，造成桩端与土接触不密实或桩端一段桩径较小。

若采用反插办法，由于桩管垂直度很难保证，反插容易使土与桩体材料混合，导致桩身掺土等缺陷。

五、施工方法研究成果

1. 拔管速率

试验表明，拔管速率太快将造成桩径偏小或缩颈断桩。在南京浦镇车辆厂工地做了 3 种拔管速率的试验。

(1)1.2m/min，成桩投料量为 1.8m^3，成桩后挖开测桩径为 38cm(沉管为ϕ377 管)。

(2)2.5m/min，投入管内料亦为 1.8m^3，沉管拔出地面后，有大约 0.2m^3 的混合料被带到地表。开挖后测桩径为 36cm。

(3)0.8m/min，成桩后发现桩顶浮浆较多。

在蓟县电厂曾做了较长时间留振试验，拔管速率也很慢(0.8m/min)，开挖至桩端发现，桩端石子没能被水泥浆包住，强度较低。经大量工程实践认为，拔管速率为 1.2～1.5m/min 是适宜的。

应该指出，这里说的拔管速率不是指平均速度。除启动后留振 5～10s 之外，拔管过程中不再留振，也不得反插。

国产振动沉管机拔管速率都较快，可以通过增加卷扬系统中滑轮组的动滑轮数量来改变拔管速度，也可通过电动机—变速箱系统来实现。

2. 合理桩距

桩距的合理性在于桩、桩间土承载力能否很好地发挥，达到设计要求，并考虑施工的可行性，新打桩对已打桩是否产生不良影响，经济上是否合理。

试验表明，其他条件相同时，桩距越小，复合地基承载力越大，当桩距小于 4 倍桩径后，随桩距的减少，复合地基承载力的增长率明显下降，从桩、土作用的发挥考虑，桩距大于 4 倍桩径为宜。

施工过程中，无论是振动沉管还是振动拔管，都将对周围土体产生扰动或挤密，振动的影响与土的性质密切相关，挤密效果好的土，施工时振动可使土体密度增加，场地发生下沉；不可挤密的土则要发生地表隆起，桩距越小，隆起量越大，以至于导致已打的桩产生缩颈或断桩。桩距越大，施工质量越容易控制。但应针对不同的土性，分别加以考虑。基础形式也是值得注意的一个因素，对一般单、双排布桩的条形基础，或面积不大而桩数不多的独立基础，桩距可适当取小一些；对满堂布桩而面积大的筏基、箱基以及多排布桩的条基，桩距应适当放大。

此外，地下水位高、土的渗透性差或土体密度大时，桩距也应大一些。

当设计要求的承载力较高、桩距过大，不能满足承载力要求，必须缩小桩距时，可考虑采用螺旋钻孔机预钻孔的措施。引孔直径一般要小于沉管的外径，并视桩距和土性而定。

3. 混合料坍落度

大量工程实践表明，混合料坍落度过大、桩顶浮浆过多，桩体强度也会降低。坍落度控制在3 ～5cm，和易性很好，当拔管速率为1.2～1.5m/min时，一般桩顶浮浆可控制在10cm左右，成桩质量容易控制。

4. 保护桩长

所谓保护桩长是指成桩时预先设定加长的一段桩长，基础施工时将其凿掉。

保护桩长是基于以下几个因素而设置的：

(1)成桩时，桩顶不可能正好与设计高程完全一致，一般要高出桩顶设计高程一段长度。

(2)桩顶一段由于混合料自重压力较小或由于浮浆的影响，靠桩顶一段桩体强度较差。

(3)已打桩尚未结硬时，施打新桩可能导致已打桩受振动挤压，混合料上涌使桩径缩小。

如果已打桩混合料表面低于地表较多，则桩径被挤小的可能性更大，增大混合料表面的高度即增加了自重压力，可使抵抗周围土挤压的能力提高，特别是基础埋深很大时，空孔太长，桩径很难保证。

综上所述，保护桩长必须设置，并建议遵照如下原则：

(1)设计桩顶高程离地表的距离不大时(不大于1.5m)，保护桩长取50～70cm，上部再用土封顶。

(2)桩顶高程离地表的距离较大时，可设置70～100cm的保护桩长，上部再用粒状材料封顶，直到接近地表。

六、施工质量控制措施

1. 施工前的工艺试验

施工前的工艺试验，主要是考查设计的施打顺序和桩距能否保证桩身质量。

工艺试验也可结合工程桩施工进行，并需做如下两种观测：

1)新打桩对未结硬的已打桩的影响

在已打桩顶表面埋设标杆，在施打新桩时量测已打桩桩顶的上升量，以估算桩径缩小的数值，待已打桩结硬后，开挖检查其桩身质量并量测桩径。

2)新打桩对结硬的已打桩的影响

在已打桩尚未结硬时，将标杆埋置在桩顶部的混合料中，待桩体结硬后，观测打新桩时已打桩桩顶的位移情况。

对挤密效果好的土，比如饱和松散的粉土。打桩振动会引起地表的下沉，桩顶一般不会上升，断桩可能性小，当发现桩顶向上的位移过大时，桩可能发生断开。若向上的位移不超过1cm，断桩的可能性很小。

2. 施工监测

信息施工能及时发现施工过程中的问题，可以使施工管理人员有根据地把握施工方法的决策，对保证施工质量至关重要。

施工过程中，特别是施工初期应做如下一些观测：

(1)施工场地高程观测。施工前要测量场地的高程，注意测点应有足够的数量和代表性。打桩过程中，随时测量地面是否发生隆起，因为断桩常常和地表隆起相联系。

(2)桩顶高程的观测。施工过程中要注意已打桩桩顶高程的变化，特别要注意观测桩距最小部位的桩。

(3)对桩顶上升量较大的桩或怀疑发生质量事故的桩要开挖查看。

3. 逐桩静压

对重要工程或通过施工监测发现桩顶上升量较大，并且桩的数量较多，可采用逐个桩快速静压。以消除可能出现的断桩对复合地基承载力造成的不良影响。这一技术在沿海一带广泛采用，当地称为“跑桩”。

静压桩机就是用于打桩的沉管机，在沉管机桩架上配适量压重，配重的大小以可施于桩的压力不小于1.2倍桩的设计荷载为准，当桩身达到一定强度后，即可进行逐桩静压，每个桩的静压时间一般为3min。

静压桩的目的在于将可能发生脱开的断桩接起来，使之能正常传递垂直荷载。这一技术对保证复合地基桩能正常工作和发现桩的施工质量问题是很有意义的。

当然不是所有的工程都必须逐桩静压，通过严格的施工监测和施工质量控制，施工质量确有保证的，可以不进行逐桩静压。

此外，静压荷重不一定都用1.2倍桩承载力，要视具体情况而定，中国建筑科学研究院地基所采用的小吨位“跑桩”也很成功。

4. 静压振拔技术

所谓静压振拔是沉管时不启动马达，借助桩机自身的重量，将沉管沉至预定高程。填满料后再启动马达振动拔管。

对饱和软土，特别是塑性指数较高的软土，振动将引起土体孔隙水压力上升、土的强度降低。振动历时越长，对土和已打桩的不利影响越严重。在软土地区施工时，采用静压振拔技术对保证施工质量是有益的。

七、施工检测及验收

施工结束，一般28d后做桩、土以及复合地基检测。对砂性较大的土，可以缩短恢复期，不一定等28d。

1. 桩间土的检测

施工过程中，振动对桩间土产生的影响视土性不同而异，对结构性土强度一般要降低，但随时间增长会有所恢复；对挤密效果好的土强度会增加。对桩间土的变化可通过如下方法进行检验：

(1)施工后可取土做室内土工试验，检验土的物理力学指标的变化。

(2)也可做现场静力触探和标准贯入试验，与地基处理前进行比较。

必要时做桩间土静载试验，确定桩间土的承载力。

2. CFG 桩的检测

通常用单桩静载试验来测定桩的承载力，也可判断是否发生断桩等缺陷。

静载试验要求达到桩的极限承载力。

3. 复合地基检测

复合地基检测可采用单桩复合地基试验或多桩复合地基试验。对于重要工程，试验用荷载板尺寸尽量与基础宽度接近。具体试验方法按《建筑地基处理技术规范》(JGJ 79—2012)执行，若用沉降比确定复合地基承载力时，s/B 取 0.01，对应的荷载为 CFG 桩复合地基承载力标准值。

4. 施工验收

CFG 桩复合地基验收时应提交下列资料：

(1)桩位测量放线图(包括桩位编号)。

(2)材料检验及混合料试块试验报告书。

(3)竣工平面图。

(4)CFG 桩施工原始记录。

(5)设计变更通知书、事故处理记录。

(6)复合地基静荷载试验检测报告。

(7)施工技术措施。

桩的施工容许偏差应满足下列要求：

(1)桩长容许偏差≤10cm。

(2)桩径容许偏差≤2m 。

(3)垂直度容许偏差≤1%。

(4)桩位容许偏差：

①满堂布桩的基础≤$1/2D$。

②条形基础：

垂直轴线方向≤$1/4D$；对单排布桩≤6cm。

顺轴线方向≤$1/3D$；对单排布桩≤$1/4D$。

第五节　工 程 实 例

CFG 桩复合地基处理辽宁滨海大道软土地基实例如下：

辽宁滨海大道西起葫芦岛绥中县，东至丹东境内的虎山长城，全长 1443km，连接着辽宁省沿海 6 市的 21 个县区、100 多个乡镇以及省内 25 个港口和多个旅游景区、沿海开发区。锦州海滩段软土路基桥头处理技术采用 CFG 桩复合地基进行处治。图 7-7 为 CFG 桩处理地基现场。

图 7-7 CFG 桩复合地基处理现场

思考题与习题

7-1 简述水泥粉煤灰碎石桩和碎石桩的区别。

7-2 简述褥垫层在水泥粉煤灰碎石桩复合地基的主要作用。

7-3 简述 CFG 桩加固地基的机理。

7-4 简述 CFG 桩的承载力计算方法。

7-5 简述 CFG 桩的施工方法及其适用地质条件。

7-6 某 CFG 桩工程，桩径为 400mm，等边三角形布置，桩距为 1.4m，需进行单桩复合地基静荷载试验，其圆形载荷板的直径为多少？

7-7 某住宅楼采用条形基础，埋深 1.5m，设计要求地基承载力特征值为 180kPa。场地由 6 层土组成：第一层填土，厚度 1.0m，侧摩阻力特征值为 16kPa；第二层淤泥质黏土，厚度 3.0m，侧摩阻力特征值 6kPa，承载力特征值为 60kPa；第三层黏土，厚度 1.0m，侧摩阻力特征值为 13kPa；第四层淤泥质黏土，厚度 8.0m，侧摩阻力特征值为 6kPa；第五层淤泥质黏土夹粉土，厚度 5.0m，侧摩阻力特征值为 8kPa；第六层黏土，未穿透，侧摩阻力特征值为 33kPa，端承力特征值为 1000kPa，拟采用 CFG 桩复合地基，试完成该地基处理方案。

第八章 深层搅拌桩法

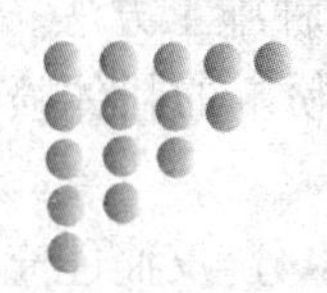

第一节 概 述

深层搅拌桩法是用于加固饱和黏性土地基的一种方法。它是利用水泥(或石灰)等材料作为固化剂,通过特制的搅拌机械,在地基深处就地将软土和固化剂(浆液或粉体)强制搅拌,由固化剂和软土间所产生的一系列物理—化学反应,使软土硬结成具有整体性、水稳定性和一定强度的水泥加固土,从而提高地基强度和增大变形模量。根据施工方法的不同,深层搅拌桩法分为水泥浆搅拌和粉体喷射搅拌两种。前者是用水泥浆和地基土搅拌,后者是用水泥粉或石灰粉和地基土搅拌。

水泥浆搅拌法是美国在第二次世界大战后研制成功的,称为 Mixed-in-Place Pile (简称 MIP 法),当时的桩径为 0.3~0.4m,桩长为 10~12m。1953 年,日本引进此法,1967 年日本港湾技术研究所土工部研制成石灰搅拌施工机械,1974 年起又研制成水泥搅拌固化法 Clay Mixing Consolidation(简称 CMC 工法),并接连开发出机械规格和施工效率各异的搅拌机械。这些机械都具有偶数个搅拌轴(二轴、四轴、六轴、八轴),搅拌叶片的直径最大可达 1.25m,一次加固面积达 $9.5m^2$。

目前,日本有海上和陆地两种施工机械。陆上的机械为双轴,成孔直径 ϕ1000mm,最大钻深达 40m。而海上施工机械有多种类型,成孔的最大直径 ϕ2000mm,最多的轴有 8 根(2×4,即一次成孔 8 个),最大的钻孔深度为 70m(自水面向下算起)。

国内 1978 年开始研究并于当年底制造出国内第一台 SJB-1 型双搅拌轴中心管输浆的搅拌机械,1980 年初在上海软土地基加固工程中首次应用并获得成功。1980 年开发了单搅拌轴和叶片输浆型搅拌机。1981 年我国开发了第一代深层水泥拌和船,该机双头拌和,叶片直径达1.2m,间距可调,施工中各项参数可监控。1992 年,首次试制成搅拌斜桩的机械,最大加固深度达 26m,最大斜度为 19.6°。2002 年为配合 SMW 工法,上海又研制出两种三轴钻孔搅拌机(ZKD65-3 型和 ZKD85-3 型),钻孔深度达 27~30m,钻孔直径 ϕ650~ϕ850mm。目前,上海又研发了四轴深层搅拌机,搅拌成孔的直径为 4×ϕ700mm,钻孔深度 25.2m,型钢插入深度 24m,成墙厚度 1.26m。

1967 年,瑞典 Kjeld Paus 提出使用石灰搅拌桩加固 15m 深度范围内软土地基的设想,并于1971年现场制成一根用生石灰和软土搅拌制成的桩。次年，在瑞典斯德哥尔摩以南约10km处的Hudding用石灰粉体喷射搅拌桩作为路堤和深基坑边坡稳定措施。瑞典Linden-Alimat公司还生产出专用的成桩施工机械，桩径可达500mm，最大加固深度10～15m。目前，瑞典所使用的石灰搅拌柱已逾数百万延米。

同一时期，日本于1987年由运输部港湾技术研究所开始研制石灰搅拌施工机械。1971年开始在软土地基加固工程中应用，并研制出两类石灰搅拌机械，形成两种施工方法。一类为使用颗粒状生石灰的深层石灰搅拌法（DLM法），另一类为使用生石灰粉末的粉体喷射搅拌法（DJM法）。

由于粉体喷射搅拌法采用粉体作为固化剂，不再向地基中注入附加水分，反而能充分吸收周围软土中的水分，对含水率较高的软土加固效果尤为显著。

铁道部第四勘测设计院于1983年初开始进行粉体喷射搅拌法加固软土的实验研究，并在软土地基加固工程使用，获得良好效果。它为软土地基加固技术开拓了一种新的方法，可在铁路、公路、市政工程、港口码头、工业与民用建筑等软土地基加固中推广使用。

深层搅拌桩法加固软土技术，其独特的优点如下：

(1)深层搅拌桩法由于将固化剂和原地基软土就地搅拌混合，因而最大限度地利用了原土。

(2)搅拌时地基侧向挤出较小，所以对周围原有建筑物的影响很小。

(3)按照不同地基土的性质及工程设计要求，合理选择固化剂及其配方，设计比较灵活。

(4)施工时无振动、无噪声、无污染，可在市区内和密集建筑群中进行施工。

(5)土体加固后重度基本不变，对软弱下卧层不致产生附加沉降。

(6)与钢筋混凝土桩基相比，节省了大量的钢材，并降低了造价。

(7)根据上部结构的需要，可灵活的采用柱状、壁状、格栅状和块状的加固形式。

深层搅拌桩法适用于处理正常固结的淤泥、淤泥质土、粉土（稍密、中密）、粉细砂（松散、中密）、饱和黄土、素填土、黏性土（软塑、可塑）等土层。不适用于处理含有大孤石或障碍物较多且不易清除的杂填土、欠固结的淤泥和淤泥质土、硬塑及坚硬的黏性土、密实的砂类土，以及地下水渗流影响成桩质量的土层。当地基土的天然含水率小于30%（黄土含水率小于25%）时，不宜采用粉体搅拌法。冬季施工时，应考虑负温对地基处理效果的影响。

水泥加固土的室内试验表明，有些软土的加固效果较好，而有的不够理想。一般认为含有高岭石、多水高岭石、蒙脱石等黏性土矿物的软土加固效果较好，而含有伊利石、氯化物和水铝英石等矿物的黏性土以及有机质含量高、酸碱度（pH值）较低的黏性土的加固效果较差。

深层搅拌桩法可用于增加软土地基的承载能力，减少沉降量，提高边坡的稳定性，适用于以下情况：

(1)作为建筑物或构筑物的地基、厂房内具有地面荷载的地坪、高填方路堤下基层等。

(2)进行大面积地基加固，防止码头岸壁的滑动、深基坑开挖时坍塌、坑底隆起和减少软土中地下构筑物的沉降。

(3)作为地下防渗墙以阻止地下渗透水流，对桩侧或板桩背后的软土进行加固，以增加侧向承载能力。

第二节　加固机理

深层搅拌桩法的物理化学反应过程与混凝土的硬化机理不同，混凝土的硬化主要是在粗填充料（比表面不大、活性很弱的介质）中进行水解和水化作用，所以凝结速度较快。而在水泥加固土中，由于水泥掺量很小，水泥的水解和水化反应完全是在具有一定活性的介质——土的围绕下进行，所以水泥加固土的强度增长比混凝土为缓慢。

一、水泥的水解和水化反应

普通硅酸盐水泥主要由氧化钙、二氧化硅、三氧化二铝、三氧化二铁及三氧化硫等组成，由这些不同的氧化物分别组成了不同的水泥矿物：硅酸三钙、硅酸二钙、铝酸三钙、铁铝酸四钙、硫酸钙等。用水泥加固软土时，水泥颗粒表面的矿物很快与软土中的水发生水解和水化反应，生成氢氧化钙、含水硅酸钙、含水铝酸钙及含水铁酸钙等化合物。

所生成的氢氧化钙、含水硅酸钙能迅速溶于水中，使水泥颗粒表面重新暴露出来，再与水发生反应，这样周围的水溶液就逐渐达到饱和。当溶液达到饱和后，水分子虽继续深入颗粒内部，但新生成物已不能再溶解，只能以细分散状态的胶体析出，悬浮于溶液中，形成胶体。

二、土颗粒与水泥水化物的作用

当水泥的各种水化物生成后，有的自身继续硬化，形成水泥石骨架；有的则与周围具有一定活性的黏性土颗粒发生反应。

1. 离子交换和团粒化作用

黏土和水结合时就表现出一种胶体特征，如土中含量最多的二氧化硅遇水后，形成硅酸胶体微粒，其表面带有阳离子 Na^{+} 或钾离子 K^{+}，它们能和水泥水化生成的氢氧化钙中钙离子 Ca^{2+} 进行当量吸附交换，使较小的土颗粒形成较大的土团粒，从而使土体强度提高。

水泥水化生成的凝胶粒子的比表面积约比原水泥颗粒大 1000 倍，因而产生很大的表面能，有强烈的吸附活性，能使较大的土团粒进一步结合起来，形成水泥土的团粒结构，并封闭各土团的空隙，形成坚固的连接，从宏观上看也就使水泥土的强度大大提高。

2. 硬凝反应

随着水泥水化反应的深入，溶液中析出大量的钙离子，当其数量超过离子交换的需要量后，在碱性环境中，能使组成黏土矿物的二氧化硅及三氧化二铝的一部分或大部分与钙离子进行化学反应，逐渐生成不溶于水的稳定结晶化合物。增大了水泥土的强度。

从扫描电子显微镜中可见，拌入水泥 7d 时，土颗粒周围充满了水泥凝胶体，并有少量水泥水化物结晶的萌芽。一个月后，水泥土中生成大量纤维状结晶，并不断延伸充填到颗粒间的孔隙中，形成网状构造。到五个月时，纤维状结晶辐射向外伸展，产生分叉，并相互连接形成空间网状结构，水泥的形状和土颗粒的形状已不能分辨出来。

三、碳酸化作用

水泥水化物中游离的氢氧化钙能吸收水中和空气中的二氧化碳，发生碳酸化反应，生成不溶于水的碳酸钙，这种反应也能使水泥土增加强度，但增长的速度较慢，幅度也较小。

从水泥土的加固机理分析，由于搅拌机械的切削搅拌作用，实际上不可避免地会留下一些未被粉碎的大小土团。在拌入水泥后，将出现水泥浆包裹土团的现象，而土团间的大孔隙基本上已被水泥颗粒填满。所以，加固后的水泥土中形成一些水泥较多的微区，而在大小土团内部则没有水泥。只有经过较长的时间，土团内的土颗粒在水泥水解产物渗透作用下，才逐渐改变其性质。因此，在水泥土中不可避免地会产生强度较大和水稳性较好的水泥石区和强度较低的土块区。两者在空间相互交替，从而形成一种独特的水泥土结构，可见，搅拌越充分，土块被粉碎得越小，水泥在土中的分布越均匀，则水泥土结构强度的离散性越小，其宏观的总体强度也越高。

第三节　水泥加固土的工程特性

水泥加固土的主要物理力学特性可通过水泥土的室内配比试验获得。下面先介绍试验方法，然后再介绍由试验得到的水泥土的物理力学特性。

一、水泥土的室内配合比试验

1. 试验目的

了解加固水泥的品种、掺入量、水灰比、最佳外掺剂对水泥土强度的影响，求得龄期与强度的关系，从而为设计计算和施工方法提供可靠的参数。

2. 试验设备

当前还是利用现有土工试验仪器及砂浆混凝土试验仪器，按照土工或砂浆混凝土的试验规程进行试验。

3. 土样制备

土料应是工程现场所要加固的土，一般分为三种：

1)风干土样

将现场采取的土样进行风干、碾碎和通过2～5mm筛子的粉状土料。

2)烘干土样

将现场采取的土样进行烘干、碾碎和通过2～5mm筛子的粉状土料。

3)原状土样

将现场采取的天然软土立即用厚聚氯乙烯塑料袋封装，基本保持天然含水率。

4. 固化剂

1)水泥品种

可用不同品种、不同强度等级的水泥。水泥出厂期不应超过3个月，并应在试验前重新测定其强度等级。

2)水泥掺入比

可根据要求选用(7、10、12、14、15、18、20)%等，水泥掺入比α_w为：

$$\alpha_w=\frac{\text{掺加的水泥重量}}{\text{被加固软土的湿重量}}\times 100\% \tag{8-1}$$

或

$$\text{水泥掺量 }\alpha=\frac{\text{掺加的水泥质量}}{\text{被加固土的体积}}(\mathrm{kg/m^3}) \tag{8-2}$$

目前，水泥掺量一般采用180～250kg/m^3。

5. 外掺剂

为改善水泥土的性能和提高强度，可用木质素磺酸钙、石膏、三乙醇胺、氯化钠、氯化钙和硫酸钠等外掺剂。结合工业废料处理，还可掺入不同比例的粉煤灰。

6. 试件的制作和养护

按照试验计划，根据配方分别称量土、水泥、水和外掺剂。由于湿土中加入水泥浆很难用人工拌和均匀，因此，先将干土、水泥放在搅拌锅内用搅拌铲人工拌和均匀，然后再将水和外掺剂倒入搅拌锅内，与先前已拌和好的干水泥土再进行拌和，直至均匀。

在选定的试模(70.7mm×70.7mm×70.7mm)内装入一半试料，放在振动台上振动1min后，装入其余的试样后再振动1min。最后将试件表面刮平，盖上塑料布防止水分蒸发过快。

振捣成型方法也可采用人工捣实成型。先在试模内壁涂上一层脱模剂(渗透试验除外)，然后将水泥土拌和物分两层装入试模，每层装料厚度大致相等。每层插捣时按螺旋方向从边缘向中心均匀进行，同时进行人工振动，直至面上没有气泡出现为止。最后，刮除试模顶部多余的水泥土，但应稍高出试模顶面，待水泥土适当凝结后(一般为1～2h)，用抹刀抹平，盖上玻璃板或塑料布，防止水分蒸发。

试件成型1d后，编号、拆模，按不同方法进行养护。

7. 试件的养护方法

一般试件放在标准养护室内水中养护，少数试件放在标准养护室内架上养护和普通水中养护，以比较不同养护条件对水泥土强度的影响。

标准养护室内的温度为(20±3)℃，相对湿度大于90%。

8. 物理力学特性试验

取不同龄期水泥土进行物理力学特性的试验，从而得到以上各因素(即水泥掺入比、水泥强度等级、龄期、含水率、有机质含量、外掺剂、养护条件及土性)对水泥土物理力学特性的影响。水泥土物理特性试验项目包括含水率、重度、相对密度和渗透系数；水泥土力学特性试验项目主要是无侧限抗压强度、抗拉强度和压缩模量等。

二、水泥土的物理性质

1. 含水率

水泥土在硬结过程中，由于水泥水化等反应，使部分自由水以结晶水的形式固定下来，故水泥土的含水率略低于原土样的含水率，水泥土含水率比原土样含水率减少0.5%～7.0%，且随着水泥掺入比的增加而减少。

2. 重度

由于拌入软土中的水泥浆的重度与软土的重度相近，所以水泥土的重度与天然软土的重度相差不大，水泥土的重度仅比天然软土重度增加0.5%～3.0%，所以采用深层搅拌桩法加

固厚层软土地基时，其加固部分对于下部未加固部分不致产生过大的附加荷重，也不会产生较大的附加沉降。

3. 相对密度

由于水泥的相对密度为3.1，比一般软土的相对密度2.65～2.75为大，故水泥土的相对密度比天然软土的相对密度稍大。水泥土相对密度比天然软土的相对密度增加0.7%～2.5%。

4. 渗透系数

水泥土渗透系数随水泥掺入比增大和养护龄期增长而减小，一般可达10^{-5}～10^{-8}cm/s数量级。对于上海地区的淤泥质黏土，垂直向渗透系数也能达到10^{-8}cm/s数量级，但这层土常局部夹有薄层粉砂，水平向渗透系数往往高于垂直向渗透系数，一般为10^{-4}cm/s数量级。因此，水泥加固淤泥质黏土能减小原天然土层的水平向渗透系数，而对垂直向渗透性的改善，效果不显著，水泥土减小了天然软土的水平渗透性，这对深基坑施工是有利的，可利用它作为防渗帷幕。

三、水泥土的力学性质

1. 无侧限抗压强度及其影响因素

水泥土的无侧限抗压强度一般为300～4000kPa，即比天然软土大几十倍至数百倍。表8-1为水泥土90d龄期的无侧限抗压强度试验结果。其变形特征随强度不同而介于脆性与弹塑体之间，水泥土受力开始阶段，应力与应变关系基本符合胡克定律。当外力达到极限强度时，对于强度大于2000kPa的水泥土很快出现脆性破坏，破坏后残余强度很小。此时的轴向应变为0.8%～1.2%（如图8-1中的A20、A25试件）；对强度小于2000kPa的水泥土，则表现为塑性破坏（如图8-1中的A5、A10和A15试件）。

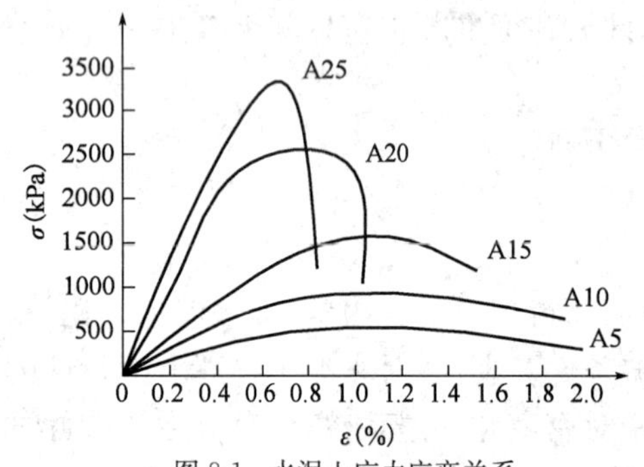

图8-1 水泥土应力应变关系

A5、A10、A15、A20、A25表示水泥掺入比；α_W=(5、10、15、20、25)%

水泥土的无侧限抗压强度试验 表8-1

天然土的无侧限抗压强度 f_{cu0} (MPa)	水泥掺入比 α_W (%)	水泥土的无侧限抗压强度 f_{cu} (MPa)	龄期 t (d)	f_{cu}/f_{cu0}
0.037	5	0.266	90	7.2
	7	0.560	90	15.1
	10	1.124	90	30.4
	12	1.520	90	41.1
	15	2.270	90	61.3

影响水泥土的无侧限抗压特性的因素有：水泥掺入比、水泥强度等级、龄期、含水率、有机

质含量、外掺剂、养护条件以及土性等。下面根据试验结果来分析影响水泥土抗压强度的一些主要因素。

1)水泥掺入比 α_W 对强度的影响

水泥土的强度随着水泥掺入比的增加而增大(图 8-2),当 $\alpha_W<5\%$ 时,由于水泥与土的反应过弱,水泥土固化程度低,强度离散性也较大,故在深层搅拌桩法的实际施工中,选用的水泥掺入比应大于 10%。

2)龄期对强度的影响

水泥土的强度随着龄期的增长而提高,一般在龄期超过 28d 后仍有明显增长(图 8-3)。

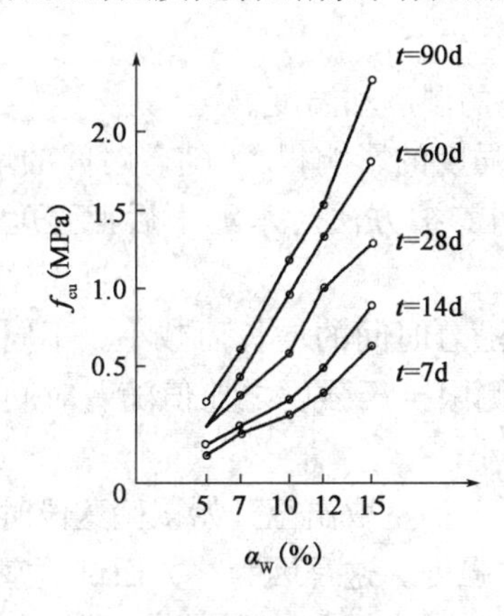

图 8-2 水泥土 f_{cu} 与 $\alpha_W t$ 的关系曲线

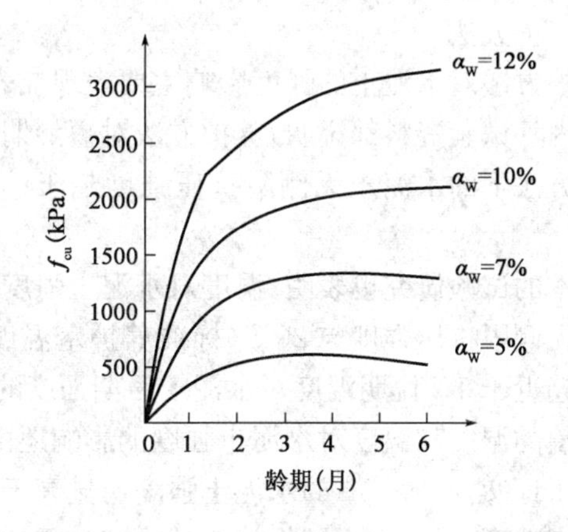

图 8-3 水泥土掺入比、龄期与强度的关系曲线

3)水泥强度等级对强度的影响

水泥土的强度随水泥强度等级的提高而增加。水泥强度等级提高 10,水泥土的强度 f_{cu} 增大 50%~90%。如要求达到相同强度,水泥强度等级提高 10,可降低掺入比 2%~3%。

4)土样含水率对强度的影响

水泥土的无侧限抗压强度 f_{cu} 随着土样含水率的降低而增大,当土的含水率从 157%降低至 47%时,无侧限抗压强度则从 260kPa 增加到 2320kPa。一般情况下,土样含水率每降低 10%,则强度可增加 10%~50%。

5)土样中有机质含量对强度的影响

有机质含量少的水泥土强度比有机质含量高的水泥土强度大得多。由于有机质使土体具有较大的水溶性和塑性、较大的膨胀性和低渗性,并使土体具有酸性,这些因素都阻碍水泥水化反应的进行。因此,有机质含量高的土,单纯用水泥加固的效果较差。

6)外掺剂对强度的影响

不同的外掺剂对水泥土强度有着不同的影响。如木质素磺酸钙对水泥土强度的增长影响不大,主要起减水作用。石膏、三乙醇胺对水泥土强度有增强作用,而其增强效果对不同土样和不同水泥掺入比又有所不同,所以选择合适的外掺剂可提高水泥土强度和节约水泥用量。

不同的外掺剂对水泥土强度有不同的影响。当水泥掺入比为 10%时,掺入 2%石膏,28d 龄期强度可增加 20%左右,60d 龄期可增加 10%左右,90d 龄期已不增加强度;掺入 2%氯化钙,28d 龄期强度可增加 20%左右,90d 龄期强度反而减少 7%;掺入 0.05%三乙醇胺,28d 龄期强度可增加 20%左右,60d 龄期可增加 18%左右,90d 龄期可增加强度 14%。以上三种外掺剂都能提高水泥土的早期强度,但强度增加的百分数随龄期的增长而减小。在 90d 龄期时,石膏和氯化钙已失去增强作用甚至强度有所降低,而三乙醇胺仍能提高强度。因此,三乙醇胺不仅能大大提高早期强度，而且对后期强度也有一定的增强作用，弥补了单掺无机盐降低后期强度的缺陷。

一般早强剂可选用三乙醇胺、氯化钙、碳酸钠或水玻璃等材料，其掺入量宜分别取水泥重量的0.05%、0.2%、0.5%和2%；减水剂可选用木质磺酸钙，其掺入量取水泥重量的0.2%；石膏兼有缓凝和早强的双重作用，其掺入量宜取水泥重量的2%。

掺加粉煤灰的水泥土，其强度一般都比不掺加粉煤灰的有所增长。不同水泥掺入比的水泥土，当掺入与水泥等量的粉煤灰后，强度均比不掺粉煤灰的提高10%，故在加固软土时掺入粉煤灰，不仅可消耗工业废料，还可稍微提高水泥土的强度。

7)养护方法

养护方法对水泥土的强度影响主要表现在养护环境的湿度和温度。

国内外试验资料都说明，养护方法对短龄期水泥土强度的影响很大，随着时间的增长，不同养护方法下的水泥土无侧限抗压强度趋于一致，说明养护方法对水泥土后期强度的影响较小。

日本的试验研究也表明，温度对水泥土强度的影响随着时间的增长而减小。不同养护温度下的无侧限抗压强度与20℃(标准养护室温度)的无侧限抗压强度之比值随着时间的增长而逐渐趋近于1。说明温度对水泥土后期强度的影响较小。

环境的湿度和温度对水泥土强度的影响还由试件从养护室取出至开始试验这段时间的长短得到了证实。经过3h的水泥土强度明显高于1h内的强度。这是因为一方面试验室温度高于养护室温度，另一方面试件放在试验室时间长，水分蒸发过快，所以强度提高很快。

2. 抗拉强度

水泥土的抗拉强度 σ_t 随无侧限抗压强度 f_{cu} 的增长而提高。抗压与抗拉这两类强度有密切关系，但严格地讲，不是正比关系。因这两类强度之比还与水泥土的强度等级有关，即抗压强度增长的同时，抗拉强度亦增长，但其增长速率较低，因而抗拉强度与抗压强度之比随抗压强度的增加而减小。这与混凝土的抗拉性质有类似之处。

3. 抗剪强度

水泥土的抗剪强度随抗压强度的增加而提高。水泥土在三轴剪切试验中受剪破坏时，试件有清楚而平整的剪切面，剪切面与最大主应力面夹角约为60°。

从试验中得知，当垂直应力 σ 在0.3～1.0MPa时，采用直剪快剪、三轴不排水剪和三轴固结不排水剪三种剪切试验方法求得的抗剪强度 τ 相差不大，最大差值不超过20%。在 σ 较小的情况下，直剪快剪试验求得的抗剪强度低于其他试验求得的抗剪强度，采用直剪快剪抗剪强度指标进行设计计算的安全度相对较高，由于直剪快剪试验操作简便，因此，对于荷重不大的工程，采用直剪快剪强度指标进行设计计算是适宜的。

4. 变形模量

当垂直应力达50%无侧限抗压强度时，水泥土的应力与应变比值，称为水泥土的变形模量 E_{50}。

根据试验结果的线性回归分析，得到 E_{50} 与 f_{cu} 大致呈正比关系，它们的关系式为：

$$E_{50}=126f_{cu} \tag{8-3}$$

5. 压缩系数和压缩模量

水泥土的压缩系数为(2.0～3.5)×10^{-5}kPa^{-1}，其相应的压缩模量 E_s＝60～100MPa。

四、水泥土抗冻性能

水泥土试件在自然负温下进行抗冻试验表明，其外观无显著变化，仅少数试块表面出现裂缝，并有局部微膨胀或出现片状剥落及边角脱落，但深度及面积均不大，可见自然冰冻不会造成水泥土深部的结构破坏。

水泥土试块经长期冰冻后的强度与冰冻前的强度相比几乎没有增长。但恢复正温后其强度能继续提高，冻后正常养护 90d 的强度与标准强度非常接近，抗冻系数达 0.9 以上。

在自然温度不低于－15℃的条件下，冰冻对水泥土结构损害甚微。在负温时，由于水泥与黏土间的反应减弱，水泥土强度增长缓慢，正温后随着水泥水化等反应的继续深入，水泥土的强度可接近标准强度。因此，只要地温不低于－10℃就可以进行深层搅拌桩法的冬期施工。

第四节　设 计 计 算

一、深层搅拌桩的设计

1. 对地质勘察的要求

除了一般常规要求外，对下述各点应予以特别重视：

1)土质分析

有机质含量、可溶盐含量、总烧失量等。

2)水质分析

地下水的酸碱度(pH)值、硫酸盐含量。

2. 加固形式的选择

搅拌桩可以布置成柱状、壁状和块状三种形式。

1)柱状

每隔一定的距离打设一根搅拌桩，即成为柱状加固形式。适合于单层工业厂房独立柱基础和多层房屋条形基础下的地基加固。

2)壁状

将相邻搅拌桩部分重叠搭接成为壁状加固形式。适用于深基坑开挖时的边坡加固以及建筑物长高比较大、刚度较小、对不均匀沉降比较敏感的多层砖混结构房屋条形基础下的地基加固。

3)块状

对上部结构单位面积荷载大、不均匀下沉控制严格的构筑物地基进行加固时可采用这种布桩形式。它是纵横两个方向的相邻桩搭接而形成的。如在软土地区开挖深基坑时，为防止坑底隆起也可采用块状加固形式。

3. 加固范围的确定

搅拌桩按其强度和刚度，是介于刚性桩和柔性桩间的一种桩型，但其承载性能又与刚性桩相近。因此在设计搅拌桩时，可仅在上部结构基础范围内布桩，不必像柔性桩一样在基础以外设置保护桩。

4. 水泥浆配比及搅拌桩施工参数的确定

根据水泥土室内配合比试验求得的最佳配方，进行现场成桩工艺试验，比较不同桩长与不同桩身强度的单桩承载力，确定桩土共同作用的复合地基承载力。为了解复合地基的反力分布、应力分配，还可在荷载板下不同部位埋设土压力盒，从而得到深层搅拌桩复合地基的桩土应力比。

二、深层搅拌桩的计算

在进行初步设计时，可以采用下面的方法进行深层搅拌桩的设计计算。

1. 柱状加固地基

1)单桩竖向承载力的设计计算

单桩竖向承载力特征值应通过现场单桩荷载试验确定，初步设计时可按式(8-4)估算，并应同时满足式(8-5)的要求。应使由桩身材料强度确定的单桩承载力大于(或等于)由桩周土和桩端土的抗力所提供的单桩承载力：

$$R_a = u_P \sum_{i=1}^{n} q_{si} l_i + \alpha A_p q_p \tag{8-4}$$

$$R_a = \eta f_{cu} A_P \tag{8-5}$$

式中：f_{cu}——与搅拌桩桩身水泥土配比相同的室内加固土试块(边长 70.7mm 的立方体，也可采用边长为 50mm 的立方体)在标准养护条件下 90d 龄期的无侧限抗压强度平均值(kPa)；

η——桩身强度折减系数，干法可取 0.20～0.30；湿法可取 0.25～0.33；

u_P——桩的周长(m)；

n——桩长范围内所划分的土层数；

q_{si}——桩周第 i 层土的侧阻力特征值，对淤泥可取 4～7kPa；对淤泥质土可取 6～12kPa；对软塑状态的黏性土可取 10～15kPa；对可塑状态的黏性土可以取 12～18kPa；

l_i——桩长范围内第 i 层土的厚度(m)；

q_p——桩端地基土未经修正的承载力特征值(kPa)，可按现行国家标准《建筑地基基础设计规范》(GB 50007—2011)的有关规定确定；

α——桩端天然地基土的承载力折减系数，可取 0.4～0.6，承载力高时取低值。

式(8-5)中的桩身强度折减系数 η 是一个与工程经验以及拟建工程的性质密切相关的参数。工程经验包括对施工队伍素质、施工质量、室内强度试验与实际加固强度比值以及对实际工程加固效果等情况的掌握。拟建工程性质包括工程地质条件、上部结构对地基的要求以及工程的重要性等。目前，在设计中一般取 η = 0.20～0.33。

式(8-4)中桩端地基承载力折减系数 α 取值与施工时桩端施工质量及桩端土质等条件有关。当桩较短且桩端为较硬土层时，取高值。如果桩底施工质量不好，水泥土桩没能真正支承在硬土层上，桩端地基承载力不能发挥，且由于机械搅拌破坏了桩端土的天然结构，这时 $\alpha=0$。反之，当桩底质量可靠时，则通常取 $\alpha=0.5$。

对式(8-4)和式(8-5)进行分析可以看出，当桩身强度大于式(8-5)所提出的强度值时，相同桩长的承载力相近，而不同桩长的承载力明显不同。此时，桩的承载力由基土支持力控制，增加桩长可提高桩的承载力。当桩身强度低于式(8-5)所给值时，承载力受桩身强度控制。从承载力角度看，水泥土桩存在一有效桩长，单桩承载力在一定程度上并不随桩长的增加而增大。上海地区桩身水泥土强度一般为 1.0～1.2MPa($\alpha_w=12\%$左右)，根据式(8-4)和式(8-5)，$\phi500$ 直径的单头搅拌桩有效桩长为 7m 左右；双头搅拌桩的有效桩长为 10m 左右。

在单桩设计时，承受垂直荷载的搅拌桩一般应使土对桩的支承力与桩身强度所确定的承载力相近，并使后者略大于前者最为经济。因此，搅拌桩的设计主要是确定桩长和选择水泥掺入比。

2)复合地基的设计计算

加固后搅拌桩复合地基承载力特征值应通过现场复合地基承载力试验确定，亦可按下式计算：

$$f_{spk}=m\frac{R_a}{A_p}+\beta(1-m)f_{sk} \tag{8-6}$$

式中：f_{spk}——复合地基承载力特征值(kPa)；

m——面积置换率；

R_a——单桩竖向承载力特征值(kN)；

A_p——桩的截面积(m^2)；

β——桩间土承载力折减系数，当桩端土未经修正的承载力特征值大于桩周土的承载力特征值的平均值时，可取 0.1～0.4，差值大时取低值；当桩端土未经修正的承载力特征值小于或等于桩周土的承载力特征值的平均值时，可取 0.5～0.9，差值大时或设置褥垫层时，均取高值；

f_{sk}——处理后桩间土承载力特征值(kPa)，可取天然地基承载力特征值。

根据设计要求的单桩竖向承载力特征值 R_a 和复合地基承载力特征值 f_{spk} 计算搅拌桩的置换率 m 和总桩数 n'：

$$m=\frac{f_{spk}-\beta\cdot f_{sk}}{\frac{R_a}{A_p}-\beta\cdot f_{sk}} \tag{8-7}$$

$$n'=\frac{m\cdot A}{A_P} \tag{8-8}$$

式中：A——地基加固面积(m^2)。

根据求得的总桩数 n' 进行搅拌桩的平面布置。桩的平面布置可为上述的柱状、壁状和块状三种布置形式。布置时，要考虑充分发挥桩的摩阻力和以便于施工为原则。

桩间土承载力折减系数 β 是反映桩土共同作用的一个参数。如 $\beta=1$ 时，则表示桩与土共同承受荷载，由此得出与柔性桩复合地基相同的计算公式；如 $\beta=0$ 时，则表示桩间土不承受荷载，由此得出与一般刚性桩基相似的计算公式。

对比水泥土和天然土的应力应变关系曲线及复合地基和天然地基的 p-s 曲线。可见，在发生与水泥土极限应力值相对应的应变值时，或在发生与复合地基承载力特征值相对应的沉降值时，天然地基所提供的应力或承载力小于其极限应力或承载力特征值。考虑水泥土桩复合地基的变形协调，引入折减系数 β，它的取值与桩间土和桩端土的性质、搅拌桩的桩身强度和承载力、养护龄期等因素有关。桩间土较好、桩端土较弱、桩身强度较低、养护龄期较短，则 β 值取高值；反之，则 β 值取低值。

确定 β 值还应根据建筑物对沉降要求而有所不同。当建筑物对沉降要求控制较严时，即使桩端是软土，β 值也应取小值，这样较为安全；当建筑物对沉降要求控制较低时，即使桩端为硬土，β 值也可取大值，这样较为经济。

3)深层搅拌桩沉降验算

深层搅拌桩复合地基变形 s 的计算，包括搅拌桩群体的压缩变形 s_1 和桩端下未加固土层的压缩变形 s_2 之和：

$$s=s_1+s_2 \tag{8-9}$$

s_1 的计算方法一般有以下三种：

(1)复合模量法

将复合地基加固区增强体连同地基土看作一个整体，采用置换率加权模量作为复合模量，复合模量也可根据试验而定，并以此为参数用分层总和法求 s_1。

(2)应力修正法

根据桩土模量比求出桩土各自分担的荷载，忽略增强体的存在，用弹性理论求土中应力，用分层总和法求出加固区土体的变形作为 s_1。

(3)桩身压缩量法

假定桩体不会产生刺入变形，通过模量比求出桩承担的荷载，再假定桩侧摩阻力的分布形式，则可通过材料力学中求压杆变形的积分方法求出桩体的压缩模量，并以此作为 s_1。

s_2 的计算方法一般有以下三种：

(1)应力扩散法

此法实际上是地基规范中验算下卧层承载力的借用，即将复合地基视为双层地基，通过一应力扩散角简单地求得未加固区顶面应力的数值，再按弹性理论法求得整个下卧层的应力分布，用分层总和法求 s_2。

(2)等效实体法

即地基规范中群桩(刚性桩)沉降计算方法，假设加固体四周受均布摩阻力，上部压力扣除摩阻力后即可得到未加固区顶面应力的数值，可按弹性理论法求得整个下卧层的应力分布，按分层总和法求 s_2。

(3)Mindlin—Geddes 方法

按模量比将上部荷载分配给桩土，假定桩侧摩阻力的分布形式，按 Mindlin 基本解积分求出桩对未加固区形成的应力分布；按弹性理论法求得土分担的荷载对未加固区的应力，再与前面积分求得的未加固区应力叠加，以此应力按分层总和法求 s_2。

4)复合地基设计

深层搅拌桩的布桩形式非常灵活,可以根据上部结构要求及地质条件采用柱状、壁状、格栅状及块状加固形式。如上部结构刚度较大,土质又比较均匀,可以采用柱状加固形式,即按上部结构荷载分布,均匀地布桩;建筑物长高比大,刚度较小,场地土质又不均匀,可以采用壁状加固形式,使长方向轴线上的搅拌桩连接成壁,以增加地基抵抗不均匀变形的刚度;当场地土质不均匀,且表面土质很差,建筑物刚度又很小,对沉降要求很高,则可以采用格栅状加固形式,即将纵横主要轴线上的桩连接成封闭的整体。这样不仅能增加地基刚度,同时可限制格栅中软土的侧向挤出,从而减少总沉降量。

软土地区的建筑物,都是在满足强度要求的条件下以沉降进行控制的,应采用以下设计思路:

(1)根据地层结构采用适当的方法进行沉降计算,由建筑物对变形的要求确定加固深度,即选择施工桩长。

(2)根据土质条件、固化剂掺量、室内配比试验资料和现场工程经验选择桩身强度和水泥掺入量及有关施工参数。根据上海地区的工程经验,当水泥掺入比为12%左右时,桩身强度一般可达1.0~1.2MPa。

(3)根据桩身强度的大小及桩的断面尺寸,由式(8-18)计算单桩承载力。

(4)根据单桩承载力及土质条件,由式(8-17)计算有效桩长。

(5)根据单桩承载力、有效桩长和上部结构要求达到的复合地基承载力,由式(8-20)计算桩土面积置换率。

(6)根据桩土面积置换率和基础形式进行布桩,桩可只在基础平面范围内布置。

复合地基是地基而不是桩基础,必须把桩与土作为一个复合体来考虑,所以,置换率与桩长的关系十分密切。在复合地基的优化设计中应注意以下几个控制指标:①最优置换率;②有效桩长;③界限桩体刚度。设计中若这几个指标超过相应的值,对复合地基的受力与变形已无明显改善,因而是不经济的。对深层搅拌桩,尤其是第三个指标应严格控制,若桩体刚度过大,反而会引起下卧层沉降增大乃至桩尖刺入。

对于深厚软土的地基处理,采用水泥土桩复合地基进行加固时,建议采用以下设计思路:以沉降计算来确定加固深度;计算单桩和复合地基承载力时,桩长取有效桩长;选取有效桩长时,以桩身强度来控制;桩身强度以土质条件和固化剂掺量为控制。

2. 壁状加固地基

沿海软土地基在密集建筑群中深基坑开挖施工时,常使邻近建筑物产生不均匀沉降或地下各种管线设施损坏而影响安全。

迄今为止所进行的深层搅拌桩(喷浆)工程多数是侧向支护工程,其基本施工方法是采用深层搅拌机,将相邻桩连续搭接施工,一般布置数排搅拌桩在平面上组成格栅形(图8-4)。原则上按重力式挡土墙设计,要进行抗滑、抗倾覆、抗渗、抗隆起和整体滑动计算。采用格栅形布桩优点是:①限制了格栅中的软土变形,也就大大减少了其竖向沉降;②增加支护的整体刚度,保证复合地基在横向力作用下共同工作。

设计计算时采用的计算图式,如图8-5所示。

图8-5中搅拌桩墙宽度B为格栅组成的外包宽度,根据上海地区经验,墙宽$B=(0.6\sim0.8)$倍开挖深度,桩插入基坑底深度$h=(0.8\sim1.2)$倍开挖深度。

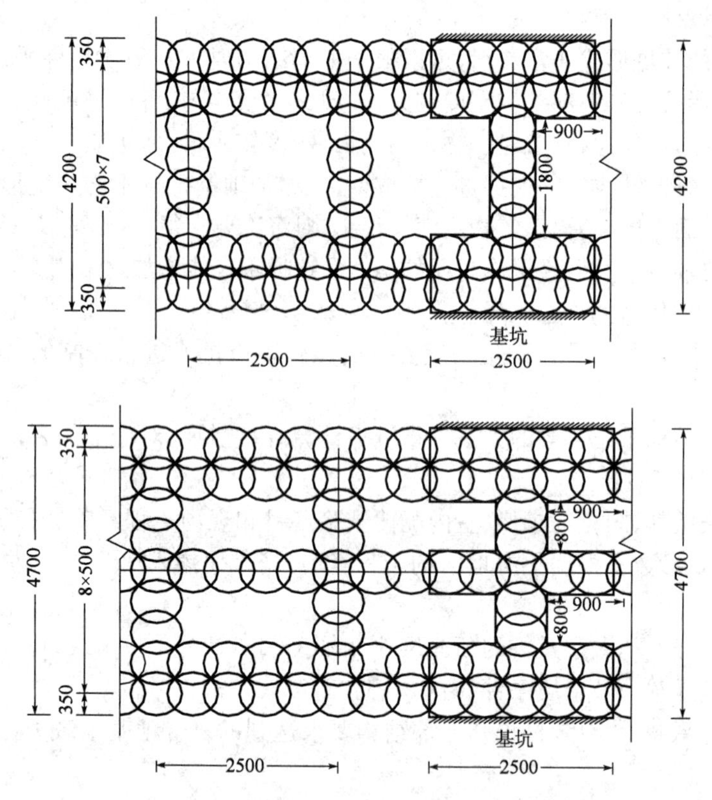

图 8-4　深层搅拌桩形成格栅形作侧向支护(尺寸单位:mm)

$p_2=2C\tan(45°+\varphi/2)$

$p_1=2C\tan(45°-\varphi/2)$

$Z_0=2C/\gamma\tan(45°-\varphi/2)$

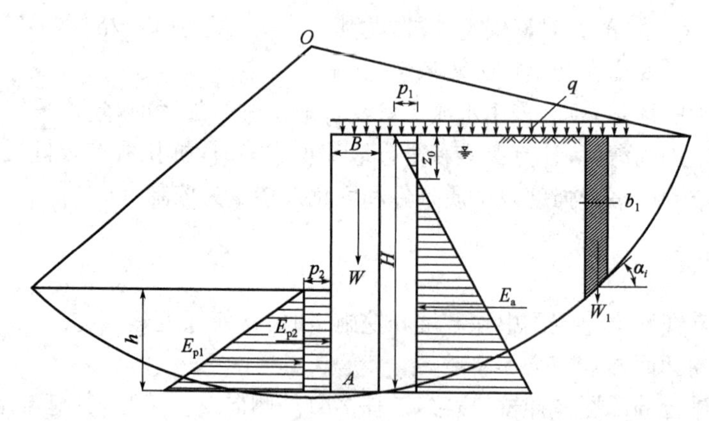

图 8-5　深层搅拌桩侧向支护计算图式

1)土压力计算

为简化计算,对成层分布的土体,墙底以上各层土的物理力学指标按层厚加权平均:

$$\gamma=\sum_{i=1}^{n}\frac{\gamma_i h_i}{H}$$

$$\varphi=\sum_{i=1}^{n}\frac{\varphi_i h_i}{H}$$

$$C=\sum_{i=1}^{n}\frac{C_i h_i}{H}$$

式中：γ_i——墙底以上各层土的天然重度（kN/m^3）；

φ_i——墙底以上各层土内摩擦角（°）；

c_i——墙底以上各层土的黏聚力（kPa）；

h_i——墙底以上各层土的厚度（m）；

H——墙高（m）。

墙后主动土压力计算：

$$E_a=\left(\frac{1}{2}\gamma H^2+qH\right)\cdot\tan^2\left(45^\circ-\frac{\varphi}{2}\right)-2C\cdot H\cdot\tan\left(45^\circ-\frac{\varphi}{2}\right)+\frac{2C^2}{\gamma} \tag{8-10}$$

墙前被动土压力计算：

$$E_p=E_{p1}+E_{p2}=\frac{1}{2}\gamma_h\cdot h^2\cdot\tan\left(45^\circ+\frac{\varphi_h}{2}\right)+2C_h\cdot h\cdot\tan\left(45^\circ+\frac{\varphi_h}{2}\right) \tag{8-11}$$

式中：γ_h、φ_h、C_h——坑底以下各层土的天然重度、内摩擦角和黏聚力。

对饱和软土的土侧压力可按水土压力合算，对砂性土可按水土压力分算。

2)抗倾覆计算

按重力式挡墙计算绕前趾 A 点的抗倾覆安全系数：

$$K_0=\frac{M_R}{M_0}=\frac{\frac{1}{3}h\cdot E_{p1}+\frac{1}{2}\cdot h\cdot E_{p2}+\frac{1}{2}B\cdot W}{\frac{1}{3}(H-z_0)\cdot E_a} \tag{8-12}$$

式中：W——墙体自重，$W=\gamma_0\cdot B\cdot H$（kN/m）；

γ_0——取 18～19kN/m^3；

K_0——抗倾覆安全系数，$K_0\geqslant 1.5$。

3)抗滑移计算

按重力式挡墙计算墙体沿底面滑动的安全系数：

$$K_0=\frac{W\cdot\tan\varphi_0+C_0\cdot B}{E_a-E_p} \tag{8-13}$$

式中：C_0、φ_0——墙底土层的黏聚力和内摩擦角，由于搅拌成桩时水泥浆液和墙底土层拌和，可取该层土试验指标的上限值；

K_0——抗滑移安全系数，$K_0\geqslant 1.3$。

4)整体稳定计算

由于墙前、墙后有显著的地下水位差，墙后又有地表面超载，故整体稳定性计算是设计中的一个主要内容，计算时采用圆弧滑动法；渗流力的作用采用替代法，稳定安全系数采用总应力法计算：

$$K=\frac{\sum_{i=1}^{n}C_i l_i+\sum_{i=1}^{n}(q_i\cdot b_i+W_i)\cos\alpha_i\cdot\tan\alpha_i}{\sum_{i=1}^{n}(q_i\cdot b_i+W_i)\sin\alpha_i} \tag{8-14}$$

式中：l_i——第 i 条土条顺滑弧面的弧长（m）；

q_i——第 i 条土条地面荷载（kPa）；

b_i——第 i 条土条宽度（m）；

W_i——第 i 条土条重量(kN)，不计渗流力时，坑底地下水位以上取天然重度计算；当计入渗流力时，坑底地下水位至墙后地下水位范围内的土体重度，在计算分母(滑动力矩)时取饱和重度，在计算分子(抗滑动力矩)时取浮重度；

α_i——第 i 条滑弧中点的切线和水平线的夹角(°)；

K——整体稳定安全系数，$K \geqslant 1.25$。

一般最危险滑弧在墙底下 0.5～1.0m 位置。当墙底下面的土层很差时，危险滑弧的位置还会深一点儿，当墙体无侧限抗压强度不低于 1MPa 时，一般不必计算切墙体滑弧的安全系数。在无侧限抗压强度低于 1MP 时，可取 $c=(1/15 \sim 1/10) f_{cu}$，$\varphi=0°$ 作为墙体指标来计算切墙体滑弧的安全系数。

5)抗渗计算

当地下水从基底以下土层向基坑内渗流时，若其动水坡度大于渗流出口处土颗粒的临界动水坡度，将产生基底渗流失稳现象。由于这种渗流具有空间性和不恒定性，至今理论上还未解决，为简化计算，按平面恒定渗流的计算方法即直线比例法，此法简便，精度能满足要求。

为了保证抗渗流稳定性，须有足够的渗流长度：

$$L \geqslant c_i \cdot \Delta H \tag{8-15}$$

$$L = L_H + mL_V \tag{8-16}$$

式中：L——渗流总长度(m)，即渗透起始点至渗流出口处的地下轮廓线的水平和垂直总长度(m)；

L_H、L_V——渗透起始点至渗流出口处的地下轮廓线的水平和垂直总长度(m)；

m——换算系数，$m=1.5 \sim 2.0$；

ΔH——挡土结构两侧水位差(m)；

c_i——渗径系数，根据基底土层性质和渗流出口处情况确定，一般渗流出口处无反滤设施时，可按下列值选用：黏土 $c_i=3 \sim 4$；粉质黏土 $c_i=4 \sim 5$；黏质粉土 $c_i=5 \sim 6$；砂质粉土 $c_i=6 \sim 7$。

抗渗安全系数：

$$K_{渗} = \frac{m[(H-0.5)+2h]+B}{c_i \cdot \Delta H} \tag{8-17}$$

式中：$K_{渗}$—抗渗安全系数，$K_{渗} \geqslant 1.10$。

6)抗隆起计算

基坑隆起是指使墙后土体及基底土体向基坑内移动，促使坑底向上隆起，出现塑性流动和涌土现象。形成基坑隆起的原因是：

(1)基坑内外土面和地下水位的高差。

(2)坑外地面的超载。

(3)基坑卸载引起的回弹。

(4)基坑底承压水头。

(5)墙体的变形。

常用的计算方法有 Caquot-Kcrisel、G. Schneebeli、Prandtl 以及圆弧滑动法等。根据上海地区的设计经验，参照 Prandtl 和 Terzaghi 的地基承载力公式，将墙底面的平面作为求极限承载力的基准面(图 8-6)。

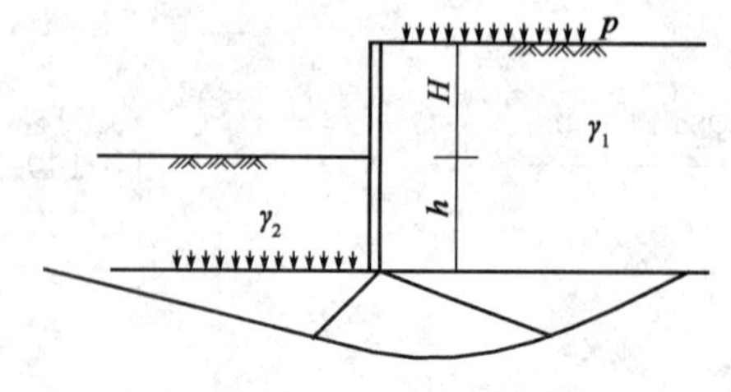

图 8-6　抗基坑隆起计算示意图

$$K_s=\frac{\gamma_2 \cdot h \cdot N_q+c \cdot N_c}{\gamma_1(H+h)+q} \tag{8-18}$$

$$N_q=\tan^2\left(45^\circ+\frac{\varphi}{2}\right)e^{\pi\tan\varphi} \tag{8-19}$$

$$N_c=(N_q-1)\cot\varphi \tag{8-20}$$

式中：K_s——抗隆起安全系数，$K_s \geqslant 1.2$；

γ_1——自地表面至墙底各土层的加权平均重度(地下水位以下取浮重度)(kN/m^3)；

γ_2——自基坑底面以下至墙底各土层的加权平均重度(地下水位以下取浮重度)(kN/m^3)；

h——搅拌桩插入深度(m)；

H——基坑开挖深度(m)；

q——地面超载(kPa)；

N_q、N_c——无量纲的承载力系数，仅与土的内摩擦角 φ 有关，可查相关土力学书籍或按式(8-19)、式(8-20)计算；

C、φ——墙底处土的黏聚力(kPa)和内摩擦角(°)，一般取固结快剪峰值。

实践证明，本法基本上可适用于各类土质条件，虽然本验算方法将墙底面作为极限承载力的基准面带有一定近似性，但对基坑开挖作为临时开挖挡土结构而言是安全的。提高基坑底面隆起稳定性的措施有：

(1)搅拌桩墙的墙底宜选择压缩性低的土层。

(2)适当降低墙后土面高程。

(3)在可能条件下，基坑开挖施工过程中可采用井点降水。

第五节 施工方法

一、水泥浆搅拌法

1. 搅拌机械设备及性能

国内目前的搅拌机有中心管喷浆方式和叶片喷浆方式。后者是使水泥浆从叶片上若干个小孔喷出，使水泥浆与土体混合较均匀，对大直径叶片和连续搅拌是合适的。但因喷浆孔小易被浆液堵塞，它只能使用纯水泥浆而不能采用其他固化剂，且加工制造较为复杂。中心管输浆方式中的水泥浆是从两根搅拌轴间的另一中心管输出，叶片直径在 lm 以下时，并不影响搅拌均匀度，而且它可适用多种固化剂，除纯水泥浆外，还可用水泥砂浆，甚至掺入工业废料等粗粒固化剂。国内主要使用的几种型号的搅拌机械设备性能及技术参数，见表 8-2。

1)SJB-30 型深层双层搅拌机

SJB-30 型(即原来的 SJB-1 型)深层搅拌机是由冶金部建筑研究总院和交通部水运规划设计院合作研制，并由江苏省江阴市江阴振冲器厂生产的双搅拌轴中心管输浆的水泥搅拌专用机械(图 8-7)。目前，又生产出 SJB-40 型搅拌机。

水泥浆搅拌机技术参数表 表 8-2

水泥搅拌机类型		SJB-30	SJB-40	GZB-600	DJB-14D
搅拌机	搅拌轴数量(根)	2(φ129mm)	2(φ129mm)	1(φ129mm)	1
	搅拌叶外半径(mm)	700	700	600	500
	转速(r/min)	43	43	50	60
	电动机功率(kW)	2×30	2×40	2×30	2×22
起吊设备	提升能力(kN)	>100	>100	150	50
	提升高度(m)	>14	>14	14	19.5
	提升速度(m/min)	0.2～1.0	0.2～1.0	0.6～1.0	0.95～1.20
	接地压力(kPa)	60	60	60	40
固化剂制备系统	灰浆拌制机台数×容量(L)	2×200	2×200	2×500	2×200
	灰浆泵工作压力(kPa)	1500	1500	1400	1500
	集料斗容量(m^3)	400	400	180	
技术指标	一次加固面积(m^2)	0.71	0.71	0.283	0.196
	最大加固深度(m)	10～12	15～18	10～15	19
	效率(m/台·班)	40～50	40～50	60	100
	总重(不包括吊车)(t)	4.5	4.7	12	4
水泥搅拌机类型		GDP-72	GDPG-72	ZKD65-3	ZDK85-3
搅拌机	搅拌轴数量(根)	2	2	3	3
	搅拌叶外半径(mm)	700	700	650	850
	转速(r/min)	46	46	17.6	16.0
	电动机功率(kW)	2×37	2×37	2×45	2×75
起吊设备	提升能力(kN)	>150	>150	250	250
	提升高度(m)	23	23	30	30
	提升速度(m/min)	0.64～1.12	0.37～1.16	杆中心距450mm	杆中心距600mm
	接地压力(kPa)	38			
移动系统	移动方式	步履	滚筒	履带	履带
	纵向行程(m)	1.2	5.5		
	横向行程(m)	0.7	4.0		
技术指标	一次加固面积(m^2)	0.71	0.71	0.87	1.50
	最大加固深度(m)	18	18	30	27
	效率(m/台班)	100～120	100～120		
	总质量(t)	16	16		

2)GZB-600 型深层单轴搅拌机

该机是由天津机械施工公司利用进口钻机改装的单搅拌轴、叶片喷浆方式的搅拌机(图 8-8)。GZB-600 型深层搅拌机在搅拌头上分别设置搅拌叶片和喷浆叶片,2 层叶片相距 0.5m,成桩直径φ600。喷浆叶片上开有 3 个尺寸相同的喷浆口(图 8-9)。

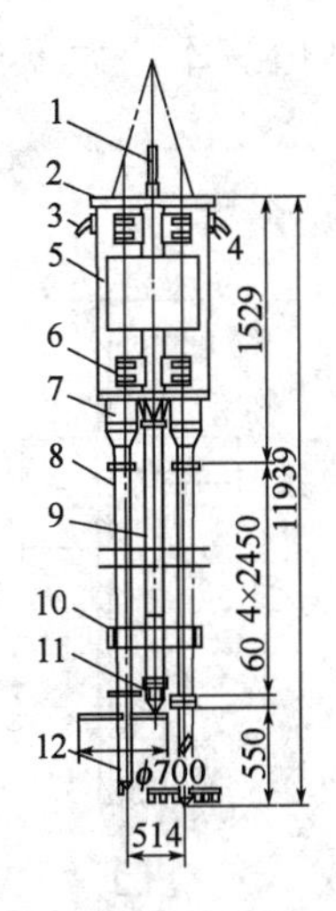

图 8-7　SJB-30 型深层双轴搅拌机(尺寸单位:mm)

1-输浆管;2-外壳;3-出水口;4-进水口;5-电动机;6-导向滑块;7-减速器;8-搅拌轴;9-中心管;10-横向系板;11-球形阀;12-搅拌头

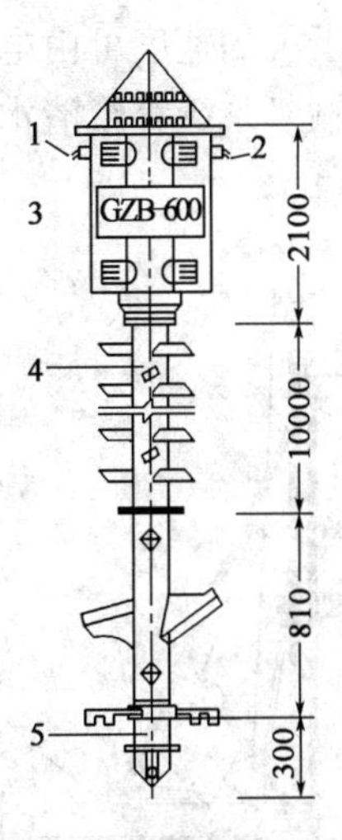

图 8-8　GZB-600 型深层单轴搅拌机(尺寸单位:mm)

1-电缆接头;2-进浆口;3-电动机;4-搅拌轴;5-搅拌头

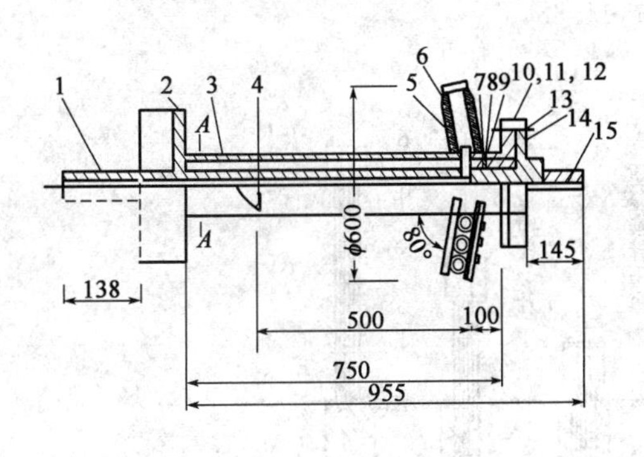

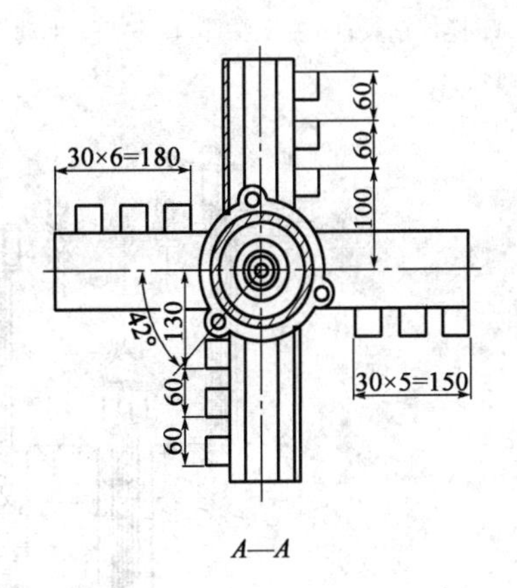

图 8-9　叶片喷浆搅拌头(尺寸单位:mm)

1-输浆管;2-上法兰;3-搅拌轴;4-搅拌叶片;5-喷浆叶片;6-输送管;7-堵头;8-搅拌轴;9-胶垫;10-螺栓;11-螺母;12-垫圈;13-下法兰;14-上法兰;15-螺旋锥头

3)DJB-14D 型深层单轴搅拌机

该机由浙江有色勘察研究院与浙江大学合作,在北京 800 型转盘钻机基础上改制而成(图 8-10)。DJB-4D 型深层单轴搅拌机的主机系统包括动力头、搅拌轴和搅拌头。搅拌头上端有一对搅拌叶片,下部为与搅拌叶片互呈 90°、直径 500mm 的切削片,叶片的背后安有 2 个直径为 8~12mm 喷嘴,参见图 8-9~图 8-11。

2. 水泥浆搅拌法施工方法流程(图 8-12)

1)定位

起重机(或塔架)悬吊搅拌机到达指定桩位对中。当地面起伏不平时,应使起吊设备保持水平。

2)预搅下沉

待搅拌机的冷却水循环正常后,启动搅拌机电机,放松起重机钢丝绳,使搅拌机沿导向架搅拌切土下沉，下沉的速度可由电机的电流监测表控制。工作电流不应大于70A。如果下沉速度太慢，可从输浆系统补给清水以利钻进。

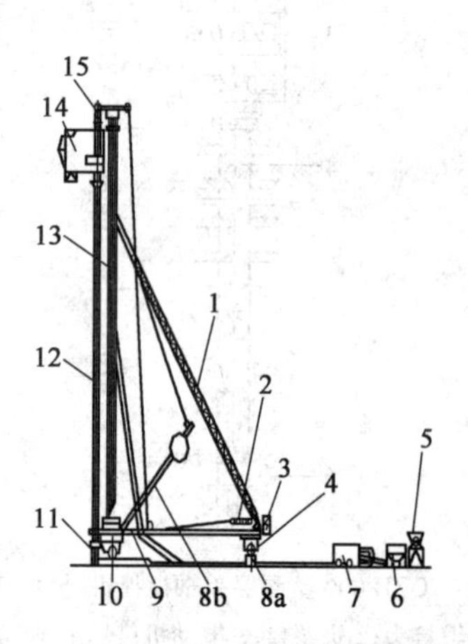

图 8-10　DJB-14D型深层单轴搅拌机配套机械

1-副腿；2-卷扬机；3-配电箱；4-操作台；5-灰浆搅拌机；6-集料斗；7-挤压泵；8a-轨道；8b-起落套杆；9-底盘；10-枕木；11-搅拌钻头；12-主动钻杆；13-钻塔；14-动力头；15-顶部滑轮组

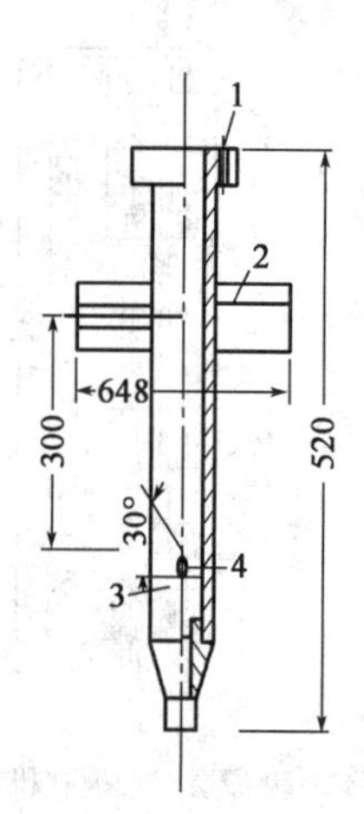

图 8-11　搅拌头结构图(尺寸单位：mm)

1-法兰盘；2-搅拌叶片-3.切削叶片；4-喷嘴

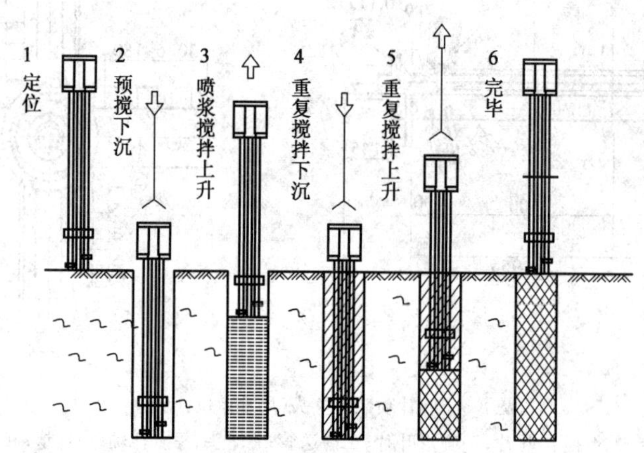

图 8-12　深层搅拌桩法施工方法

3)制备水泥浆

待搅拌机下沉到一定深度时，即开始按设计确定的配合比拌制水泥浆，待压降前将水泥浆倒入集料中。

4)提升喷浆搅拌

当水泥浆液到达出浆口后，应喷浆搅拌30s，在水泥浆与桩端土充分搅拌后，再开始提升搅拌头。

5)重复上、下搅拌

搅拌机提升至设计加固深度的顶面高程时，集料斗中的水泥浆应正好排空。为使软土和水泥浆搅拌均匀，可再次将搅拌机边旋转边沉入土中，至设计加固深度后再将搅拌机提升出地面。

6)清洗

向集料斗中注入适量清水，开启灰浆泵，清洗全部管路中的残存的水泥浆，直至基本干净，并将黏附在搅拌头上的软土清洗干净。

7)移位

重复上述1)～6)步骤，再进行下一根桩的施工。

由于搅拌桩顶部与上部结构的基础或承台接触部分受力较大，通常还可对桩顶1.0～1.5m范围内再增加一次输浆，以提高其强度。

3. 施工注意事项

(1)根据实际施工经验，深层搅拌桩法在施工到顶端0.3～0.5m范围时，因上覆压力较小、搅拌质量较差。因此，其场地整平高程应比设计确定的基底高程再高出0.3～0.5m，桩制作时仍施工到地面，待开挖基坑时，再将上部0.3～0.5m的桩身质量较差的桩段挖去。而基础埋深较大时，取下限；反之，则取上限。

(2)搅拌桩的垂直度偏差不得超过1%，桩位布置偏差不得大于50mm，成桩直径和桩长不得小于设计值。

(3)搅拌头翼片的枚数、宽度、与搅拌轴的垂直夹角、搅拌头的回转数、提升速度应相互匹配，以确保加固深度范围内土体的任何一点均能经过20次以上的搅拌。粉体喷射搅拌法也应遵循此规定。

(4)施工前，应确定搅拌机械的灰浆泵输浆量、灰浆经输浆管到达搅拌机喷浆口的时间和起吊设备提升速度等施工参数；并根据设计要求通过成桩试验，确定搅拌桩的配比等各项参数和施工方法。宜用流量泵控制输浆速度，使注浆泵出口压力保持在0.4～0.6MPa，并应使搅拌提升速度与输浆速度同步。

(5)制备好的浆液不得离析，泵送必须连续。拌制浆液的罐数、固化剂和外掺剂的用量以及泵送浆液的时间等应有专人记录。喷浆量及搅拌深度必须采用经国家计量部门认证的监测仪器进行自动记录。

(6)为保证桩端施工质量，当浆液达到出浆口后，应喷浆座底30s，使浆液完全到达桩端。特别是设计中考虑桩端承载力时，该点尤为重要。

(7)预搅拌下沉时不宜冲水，当遇到较硬土层下沉太慢时，方可适量冲水，但应考虑冲水成桩对桩身强度的影响。

(8)可通过复喷的方法达到桩身强度为变参数的目的。搅拌次数以1次喷浆2次搅拌或2次喷浆4次搅拌为宜，且最后1次提升搅拌宜采用慢速提升。当喷浆口到达桩顶高程时，宜停止提升，搅拌数秒，以保证桩头的均匀密实。

(9)施工时因故停浆，宜将搅拌机下沉至停浆点以下0.5m，待恢复供浆时再喷浆提升。若停机超过3h，为防止浆液硬结堵管，宜先拆卸输浆管路，妥为清洗。

(10)壁状加固时，桩与桩的搭接时间不应大于24h，如因特殊原因超过上述时间，应对最后一根桩先进行空钻留出榫头以待下一批桩搭接，如间歇时间太长(如停电等)，与第二根无法搭接，应在设计和建设单位认可后，采取局部补桩或注浆措施。

(11)根据现场实践表明，当深层搅拌桩作为承重桩进行基坑开挖时，桩顶和桩身已有一定的强度，若用机械开挖基坑，往往容易碰撞损坏桩顶，因此基底高程以上0.3m宜采用人工开挖，以保护桩头质量。这点对保证处理效果尤为重要，应引起足够的重视。

每个深层搅拌桩施工现场，由于土质有差异、水泥的品种和强度等级不同，因而搅拌加固质量有较大的差别。所以在正式搅拌桩施工前，均应按施工组织设计确定的搅拌施工方法制作数根试桩，养护一定时间后进行开挖观察，最后确定施工配比等各项参数和施工方法。

4. 施工中常见的问题和处理方法

施工中常见的问题和处理方法，见表8-3。

施工中常见的问题和处理方法　　表8-3

常见问题	发生原因	处理方法
预搅下沉困难，电流值高，电机跳闸	①电压偏低 ②土质硬，阻力太大 ③遇大石块、树根等障碍物	①调高电压 ②适量冲水或浆液下沉 ③挖除障碍物
搅拌机下不到预定深度，但电流不高	土质黏性大，搅拌机自重不够	增加搅拌机自重或开动加压装置
喷浆未到设计桩顶面（或底部桩端）高程，集料斗浆液已排空	①投料不准确 ②灰浆泵磨损漏浆 ③灰浆泵输浆量偏大	①重新标定投料量 ②检修灰浆泵 ③重新标定灰浆输浆量
喷浆到设计位置集料斗中剩浆量过多	①拌浆加水过量 ②输浆管路部分阻塞	①重新标定拌浆用水量 ②清洗输浆管路
输浆管堵塞爆裂	①输浆内有水泥结块 ②喷浆口球阀间隙太小	①拆洗输浆管 ②使喷浆口球阀间隙适当
搅拌钻头和混合土同步旋转	①灰浆浓度过大 ②搅拌叶片角度不适宜	①重新标定浆液水灰比 ②调整叶片角度或更换钻头

二、粉体喷射搅拌法

1. 粉体喷射搅拌法的特点

粉体喷射搅拌法施工使用的机械和配套设备有单搅拌轴和双搅拌轴，二者的加固机理相似，都是利用压缩空气通过固化材料供给机的特殊装置，携带粉体固化材料，经过高压软管和搅拌轴输送到搅拌叶片的喷嘴喷出。借助搅拌叶片旋转，在叶片的背后面产生空隙，安装在叶片背后面的喷嘴将压缩空气连同粉体固化材料一起喷出。喷出的混合气体在空隙中压力急剧降低，促使固化材料就地黏附在旋转产生空隙的土中，旋转到半周，另一搅拌叶片把土与粉体固化材料搅拌混合在一起，与此同时，这只叶片背后的喷嘴将混合气体喷出。这样周而复始地搅拌、喷射、提升（有的搅拌机安装两层搅拌叶片，使土与粉体搅拌混合得更均匀）。与固化材料分离后的空气传递到搅拌轴的四周，上升到地面释放掉。如果不让分离的空气释放，将影响减压效果，因此，搅拌轴外形一般多呈四方、六方或带棱角形状。

粉体喷射搅拌法加固地基具有如下的特点：

(1)使用的固化材料（干燥状态）可更多地吸收软土地基中的水分，对加固含水率高的软土、极软土以及泥炭土地基效果更为显著。

(2)固化材料全面地被喷射到搅拌叶片旋转产生的空隙中，同时又靠土的水分把它黏附到空隙内部，随着搅拌叶片的搅拌使固化剂均匀地分布在土中，不会产生不均匀的散乱现象，有利于提高地基土的加固强度。

(3)与高压喷射注浆和水泥浆搅拌法相比，输入地基土中的固化材料要少得多，无浆液排出，无地面隆起现象。

(4)粉体喷射搅拌法施工可以加固成群桩，也可以交替搭接加固成壁状、格栅状或块状。

2. 施工工具和设备

粉体喷射搅拌机械一般由搅拌主机、粉体固化材料供给机、空气压缩机、搅拌翼和动力部分等组成。

国内GPP-5型粉体喷射搅拌机的技术性能，见表8-4。

GPP-5型粉体喷射搅拌机技术性能 表8-4

粉喷搅拌机	搅拌轴规格(mm×mm)	108×108×(7500+5500)	YP-Ⅰ型粉体喷射机	储料量(kg)	2000
	搅拌翼外径(mm)	500		最大送粉压力(MPa)	0.5
	搅拌轴转速(r/min)	正(反)28、50、92		送粉管直径(mm)	50
	转矩(kN·m)	4.9、8.6		最大送粉量(kg/min)	100
	电功率(kW)	30		外形规格(m×m×m)	2.7×1.82×2.46
起吊设备	井架结构高度(m)	门型-3级—14m	技术参数	一次加固面积(m^2)	0.196
	提升力(kN)	78.4		最大加固深度(m)	12.5
	提升速度(m/min)	0.48、0.8、1.47		总质量(t)	9.2
	接地压力(kPa)	34		移动方式	液压步履

3. 施工工序

(1)放样定位。

(2)移动钻机，准确对孔。对孔误差不得大于50mm。

(3)利用支腿油缸调平钻机，钻机主轴垂直度误差应不大于1%。

(4)启动主电动机，根据施工要求，以Ⅰ、Ⅱ、Ⅲ挡逐级加速的顺序，正转预搅下沉。钻至接近设计深度时，应用低速慢钻，钻机应原位钻动1～2min。为保持钻杆中间送风通道的干燥，从预搅下沉开始直到喷粉为止，应在轴杆内连续输送压缩空气。

(5)粉体材料及掺和量:使用粉体材料，除水泥以外，还有石灰、石膏及矿渣等，也可使用粉煤灰等作为掺加料。使用水泥粉体材料时，宜选用42.5级普通硅酸盐水泥，其掺和量常为180～240kg/m^3;若选用矿渣水泥、火山灰水泥或其他种水泥时，使用前须在施工场地内钻取不同层次的地基土，在室内做各种配合比试验。

(6)搅拌头每旋转一周，其提升速度不得超过16mm。当搅拌头到达设计桩底以上1.5m时，应开启喷粉机提前进行喷粉作业。当提升到设计停灰高程后，应慢速原地搅拌1～2min。

(7)重复搅拌。为保证粉体搅拌均匀，须再次将搅拌头下沉到设计深度。提升搅拌时，其速度控制在0.5～0.8m/min。

(8)为防止空气污染，当搅拌头提升至地面下500mm时，喷粉机应停止喷粉。在施工中孔口应设喷灰防护装置。

(9)提升喷灰过程中，须有自动计量装置。该装置为控制和检验喷粉桩的关键，应予以足够的重视。

(10)钻具提升至地面后，钻机移位对孔，按上述步骤进行下一根桩的施工。

4. 施工中须注意的事项

(1)深层搅拌桩法(干法)喷粉施工机械必须配置经国家计量部门确认的具有能瞬时检测

并记录出粉量的粉体计量装置及搅拌深度自动记录仪。喷粉施工前应仔细检查搅拌机械、供粉泵、送气(粉)管路、接头和阀门的密封性、可靠性。送气(粉)管路的长度不宜大于60m。

(2)搅拌头的直径应定期复核检查,其磨耗量不得大于10mm。

(3)在建筑物旧址或回填建筑垃圾地区施工时,应预先进行桩位探测,并清除已探明的障碍物。

(4)桩体施工中,若发现钻机不正常振动、晃动、倾斜、移位等现象,应立即停钻检查。必要时应提钻重打。

(5)施工中应随时注意喷粉机、空压机的运转情况;压力表的显示变化;送灰情况。当送灰过程中出现压力连续上升、发送器负载过大、送灰管或阀门在轴具提升中途堵塞等异常情况,应立即判明原因、停止提升、原地搅拌。为保证成桩质量,必要时应予以复打。堵管的原因除漏气外,主要是水泥结块。施工时不允许用已结块的水泥,并要求管道系统保持干燥状态。

(6)在送灰过程中,如发现压力突然下降、灰罐加不上压力等异常情况,应停止提升、原地搅拌、及时判明原因。若由于灰罐内水泥粉体已喷完或容器、管道漏气所致,应将钻具下沉到一定深度后,重新加灰复打,以保证成桩质量。有经验的施工监理人往往从高压送粉胶管的颤动情况来判明送粉的正常与否。检查故障时,应尽可能不停止送风。

(7)设计上要求搭接的桩体,须连续施工。一般相邻桩的施工间隔时间不超过8h。若因停电、机械故障而超过允许时间,应征得设计部门同意,采取适宜的补救措施。

(8)成桩过程中因故停止喷粉,应将搅拌头下沉至停灰面以下1m处,待恢复喷粉时再喷粉搅拌提升。

(9)在SP-1型粉体发送器中有一个气水分离器,用于收集因压缩空气膨胀而降温所产生的凝结水。施工时应经常排除气水分离器中的积水,防范因水分进入钻杆而堵塞送粉通道。

(10)喷粉时灰罐内的气压比管道内的气压高0.02～0.05MPa,以确保正常送粉。需在地基土天然含水率小于30%土层中喷粉成桩时,应采用地面注水搅拌工艺。

第六节　质量检验

深层搅拌桩的质量控制应贯穿于施工的全过程,并应坚持全程的施工监理。施工过程中,必须随时检查施工记录和计量记录,并对照规定的施工方法对每根桩进行质量评定。检查重点是:水泥用量、桩长、搅拌头转数和提升速度、复搅次数和复搅深度、停浆处理方法等。

深层搅拌桩的施工质量检验可采用以下方法:

一、浅部开挖

各施工机组应对成桩质量随时检查,及时发现问题、及时处理。开挖检查仅仅是浅部桩头部位,目测其成桩大致情况,例如成桩直径、搅拌均匀程度等。

二、取芯检验

用钻孔方法连续取深层搅拌桩桩芯,可直观地检验桩体强度和搅拌的均匀性。取芯通常用ϕ106岩芯管,取出后可当场检查桩芯的连续性、均匀性和硬度,并用锯、刀切割成试块,做无侧限抗压强度试验。但由于桩的不均匀性,在取样过程中水泥土很易产生破碎,取出的试件做强度试验很难保证其真实性。使用本方法取桩芯时,应有良好的取芯设备和技术,确保桩芯的完整性和原状强度。在钻芯取样的同时,可在不同深度进行标准贯入检验,通过标贯值判定桩身质量及搅拌均匀性。

三、截取桩段作抗压强度试验

在桩体上部不同深度现场挖取50cm桩段,上下截面用水泥砂浆整平,装入压力架后用千斤顶加压,即可测得桩身抗压强度及桩身变形模量。

该法是值得推荐的检测方法,它可避免桩横断面方向强度不均匀的影响;测试数据直接可靠;可积累室内强度与现场强度之间关系的经验;试验设备简单易行。但该法的缺点是挖桩深度不能过大,一般为1～2m。

四、静荷载试验

对承受垂直荷重的深层搅拌桩,静荷载试验是最可靠的质量检验方法。

对于单桩复合地基荷载试验,荷载板的大小应根据设计置换率来确定,即荷载板面积应为一根桩所承担的处理面积,否则,应予以修正。试验高程应与基础底面设计高程相同。对单桩静荷载试验,在板顶上要做一个桩帽,以便受力均匀。

深层搅拌桩通常是摩擦桩,所以试验结果一般不出现明显的拐点,容许承载力可按沉降的变形条件选取。

荷载试验应在28d龄期后进行。检验点数每个场地不得少于3点。若试验值不符合设计要求时,应增加检验孔的数量,若用于桩基工程,其检验数量应不少于第一次的检验量。

根据上海地区大量静荷载试验资料分析,单桩承载力一般很难达到设计或理论计算的要求。一方面是因为设计要求往往没有考虑有效桩长,致使设计要求值偏高;另一方面主要是桩顶的施工质量未能满足要求,浅层3～5倍桩径范围内的桩身强度较低;另外,测试时桩的龄期未达90d。资料分析说明,桩长和桩身强度及置换率是承载力的决定因素。因此,施工中保证桩的长度和桩身强度达到设计要求是加固质量的关键。特别是浅层3～5倍桩径范围内的桩身强度加强,可以提高桩的承载力,同时,提高置换率比单纯增加桩长对提高桩的承载力效果更为明显。

一般桩的荷载试验均在成桩后28d时进行,而设计要求均为90d,其承载力对于龄期的换算关系完全不同于室内水泥土强度的换算关系。根据经验及资料分析认为,28d单桩承载力推算到90d的单桩承载力。可以乘以1.2～1.3的系数,主要与单桩试验的破坏模式有关。28d单桩复合地基承载力推算到90d的承载力,可以乘以1.1左右的系数,主要与桩土模量比等因素有关。

用作止水的壁状水泥桩体,在必要时可开挖桩顶3～4m深度,检查其外观搭接状态。另外,也可沿壁状加固体轴线斜向钻孔,使钻杆通过2～4根桩身,即可检查深部相邻桩的搭接状态。

深层搅拌桩地基竣工验收检验:竖向承载深层搅拌桩地基竣工验收时,承载力检验应采用复合地基荷载试验。荷载试验必须在桩身强度满足试验荷载条件时,并宜在成桩28d后进行。检验数量为桩总数的0.5%～1%,且每项单体工程不应少于3点。

对于深层土搅拌桩的检测,由于试验设备等因素的限制,只能限于浅层。对于深层强度与变形、施工桩长及深度方向水泥土的均匀性等的检测,目前尚没有更好的方法,有待于今后进一步研究解决。

第七节　工 程 实 例

一、兰海高速公路工程

兰海高速公路试验段选在 K83＋375～480 处进行。本段工程地处陇西黄土高原向青藏高原过渡地带，属祁连山的东延部分，为河谷阶地，海拔 1604～1787m，相对高差 50～183m，整个地势西高东低、北高南低。路线布设在湟水河河谷阶地，地势较开阔平坦。试验场地土为软黄土，场地土工程性质差。

兰海高速公路测点布置在 K83＋425 断面的右半幅地基。布点时，粉喷桩施工已结束且有 28d 龄期。经过清场，选择道路横断面六排桩范围，开挖试验基坑，多桩复合地基均埋设压力盒。

铺设土工格室的静荷载试验主要有：

(1)土工格室＋砂砾石垫层试验。

(2)土工格室＋砂砾石＋素土垫层试验。

土工格室＋砂砾石垫层试验结果表明，单桩复合地基承载力特征值为 150kPa，相应沉降量为 21.0mm；两桩复合地基承载力特征值为 150kPa，相应沉降量为 30.8mm。

土工格室＋砂砾石＋素土垫层试验，该条件下完成不同尺寸荷载板的静荷载试验 3 组，圆形荷载板直径分别为 600mm、900mm、1300mm，加载方式均为快速加载。综合判定荷载板直径 600mm 时，承载力特征值为 367kPa，相应沉降量为 3.6mm；900mm 时，承载力特征值为 200kPa，相应沉降量为 5.59mm；1300mm 时，承载力特征值为 165kPa，相应沉降量为 7.8mm。

土工格室＋砂砾石垫层试验结果表明，软弱下卧层对地基变形量及承载力的影响是十分显著的，但垫层对地基受力性态的改善也是十分明显的，地基未出现类似单桩复合试验的整体剪切破坏形态，而是缓变形的局部剪切破坏形态。因此，设置土工格室＋砂砾石垫层的作用效果是较理想的。

土工格室＋砂砾石＋素土垫层顶面处的试验条件为复合桩土体上铺设土工格室后碾压 50cm 砂砾石垫层再分层振动碾压素土垫层 1.0m，碾压方式为振动压路机，设计填土路基为 5.0m。在填土 1.0m 平面处做静荷载试验，由试验结果知三组试验均未达到极限状态，试验结果十分理想，各尺寸荷载板试验相应承载力值较高(按相对变形量取值)，见表 8-5。不同荷载板直径下的承载力不同，其规律为：承载力随荷载板直径增大而降低，二者为非线性递减关系。该条件下静载试验结果理想。对于压实的 5.0m 填土路基，其作用力传递至软弱复合土层表面的应力将更小，因而该种处理方法是成功的。

按相对变形量取值表　　表 8-5

试验工况	荷载板直径	kPa	s/d	kPa	s/d
单桩复合	1323mm	127	0.006	140	0.01
二桩复合	1872mm(等效直径)	68	0.006	80	0.01
三桩复合	2292mm(等效直径)	58	0.006	70	0.01
土工格室＋砂砾石垫层	1323mm	52	0.006	95	0.01
土工格室＋砂砾石＋素土垫层	600mm	367	0.006	—	0.01
土工格室＋砂砾石＋素土垫层	900mm	195	0.006	326	0.01
土工格室＋砂砾石＋素土垫层	1323mm	165	0.006	268	0.01

二、蒲渭高速公路工程

蒲渭高速公路沿线分布有大量的饱和黄土，并有以煤炭为燃料的两家大型发电厂，以节约资源、变废为宝为原则，结合实体工程中地基土体的工程性质和以往处理类似地基的成功经验，提出了用水泥粉煤灰搅拌桩法处理饱和黄土地基的处治措施。

基于对大量室内强度试验结果的分析，结合依托工程的上部荷载对地基承载力的要求，从经济、有效的角度出发，水泥粉煤灰搅拌桩的桩径为50cm，桩长11.0m，桩间距选用1.3m和1.5m两种进行比较，等边三角形布桩。水泥粉煤灰搅拌桩掺入量15%(重量比)，浆液水灰比为0.8∶1，水泥∶粉煤灰=2∶1(重量比)。其中，每延米水泥用量为32kg、粉煤灰用量为16kg。图8-13为蒲渭高速公路地基处理现场。

图8-13　蒲渭高速公路地基处理现场

根据依托工程的实际情况，采用现场抽芯进行无侧限抗压强度试验，对试验段单桩的施工效果进行检测，用以评价水泥粉煤灰搅拌桩处理饱和黄土地基的可行性。现场沉降量测试包括两个方面：一是路基施工过程中的动态监测，二是施工结束后的工后监测。

由现场检测结果可知，养护龄期90d时，无侧限抗压强度≥400kPa可满足依托工程中上部荷载的要求。通过对现场近4个月的路基沉降观测结果分析，水泥粉煤灰搅拌桩法处理饱和黄土地基的效果较好。

三、夹夹淞水大桥接线软基处理工程实例

1. 工程概况

夹夹大桥横跨安乡县和澧县交界处的松滋河，位于夹夹渡口上游约230m，两端连接S302线；松滋河两岸防洪堤间距为860m。夹夹淞水大桥接线软基处理工程为省道S302线工程的一部分，此项目为二级公路等级，路基宽12.0m，设计荷载为公路Ⅱ级，计算行车速度为80km/h。

2. 工程地质条件

夹夹淞水大桥接线软土主要为湖相沉积地层，根据初勘和详勘勘察资料，软弱土层在线路内广泛分布，分布厚度大、不均匀，差异较大，其含水率大，承载力低，且淤泥质土孔隙比大，含水率大于液限，稳定性差，稳定时间长，不能直接作为路堤基底。地貌为河湖堆积地貌，地势平坦，相对高差小于2.0m，局部为渠、沟、塘、堤，多为棉花地、橘园。K0+600～K1+200段软土厚2.1～6.5m，近桥位地段上部为种植土、软塑黏土，厚约6.5m，下部为硬塑状黏土、淤泥质土或亚砂土，其他地段上部为种植土、淤泥质土，厚2.1～3.5m，下部为黏土、亚砂土或淤泥质土，见淤泥质、黏质、粉质等互层形成的微层理；K2+903.94～K3+850段软土厚2.1～9.0m，近桥位段上部为硬塑状亚黏土，厚约1.7m，下部为淤泥质土、黏土、亚砂土，其软塑状淤泥质土厚约7.6m，硬塑状黏土厚3.0～4.0m，软塑状亚砂土厚8.0～9.0m；其他地段上部为种植土、淤泥

质土，厚2.1～3.5m，下部为可塑～硬塑状黏土和软塑～可塑状亚砂土，见淤泥质、黏质、粉质等互层形成的微层理。路基工程无路堑，均为填方路堤，其中软基处理路段（K2＋525.74～K3＋982.484）共225m，桥头填土高达5.9m，平均3m高，其中试验路段（K2＋900～K3＋100）的地质条件见表8-6和表8-7。

K2＋875～K2＋980一般性地质条件 表8-6

层次	土层名称	层厚(m)	桩周土极限摩阻力(kPa)	容许承载力(kPa)	压缩模量(MPa)
第一层	种植土①	0.5	0	100	5
第二层	亚黏土⑤-2	1.7	30～50	150～200	5
第三层	淤泥质黏土④-1	4.0	20	50	4
第四层	淤泥质亚砂土④-1	3.6	25	70	4
第五层	亚黏土⑤-2	4.2	30～50	150～200	5
第六层	亚砂土⑥	9.0	35	120	6

K2＋980～K3＋100一般性地质条件 表8-7

层次	土层名称	层厚(m)	桩周土极限摩阻力(kPa)	容许承载力(kPa)	压缩模量(MPa)
第一层	填筑土②	3.0	0	100	10
第二层	淤泥质黏土④-1	3.3	20	50	4
第三层	黏土⑤-1	9.8	30～50	150～200	5
第四层	亚砂土⑥	8.6	35	120	6

3. 地基处治方案

夹夹淞水大桥接线工程地处洞庭湖区，其下为深厚的洞庭湖沉积软土层，经理论分析以及参考以往工程经验，决定接线工程采用复合地基的处理方式。

为提高地基承载力和减小地基沉降，拟采用长短桩复合地基处理方案（图8-14），长桩和短桩均为水泥搅拌桩。相关设计参数如下：承载力要求不小于128kPa，容许最大沉降量为20cm；水泥搅拌桩直径d＝0.5m，变形模量E_P＝110MPa；桩间土承载力73kPa；桩土应力比n为2～4，取3；地基扩散角取25°。

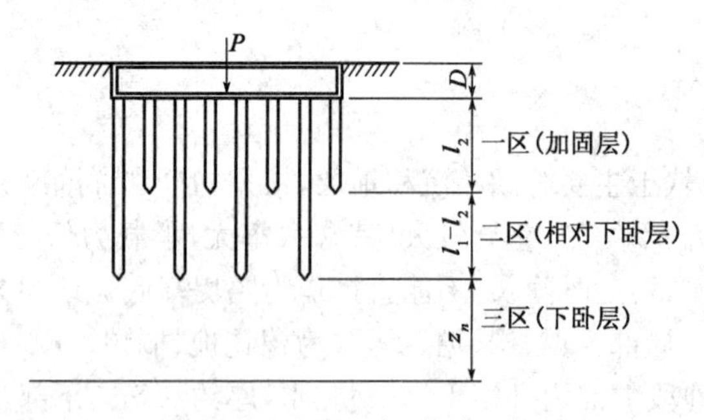

图8-14 长短桩组合型复合地基

4. 效果评价

省道S302线夹夹大桥安乡连接线工程采用了双向增强型长短桩复合地基软基处理方案，

采用优化设计方案进行地基处理，获得了较好的经济效益（表 8-8），节约工程建设资金约 400 万元。

工程经济对比分析表

表 8-8

处治方案	砂砾垫层		土工格室		土工格栅		碎石桩（ϕ50cm）		粉喷桩（ϕ50cm）		素混凝土桩（ϕ50cm）		合计总费用（万元）
	单价（元/m^3）	数量（m^3）	单价（元/m^2）	数量（m^2）	单价（元/m^2）	数量（m^2）	单价（元/m）	数量（m）	单价（元/m）	数量（m）	单价（元/m）	数量（m）	
散体材料桩复合地基	74	2412					58	13300					94.99
柔性桩复合地基	74	2412			10	6030			46	13900			87.82
刚性桩复合地基	74	3015			10	6030					110	12400	164.74
长短桩组合型复合地基	74	2412			10	6030			46	13109			84.18
双向增强型复合地基	74	3015	20	6030			58	13300					111.51

项目建成后通车近 3 年来，无路堤失稳和沉降过大现象，路面完好无损。假设该路段所有采用上文方法进行处理的软土地基按采用散体材料桩方法处理后，路基因沉降过大出现路面破坏现象而进行一次养护进行分析。计算破损路面及基层清除、整平路基面、重新施工路面及基层而引起的费用。其分析计算结果，如表 8-9 所示。

养护费用估算表

表 8-9

处理路面面积（m^2）	每平方米处理费用	合计总费用
20000	200 元	400 万元

由此可见，采用双向增强型长短桩复合地基的处理方式，能够有效地降低工程造价和提高工程质量，降低后期养护成本，所以从建设和养护两方面来评估经济效益，已产生经济效益约 800 万元。

四、岳阳至常德高速公路软基处理

1. 工程概况

杭州至瑞丽高速公路湖南省岳阳至常德公路设计采用双向四车道高速公路技术标准：计算行车速度为 100km/h，路面宽度 26m，其中第一合同段为岳阳至华容段，近东向西展布，经由广兴洲镇、建新农场、许市镇、岳阳县桑湖镇校台村、华容县三封镇、前锋乡西至护城乡益丰村，全长 44.327572km。

杭瑞国家高速公路湖南省岳阳至常德公路位于洞庭湖区（属新华夏系第二沉降带中部）。华容隆起呈近于东南向斜贯该区西北，为燕山期以来逐渐形成的一个中新大型坳陷盆地。软土分布区域地势平坦，沉积层较厚，沿线以农作物和居民区分布为主。实地勘察的地层分布自上而下一般为：种植土、亚黏土、淤泥质土、粉砂、细砂、花岗岩全风化层等。而稳定水位深度比较浅，大致在 0.8～6.4m 范围浮动（大部分地段稳定水位在 1～3m），主要接受大气降水（年平均降水量 1250～1450mm）、洞庭湖水以及附近水系的综合补给。同时，沿线受水位控制影响，软土地区基本上是高填方路段。因此，可以初步判断地质条件、水文条件、水文地质条件、填方条件等因素恶劣。所幸的是，该项工程走廊带范围内无新构造断裂活动痕迹出现，区域地质稳定，无滑坡、崩塌、地震液化等不良地质作用现象。

2. 工程地质条件

据工程地质调查测绘结合勘探成果，线路区未见岩溶、滑坡、崩塌、岩堆、泥石流、采空区、构造破碎带等不良地质现象。

线路区无黄土、冻土、膨胀土等特殊性岩土，特殊性岩土主要为软土，软土类型主要为淤泥、淤泥质粉质黏土（黏土），淤泥呈黑色，软塑～流塑状，饱和，含有机质，有味，厚度不大，一般为 0.50～1.50m，零星分布于沿线水塘，沟岩及低洼地段；淤泥质粉质黏土（黏土）呈灰色、深灰色，软塑状，饱和，厚度不大，一般为 0.80～8.90m，天然含水率 $W_{平}=42\%$，天然密度 $\rho_{平}=1.81\mathrm{g/cm^3}$，比重 $G_s=2.70$，孔隙比 $e_{平}=1.136$，压缩系数 $\alpha_{1-2}=0.6/\mathrm{MPa}$，压缩模量 $E_s=3.75\mathrm{MPa}$，不排水抗剪强度 $C_u=5\sim30\mathrm{MPa}$，固结系数 $C_r=1.68\sim1.80\times10^{-3}\mathrm{cm^2/s}$，标准贯入试验 $N=3\sim7$ 击。

根据《中国地震动参数区划图》及《中国地震动反应谱特征周期区划图》，华容县地震动峰值加速度为 $0.05g$，反应谱特征周期为 0.35s，对应地震基本烈度为Ⅵ度，建议按Ⅵ度抗震设防措施执行；根据钻探结果，20m 范围内饱和砂土层的地质年代为第四系更新统，且黏粒含量均大于 15%，为不液化地层。

3. 地基处治方案

本路段由于受地形、地层岩性、构造及地下水等因素的影响，沿线无不良地质现象，特殊性岩土主要为软土。其中尤以第 8 合同段（K36＋041.35～K44＋230，总长 8.189km ）的路基为典型湖区软土，为了研究拟推广项目在湖区软土地区的适用性，该路段为所选择的试验路段。

针对该路段沿线土层的特点，地基处理设计方案主要采用三种处理方法：清淤换填法、预压排水固结法和复合地基法。清淤换填法主要处理一般路基段的较浅软土层；预压排水固结法处理一般路基段的软土；复合地基法主要用于桥头、涵底处的软基处理及软土层较厚且路堤填土较高的路段。

1）复合地基主要技术指标

试验段沿线所用复合地基承载力及桩间距主要参见《特殊路基设计工程数量表》，桩底深入粉砂层不小于 0.5m；桩径 $d=500\mathrm{mm}$，采用 32.5R 普通硅酸盐水泥。根据地基含水率的大小，采用水泥喷入量为 45～60kg/m。含水率在 40%以下时，水泥用量为 45kg/m；含水率在 40～60%，水泥用量为 50kg/m；含水率在 60%～70%，水泥用量为 55kg/m；含水率＞70%时，水泥用量为 60kg/m。设计要求水泥土粉喷桩 28d 无侧限抗压强度≥0.8MPa。

停灰面为地面下 450mm，布桩误差不大于 20mm，垂直度误差不大于 1.5%；喷浆后水泥土每点搅拌土次数大于 40 次。

搅拌叶片要 3 层 6 片，采用无级调速卷扬机（可根据水泥搅拌桩均匀的需要控制提升速度），搅拌电机的≥55kW、转速≥60r/min；外加剂：石膏 2%，木钙 0.2%。

2)复合地基方案

试验段沿线的湖区软土地基处治方式主要为两个主要典型断面。试验段沿线采用水泥土搅拌桩处理方案的设计,如图 8-15 和图 8-16 所示。

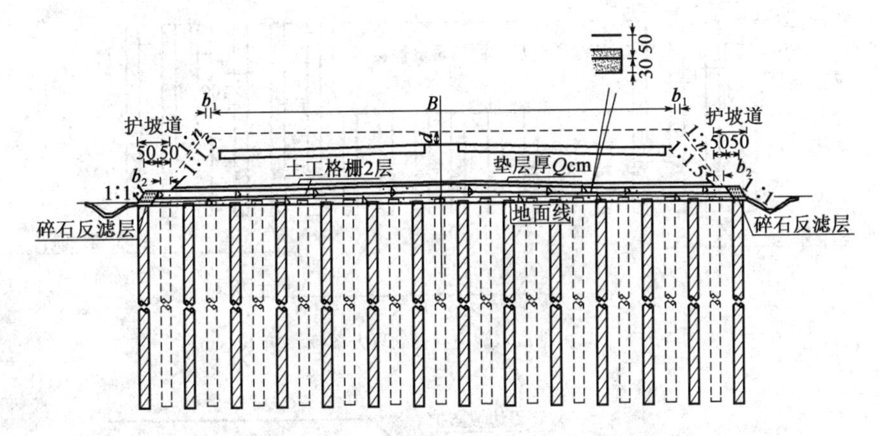

图 8-15 水泥搅拌桩处理方案(尺寸单位:cm)

水泥搅拌桩处理方案主要适用于沿线正常固结的淤泥、淤泥质土、粉土、饱和黏性土地基,且天然地基的十字板抗剪强度不宜小于 10kPa。对于处理泥炭土、有机质土、塑性指数大于 25 的黏土、地下水具有腐蚀性时以及无工程经验的地区,必须通过现场试验确定其适用性。此方案采用湿法施工,处治深度为 3~15m,最佳为8~12m。

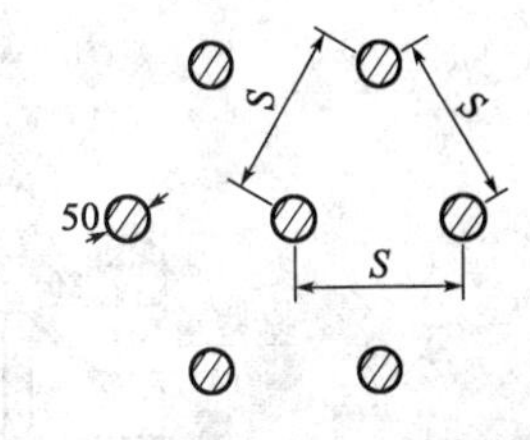

图 8-16 水泥搅拌桩平面布置图(尺寸单位:cm)

垫层的厚度 Q 由设计确定,应采用级配良好的碎石或砂砾,不含植物残体、垃圾等杂质,垫层的最大粒径不大于 30mm。对于一般软土路基,整平地面后,先铺砂垫层,然后进行水泥搅拌桩的打设;对于浸水路基,宜先修围堰抽水,挖除表层浮泥,铺设砂垫层,进行软基处理,再填水稳性好的透水性材料至常水位以上 50cm,进行路堤的施工。

土工格栅采用高强钢塑双向土工格栅,其性能指标:纵、横向每延米拉伸屈服力≥100kN/m,纵、横向屈服伸长率≤3%。土工格栅应符合交通部标准《公路土工合成材料应用技术规范》(JTJ/T 019)。

水泥搅拌桩采用圆形桩,桩径 50cm,桩距根据计算采用,平面按梅花形布置,水泥搅拌桩向下要求穿透软土层并在硬层中有 0.5m 嵌入深度,向上应进入砂垫层 30cm。水泥搅拌桩宜在施工前进行试桩,确定掺灰量、喷浆压力、搅拌速度、钻进速度和提升速度等技术参数,建议采用双向搅拌施工方法。

竖向承载水泥土搅拌桩地基竣工验收时,承载力检验应采用复合地基荷载试验和单桩荷载试验。此外,还可通过 $N10$ 轻型触探和抽芯来检测施工质量。

图 8-17 及图 8-18 为适用于全填水塘或者部分填塘路段的软基处治方案图。路基填筑前,应排水、清淤,以确保排水通道通畅。

施工分两个阶段:第一阶段,在清淤后的塘底范围内打粉喷桩,桩径 50cm,然后回填水塘至塘边原地面;第二阶段,待回填至原地面后,在除水塘底宽范围的路基宽度内打粉喷桩,挤密砂桩,桩径 50cm。

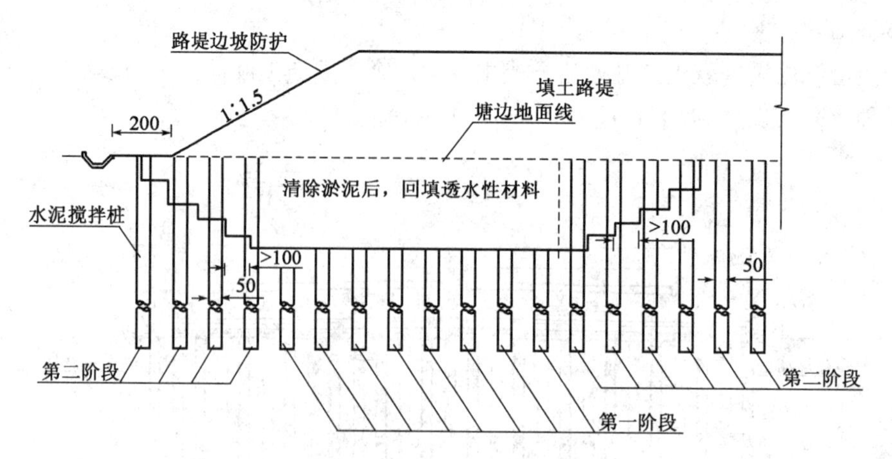

图 8-17　全填过塘段水泥搅拌桩处理方案(尺寸单位:cm)

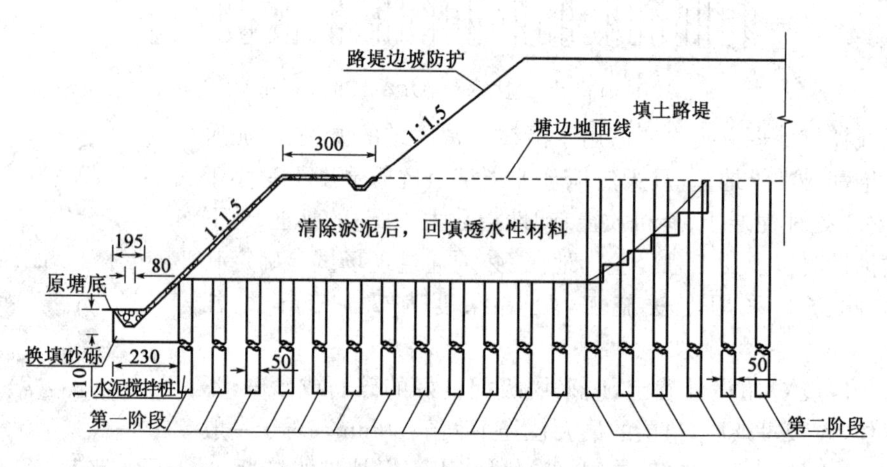

图 8-18　半填过塘段水泥搅拌桩处理方案(尺寸单位:cm)

当清淤后的塘底较松软时,可铺设 30cm 厚的砂砾或石屑,以便施工。回填透水性材料前,应将塘岸坡挖成台阶形,台阶宽度不小于 1m,台阶底应有 2%向内倾斜的坡度。

3)软基处理措施的实施

(1)砂、砾垫层

垫层材料宜采用无杂物的中、粗砂,含泥量应小于 5%;也可采用天然级配砂砾料,其最大粒径应小于 50mm,砾石强度不低于四级(即洛杉矶磨耗率小于 60%)。垫层宜分层摊铺压实,碾压到规定的压实度。垫层采用砂砾料时,应避免粒料离析。垫层宽度应宽出路基边脚500~1000mm,两侧宜用片石护砌或采用其他方式防护。

(2)土工合成材料

土工合成材料技术、质量指标应满足设计要求。土工合成材料在存放以及铺设过程中应避免长时间暴露或暴晒。与土工合成材料直接接触的填料中,严禁含强酸性、强碱性物质。施工及其他注意事项应符合《公路路基施工技术规范》(JTG F10—2006)和其他有关规范、规定要求。

(3)水泥搅拌桩

水泥搅拌桩的施工方法:

①将地面整平,以提供打桩作业和水平铺网工作平面。

②桩孔定位:根据设计图纸要求定下布桩位置,用石灰或其他标志作为打桩标记,相邻两桩位之间误差控制在20mm以内。

③桩机定位:将深层搅拌机移至桩位,钻头中心对准设计桩位中心(对孔偏差不大于20mm),将钻机调平(钻架垂直度偏差不大于3°)后再次检查对中情况,同时检查准备情况等,并做好施工前记录准备。

④成桩施工:

A.启动钻机空压机送风,待钻头转速正常边旋转边下沉,直至设计深度。钻机钻进速度为0.8m/min,严格控制不超过1m/min。若钻进阻力超过机械容许负荷则停止下沉(下沉时正转,提升时反转,以下同);若钻进阻力小于机械允许负荷则继续下沉,直到钻进阻力超过机械允许负荷则停止下沉。

B.调整好空气压力,喷粉机开始喷粉,钻机边提升边搅拌。喷搅提升速度一般为0.4m/min,喷粉量要均匀,直至提升至软土顶部。

C.之后以速度为0.8m/min复搅正转至桩底,而后以0.4m/min反转喷搅提升至软土顶部靠下的部位后,以同转速喷浆达到地面以下小于500mm时,停止喷粉。提升至停浆面后保持空压机运转,搅拌钻头在原位停止2min。

D.再复搅拌至软土顶部靠下的部位一次,停止喷粉,并将钻头旋转提升出地表,并用同剂量混合土回填压实。

E.停止主电机和空压机并填写施工记录,启动液压系统,移动桩机到下一桩位,继续以上步骤。

水泥搅拌桩的施工质量控制:

①开工前组织施工人员进行技术交底,并根据工程要求召开质量管理专题会,不得使用不合格施工机具及材料。

②控制钻头下沉和提升速度,加强施工过程中的监理。水泥土桩加固地基成功与否取决于设计和施工两个环节,关键是成桩质量,施工中的关键问题在于水泥浆与土是否搅拌均匀,因此必须保证加固范围内每一深度得到充分搅拌,严禁在尚未喷粉的情况下进行钻杆提升作业。当钻头钻至设计深度后有一定停滞时间,以保证加固粉到达桩底。停灰面以下约1m范围内,粉喷桩搅拌提升宜慢速,搅拌数秒以保证桩头均匀密实。水泥的供应量必须连续,一旦因故中断,必须复打,复打重叠孔段应大于1m。

③对于喷粉搅拌所使用的水泥粉要严格控制入储灰罐前的含水率,严禁受潮结块,不同水泥不得混用。

④因为土层含水率每增加10%,水泥土强度就会相应降低,所以粉喷桩搅拌下沉时尽量不用水冲,宁可放慢钻进。在地基土天然含水率小于30%土层中喷粉成桩时,可适当采用地面注水搅拌工艺。

⑤粉喷开始时,应将电子秤显示屏置为零,使喷粉过程在电子计量显示下进行。喷粉搅拌时,记录人员应随时观察电子秤变化显示,以保证各段(通常以1m为单位)喷粉的均匀性。

⑥喷粉或喷气过程中,当气压达到0.45MPa时喷送管路可能堵塞,此时应停止喷粉,断开空压机电源,停止压缩空气,并将钻头提升到地面,查明堵塞原因并予以排除。钻头未提出前不能停止空压机。

⑦储灰罐容量应不小于一个桩的用灰量加50kg;储量不足时,不得对下一根桩开钻施工。施工记录必须有专人负责,深度记录偏差不得大于5cm,时间记录不得大于2s。对每一根桩

进行质量评定，对于不合格桩根据其位置、数量等具体情况分别采用布桩或加强附近工程桩。施工中发生的问题和处理情况均应如实记录，以便汇总分析。

⑧根据要求选取一定量的桩体进行开挖，检查桩的外观质量、搭接质量和整体性。搅拌头直径应定期复核检查，其磨耗量不得大于10cm，否则应更换叶片。

水泥搅拌桩的施工质量检测：

①现场实际使用的固化剂和外掺剂必须通过加固土强度试验，进行材料质量检验合格后方可使用。

②布孔精度检测：布桩误差不大于20mm。

③钻头直径的磨损量不得大于10mm。

④用回弹仪检测桩身整体性，以确定是否有异常软弱面。

⑤强度检测：

A. 桩顶强度检测：用直径ϕ16mm、长2m的平头钢筋垂直放入桩顶，压入≤100mm（龄期28d）。否则，表明桩顶施工质量存在问题，一般可将桩顶0.5m挖去，再填入混凝土或砂浆。

B. 桩身检测：在工程成桩后7d内（超过7d后，轻便触探仪已不宜在搅拌桩身取样），使用轻便触探仪（$N10$）对桩身强度与搅拌桩均匀程度（触探点在桩径1/4处）进行检查。检验桩数一般应占工程桩的2%～5%。当桩身$N10$击数比原地基土击数增加1.5倍以上时，搅拌桩桩身强度基本上能够达到设计要求。轻便触探检验深度一般不超过4m。

C. 抽样强度检测：用回弹仪和轻便触探仪检测后，对个别有怀疑的桩在90d龄期后，采用机械抽芯108mm加工成5cm×5cm×5cm立方体试件做无侧限强度试验（抽芯位置在桩径1/4处），其强度应大于1.2MPa。

⑥成桩开挖检测：成桩7d内开挖桩体，观察桩身搭接质量及搅拌均匀程度，成桩桩径误差不大于50mm，垂直度误差不大于1.5%，检测频率2%，开挖深度不小于1.5m。

⑦粉喷桩施工质量，应符合表8-10。

粉喷桩施工质量标准 表8-10

项次	检查项目	规定值或允许偏差	检查方法和频率
1	桩距（mm）	±100	抽查桩数3%
2	桩径	不小于设计值	抽查桩数3%
3	桩长	不小于设计值	喷粉（浆）前检查钻杆长度，成桩28d后钻孔取芯3%
4	竖直度（%）	1.5	抽查桩数3%
5	单桩每延米喷粉（浆）量	不小于设计值	查施工记录
6	桩体无侧限抗压强度	不小于设计值	成桩28d后钻孔取芯，桩体三等分段各取芯一个，成桩数3%
7	单桩或复合地基承载力	不小于设计值	成桩数的0.2%，并不少于3根

⑧承载力及强度分布试验：

A. 对28d龄期的粉喷桩，应抽取一定数量的粉喷桩（不少于4根）进行单桩竖向承载力和单桩复合地基承载力静荷载试验。

B. 桩身强度分布试验：为研究桩身强度分布，成桩28d后在桩身距桩顶0.5m、2m、5m、8m深度附近钻孔取芯做无侧限抗压强度及抗剪强度试验。

（4）现场检测及其结果

在施工过程中进行相关项目的观测工作，能及时掌握软土地基在加固施工过程中土体的变形、应力转换和稳定情况；严格按设计要求的沉降速率和水平位移控制加载速率并建立报警制度，对监测异常的数据立即上报有关单位及相关人员，以便及时采取有效处理措施和方案，实现对软土地基加固施工过程的动态监控。

一般路段沿纵向每隔100～200m设置一个观测断面；桥头路段应设置2～3个观测断面；桥头纵向坡脚、填挖交接的填方端、沿河等特殊路段均应酌情增设观测点。在施工期间，应严格按照设计或合同文件要求进行沉降和稳定的跟踪观测。填土应每填筑一层观测一次；如果两次填筑间隔时间较长，每3d至少观测一次。路堤填筑完成之后，堆载预压期间观测应视地基稳定情况而定，一般半月或每月观测一次，直至预压期结束。当路堤稳定出现异常情况而可能失稳时，应立即停止加载并采取果断措施，待路堤恢复稳定后方可继续填筑。每次观测应按规定格式做记录，并及时整理、汇总观测结果。

路堤填土速率应以水平控制为主，如超过此限应立即停止填筑，其控制标准为：

①填筑时间不小于地基抗剪强度增长所需要的固结时间。

②路堤中心沉降量每昼夜不得大于10～15mm，边桩位移量每昼夜不得大于5mm。

路面铺筑应在沉降稳定后进行，采用双标准：即要求推算后的工后沉降量小于设计容许值，同时要求连续两个月观测沉降量每月不超过5mm方可卸载开挖路槽并开始路面铺筑。

观测项目包括三类：变形（位移）观测、应力观测和地基承载力观测。

变形观测包括沉降观测和水平位移观测；应力观测包括土压力观测和孔隙水压力观测；地基承载力观测指静载试验。

观测项目如表8-11所示，若工程需要，还可增加其他必要的观测项目。

软土地基观测项目　　表8-11

观测项目		仪具名称	观测目的
沉降	地表沉降	地表沉降计（沉降板）	地表以下土体沉降总量，常规观测项目
	地基深层沉降	深层沉降标	地基某一层位以下沉降量，按需设置
	地基分层沉降	深层分层沉降标	地基不同层位分层沉降量，按需设置
水平位移	地表水平位移	水平位移边桩	测定路堤侧向地面水平位移量并兼测地面沉降或隆起量；用于稳定监测；常规观测项目
	地基土体水平位移	地下水平位移标（测斜仪、管）	观测地基各层位土体侧向位移量，用于稳定监测和了解土体各层侧向变形及附加应力增加过程中的变形发展情况；常规观测
应力	地基孔隙水压力	孔隙水应力计	观测地基孔隙水应力变化，分析地基土固结情况
	土压力	土压力计（盒）	测定测点位置的土应力及应力分布情况；按需要设置
	承载力	荷载试验仪	一般用于地基处理或桩的承载力测定。粉喷桩地基应做此观测，其他地基必要时采用
其他	地下水位（辅助观测）	地下水位观测计	观测地基处理后地下水位的变化情况校验孔隙水应力计读数
	出水量（辅助观测）	单孔出水量计	检测单个竖向排水并排水量，了解地基排水情况

现场检测结果表明，复合地基在施工期沉降均符合路堤中心沉降量每昼夜不大于10～15mm、边桩位移量每昼夜不大于5mm的要求。

在施工期结束以后，项目组又针对工后沉降量进行了一年的监测，根据地基沉降速率测算地基的工后沉降量满足表8-12的要求。

容许工后沉降表 表 8-12

道路等级	桥台与路堤相邻处	涵洞或箱型通道处	一般路段
高速公路(主线)	≤0.10m	≤0.20m	≤0.30m
二级公路(支线)	≤0.20m	≤0.30m	≤0.50m

4. 效果评价

岳常高速公路 K0+000~K17+000 路段中的 2056m 软基路段应用水泥土搅拌桩处理方案，将原桥梁设计方案改为路基方案，工程造价从原预算 7300 万元/km 降至 5213 万元/km，直接节约工程投资 3674 万元，详见表 8-13。

软基处理工程造价分析表 表 8-13

<table>
<tr><th>项目序号</th><th colspan="2">项目名称</th><th>单位</th><th>单价</th><th>工程量</th><th>长度(m)</th><th>单项造价(元)</th><th>总造价(万元/km)</th></tr>
<tr><td>1</td><td rowspan="3">水泥搅拌桩方案处治</td><td>φ500mm 水泥搅拌桩</td><td>元/m</td><td>32</td><td>162005</td><td>237</td><td>5184160</td><td rowspan="10">5213</td></tr>
<tr><td>2</td><td>土工格栅</td><td>元/m²</td><td>16</td><td>29388</td><td>237</td><td>470208</td></tr>
<tr><td>3</td><td>砂砾垫层</td><td>元/m³</td><td>70</td><td>7229</td><td>237</td><td>506030</td></tr>
<tr><td>4</td><td colspan="2">土方</td><td>元/m³</td><td>35</td><td>87406</td><td>237</td><td>3059193</td></tr>
<tr><td>5</td><td colspan="2">防护</td><td>元/m³</td><td>324</td><td>1779</td><td>237</td><td>576396</td></tr>
<tr><td>6</td><td colspan="2">路面</td><td>元/km</td><td>7980000</td><td>—</td><td>1000</td><td>7980000</td></tr>
<tr><td>7</td><td colspan="2">涵洞</td><td>元/km</td><td>620000</td><td>—</td><td>1000</td><td>620000</td></tr>
<tr><td>8</td><td colspan="2">沿线设施</td><td>元/km</td><td>400000</td><td>—</td><td>1000</td><td>400000</td></tr>
<tr><td>9</td><td colspan="2">用地</td><td>元/km</td><td>1500000</td><td>—</td><td>1000</td><td>1500000</td></tr>
<tr><td>10</td><td colspan="2">排水</td><td>元/km</td><td>300000</td><td>—</td><td>1000</td><td>300000</td></tr>
</table>

思考题与习题

8-1 试比较深层搅拌桩采用湿法施工和干法施工的优缺点。

8-2 试述影响深层搅拌桩的强度因素。

8-3 阐述水泥掺入比的概念以及对水泥土强度的影响。

8-4 在深层搅拌桩中可掺入哪些外加剂，这些外加剂的作用是什么？

8-5 阐述深层搅拌桩承载力计算公式中桩身强度折减系数的含义及取值依据。

8-6 阐述深层搅拌桩复合地基承载力计算公式中桩间土承载力折减系数的含义及取值依据。

8-7 阐述深层搅拌桩有效桩长的概念及计算方法。

8-8 选用深层搅拌桩作支护挡墙时，应进行哪些设计计算工作？

8-9 试述对水泥加固土应进行哪些室内外试验以及如何进行这些实验。

8-10　某高速公路地基为淤泥质黏土，固结系数 $c_h = c_v = 1.8\times10^{-3}\ \text{cm}^2/\text{s}$，$E_s = 2\text{MPa}$，厚度为50m，承载力特征值为80kPa，路堤总高度为5m，总荷载为100kPa，路堤底部宽度为20m，由于工期限制，没有充足的堆载预压时间。因此采用深层搅拌桩法进行地基处理，并要求达到工后沉降小于20cm的要求。经现场试验，当水泥掺入比 $\alpha_w = 12\%$ 时，$\phi500$ 直径的单头搅拌桩有效桩长为7m左右，单桩承载力特征值为100kN。试完成以下设计计算工作：

(1)确定深层搅拌桩的布置。

(2)进行复合地基的承载力和沉降验算。

(3)提出地基处理施工质量和效果检测要求。

第九章 低强度桩及混凝土薄壁管桩

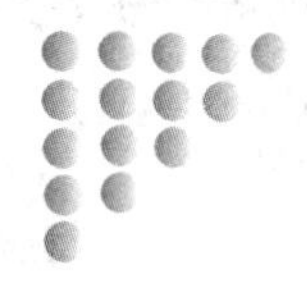

第一节 概 述

低强度桩是指复合地基中竖向增强体的强度在5～15MPa范围内的黏结材料桩，如水泥粉煤灰碎石桩（CFG桩）、低强度水泥砂石柱、二灰混凝土桩等。桩身材料通常为低强度等级水泥、碎石、石子及其他掺和料，因此其桩身强度大于土桩、灰土桩、砂石桩等柔性桩和水泥土搅拌桩，但小于疏桩基础中的刚性桩。

低强度桩复合地基发挥竖向增强体的强度，同时也充分利用桩间土的作用，桩体材料选用范围广，可就地取材，因此经济效益和社会效益显著；可处理各类淤泥、淤泥质土、黏性土、粉土、砂土、人工填土等地基，适用性强；既可用于刚性基础下，也可用于堤坝、路基等柔性基础下，目前已在建筑、市政、交通、水利等部门得到广泛应用。

混凝土薄壁管桩（Thin-wall Pipe Pile Using Cast-in-place Concrete，PCC桩）是河海大学岩土工程科学研究所自主开发的具有自主知识产权的软土地基处理的新技术。PCC桩吸收了预应力混凝土管桩和振动沉管桩等技术的优点，该方法依靠管腔上部锤头的振动力将内外双层套管所形成的环形腔体在活瓣桩靴的保护下打入预定的设计深度后，在腔体内浇注混凝土，之后振动拔管，从而形成振动沉管、浇注、振动提拔一次性直接成管桩的新工艺。该技术自2001年开发后，目前已在江苏、浙江、湖南、上海和天津等地高速公路和市政工程中推广应用。

PCC桩桩机设备（图9-1）主要有：①底盘；②支架；③振动头；④钢质内外套管空腔结构；⑤活瓣桩靴结构；⑥成模造浆器。

PCC桩适用于处理黏性土、粉土、淤泥质土、砂土及已自重固结的素填土等地基。在厚度较大、灵敏度较高的淤泥和流塑状态的黏性土等软弱土层中采用时，应制订质量保证措施，并经工艺试验成功后方可实施。处理深度可达30m以上。

岩土工程勘察应具备以下基本资料。按照现行国家标准《岩土工程勘察规范》（GB 50021—2001）或现行行业标准《公路工程地质勘察规范》（JTG C20—2011）进行工程地质勘察和提供勘察报告，内容包括：

（1）场地工程钻孔位置图，地质剖面图；若有填土，应说明填土材料的构成及填土时间，尤其需对可能对施工造成困难的工业垃圾及块石等予以说明。

(2)场地各层土物理力学指标,承载力特征值和 e-p 曲线。

(3)标准贯入试验、静力或动力触探试验等原位测试资料。

(4)据相关试验分析提供土层桩端端阻力、桩侧阻力特征值。

(5)水文地质资料,包括地下水类型、水位高程或埋深、地下水是否对混凝土具有腐蚀性等。

(6)拟建场地的抗震设计条件,包括场地土的类型、建筑场地类别、地基土有无液化等的判定。

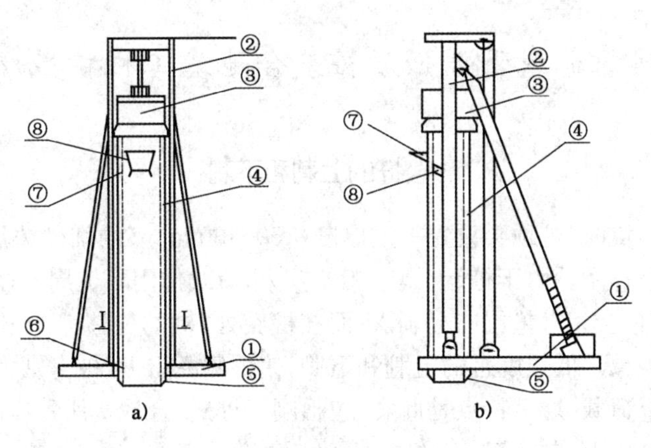

图 9-1 PCC 桩桩机设备

a)立面图;b)侧面图

第二节 低强度桩复合地基在路基处理中的优势

一、车辆荷载特点

车辆荷载不同于一般建筑荷载,它不是静荷载,而是主应力轴不断旋转的动荷载,如图 9-2 所示。同样的地基条件下,主应力方向循环变化的车辆荷载引起的地基沉降比同样大小静荷载引起的大。因此,虽然路堤及上部车辆荷载与一般建筑荷载相比不是特别大,但其主应力轴方向循环变化的特点不容忽视,进行路堤处理时,其对工后沉降要求较高。

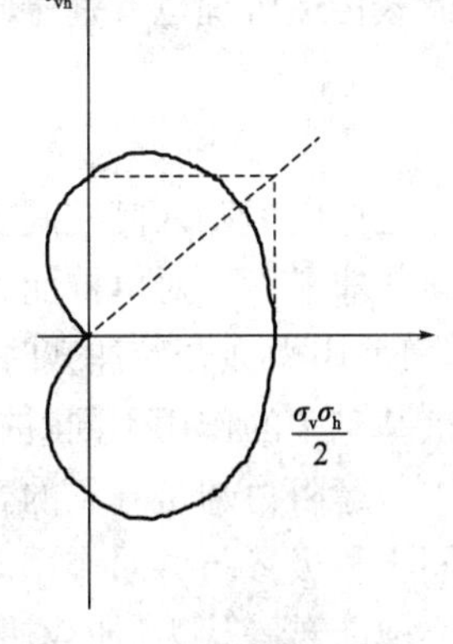

图 9-2 车辆荷载特征

二、全长发挥作用,工后沉降小

低强度桩复合地基因竖向增强体有一定的强度,因此可以全长发挥作用,承受较大的上部荷载。低强度桩复合地基处理深度大,可以较大幅度提高复合地基承载力,在天然地基承载力较小的深厚软土地基,上部荷载又较大的情况下,可优先考虑。另外,由于低强度桩处理深度大,桩体强度较高,形成复合地基后工后沉降较小,因此对沉降要求较高的工程,低强度桩复合地基也不失为一种很好的处理方法。基于此特点,目前高速公路中用低强度桩复合地基进行软基处理已取得较好效果。

三、变强度、变桩长设计，适应性强

软土深厚地区修建高速公路，较大的工后沉降和差异沉降常导致路面不平、桥头跳车，而不断地修补、维护费用较大，也带来一定的负面影响。低强度桩复合地基可根据实际土层分布情况及上部荷载特点灵活调整桩体材料强度及桩长，如在桩体上部采用较高强度等级的混凝土，提高桩体上部强度；也可在公路桥梁、涵洞、通道等与路堤连接处采用变桩长设计方法，调整钢筋混凝土桩基沉降与路堤软土沉降之间的差异。

第三节　路基荷载下低强度桩复合地基工程特性及作用机理

一、桩的上刺和下刺

低强度桩处理路堤时，桩顶会设置一定厚度（150～300mm）的细砂垫层，这一可压缩性垫层对桩土荷载有调节作用。由于桩、土模量相差较大，荷载作用下桩周土体顶面处的位移必然大于桩顶位移，这样桩会相对垫层向上刺入；而在桩底处，桩的位移大于下卧层顶面处的位移从而产生向下刺入现象。低强度桩的上刺和下刺，使桩侧摩阻力、桩身轴力发生了改变，让桩、土先后共同承担上部荷载，这一特点是此类（包括刚性桩）复合地基所特有的。

荷载下低强度桩向上、向下刺入，在桩身一定高度处存在一中性点，中性点处轴力最大。荷载水平较低时，桩体位移较小，上刺入量大于下刺入量，中性点位置较深；随着荷载水平的提高，桩体位移逐渐增加，中性点上移，中性点以上的负摩阻区变小，此时桩顶周围土的下沉虽然仍在增大，但下刺入的增加量远大于上刺入量，使得下刺入量大于上刺入量。

桩体上刺、下刺阶段复合地基的沉降特点不同。加载初期桩顶的上刺入量大于桩端的下刺入量，此时桩周土承担了较多的荷载而桩承担的荷载较小，沉降也较小；随着荷载的加大，上刺入量不断变大，导致桩承受的荷载越来越大，沉降也越大，下刺入量的发展速度大于上刺入量；接近桩的极限承载力时，桩的沉降急剧加大，此时桩端的下刺入量远大于桩顶的上刺入量，占加固层压缩的主导地位。低强度桩复合地基的上刺和下刺不仅使其沉降计算更复杂，而且其荷载传递机理也有别于其他类型的复合地基。

二、桩身负摩阻力

桩体向上刺入使桩间土相对于桩身有向下的位移，因而桩体上部将出现负摩擦力，桩顶处轴力并非最大。对单桩而言，轴力最大点位于距顶 1/4～1/3 桩长；在桩长上部 1/4 的上部土层，负摩阻力在开始加载时就产生，且接近最大值。在低强度桩复合地基中，负摩阻力的作用与桩基础中的作用不同，桩基中负摩阻力的产生降低了桩体竖向承载力，但在低强度桩复合地基中负摩阻力却是有利的，它阻碍了桩周土的沉降，使桩周土的承载力得到加强，并充分调动桩间土积极参与共同作用。

池跃君等认为：加载初期，桩土应力比较小，桩顶承担的荷载较小，桩的负摩阻力却较大；随深度增加，桩体承担的荷载增加，中性点处桩身轴力达到最大（《建筑桩基技术规范》中中性点的位置不适用于路堤荷载下低强度桩复合地基，该情况下桩侧负摩阻力是柔性基础的存在使垫层桩顶处沉降与桩间土沉降不等引起的，不同于桩基情况），此时由负摩阻力引起的桩身轴力增大值所占比例很大，能使中性点以下桩的摩阻力从一开始就得到较大的发挥；随着荷载

的增大，土的荷载分担比减小，桩顶荷载不断增大，这时桩撑明显地发挥作用。由此可见，负摩阻力使桩周土体的承载力得到加强，同时使桩在全过程都发挥了作用。

因此，路堤荷载下低强度桩复合地基中，刚开始加载时即出现负摩阻力，荷载作用下桩顶处的轴力并非最大，而是随着深度的加大桩身轴力逐渐增大，当达到某一深度后桩身轴力达到最大值，之后随着深度的加大又开始逐渐减小。桩身轴力最大值位于距桩顶 1/4 桩长左右。随着荷载增加，桩顶轴力与桩身最大轴力之间的差别逐渐减小，最大轴力点位置上移。当荷载接近复合地基极限荷载时，桩顶轴力增长很快，最大点的位置也越来越靠近桩顶。

这种情况与没有垫层的带台基础不同。无垫层的带台基础中，桩顶处没有桩土相对位移，随着荷载的增加，桩土相对位移沿深度逐渐加大，侧摩阻力自下而上逐渐发挥，待桩侧摩阻力完全发挥，承台作用使桩体上部的摩阻力发挥出来，因此该情况下桩顶轴力最大，随着深度加大，桩身轴力逐渐减小，侧摩阻力始终为正。

三、荷载传递机理

开始加载时，桩周土先承担荷载，由于桩和桩间土模量相差较大，桩周土产生较大压缩，使其相对于低强度桩产生向下的位移，同时桩向上刺入垫层中，桩顶垫层进入塑性，但由于受到周围砂垫层很强的约束作用，还不能达到塑性流动状态。随着荷载增加，垫层压缩逐渐稳定后，桩周土承担了较多荷载，发生局部剪切破坏，此时桩体承担的荷载越来越大，桩土应力比也相应达到最大值；荷载达到极限时，桩的侧阻、端阻基本完全发挥，桩发生急剧沉降，桩体的下刺入急剧增大（占了沉降的大部分），复合地基承载力达到极限。

因此，在单桩复合地基中，桩周土首先承担较大荷载，发生局部剪切破坏，中性点位置逐渐上移，但中性点以下桩长部分在整个加载过程中均表现为正摩阻力，开始加载时也很快接近其极限值；随着荷载加大，摩阻力达到峰值后开始下降，端阻开始发挥；荷载不断增加后，低强度桩承担的荷载增加；当桩体承载力达到极限时，复合地基发生破坏。

由以上荷载传递机理可见，低强度桩复合地基的破坏由桩体破坏引起，非桩间土破坏所致。荷载传递过程中，负摩阻力的作用不容忽视，在设计中应予以考虑。

四、沉 降 特 点

路堤下低强度桩会发生上刺和下刺，因此复合地基沉降除主要由加固区和下卧层组成外，还要考虑桩的上、下刺入量及垫层压缩量。垫层压缩量占复合地基总沉降量的比例与荷载大小有关，相对其他组成部分，这部分的沉降量不是很大，估算即可，而且其厚度、模量变化对沉降影响不大。

没有软弱下卧层时，复合地基沉降以加固区压缩量为主，总沉降量随桩间距的减小而减小；如果桩体下部有一定深度的软土层，则由于桩端应力向下部扩散，下卧层产生较大沉降，此时控制下卧层沉降成为整个地基沉降控制的重点。桩体的上、下刺入量的计算是目前沉降计算的一个难点，对一般工程可简单估算，但重要工程需进行计算。下面将介绍目前使用的几种计算方法。设计中如不考虑桩体的上、下刺入量，不可避免地将导致沉降计算量明显小于实测值。

五、柔性路基与刚性基础的区别

路堤下低强度桩复合地基的另一个重要特点是上部基础为柔性基础，它与其他刚性基础下复合地基的性状差别很大，主要原因是柔性基础刚度小，所用垫层刚度较刚性基础大，因此荷载传递机理不同，计算方法也相应不同。

吴慧明、龚晓南通过刚性基础与柔性基础下复合地基模型试验对比研究，认为：

(1)复合地基中的桩体荷载集中系数 μ_p(桩体所分担的荷载与作用在复合地基上的总荷载之比)，在刚性基础中先上升再下降到复合地基破坏时的较小值，而柔性基础中则先下降再上升。μ_p 在刚性基础和柔性基础下，二者发展趋势完全不同，数值大小的差异也大，刚性基础下竖向增强体对复合地基承载力的贡献大于柔性基础。

由此可知，路堤下低强度桩对复合地基承载力的贡献不如在刚性基础下的作用(对控制沉降有很大作用)，而桩间土的作用却较刚性基础中大，因此充分发挥和利用路堤下桩间土的作用对提高复合地基承载力效果显著。

(2)由于基础刚度不同，导致复合地基破坏形式也不同。刚性基础下，随着总荷载增加，桩首先进入极限状态，从而导致桩间土上分布的荷载急剧增加，随即也进入极限破坏状态，进而导致复合地基破坏；而路堤柔性基础下，桩间土先局部进入极限状态，然后桩体荷载集中系数增加，外荷载向低强度桩转移，最终达到桩体极限承载力而破坏。

龚晓南、褚航利用数值计算对不同刚度基础下复合地基中的附加应力场和位移场进行计算分析，结果表明，随着基础刚度的增大，桩土应力比增加，刚性基础下复合地基与柔性基础下复合地基中附加应力场和位移场的分布有较大的不同，同样情况下，柔性基础的沉降大于刚性基础。刚性基础和柔性基础下随着置换率的提高，桩土应力比和地基中最大沉降的变化规律基本相同。置换率提高，桩土应力比降低，地基沉降趋于稳定，一定条件下存在最佳置换率。复合地基中桩体的最佳长度、刚度和置换率不仅与基础的刚度、土的性质、桩的长径比等因素有关，它们之间也相互影响、相互制约，因此可进行优化设计。

针对不同刚度基础下沉降性状，吴慧明、陈洪、侯涛等用现行复合地基沉降理论分析了不同刚度基础下复合地基沉降情况，并与实测结果进行对比，发现：

(1)刚性基础下，当荷载不超过复合地基的承载力标准值时，复合模量法得到的计算值能较好地接近试验结果；并且在荷载水平不超过 1.5 倍复合地基的承载力标准时，两者的差距随荷载水平的增长始终能够保持在可以接受的范围内。因此，对荷载水平不超过复合地基承载力 1.5 倍的情况，现有的沉降计算公式在刚性基础下是可行的。

(2)现行复合地基沉降理论在柔性基础下，即便在荷载水平较低时理论值也小于实际值，且随着荷载水平的增加，两者的差距扩大。因此，该理论在柔性基础中的应用是不合理、不安全的。常用的复合模量法，利用弹性力学平面问题理论将桩土模量按面积加权综合考虑，充分考虑了桩体强度的发挥，该假设比较符合刚性基础下复合地基变形的实际情况；而在柔性基础下，桩土变形不协调，桩的强度不能充分发挥，这与复合模量计算假设相差较大，因此造成实测值比理论值大很多。用应力修正法计算复合地基变形时未采用桩土变形一致的条件，从理论上讲，对任何基础下的复合地基均适用，但桩土应力比随荷载水平变化而变化，在实际工程中很难应用。

综上所述，路堤下低强度桩复合地基性状与刚性基础下不同，荷载传递和破坏机理不同，不同刚度基础下桩及桩间土的发挥程度不同，导致桩土应力比相差较大，用现行的复合地基沉降理论预测路堤沉降有较大误差，进行复合地基设计时要考虑柔性基础的特征。

第四节　低强度桩复合地基主要影响因素

低强度桩复合地基中桩土应力比、垫层、桩间距、桩长等因素对复合地基性状有较大影响，下面具体分析各因素的影响情况。

一、桩土应力比

郭忠贤、耿建峰、杨志红等人对桩长4m、桩径400mm的低强度桩现场试验研究表明，随荷载增加，桩土应力比n、复合地基桩的荷载分担比η_p，会出现峰值，复合地基桩间土荷载分担比η_s会出现谷底(荷载值已达承载力的60%～80%，此时单桩承载力已达极限值的80%～90%)。过此点后，随荷载增加，n、η_p减小，η_s会增加。相同荷载水平下，桩土应力比，复合地基桩土荷载分担比η_p、η_s，桩顶应力大小，与垫层厚度有关。

池跃君等人对北京市北苑住宅小区长4.2m、桩径400mm、置换率0.16的低强度桩测试结果表明，桩土应力比n随荷载增大而增大，达到最大值后趋于稳定。后来，池跃君、宋二祥、陈肇元等用复合地基桩、土相互作用的解析法对群桩复合地基的桩土分担特性进行了分析(垫层厚200mm、桩长10m、桩径400mm、桩间距1.6m)，计算考虑了桩侧摩阻力的塑性及应力严重集中的垫层的非线性，未考虑端阻非线性。研究结果认为，桩土应力比随荷载的增加而增大，在一定值后增幅减小，桩土应力比一般在10～80变化。土的分担比随荷载增加而减小，桩的分担比随荷载的增加而增加，两者在一定荷载值后趋于平缓。土的分担比为0.2～0.6、桩的分担比为0.4～0.8。

二、垫层厚度及模量

池跃君的研究还认为，随着垫层厚度的增大或模量的减小，桩土应力比逐渐减小，在垫层厚度较大或模量较小的情况下，桩土应力比曲线比较平缓，说明桩的作用随着垫层增厚有所减弱，见图9-3。垫层较厚时，桩顶有较大的向上刺入，桩的分担比小，桩顶应力明显减小。随着荷载增大，桩顶的上刺入也在增大，桩土之间的调节逐渐趋于稳定。垫层很薄时，桩的分担比大，桩顶应力集中，垫层很快被压实。在垫层压实过程中，桩又承担了更多的荷载，直到桩产生较大的塑性沉降，使桩土调节较快地趋于稳定，这使得桩土应力比很大，且随荷载变化较快。

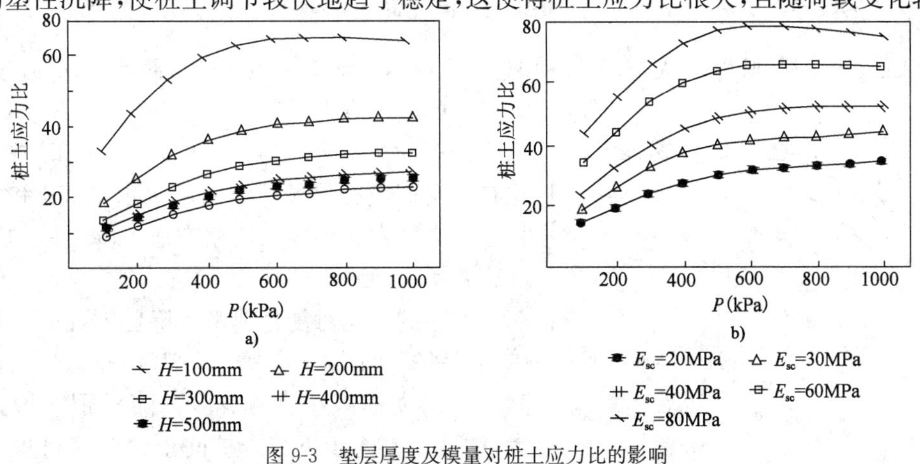

图9-3　垫层厚度及模量对桩土应力比的影响

a)不同垫层厚度的对比；b)不同垫层模量E_{sc}的对比

垫层模量与厚度对桩土应力比与分担比的影响在一定条件下可相互替代。若垫层模量与厚度之比不变，则垫层的厚度与模量可依比例调整而使桩土应力比与分担比不变。例如，垫层材料由砂改为碎石，则需要适当增加垫层厚度，以使桩土分担与原设计相同。

后来用 ANSYS 对此做了分析，地基土和垫层采用 DRUCK-PRAGER 模型，桩土界面采用薄单元。研究结果表明，垫层厚度、模量变化影响各桩的应力。不论复合地基还是桩基础，角桩桩顶应力最大，边桩次之，中心桩最小。两者的区别是复合地基的桩顶应力比桩基明显小，边桩、角桩的桩身最大应力也明显减小。

朱世哲、徐日庆等对杭州丰潭路工程的低强度桩复合地基进行了研究，推导了桩土应力比计算公式。通过对桩土应力比的研究，认为垫层存在最佳模量和最佳厚度。

当垫层模量增大时，桩土应力比也增大，当模量到无穷大时，应力比趋向一定值，此时地基模式可视为有刚性承台的桩基础形式。垫层模量的变化引起桩土应力比 n 的变化，而 n 值的变化又可引起复合地基破坏模式的变化。当桩和土同时破坏时(实际上很难发生)，此时应力比为最佳应力比，这说明存在一个最佳模量。当其他条件不变时，垫层变厚后，桩土应力比减小(与池跃君的结论一致)。垫层为零时与垫层模量无穷大情况相同，可视为桩基形式，因此也存在一个最佳厚度。在理想弹性假设条件下(假设材料为线弹性，桩侧摩阻力均匀分布)，上覆荷载对桩土应力比没有影响，但在理想弹塑性假设下，桩土应力比与上覆荷载有关。

三、桩间土模量

池跃君等认为桩土应力比随桩间土模量的减小而增大。随着荷载增大，桩间土模量小时，桩土应力比变化相对平缓，桩间土模量大时，桩土应力比变化相对较陡。朱世哲、徐日庆等[22]也认为低强度桩复合地基中，桩土应力比随桩间土模量增大减小，并有一最终值。桩体模量趋近无穷大时，桩土应力比趋于一定值。

冯瑞玲、谢永利、方磊用 MARC 软件，对柔性均布荷载作用下的复合地基性状进行弹塑性有限元分析，桩体、土体及上覆柔性均布荷载均采用弹塑性模型，屈服准则采用 Drucker-Prager 准则，桩土界面按接触问题处理。计算结果表明，随着土体变形模量的增大(或密实度的提高)，桩土应力比减小。所以土体模量较大时，桩体不能很好发挥作用；随着土体泊松比的增大，桩土应力比减小，且影响较大。桩体的内摩擦角对计算结果无影响。

四、桩　间　距

池跃君、宋二祥、陈肇元认为，加载初期，桩土应力比随桩间距的增大而增大，荷载较大时，大桩距的桩土应力比基本趋于一致，见图 9-4。当桩间距为 3d 时，桩土应力比不断增大；4d 时桩土应力比在一定荷载后明显减缓而趋于水平；5d 和 6d 时，桩土应力比在达到峰值后略有所下降。桩的分担比随间距增大而减小。

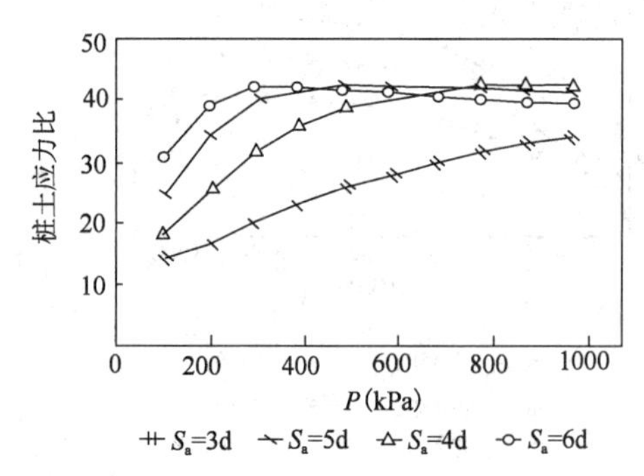

图 9-4　不同桩间距对桩土应力比的影响

桩距的变化对复合地基沉降影响显著。沉降随桩间距的减小而减小。复合地基承载力特征值随桩间距的增大而减小。桩身应力随桩距的增大而增大，中性点也逐步下移。桩间土的压缩量也随桩距的增大而增大。桩距的增大对土承载力的发挥是有益的，但过大间距会导致桩顶应力集中及过大沉降。

五、桩　　长

池跃君、宋二祥、陈肇元研究表明，桩越短，桩土应力比与桩的分担比越小，桩土应力比和分担比稳定得越快，而且它们的变化幅度也越小；桩越长，桩土应力比与桩的分担比越大（与朱世哲、徐日庆等结论一致），越难以达到一个稳定值，它们的变化幅度也越大。桩长时，侧阻不容易全部进入塑性阶段，桩的承载力逐渐发挥阶段，桩土应力比不断增大，桩土之间的调节很难稳定。在初始荷载作用下，不同桩长的桩土应力比和分担比非常接近，说明桩长对小荷载阶段桩土分担影响不大，此时加固区的压缩主要以上层土压缩和桩顶向上刺入为主，桩向下刺入很小。较大荷载作用下，桩产生了明显的下刺入才使不同桩长的桩土应力比和分担比有较大的区别，但这种区别随着桩长的增长而逐渐变小。

刘红岩用有限元法考虑了各影响因素对路堤下低强度桩复合地基力学性状的影响。研究认为，柔性基础单桩情况下，桩身压缩模量、桩长、基础刚度、垫层刚度的增加均会引起桩土应力比的增加，而置换率的增加则导致桩土应力比的减小。桩身轴力、桩侧摩阻力随桩身压缩模量、基础刚度、垫层刚度的增加而增加，桩长增加则桩体上部的桩身轴力增加，而下部略有减小。

路堤高度、路堤压缩模量的增加将使路堤刚度提高，导致桩顶荷载分担趋向不均匀，桩土应力比随之增加，桩侧负摩阻力区域随之减小，正摩阻力略有增加，中性点位置略有上移。路堤宽度的增加引起路堤刚度的降低，使桩土应力比降低，靠近路堤中心线的桩土荷载分担比趋向均匀。随着桩身模量增加，中性点位置下降。提高置换率，会使复合地基的桩土应力比下降，桩土荷载分担比上升，桩身轴力也随着置换率的提高而降低。改变桩距，桩侧正负摩阻力均降低。

第五节　低强度桩复合地基研究现状及存在问题

一、低强度桩复合地基承载力计算

目前，柔性基础下低强度桩复合地基承载力计算仍是沿用复合地基竖向地基承载力计算模式。先由桩侧摩阻力和桩端阻力确定单桩承载力，然后与桩身强度确定的单桩承载力比较，取二者中的小值作为单桩承载力，再根据间距和置换率，计算复合地基承载力。

按现有公式准确预估复合地基竖向地基承载力还是比较困难的。主要存在的问题如下：路堤荷载下低强度桩的强度不是完全发挥，有可能完全发挥，也有可能只发挥一部分，而桩间土的发挥程度较高，因此计算单桩承载力时桩侧摩阻力和桩端阻力如何确定；按置换率计算复合地基承载力时，如何考虑桩贡献和桩间土的贡献，即桩间土承载力折减系数该如何选取，如何考虑负摩阻力的作用。

如通过现场复合地基荷载试验确定地基承载力特征值，取多大相对变形值 S/B（沉降量与承压板宽度或直径之比）较合适。普通黏土地基上的建筑物沉降比柔性基础沉降小得多，在同一范围内取值显然不合适。

对地基承载力进行深宽修正时，目前有两种意见：

（1）对复合地基承载力计算公式中的天然地基土的承载力标准值进行修正，然后再计算得到修正后的复合地基承载力标准值。

(2)不修正土的情况下直接计算复合地基承载力标准值,然后按地基处理规范对计算的承载力进行深、宽修正(宽度修正为0,深度修正系数为1)。

程学军、弭尚银、黎良杰认为应该按上述(2)方法进行设计。此外,是按修正前还是修正后的复合地基承载力标准值进行静荷载试验也是容易混淆的问题,他们认为应按修正前的承载力标准值进行静荷载试验。

当前,关于各影响因素对低强度复合地基性状的研究较多,但如何在承载力计算中表现出来还没有统一认识,这方面的研究也较少。刘杰、张可能利用杨涛博士论文中推荐的竖向变形模式和RANDOIPH(1978年)推荐的径向变形模式,利用力学理论及桩、土位移协调条件,得到桩、桩周土中竖向应力及桩侧剪应力计算的解析式。其主要研究对象是柔性基础下桩土模量比较小的柔性桩复合地基,对低强度桩复合地基不适用,这方面的研究尚应开展。

二、低强度桩复合地基沉降计算

低强度桩复合地基沉降计算目前存在几个问题:

(1)如何计算桩的上刺和下刺量?

(2)如何考虑柔性基础的影响?

(3)现行计算方法有哪些问题?下面将分别对以上几个问题进行阐述。

1. 桩上刺和下刺量的计算

江璞用有限元方法对路堤荷载下低强度桩复合地基沉降特性进行了研究。结果表明,对桩顶上刺变形影响较大的因素有:桩体和垫层的模量、置换率,基础高度、半径和模量。随着桩体模量、基础半径增大,置换率、垫层模量、基础模量、基础高度减小,桩顶上刺量增大。对桩底下刺变形影响较大的因素有:桩体和土体模量、置换率、桩长。随着桩体模量的增大,置换率、土体模量、桩长减小,桩底下刺量增大。

此外,路堤越宽地表和下卧层顶面的沉降越大;置换率越大地表沉降越小,置换率的增加对下卧层顶面沉降量影响也较小。总的来说,柔性基础下低强度桩复合地基路堤的宽度和模量对地表和下卧层顶面沉降影响较大;此外,桩体置换率对下卧层顶面沉降影响也较大,路堤宽度对基础刚度的影响大于路堤高度。

张忠苗、陈洪、吴慧明根据桩顶发生刺入沉降时土体的受力情况,建立了桩顶力与刺入沉降的关系。根据Vesic小孔扩张理论,对Mohr-Coulomb材料,推导得到桩顶刺入柔性垫层的沉降。

对Mohr-Coulomb材料,球形孔极限扩孔压力P_e为:

$$P_e = \frac{4(c\cos\varphi + \sigma_0 \sin\varphi)}{3 - \sin\varphi} \tag{9-1}$$

式中:σ_0——土的初始应力。

塑性区的最大半径r_p为:

$$r_p = \left(\frac{c\cot\varphi + \sigma_0 + P}{c\cot\varphi + \sigma_0 + P_e}\right)^{\frac{4\sin\varphi}{1+\sin\varphi}} r_i \tag{9-2}$$

式中:r_i——球形孔初始半径。

当 $r=r_p$、$P=P_e$ 时，可得弹塑性交界面上土体径向位移为：

$$u_p = \frac{1+\mu}{2E} r_p P_e \tag{9-3}$$

球孔体积变化为：

$$V = V_1 + V_2 = \frac{2\pi}{E}[3(1-\mu) r_p^2 P_e - 2(1-2\mu) P r_i^3] \tag{9-4}$$

式中：V_1、V_2——球孔弹性、塑性体积变化。

设桩端力为 P_b，作用于半球面的球形扩张力为 $P_b = P_b/\pi r^2$，如图 9-5 所示。

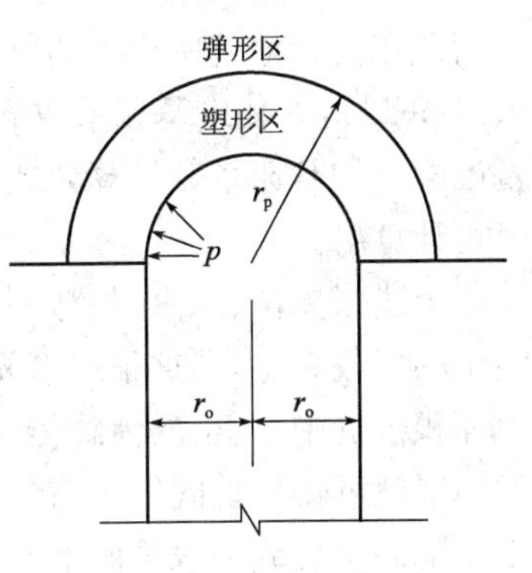

图 9-5　桩体入刺垫层示意图

当桩端贯入深度为 S_p 时，其贯入体积为：

$$V_p = \pi r_0^2 S_p \tag{9-5}$$

由于是半球面贯入，根据贯入体积等于球形体的弹塑性体积变化可得：

$$V_p = \frac{1}{2} V \tag{9-6}$$

当 $P_b < P_e$ 时，代入球形孔弹性体变 V_1 后，得：

$$S_p = \frac{1+\mu}{E} r_0 P_b \tag{9-7}$$

当 $P_b \geqslant P_e$ 时，代入式(9-4)，得：

$$S_p = \frac{r_0}{E}\left[3(1-\mu)\left(\frac{r_p}{r_0}\right)^3 P_e - 2(1-\mu) P_b\right] \tag{9-8}$$

推导过程中，他们假设了桩顶贯入为半球面贯入形式，这与实际工程情况不符；此外，确定贯入深度时需要确定桩端力 P_b 的大小，这就需要确定桩与桩间土的实际荷载分担情况。由本章第 4 节可知，影响桩和桩间土荷载分担的因素很多，很难准确确定。但其从小孔扩张理论出发，由体积变化建立关系式是一种很好的研究思路。

张小敏、郑俊杰假设基底接触应力为均布荷载 p，通过垫层调整均匀后，分别以均布荷载 p_p 和 p_s 的形式作用在桩顶和桩间土表面[$p=mp_p+(1-m)p_s$，m 为面积置换率]；基础底面积足够大，桩等间距布置，因此可不考虑边界条件影响；复合地基垫层为可压缩的均质弹性体。通过弹性压缩法分别得到桩顶垫层在 p_p 作用下和土体表面处垫层在 p_s 作用下产生的压缩量 S_{cp} 和 S_{cs} 得到桩顶处刺入变形 $\delta_{上}$：

$$\delta_{上} = \frac{(p_s - p_p)}{E_c} H_{c0} \tag{9-9}$$

式中：E_c——垫层的变形模量(kPa)；

H_{c0}——垫层的初始厚度(m)。

假设地基为文克尔地基，桩端的刺入变形 $\delta_{下}$ 为：

$$\alpha p_p = \delta_{下} k \tag{9-10}$$

式中：k——基床系数(kN/m^3)；

α——桩尖阻力占总荷载之比；相应地，桩侧阻力占总荷载之比为$(1-\alpha)$。

根据桩身与桩间土的变形关系，桩间土的压缩量等于桩身的压缩量 S_3 与桩顶和桩端的刺入量之和，即：

$$S_3+\delta_{上}+\delta_{下}=S_{1p}+S_{1s} \tag{9-11}$$

式中：S_{1p}和 S_{1s}——桩身荷载 p_p 和桩间土荷载 p_s 引起的桩端以上土层的压缩量。

运用 Browles 建议轴向受拉杆件的弹性压缩变形公式计算桩侧相邻土体的压缩变形 S_{1p}；用 $S_3=(p_p/E_p)L$(E_p 为桩身弹性模量，L 为桩长)计算桩身的压缩量 S_3；通过角点法求出桩间土荷载在复合地基中产生的竖向附加应力 σ_{zs}，然后按弹性变形公式计算出 S_{1s}。将这些值代入式(9-11)，并代入基床系数 k 可由静荷载试验结果得到，或用 Vesic(1963)提出的适用不同基础刚度的基床系数计算公式求出，则可用数值法求出 α。α 求出后，桩顶和桩端的刺入变形就可计算出。

上述张忠苗、陈洪、吴慧明或张小敏、郑俊杰提出的计算方法，均需要知道作用在桩顶及桩间土的荷载大小，但这很难事先知道。沈伟、池跃君、宋二祥通过桩、土、垫层的协同作用，推导大面积群桩中桩、土的荷载传递基本微分方程并给出解析解答，无需假定荷载在桩、土间的分配情况就可得到加固区压缩量。

他们假设同一水平面上的桩间土沉降相同，而且假设桩侧摩阻力与桩土相对位移为理想弹塑性关系，如图 9-6 所示。

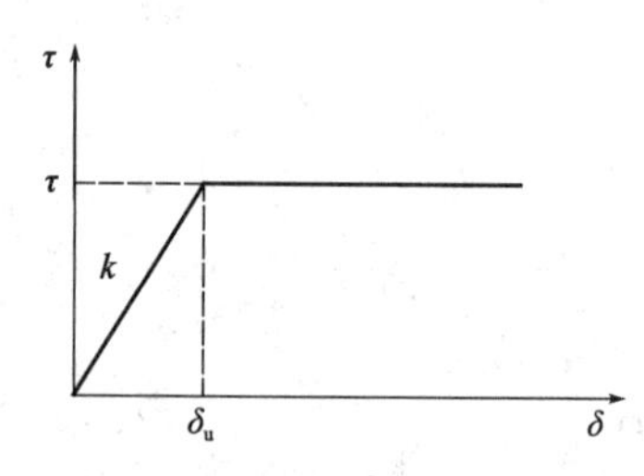

图 9-6　桩侧摩阻力—桩土相对位移关系曲线

图 9-6 中，δ 是桩与桩侧土的相对位移，δ_u 为侧摩阻力刚达到极限值 τ_u 时的 δ 值。由图可知，当 $\delta\leqslant\delta_u$ 时，$|\tau|=k\delta$；$\delta>\delta_u$ 时，$|\tau|=\tau_u$。分别建立桩体和桩间土微单元静力平衡，得到弹性阶段或弹塑性阶段桩侧摩阻力与桩土相对位移关系式，从而得到桩和桩间土沉降的二次微分方程式，然后求解，就可得到加固区的压缩量。

从目前研究来看，准确计算桩的上刺和下刺量还很困难，理论解很难得到，经验表达式因现场实测数据不足至今还未有人提出。

2. 柔性基础的影响

陈洪、温晓贵、吴慧明用有限元理论对不同刚度基础下复合地基沉降性状进行了研究。他们的研究结果认为，复合地基沉降存在最佳桩土模量比后，从不同长径比的最佳桩土模量比 k 与沉降 S 关系曲线看，在长径比较小时，最佳模量比较小，并且 k 对沉降的影响也较小；当长径比较大，最佳模量比较大，并且 k 对沉降的影响也较大，柔性基础桩土最佳模量比与长径比的关系见表 9-1。

柔性基础桩土最佳模量比与长径比的关系　　表 9-1

长　径　比	柔性基础桩土最佳模量比 k	长　径　比	柔性基础桩土最佳模量比 k
10～20	200～350	30～40	500～700
20～30	350～500	>40	700～1000

桩土模量比对不同刚度基础下复合地基总沉降的影响规律基本相同。在相同的长径比下，不同刚度基础下复合地基最佳桩土模量比也基本相同，但在相同条件下，柔性基础的总沉降要比刚性基础大。复合地基存在最佳长径比，总沉降随着长径比的增大而减小；长径比相同

时，柔性基础沉降大于刚性基础。

随着桩土模量比的增大，复合地基的最佳置换率减小，见表 9-2。

不同刚度下复合地基最佳置换率与桩土模量比的关系 表 9-2

基础形式	桩土模量比				
	<50	50～100	100～200	200～500	500～1000
刚性基础	>23	23～18	18～14	14～12	<12
柔性基础	>28	28～24	24～18	18～16	<16

柔性基础和刚性基础两者下卧层的沉降相差不大，刚性基础的下卧层沉降稍大，而加固区则相差很大，柔性基础的加固区则大出很多。桩土模量比、置换率相同时，柔性基础的沉降比刚性基础大，且置换率越小这种差异越大；当置换率达到某一值后，两者的沉降差趋于稳定。随着置换率的增大，下卧层的压缩量增大。置换率小时，刚性基础的下卧层变形与柔性基础相近；当置换率大时，刚性基础的下卧层变形较大。

由此可知，基础刚度对复合地基沉降的影响很大。总体说来，柔性基础下复合地基沉降较刚性基础大。

3. 计算方法及注意问题

如果考虑桩的上刺和下刺及基础刚度的影响，是否可继续沿用现有复合地基沉降计算理论进行沉降计算？换句话说，现有沉降计算理论对路堤下低强度桩复合地基沉降计算有什么参考意义？是否仍适用？如要修正，应如何修正？

CFG 桩复合地基是低强度桩复合地基的一种。目前《建筑地基处理技术规范》规定 CFG 桩复合地基沉降可采用分层总和法计算，各复合土层的压缩模量等于该层天然地基压缩模量的 ξ 倍；ξ 等于加固后复合地基承载力与基础底面下天然地基承载力的比值。池跃君、宋二祥、陈肇元认为该方法在应力场假设、加固区复合模量的取法上欠完善。主要表现为：

(1)规范将加固土层视为均质土，与下卧层构成双层地基，这与实际受力状态存在差别。规范按均质体的计算方法在复合地基面积较小、桩数少的情况下与实际应力场的差别不是很大。当基础面积较大时，二者应力场分布差别很大。

(2)复合地基加固区土体模量实际的增大系数不等于加固后复合地基承载力与基础底面下天然地基承载力的比值，这种取法有很大的任意性。此时，按承载力要求得到的设计参数并没有在沉降计算中得以反映，沉降计算没有考虑实际加固后的情况。如果桩、土承载力取值的安全度较大，按桩土承载力叠加估算的复合地基承载力偏安全，加固后土体复合模量大于原模量的 ξ 倍。实际上，如果加固区真正的复合模量小于原模量的 ξ 倍，那么规范得到的沉降偏小；如果加固区由于布桩较多使真正的复合模量大于原模量的 ξ 倍，那么应力必然通过桩向下卧层传递较多，使下卧层应力提高、压缩量增大，而加固区应力降低、压缩量减小，很明显与采用的应力计算模式(Boussinesq 解答)矛盾。

(3)ξ 反映的是整个受力范围内土体的贡献，仅对加固区处理欠妥。若加固区土质及桩的设计参数不变，则 ξ 不变。此时，如果下卧层模量增大(或减小)，那么复合地基沉降减小(或增大)，相应的承载力增大(或减小)。这样，必然导致 ξ 增大(或减小)，与 ξ 不变矛盾，因此 ξ 不能仅用于加固区。

(4)在前期设计时，无法按实际情况计算模量增大倍数的值，只能采用承载力估算值代替复合地基实际的承载力计算 ξ。目前，应用较多的是用上部结构的荷载标准组合值代替加固后的实际承载力计算 e，这样误差会比较大。

因此，他们对土层应力分布形式进行假定，提出以双层应力法（不同于双层地基计算理论）利用解析解与数值方法确定土层的应力分配比例。即加固区土体和下卧层土中的应力各自符合 Boussinesq 解答，仅桩间土顶面和下卧层面的应力值大小不同。该方法的关键问题是确定桩间土顶面和下卧层顶面应力水平的大小。根据具体的土质情况和设计参数，给出各参数条件下应力水平的经验回归公式，确定桩间土顶面和下卧层顶面应力水平系数（δ_{sr}和 δ_{ss}）。确定 δ_{sr}和 δ_{ss}后，由 $p_{sr}=\delta_{sr}p_0$ 和 $p_{ss}=\delta_{ss}p_0$ 计算桩间土顶面附加应力和下卧层顶面附加应力，p_0 是上部结构传至基础底面的平均附加应力。然后再用 p_{sr}和 p_{ss}分别计算加固区和下卧层的沉降。

杨涛认为计算沉降时不能将加固区视为人工均质地基按平面应变分析，由于无法考虑桩土间的相互作用，计算结果偏不安全，误差随着桩土模量比和置换率的提高而增大。另外，复合地基下卧层的沉降特性与双层地基存在显著差别，不能采用双层地基模型的各种计算方法。双层地基下卧层的沉降比相应天然地基小，说明其下卧层的附加应力与天然地基相比发生了扩散。上面硬层与下卧层弹模比越大，下卧层沉阵就越小于天然地基。他通过复合本构有限元法，将加固区视为由桩和土两组组成的均质各向异性的复合材料，通过恰当的方式建立反映复合地基加固区整体特性的本构方程，然后求解。该方法可以考虑加固区桩土相互作用及对下卧层的影响，而且精度较高。

综上所述，目前路堤下低强度桩复合地基沉降，用有限元方法计算较合适，但比较繁琐，参数确定及界面处理有一定的困难；沿用复合地基沉降理论进行估算，方法简单，但应用中需要注意的有：

（1）桩顶上刺和下刺沉降应进行估算。

（2）加固区沉降计算可用双层应力法或复合本构法计算。

（3）由于柔性基础沉降较刚性基础大，建议根据地区经验，乘以一放大系数。

三、设计中应注意的问题

1. 桩距的选择

路堤低强度桩复合地基中，负摩阻力将桩周土中的一部分荷载转嫁给桩，实质是桩间土的荷载分担比减小，而桩的荷载分担比增大了。在群桩复合地基中，桩间距较小时，这一转移荷载的大小不可忽略。此时，虽然在桩顶处土体分担了很多荷载，但实际上绝大多数荷载通过负摩阻力又传给了桩，而并未沿竖向分散开来。这样的结果反而可能会因为垫层的存在使沉降相对增大。因此，在群桩复合地基中，桩间距不能太小，应在允许的范围内尽可能加大；加大间距受到限制时，应考虑增大桩长。

桩距的变化对复合地基沉降影响显著。复合地基承载力特征值随桩间距的增大而减小。桩身应力随桩距的增大而增大，中性点也逐步下移。桩间土的压缩量也随桩距的增大而增大。桩距的增大对土承载力的发挥是有益的，但应注意过大的间距将导致桩顶应力集中及过大沉降。

2. 垫层模量和厚度的选取

垫层在路堤下低强度桩复合地基中起着非常重要的作用。它调节桩的上刺量、桩土荷载分担比，因此设计时应选用最佳模量和最佳厚度。需要选用不同材料的垫层时，应调整其厚度，尽量使桩土应力比与原设计相同。

3. 桩体模量的选取

桩体模量不是越大越好。一方面，模量很大后，桩土应力比并不是线性增长，而是趋于一定值，因此模量很大后，桩体不能很好地发挥作用，而且也不经济。另一方面，桩体模量太大后，桩间土的作用减弱，如果此时桩又落在好土上，则不能形成复合地基，而设计仍按复合地基进行，后果相当危险。

第六节　低强度桩复合地基工程实例

一、工 程 概 况

安徽蒙城至蚌埠高速公路是界首—阜阳—蚌埠高速公路的一段，是界阜蚌二期工程向东的延伸。该公路计算行车速度为 100km/h，路基宽 26m，路面宽 22.5m（包括硬路肩部分），为对向四车道，路面标准轴载 BZZ-100。设计荷载等级：计算荷载为汽—超 20 级，验算荷载为挂—120。

地质勘察表明，该路线的 K181＋000～K187＋700 分布着厚度不均的软土，最大软土层厚约 12m。其中 K184＋850～K185＋600 段，软土层厚度 1.9～3.8m，容许承载力为 60～100kPa，软土多呈三层状态分布。上覆土层为低液限黏土、低液限粉土和粉土质砂，呈软弱或松散状态，属于软弱土，地基承载力也较低；软土中的夹层为低液限黏土和低液限粉土，软塑～硬塑状态；下卧土层为高液限黏土和低液限黏土，多为软塑～硬塑状态。K185＋600～K187＋700 段软土较厚，为 5.8～15.2m，厚度最大在 K186＋090 附近。软土埋藏深度为 1.7～3.4m，推荐容许承载力为 40～105kPa。

由于软土为河湖相沉积，其厚度、层数、埋置深度变化较大，须严格控制工后沉降，才能保证高速公路所要求的服务水平。本工程软土地基处理设计工后沉降的主要控制标准为：一般路堤段及涵洞、通道结构物处工后沉降的控制标准为 0.20m；桥台桥头段工后沉降的控制标准为 0.10m。

本项目原采用深层搅拌桩处理，但经浙江大学岩土工程研究所研究建议，改用低强度混凝土桩处理，并先对箱涵 DK0＋25/10°进行了设计和施工，检验了加固效果后，然后开始推广应用。低强度混凝土桩复合地基采用振动沉管法成桩工艺，施工速度较快，可大大缩短工期，施工质量易保证，工后沉降及不均匀沉降较小，地基处理深度大；而且由于其桩身强度（C10）比水泥搅拌桩高得多，桩身模量大，因而置换率远小于水泥搅拌桩复合地基，由此带来的经济效益好于水泥搅拌桩复合地基。

二、设计内容和步骤

桩身材料选用 C10 混凝土。C10 混凝土采用 32.5MPa 级普通水泥，中砂，碎石最大粒径小于 40mm，坍落度控制在 60～80mm，具体配合比见表 9-3。低强度桩施工完毕 21d 后，开始建造上部构筑物或堆载填土，填土速率与相邻堆载预压处理路段一致。在工程地质条件较差的地段，通过分级加载，并且在施工过程中严格控制填筑速率，加强沉降观测，控制地面沉降速率不大于 10～20mm/d，水平位移速率不大于 5mm/d，解决了施工期稳定问题。

C10 混凝土配合比(kg/m^3)　　表 9-3

水　泥	砂	碎　石	水
234	688	1260	185

具体设计步骤为：

(1)确定各土层物理力学指标、容许承载力、极限摩阻力、桩端阻力等。

(2)根据填土高度,确定附加荷载及设计承载力。

(3)确定单桩地基承载力。

(4)调整桩间距和置换率 m,计算复合地基承载力,要求大于设计承载力。

(5)验算下卧层承载力。

(6)根据填土速率和填土高度,计算土体的固结度,并进行沉降计算。验算工后沉降是否满足设计要求;否则,重新选择桩长。重复步骤(3)～(6)。

(7)箱涵(通道)底板内力验算。

(8)路堤稳定性验算。为考虑周围填土引起的附加沉降,计算时实际计算范围应根据具体情况,向路轴线两侧再取一段,一般可取 150m。

(9)绘制剖面图及平面图。

三、桥头段不均匀沉降处理

针对软土地基上桥台可能发生的诸如桥台开裂、位移、基桩受剪破坏等情况,为满足桥台与路堤相邻处差异沉降不大于 0.1m,保证复合地基处理段与其他方案平缓过渡,并符合纵坡坡度变化要求,设计时在满足地基承载力要求的基础上,按沉降控制原则进行设计。即在满足承载力要求的前提下,根据过渡段两侧工后沉降及纵坡坡度的要求,确定过渡段每个断面的允许工后沉降,然后反算求出所需桩长和置换率:离桥台越远,桩长越短,置换率越低。

CK0＋554 桥头段低强度桩设计剖面,如图 9-7 所示。

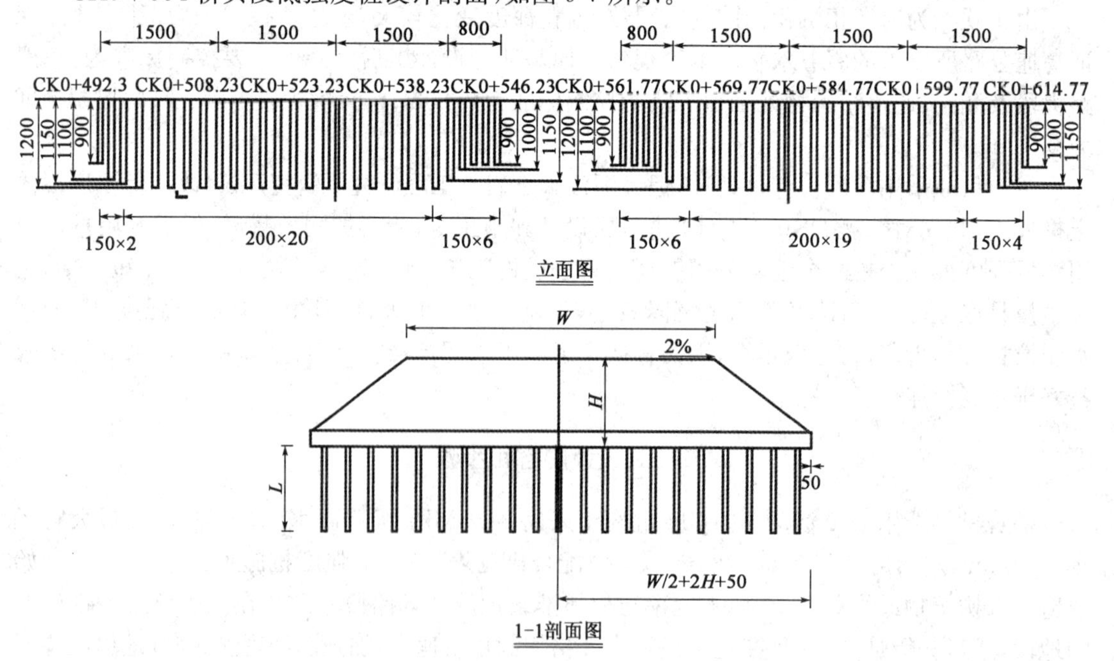

图 9-7　CK0＋554 桥头段低强度桩设计剖面图(尺寸单位:cm)

四、DK0＋625 箱涵的设计

D 匝道 DK0＋625 箱涵的基本情况见表 9-4，地基土物理力学性质指标见表 9-5。

DK0＋625 箱涵基本情况一览表 表 9-4

箱涵尺寸	箱涵尺寸	原软基处理方案
3m×3m	2.19～2.26m	深层搅拌桩，桩长 13m，桩径 0.5m，桩间距 1.2～1.4m。桩顶砂砾垫层厚度 0.3m

该箱涵处土层分布，地表(高程 17.85m)往下分别为：15.85～17.85m，低液限粉土①$_1$；5.65～15.85m，软土②；3.85～5.65m，高液限软土③$_1$；－2.95～3.85m，低液限软土④$_1$；－5.15～－2.95m，粉土质砂⑦；－22.15～－5.15m，细砂⑨。

地基土基本物理力学性质指标 表 9-5

编号	土层名称	层厚 (m)	含水率 (%)	重度 (kN/m^3)	孔隙比 e_0	压缩模量 E_s(MPa)	凝聚力 c(kPa)	极限摩阻力 (kPa)	摩擦角 (°)
①$_1$	低液限黏土	2.0	28.3	19.6	0.761	19.30	14.7	30	27.0
②	软土	10.0	61.5	16.4	1.698	1.20	7.8	20	6.5
③$_1$	高液限黏土	2.0	31.1	19.1	0.874	2.40	24.5	35	8.0
④$_1$	低液限软土	7.0	28.5	18.9	0.849	4.40	23.5	35	11.0
⑦	粉土质砂	2.2	23.0	20.2	0.632	20.20	10.8	35	27.0
⑨	细砂	17.0	—	—	—	—	—	45	—

注：软土的竖向渗透系数为 6.18×10^{-6}cm/s。

根据设计要求，箱涵处土体地基处理后的容许承载力应达到 130kPa，工后沉降应小于 0.2m。此处地面高程为 17.85m 左右，填土高度为 2.19～2.26m，作用在地基上的附加荷载为 45kPa。设计采用的低强度混凝土桩桩径为 377mm，桩的截面积 $A_p=0.112\text{m}^2$，周长 $S_p=1.18\text{m}$。设计计算步骤如前所述，计算得到路线纵向桩间距为 1.6m，横向桩间距为 1.4m，置换率为 5%。考虑到地质报告提供的软土渗透系数偏高，根据经验，渗透系数取值为 6.18×10^{-7}cm/s 较合适。若堆载预压期为 3 个月，经计算路面开始施工时箱涵处土体固结度约为 50%(按双面排水考虑)。

根据 DK0＋625 箱涵地基处理剖面图(图 9-8)，取箱涵底面中心点处为原点，通过计算可得到箱涵底面中心点处不同桩长情况下的沉降及工后沉降量，如表 9-6 所示。

不同桩长情况下箱涵地面中心点处的沉降情况 表 9-6

桩长(m)	13.0	12.0	11.0	10.0	9.0	8.0
下卧层沉降量 S_2(cm)	8.9	9.3	10.4	11.6	12.8	14.5
总沉降量 $S=\psi_s\times(S_1+S_2)$cm，$\psi_s=1.2$	14.3	14.8	16.0	17.5	19.0	21.0
工后沉降量(cm)	7.0	7.2	7.9	8.6	9.3	10.3

从上述沉降计算结果可见，箱涵底部桩长不需太长，工后沉降就可以满足 0.2m 的要求。但考虑到该处土层的分布情况及土层计算参数的因素，箱涵底部桩长设计为 12m，即打穿软土层，见图 9-8。为保证沉降变形平稳过渡，过渡段的桩长设计很重要。根据设计方案，过渡段分别为 DK0＋612.05～DK0＋621.15(9.1m)和 DK0＋628.85～DK0＋637.95(9.1m)。设计

计算时，在满足承载力要求的前提下，变化桩长和置换率（桩距），使过渡段的工后沉降与堆载预压处理段相协调。具体的桩长、桩间距及工程沉降，见表9-7；桩位剖面、平面布置图，如图9-8、图9-9所示。

各计算点桩长、沉降情况（cm） 表9-7

距中心点距离	0	160	360	560	760	1010	1260	备注
计算所得桩长	1200	1200	1100	1000	800	600	400	箱涵底部桩长 $L=$ 12m
总沉降	14.78	14.82	16.03	17.55	21.0	28.56	36.72	
工后沉降量	7.24	7.26	7.86	8.60	10.29	13.99	17.99	

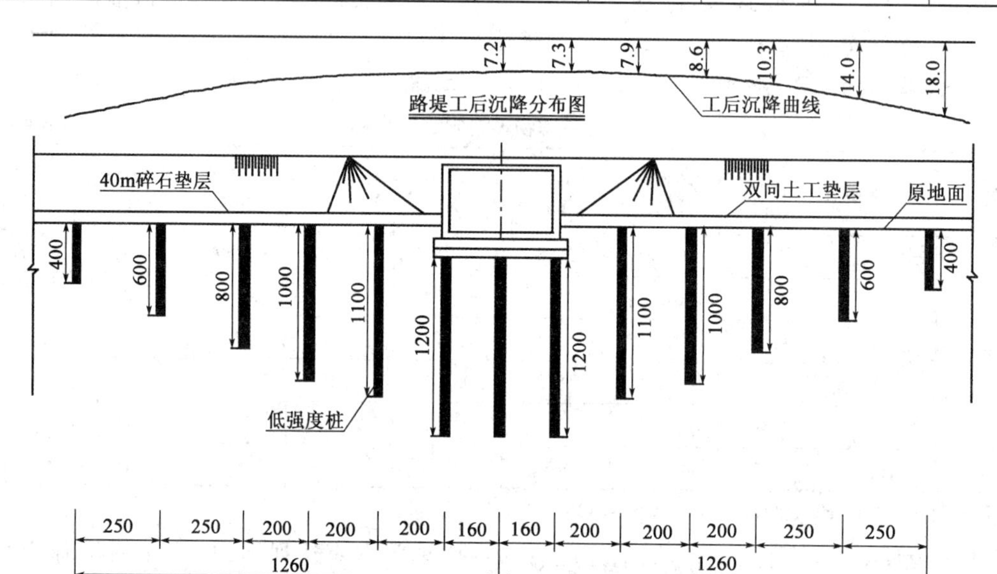

图9-8 DK0+625箱涵桩位布置剖面图（尺寸单位：cm）

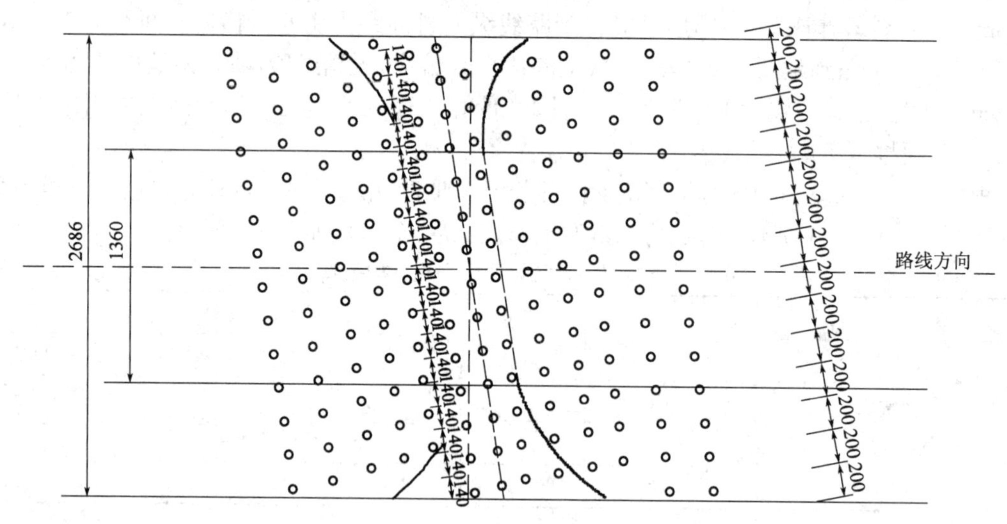

图9-9 DK0+625箱涵桩位布置平面图（尺寸单位：cm）

设计时,一般对高路堤应进行稳定计算,本箱涵处填土高度为2.26m,填土高度不高,施工时采用分层填筑,路堤稳定应能得到保证,但为进一步验证其稳定性,还是进行了计算。所用土层参数,如表9-5所示。计算时,地下水位取为地表处。计算结果表明,路堤稳定也可满足要求,因此设计时应主要考虑路堤沉降要求。

五、检 测 结 果

DK0+625箱涵于2001年底施工完毕。安徽省公路工程检测中心于2002年2月25日至3月11日对此处进行了单桩及复合地基承载力检测。本次测试所试单桩位于路基与箱涵的过渡段,由指挥部确定,如图9-10所示。测试结果,见表9-8和表9-9。

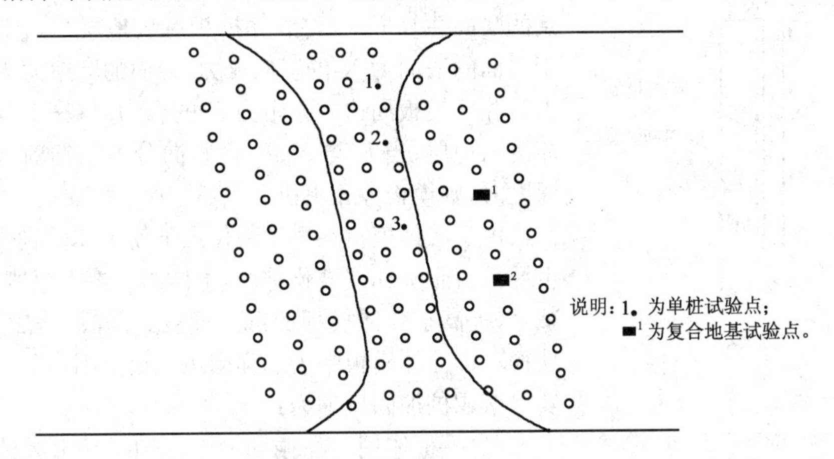

图9-10 测试桩平面位置示意图

所试三根单桩极限承载力标准值 表9-8

桩号	桩长(m)	单桩极限承载力基本值(kN)	相应沉降量(mm)	单桩极限承载力标准值(kN)
1号	12.0	400	10.90	400
2号	12.0	400	10.29	
3号	12.0	400	9.26	

所试两组单桩复合地基承载力基本值 表9-9

桩号	桩长(m)	压板直径(m)	压板面积(m^2)	相应荷载(kN)	相应变形值(mm)	承载力基本值(kPa)
1号	10.0	1.50	1.27	380	15.0	214
2号	10.0	1.50	1.27	360	15.0	203

箱涵底部低强度桩设计桩长为12m,根据桩侧摩阻力和桩端阻力确定的单桩容许承载力为192.9kN,测试结果得到单桩承载力标准值为400kN,可得到单桩容许承载力为200kN左右,与设计值很接近。此外,复合地基承载力的检测结果表明,复合地基承载力基本值可达到203kPa,换算得到标准值,完全符合大于130kPa的设计要求。此测试结果表明,低强度混凝土桩加固处理的效果很好。鉴于DK0+625箱涵处理效果很好,浙江大学岩土工程研究所从2001年12月下旬起至2002年4月中旬,对十三标段软土地基上的8个通道、3个桥头段,十四标段软土地基上的5个箱涵、4个通道、11个桥头段进行了设计,节约资金约35%,创造了很好的经济效益。

第七节　混凝土薄壁管桩加固原理

PCC 桩技术采取振动沉模自动排土现场灌注混凝土而成薄壁管桩。PCC 桩动力设备是振动锤，振动锤的两根轴上各装有一偏心块，由偏心块产生偏心力。当两轴相向同速运转时，横向偏心力抵消，竖向偏心力相加，使振动体系产生垂直往复高频率振动。振动体系具有很高的质量和速度，能产生强大的冲击动量，梅环形空腔模板迅速沉入地层。腔体模板的沉入速度与振锤的功率大小、振动体系的质量和土层的密度、黏性和粒径等有关。振动体系的竖向往复振动，将腔体模板沉入地层。当激振力 R 大于刃面的法向力 N 的竖向分力、刃面的摩擦力 F 的竖向分力和腔体模板周边的摩阻力 P 的合力时(图 9-11)，模板即能沉入地层；当 R 与 N、F、P 竖向分力平衡时或达到预定深度时，则模板停止下沉。

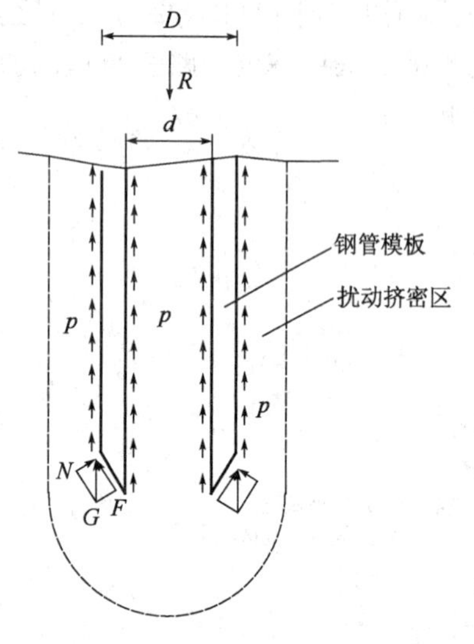

图 9-11　振动沉模时受力示意图

由于腔体模板在振动力作用下使土体受到强迫振动产生局部剪胀破坏或液化破坏，土体内摩擦力急剧降低，阻力减小，提高了腔体模板的沉入速度。同时，挤压、振密作用使得环形腔体模板中土芯和周边一定范围内的土体得到密实。该成桩加固机理为：

(1)模板作用。在振动力的作用下环形腔体模板沉入土中后，浇注混凝土；当振动模板提拔时，同时混凝土从环形腔体模板下端注入环形槽孔内，空腹模板起到了护壁作用，因此不会出现缩壁和塌壁现象。从而成为造槽、扩壁、浇注一次性直接成管桩的新工艺，保证了混凝土在槽孔内良好的充盈性和稳定性。

(2)振捣作用。环形腔体模板在振动提拔时，对模板内及注入槽孔内的混凝土有连续振捣作用，使桩体充分振动密实。同时，又使混凝土向两侧挤压，管桩壁厚增加。

(3)挤密作用。振动沉模大直径 PCC 桩在施工过程中由于振动、挤压和排土等原因，可对桩间土起到一定的密实作用。挤压、振密范围与环形腔体模板的厚度及原位土体的性质有关。

在形成复合地基时，为了保证桩与土共同承担荷载，并调整桩与桩间土之间竖向荷载及水平荷载的分担比例以及减少基础底面的应力集中问题，在桩顶设置褥垫层，从而形成 PCC 桩复合地基。

第八节　混凝土薄壁管桩设计计算

PCC 桩设计计算按复合地基要求确定，并进行地基变形验算。PCC 桩可只在基础范围内布置，桩径宜取 1000～1500mm。桩距应根据设计要求的复合地基承载力、土性、施工方法等确定，宜取 2.5～4 倍桩径，桩径大时取小值。

一、承载力计算

PCC 桩复合地基承载力特征值，应通过现场复合地基荷载试验确定，初步设计时也可按下式估算：

$$f_{spk}=m\frac{R_a}{A_p}+\beta(1-m)f_{sk} \tag{9-12}$$

式中：f_{spk}——复合地基承载力特征值(kPa)；

m——面积置换率；

R_a——单桩竖向承载力特征值(kN)；

A_p——桩的截面积(m^2)；

β——桩间土承载力折减系数，宜按地区经验取值，如无经验时可取0.75～0.95，天然地基承载力较高时取大值；

f_{sk}——处理后桩间土承载力特征值(kPa)，宜按当地经验取值，如无经验时，可取天然地基承载力特征值。

单桩竖向承载力特征值 R_a 的取值，应符合下列规定：

(1)当采用单桩荷载试验时，应将单桩竖向极限承载力除以安全系数2。

(2)当无单桩荷载试验资料时，可按下式估算：

$$R_a=u\sum_{i=1}^{n}\xi_{si}q_{sia}l_i+\xi_p q_{pa}A'_p \tag{9-13}$$

式中：R_a——单桩竖向极限承载力特征值；

u——桩身外周长(m)；

n——桩长范围内所划分的土层数；

ξ_{si}，ξ_p——桩第 i 层土(岩)的侧阻力修正系数，在0.77～1.0；端阻力修正系数，在0.9～1.0；

q_{sia}——桩第 i 层土(岩)的侧阻力特征值；

q_{pa}——桩的桩端阻力特征值；

l_i——桩穿越第 i 层土的厚度；当桩端持力层为强风化岩且其进入深度大于4d时，取4d计算；

A'_p——管桩壁横截面面积。

桩体试块抗压强度平均值应满足下列要求：

$$f_{cu}\geqslant 3\frac{R_a}{A_p} \tag{9-14}$$

式中：f_{cu}——桩体混合料试块(边长150mm立方体)标准养护28d立方体抗压强度平均值(kPa)。

二、变形计算

地基处理后的变形计算应按现行国家标准《建筑地基基础设计规范》(GB 50007—2011)的有关规定执行。复合土层的分层与天然地基相同，各复合土层的压缩模量等于该层天然地基压缩模量的 ξ 倍，ξ 值可按下式确定：

$$\xi=\frac{f_{spk}}{f_{ak}} \tag{9-15}$$

式中：f_{spk}——复合地基承载力特征值(kPa)；

f_{ak}——基础底面下天然地基承载力特征值(kPa)。

变形计算经验系数 ψ_s 根据当地沉降观测资料及经验确定，也可采用表9-10的数值。

变形计算经验系数 ψ_s　　表 9-10

$\overline{E_s}$(MPa)	2.5	4.0	7.0	15.0	20.0
ψ_s	1.1	1.0	0.7	0.4	0.2

注：$\overline{E_s}$为计算深度范围内压缩模量的当量值，应按下式计算：

$$\overline{E_s}=\frac{\sum A_i}{\sum_i \frac{A_i}{E_{si}}}$$

式中：A_i——第 i 层土附加应力系数沿土层厚度的积分值；

E_{si}——基础底面下第 i 层土的压缩模量值(MPa)，桩长范围内的复合土层按复合土层的压缩模量取值。

地基变形计算深度应大于复合土层的厚度，并应符合现行国家标准《建筑地基基础设计规范》(GB 50007—2011)中地基变形计算深度的有关规定。

三、构造设计

桩顶和基础之间应设置褥垫层，褥垫层的厚度宜取 300～500mm，当桩径大或桩距大时褥垫层厚度宜取高值。褥垫层内宜设土工格栅 1～2 层。褥垫层材料宜用中砂、粗砂、级配砂石或碎石等，最大粒径不宜大于 30mm。

PCC 桩桩体混凝土等级不应小于 C15，并应满足桩身抗压要求。PCC 桩建议壁厚参照表 9-11取用。

PCC 桩建议壁厚 t　　表 9-11

桩径 (mm)	壁厚 t(mm)	
1000	—	120
1250	125	130
1500	125	150

第九节　混凝土薄壁管桩施工方法

一、施工准备

1. PCC 桩施工前应具备资料

(1)施工设计图纸。

(2)工程地质勘察报告。

(3)总平面图或桩基的平面控制图。

(4)施工现场的地理位置及相邻建筑、道路、管线、高压输电线、构筑物、边坡等相关资料。

2. 应具备的施工条件

(1)施工现场的水、电、道路通畅。

(2)施工场地的平整，地耐力必须满足桩机施工的要求。

(3)落实场地相邻的建筑、道路、管线、高压输电线、构筑物、边坡等的保护措施。

3. 编制施工方案或施工组织设计

(1)开工前应进行施工图会审、设计技术交底。

(2)根据施工图纸、设计技术交底、工程地质勘察报告、地理环境等编制施工方案或施工组织设计。

(3)施工方案或施工组织设计审核确认。

(4)组织施工人员进行技术交底,落实施工方案或施工组织设计的施工技术措施。

4. 施工方法参数试验

(1)在没有施工资料和地质条件比较复杂的情况下应考虑试打桩,并根据设计要求的数量进行施工方法参数试验。

(2)试打桩的规格、长度、数量及地质条件应具有该场地的代表性,试验桩与工程桩的条件应一致。

(3)根据试打桩的参数,调整设计、相应施工方案或施工组织设计。

5. 施工机械的选择

(1)根据设计要求或试打桩的资料选取施工机械。

(2)施工机械选定后,应核实现场地耐力是否满足桩机施工的要求,如不满足,应预先采取相关施工措施。

二、PCC 桩施工流程

1. PCC 桩施工方法流程

PCC 桩施工方法流程,见图 9-12。

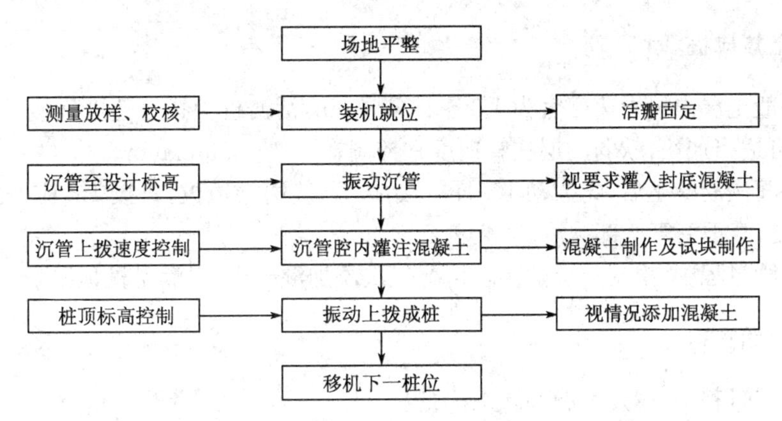

图 9-12 PCC 桩施工方法流程

2. 打桩顺序的一般规定

(1)如桩基较密集且离建筑物、构筑物等较远,施工场地较开阔,宜从中间向四周进行。

(2)如桩基较密集且场地较长,宜从中间向两端进行。

(3)若桩较密集且一侧靠近建筑(构筑)物,宜从靠构筑物一边由近向远进行。

(4)在打较密集的群桩时,为减少桩的挤土现象,可采用控制打桩速率及设计合理的打桩顺序。

(5)根据桩长短,宜先长后短;根据桩径大小,宜先大后小。

(6)靠近边坡的,应先从靠边坡向远离边坡方向进行,在边坡边施工应采用可靠的防护措施,防止边坡失稳和保证机械的安全施工。

3. 成孔要求

(1)开打必须保证机架垂直,偏差不大于1%,应保证机架底盘水平。

(2)在打桩过程中,如发现有地下障碍应及时清除。

(3)根据设计要求沉管至设计高程,沉管至设计高程后应测量孔底有无地下水进入或淤泥挤入,如有应在沉管前先灌入大于1m的与桩身同强度等级的混凝土,防止泥水进入管内。

(4)沉管端部封口采用活瓣桩尖。

(5)必须严格控制最后30s的电流、电压值,其值按设计要求或根据试桩参数决定。

(6)沉管上应有明显长度标记。

4. 混凝土浇灌

(1)沉管至设计高程后应及时浇灌混凝土,尽量缩短停歇时间。

(2)混凝土制作、用料标准应符合现行规范要求,混凝土施工配合比由试验室根据混凝土用料试验确定,现场搅拌混凝土坍落度宜为6~8cm,如用商品混凝土,非泵送坍落度宜为6~8cm,泵送坍落度宜为12~14cm。

(3)混凝土适当超灌,一般不少于50cm,使桩顶混凝土强度等级在凿除桩顶浮浆后满足设计要求。

(4)沉管内灌满混凝土后先振动10s,再灌混凝土,灌入的多少可根据试打桩来决定。

(5)混凝土灌注应连续进行,PCC桩实际灌注量的充盈系数不小于1。

5. 振动上拔成桩

(1)在一般土层内拔管速度宜为1.2~1.5m/min,活瓣桩尖拔管速度宜慢,混凝土预制桩尖拔管速度可适当加快,软弱土层拔管速度宜控制在0.6~0.8m/min。

(2)管内灌满混凝土后,先振动10s,再开始拔管,应边振边拔,每拔1m应停拔并振动5~10s,如此反复,直至沉管全部拔出。

(3)在拔管过程中,根据土层的实际情况二次添加混凝土,以满足桩顶混凝土高程。

6. 施工原始资料

(1)在施工过程中,应及时做好施工记录。

(2)及时办理汇总、验交、签证等手续。

第十节　混凝土薄壁管桩质量检验

一、成桩的质量检查

(1)现浇混凝土管桩的成桩质量检查主要包括成孔、混凝土拌制及灌注等工序过程的质量检查,并填写相应的质量检查记录,应符合下列规定:

①混凝土拌制应对原材料质量和计量、混凝土配比、坍落度、混凝土强度等级进行检查。

②沉管前应检查桩位的放样偏差，其允许偏差值为±20mm。

③沉管过程中应检查沉管的垂直度及最后 30s 的电流、电压值。

④混凝土灌注前应对成孔垂直度、孔深、孔底泥浆情况进行认真检查。

⑤混凝土灌注应检查混凝土充盈系数、桩顶高程和振动拔管速度。

(2)现浇混凝土管桩桩位、桩径、垂直度偏差应按规定检查。

(3)混凝土试块的留置。

单柱单桩每根桩必须留置 1 组混凝土试块试件，其他每浇注 $50m^3$，每个台班必须留置 1 组混凝土试块试件。

二、桩身质量检测

(1)施工过程中，现场开挖检查桩身质量，可在成桩 14d 后开挖暴露桩头，观察管桩的壁厚和成型情况。检查数量不应少于总数的 1%，且不少于 3 根。

(2)竣工后，采用低应变检测，对设计等级为甲级或地质条件复杂、成桩质量可靠低的工程桩，抽检数量不得少于总数的 50%，其他情况下不得少于总数的 30%，且每个柱子承台下不得少于 1 根，必要时可对桩身取芯检测混凝土强度。

三、承载力检测

对设计等级为甲级或地质条件复杂、成桩质量可靠性低的工程桩，应采用复合地基和单桩静荷载试验方法进行检测。检测数量不得少于总数的 1%，且不得少于 3 根，当总桩数少于 50 根时，不得少于 2 根。

四、质量检验标准

现浇混凝土管桩的质量检验标准应符合表 9-12 的规定。

现浇混凝土管桩质量检验标准 表 9-12

项目	序号	检查项目	允许偏差或允许值		检查方法
			单位	数字	
主控项目	1	桩长或最后 30s 的电流、电压值	桩长：+300mm；电流电压值应符合设计要求		测桩管长度，查施工记录
	2	混凝土充盈系数	>1		检查每根桩的实际灌注量
	3	桩体质量检验	规范第 4.2 条		应符合规范第 4.2 条要求
	4	混凝土强度	设计要求		试件报告或钻芯取样送检
	5	承载力	设计要求		应符合规范第 4.2 条要求
一般项目	1	桩位	mm	100	开挖后量桩中心
	2	垂直度	<1%		测桩管垂直度
	3	桩径	mm	−20	开挖后实测桩头直径
	4	壁厚	mm	−10	开挖后用尺量管壁厚每个桩头取三点值平均值
	5	桩顶高程	mm	+30～50	需扣除桩顶浮浆层及劣质桩体
	6	拔管速度：软弱土层其他土层	m/min	0.6～0.8 1.2～1.5	测量机头上升距离和时间，采用活瓣桩尖时取小值

注：本表中所述规范是指《现浇混凝土薄壁管桩技术规程》(JG/T 017—2004)。

五、现浇混凝土管桩工程的质量验收

(1)当桩顶设计高程与施工场地高程相近时,基桩工程的验收应待成桩完毕后验收;当桩顶设计高程低于施工场地高程时,待开挖至设计高程后进行验收。

(2)现浇混凝土管桩构成桩基子分部工程的一个分项工程,其检验批原则上按相同机械、相同规格桩、轴线等来划分。检验批按主控项目和一般项目验收。

(3)桩基子分部工程验收应由总监理工程师(建设单位项目负责人)组织勘察、设计单位及施工单位的项目负责人、技术质量负责人进行验收。

(4)现浇混凝土管桩桩基的分项、子分部工程质量验收,均应在施工单位自检合格的基础上进行。施工单位自检合格后提出工程验收申请。验收应提供下列资料:

①工程地质勘测报告、桩基施工图、图纸会审及设计交底纪要、设计变更等。

②原材料的质量合格证和复检报告。

③桩位测量放线图,包括工程桩位线复核签证单。

④混凝土试件试验报告。

⑤施工记录及隐蔽工程验收报告。

⑥监督抽检资料。

⑦桩体质量检测报告。

⑧复合地基和单桩承载力检测报告。

⑨基础开挖至设计高程的基桩竣工平面图。

⑩工程质量事故及事故调查处理资料。

(5)现浇混凝土管桩分项工程质量验收合格应符合下列要求:

①各检验批工程质量验收合格。

②应有完整的质量验收文件。

③有关结构安全的检验及抽样检测结果应符合要求。

(6)验收工作应符合下列规定:

①检验批工程的质量验收应分别按主控项目和一般项目验收。

②现浇混凝土管桩分项工程的验收,应在各检验批通过验收的基础上,对必要的部分进行见证检验。

③主控项目必须符合验收标准规定,发现问题应立即处理直至符合要求,一般项目应有80%合格;混凝土试件强度评定不合格或对试件的代表性有怀疑时,应采用原位切割取样,检测结果符合设计要求可按合格验收。

第十一节 混凝土薄壁管桩工程实例

一、工程及地质概况

盐通高速公路是我国沿海大通道在江苏境内的重要组成部分,沿线的地面高程2.8~4.0m,地下水位高,高速公路经过区域河沟纵横,水系发达,为水网化地区,线路所经区域在地形地貌上属于滨海平原,东为黄海,西为苏北里下河泻湖洼地,南与长江三角洲衔接。本次试验选择在盐通高速公路大丰一标大丰南互通主线桥的南北两侧桥头。

该地区软土层为淤泥及淤泥质土，层理构造为滨海楣、泻湖相两大成因，部分地段存在超软、深厚的软土，部分深达 20m 以上，技术指标差，灵敏度高，受扰动后强度降低幅度大，承载力、沉降问题较为突出，试验段场地土层分布，见表 9-13。

试验场地土层分布情况　　表 9-13

地层序号	地层名称	层面高程(m)	一般厚度(m)	状态或密度
1	亚黏土	地表面	1.2～2.8	可塑
1-2	淤泥质亚黏土	−0.05～−1.90	6.30～10.50	流塑
1-2a	亚黏土夹粉砂、亚砂土	−1.9～−3.9	2.0～4.40	软塑—流塑
3	(亚)黏土	−9.70～−10.00	1.3～4.8	硬塑—可塑
3a	亚黏土	−11.80～−12.85	1.20～2.60	可塑—软塑
3b	亚黏土	−12.30	2.50	软塑
3-1	粉砂、亚粉砂	−12.40～−15.00	7.4～14.20	中密—密实
3-2	亚黏土	−21.50～−28.40	1.10～6.80	流塑
3-3	粉砂	23.90～−26.70	4.0～7.40	密实—中密
4	(亚)黏土	−29.9～−31.0	5.4～10.50	硬塑为主，部分可塑
4c	亚砂土	−34.40～−36.45	1.50～4.0	密实
4a	亚黏土	夹于 4 层之中	1.90～5.50	可塑—软塑
4-1	亚砂土	−40.10～−45.40	4.7～11.6	密实—中密
4-2	亚黏土	局部分布	2.90	可塑
5	黏土	−50.60～−53.30	2.30～5.80	硬—可塑
5a	亚黏土	−53.30～−56.35	2.50～4.70	软塑为主
5-1	粉砂	−53.80～−58.85	未揭穿	密实

二、工 程 设 计

设计时主要从三个方面进行考虑，即：路基稳定性、复合地基承载力、复合地基沉降及工后沉降。K31＋509～K31＋600 设计桩径为 1000mm，壁厚分别为 100mm 及 120mm，正方形布置，间距为 3.3m×3.3m，采用变桩长的方式调整路面和桥面的不均匀沉降，与桥墩相邻的桩长为 18m，与道路相邻的桩长为 16m。桩顶设置 40cm 碎石垫层加两层土工隔栅，两层隔栅分别布置于垫层的中部及表面。

三、现 场 试 验

试验段路堤于 2003 年 8 月 7 日开始填筑，至 2004 年 1 月初等载土方施工完毕，路堤填筑高度为 6.5m. 历时近 5 个月。

1. 桩土荷载分担

图 9-13 为典型的路堤填筑及预压阶段桩顶、桩间土及桩芯土塞上的应力变化情况，随着路堤填筑高度的增加，桩顶、桩间土上的应力均相应增加，路堤填筑高度较小时，桩顶、桩间土

上的应力较接近，此时路堤荷载以桩间土承担为主，当填土高度达到 2m 之后桩顶应力出现较大的增长，桩间土上的应力增量却较小，填土达到一定高度时桩顶应力的大幅增加说明此时的路堤荷载以桩体承担为主；整个路堤填筑过程中桩芯土塞上的应力几乎不发生变化，这反映了现浇薄壁管桩较好的闭塞效应。

图 9-14 为路堤填筑过程中不同观测断面的桩土应力比变化过程线，随着填土高度增加，桩土应力比逐渐增大，路堤填筑工作结束后桩土应力比仍会发生一定程度的增加，最终的桩土应力比在 13～17，图中桩土应力比变化过程线表现为两种模式：一种模式是桩土应力比前期增长较快，另一种模式是后期相对增长较快，这主要由于碎石垫层的压实度及垫层中的隔栅张紧程度小同所致，密实的垫层及张紧的隔栅使得路堤荷载在填筑过程中主要由桩体承担提高了填筑过程中路堤的稳定性，从而加快填土速率、节约工期。在间距为 3.0m 左右时，15 左右的桩土应力比对应的桩土荷载分担比约为 1.43，即桩体承担的路堤荷载约占总荷载的 58.85%。

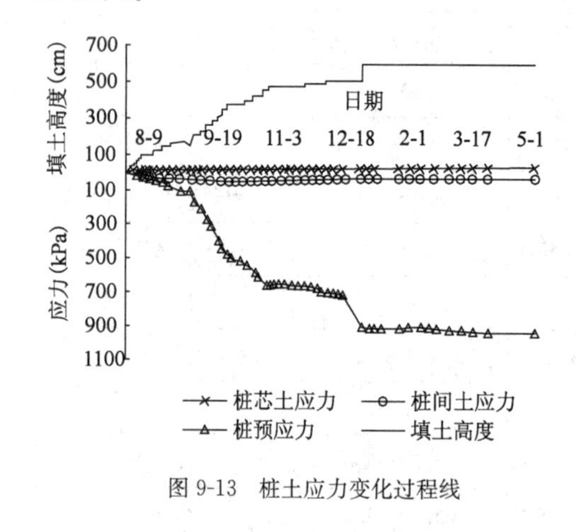

图 9-13 桩土应力变化过程线

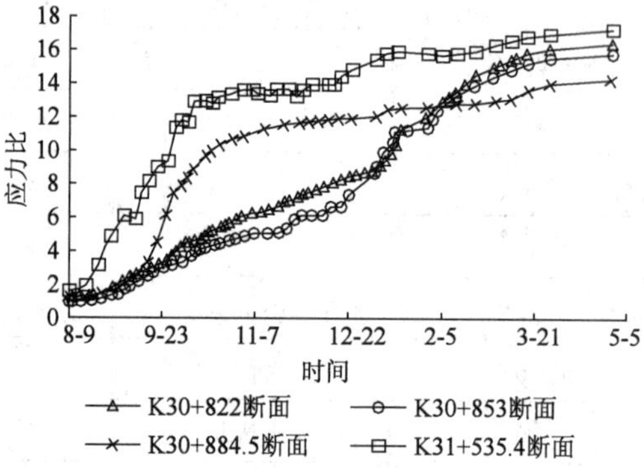

图 9-14 桩土应力比过程线

2. 桩土沉降及差异沉降

图 9-15 为典型的表面沉降过程线，表面沉降随着填土高度的增加，沉降量相应增大，沉降过程线存在几个较明显的拐点。路堤填筑初期，桩顶和桩间土的沉降均较小，沉降发生的速率较慢，尤其是桩顶几乎不发生沉降，说明此时荷载主要由桩间土承担；当路堤填筑高度达到2.0m左右时，桩顶和桩间土沉降速率均有增大的趋势，但桩间土的沉降速率要大于桩顶的沉降速率，桩土之间产生较明显的沉降差，路堤荷载在桩顶和桩间土上进行着调整分担。预压近 4 个月时，桩顶的沉降为 117mm、桩间土的沉降为 231mm，桩土之间产生 114mm 的沉降差；图 9-16 为桩土沉降差发展过程线，在路堤填筑高度达到 4.5m 之前，桩土沉降差以近乎线性的方式增长，沉降差不断增大，路堤荷载由以桩间土承担为主逐步转变为以桩体承担为主，当路堤填筑高度达到 4.5m 左右时，桩土沉降差趋于稳定，沉降差不随路堤填筑高度而变化，说明在 4.5m 左右的填筑高度下，垫层的作用被充分调动，桩土荷载分担达到一种平衡状态，加固区桩、土以整体的方式发生着沉降变形。对于 3.0m 左右的桩间距，当桩土沉降差在 117mm 时，土工隔栅的平均延伸率为 0.31%左右，因此不会产生隔栅被拉断的危险，而且这样的一个沉降差对于发挥垫层效用、充分利用桩间土自身的承载力是十分必要的。

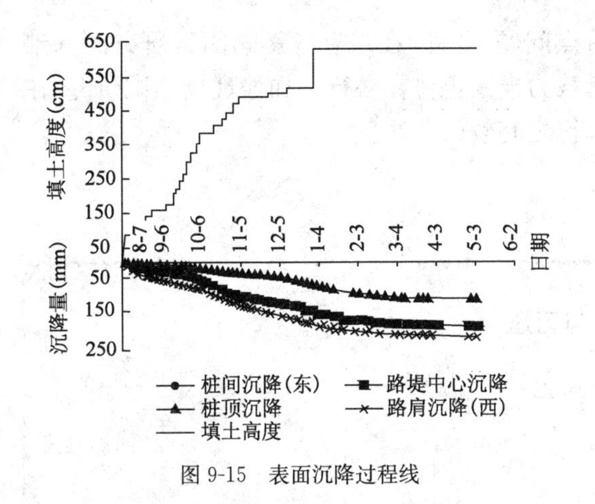

图 9-15　表面沉降过程线

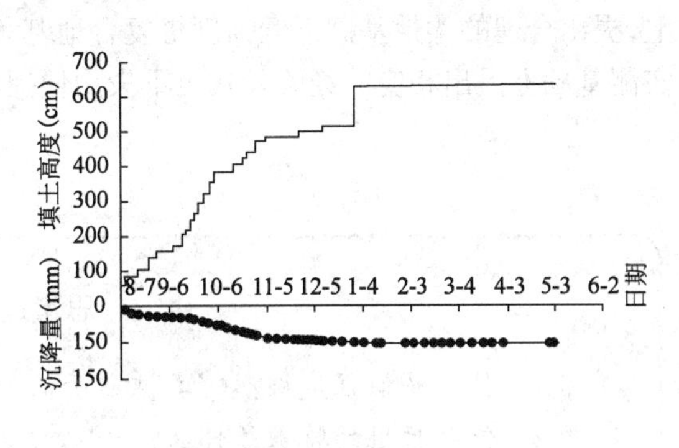

图 9-16　桩土差异沉降

3. 水平位移

路堤填筑阶段路基的稳定性除了通过表面沉降速率进行控制外，也可通过路基的水平位移值进行控制，规范对路堤填筑阶段水平位移值的控制标准为不大于 5mm/d，否则应减缓路堤的填筑速率；图 9-17 为路基的深层水平位移变化情况，路堤填筑过程中路基水平位移的变化速率较小，均满足不大于 5mm/d 的要求。至 2004 年 6 月 1 日，路基的最大水平位移为 22mm，对于 6.5m 左右的填土高度而言这一位移值较小，可见薄壁管桩加固后路基的刚性得到了很大的提高，抵抗水平位移的能力得到了大幅度的增强。

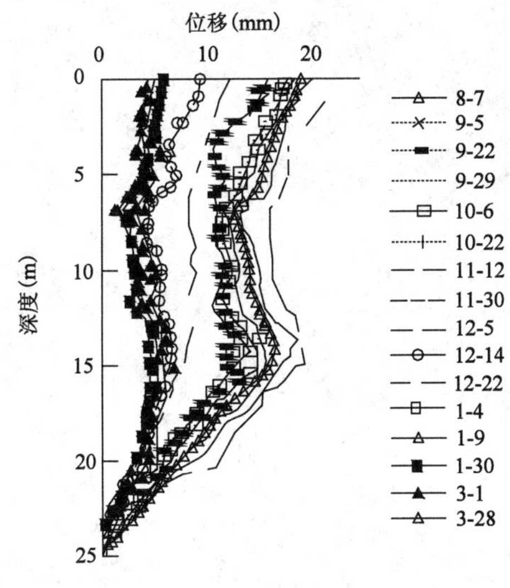

图 9-17　深层水平位移变化过程线

第十二节　结　　语

低强度桩及混凝土薄壁管桩不仅具有较高的桩身强度、施工方便、质量能得到保证，而且可采用变桩长、变刚度设计思路，使其具有很好的经济效益，尤其在箱涵、通道处，施工期短，并可迅速投入使用，可大大缓解通行压力，优势更加明显，应用前景非常广阔。

柔性基础下低强度桩及混凝土薄壁管桩复合地基沉降较刚性基础大，而且又有桩体的上刺和下刺量，如何进行计算是目前尚未解决的重点问题；此外，在现有各影响因素研究的基础上，提出合理的柔性基础下低强度桩复合地基承载力模式也势在必行。加强现场测试研究，在实测基础上提出相应的经验公式也不失为便捷、行之有效的方法。

思考题与习题

9-1 什么是低强度桩？哪类桩属于低强度桩？

9-2 低强度桩的特点是什么？

9-3 低强度桩的作用机理是什么？

9-4 什么是混凝土薄壁管桩？

9-5 混凝土薄壁管桩的加固原理是什么？

第十章 灌浆法

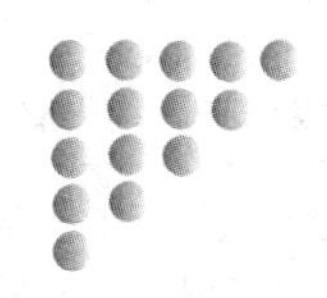

第一节 概 述

灌浆法(Grouting)是指利用液压、气压或电化学原理,通过注浆管把浆液均匀地注入地层中,浆液以填充、渗透和挤密等方式,赶走土颗粒间或岩石裂隙中的水分和空气后占据其位置,经人工控制一定时间后,浆液将原来松散的土粒或裂隙胶结成一个整体,形成一个结构新、强度大、防水性能好和化学稳定性良好的"结石体"。

灌浆法广泛应用于我国煤炭、冶金、水电、建筑、交通和铁道等部门,并取得了良好的效果。其加固目的有以下几个方面:

(1)增加地基土的不透水性,防止流砂、钢板桩渗水、坝基漏水和隧道开挖时涌水,以及改善地下工程的开挖条件。

(2)防止桥墩和边坡护岸的冲刷。

(3)整治坍方滑坡,处理路基病害。

(4)提高地基土的承载力,减少地基的沉降和不均匀沉降。

(5)采用托换技术,实施对古建筑的地基加固。

灌浆法按加固原理可分为渗透灌浆、挤密灌浆、劈裂灌浆和电动化学灌浆。灌浆法在岩土工程治理中的应用十分广泛,见表10-1。

灌浆法在岩土工程治理中的应用 表10-1

工程类别	应用场所	目的
建筑工程	1.建筑物因地基土强度不足发生不均匀沉降; 2.在摩擦桩侧面或端承桩底	1.改善土的力学性质,对地基进行加固或纠偏处理; 2.提高桩周摩阻力和桩端抗压强度或处理桩底沉渣过厚引起的质量问题
坝基工程	1.基础岩溶发育或受构造断裂切割破坏; 2.帷幕灌浆; 3.重力坝上灌浆	1.提高岩土密实度、均匀性、弹性模量和承载力; 2.切断渗流; 3.提高坝体整体性、抗滑稳定性

续上表

工程类别	应用场所	目的
地下工程	1.在建筑物基础下面挖地下铁道、地下隧道、涵洞、管线路等； 2.洞室围岩	1.防止地面沉降过大，限制地下水活动及制止土体位移； 2.提高洞室稳定性，防渗
其他	1.边坡； 2.桥基； 3.路基等	维护边坡稳定，防止支挡建筑的涌水和邻近建筑物沉降、桥墩防护、桥索支座加固、处理路基病害等

第二节 浆液材料

灌浆加固离不开浆材，而浆材品种和性能的好坏，又直接关系着灌浆工程的成败、质量和造价，因而灌浆工程界历来对灌浆材料的研究和发展极为重视。现在可用的浆材越来越多，尤其在我国，浆材性能和应用问题的研究比较系统和深入，有些浆材通过改性消除缺点后，正朝理想浆材的方向演变。

灌浆过程中所用的浆液是由主剂(原材料)、溶剂(水或其他溶剂)及各种外加剂混合而成。通常所提的灌浆材料是指浆液中所用的主剂。外加剂可根据在浆液中所起的作用，分为固化剂、催化剂、速凝剂、缓凝剂和悬浮剂等。

一、浆液性质评价

1.浆液性质评价指标

灌浆材料的主要性质评价指标包括：分散度、沉淀析水性、凝结性、热学性、收缩性、结石强度、渗透性和耐久性。

1)材料的分散度

分散度是影响可灌性的主要因素，一般分散度越高，可灌性就越好。分散度还将影响浆液的一系列物理力学性质。

2)沉淀析水性

在浆液搅拌过程中，水泥颗粒处于分散和悬浮于水中的状态，但当浆液制成和停止搅拌时，除非浆液极为浓稠，否则水泥颗粒将在重力作用下沉淀，并使水向浆液顶端上升。沉淀析水性是影响灌浆质量的有害因素。浆液水灰比是影响析水性的主要因素，研究证明，当水灰比为1.0时，水泥浆的最终析水率可高达20%。

3)凝结性

浆液的凝结过程被分为两个阶段：初凝阶段，浆液的流动性减少到不可泵送的程度；第二阶段，凝结后的浆液随时间而逐渐硬化。研究证明，水泥浆的初凝时间一般在2～4h，黏土水泥浆则更慢。由于水泥微粒内核的水化过程非常缓慢，故水泥结石强度的增长将延续几十年。

4)热学性

由于水化热引起的浆液温度主要取决于水泥类型、细度、水泥含量、灌注温度和绝热条件等因素。例如，当水泥的比表面积由$250m^2/kg$增至$400m^2/kg$时，水化热的发展速度将提高约60%。当大体积灌浆工程需要控制浆温时，可采用低热水泥、低水泥含量及降低拌和水温度等措施。当采用黏土水泥浆灌注时，一般不存在水化热问题。

5)收缩性

浆液及结石的收缩性主要受环境条件影响。潮湿养护的浆液只要长期维持其潮湿条件，不仅不会收缩，还可能随时间而略有膨胀。反之，干燥养护的浆液或潮湿养护后又使其处于干燥环境中，就可能发生收缩。一旦发生收缩，就将在灌浆体中形成微细裂隙，使浆液效果降低，因而在灌浆设计中应采取预防措施。

6)结石强度

影响结石强度的因素主要包括：浆液的起始水灰比、结石的孔隙率、水泥的品种及掺和料等，其中以浆液浓度最为重要。

7)渗透性

与结石强度一样，结石的渗透性也与浆液起始水灰比、水泥含量及养护龄期等一系列因素有关，不论水泥浆还是黏土水泥浆，其渗透性都很小。

8)耐久性

水泥结石在正常条件下是耐久的，但若灌浆体长期受水压力作用，则可能使结石体破坏。

2. 浆液材料要求

(1)浆液应是真溶液而不是悬浊液。浆液黏度低，流动性好，能进入细小裂隙。

(2)浆液凝胶时间可在几秒至几个小时范围内随意调节，并能准确地控制，浆液一经发生凝胶就在瞬间完成。

(3)浆液的稳定性好。在常温常压下，长期存放不改变性质，不发生任何化学反应。

(4)浆液无毒无臭。不污染环境，对人体无害，属非易爆物品。

(5)浆液应对注浆设备、管路、混凝土结构物、橡胶制品等无腐蚀性，并容易清洗。

(6)浆液固化时无收缩现象，固化后与岩石、混凝土等有一定黏结性。

(7)浆液结石体有一定抗压强度和抗拉强度，不龟裂，抗渗性能和防冲刷性能好。

(8)结石体耐老化性能好，能长期耐酸、碱、盐、生物细菌等腐蚀，且不受温度和湿度的影响。

(9)材料来源丰富、价格低廉。

(10)浆液配制方便，施工操作容易。

现有灌浆材料不可能同时满足上述要求，一种灌浆材料只能符合其中几项要求。因此，在施工中要根据具体情况选用某一种较为合适的灌浆材料。

二、浆液材料分类及特性

浆液材料分类的方法很多，通常可按图10-1进行分类。按浆液所处状态，可分为真溶液、悬浮液和乳化液；按主剂性质，可分为无机浆材和有机浆材等。

1. 粒状浆液特性

水泥浆材是以水泥为主的浆液，在地下水无侵蚀性条件下，一般都采用普通硅酸盐水泥。它是一种悬浊液，能形成强度较高和渗透性较小的结石体，既适用于岩土加固，也适用于地下防渗。在细裂隙和微孔地层中，虽其可灌性不如化学浆材好，但若采用劈裂灌浆原理，则不少弱透水地层都可用水泥浆进行有效的加固，故成为国内外所常用的浆液。

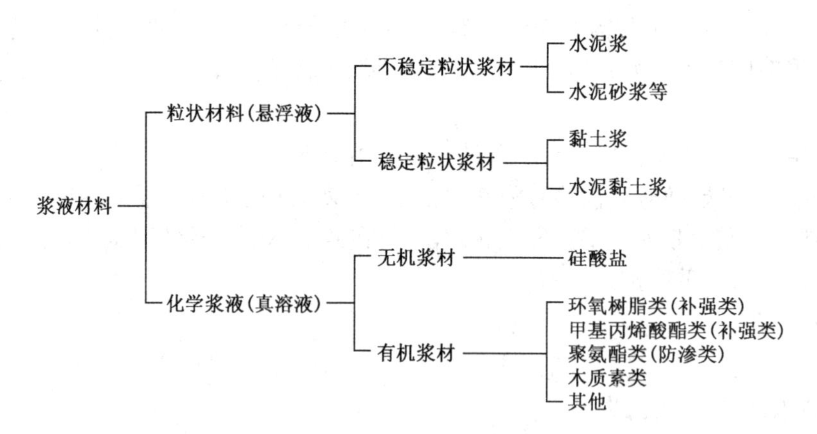

图 10-1　灌浆法按浆液材料分类

水泥浆配比用水灰比表示,水灰比指的是水的重量与水泥重量之比。水灰比越大,浆液越稀,一般变化范围为 0.6～2.0,常用的水灰比是 1∶1。为了调节水泥浆的性能,有时可加入速凝剂或缓凝剂等附加剂。常用的速凝剂有水玻璃和氯化钙,其用量为水泥重量的 1%～2%,常用的缓凝剂有木质素磺酸钙和酒石酸,其用量为水泥重量的 0.2%～0.5%。

水泥浆材属于悬浮液,其主要问题是析水性大,稳定性差。水灰比越大,上述问题就越突出。此外,纯水泥浆的凝结时间较长,在地下水流速较大的条件下灌浆时浆液易受冲刷和稀释等。为了改善水泥浆液的性质,以适应不同的灌浆目的和自然条件,常在水泥浆中掺入各种外加剂,如表 10-2 所示。

水泥浆的外加剂及掺量　　表 10-2

<table>
<tr><th>名　称</th><th>试　剂</th><th>掺量占水泥重量的比例(%)</th><th>说　明</th></tr>
<tr><td rowspan="3">速凝剂</td><td>氯化钙</td><td>1～2</td><td>加速凝结和硬化</td></tr>
<tr><td>硅酸钠</td><td rowspan="2">0.5～3</td><td rowspan="2">加速凝结</td></tr>
<tr><td>铝酸钠</td></tr>
<tr><td rowspan="3">缓凝剂</td><td>木质磺酸钙</td><td>0.2～0.5</td><td rowspan="3">增加流动性</td></tr>
<tr><td>酒石酸</td><td>0.1～0.5</td></tr>
<tr><td>糖</td><td>0.1～0.5</td></tr>
<tr><td rowspan="2">流动剂</td><td>木质磺酸钙</td><td>0.2～0.3</td><td></td></tr>
<tr><td>去垢剂</td><td>0.05</td><td>产生空气</td></tr>
<tr><td>加气剂</td><td>松香树脂</td><td>0.1～0.2</td><td>产生约 10%的空气</td></tr>
<tr><td rowspan="2">膨胀剂</td><td>铝粉</td><td>0.005～0.02</td><td>约膨胀 15%</td></tr>
<tr><td>饱和盐水</td><td>30～60</td><td>约膨胀 1%</td></tr>
<tr><td rowspan="2">防析水剂</td><td>纤维素</td><td>0.2～0.3</td><td></td></tr>
<tr><td>硫酸铝</td><td>约 20</td><td>产生空气</td></tr>
</table>

黏土类浆液采用黏土作为主剂,黏土的粒径一般极小(0.005mm),而比表面积较大,遇水具有胶体化学特性。黏土颗粒愈细浆液的稳定性愈好,一般用于护壁或临时性的防护工程。

由于黏土的分散性高,亲水性强,因而沉淀析水性较小。在水泥浆中加入黏土后,兼有黏土浆和水泥浆的优点,成本低,流动性好,稳定性高,抗渗压和冲蚀能力强,是目前大坝砂砾石基础防渗帷幕与充填注浆常用的材料。

水泥砂浆由水灰比不大于1.0的水泥浆掺砂配成，与水泥浆相比有流动性小、结石强度高和耐久性好、节省水泥的优点。地层中有较大裂隙、溶洞，耗浆量很大或者有地下水活动时，宜采用该类浆液。

水泥—水玻璃类浆液以水泥和水玻璃为主剂。水玻璃的加入可加快凝结。其性能主要取决于水泥浆水灰比、水玻璃浓度和加入量、浆液养护条件等。广泛应用于建筑地基、大坝、隧道等建筑工程。

2. 化学浆液特性

与粒状浆液相比，化学浆液的特点是能够灌入裂隙较小的岩石、孔隙小的土层及用于有地下水活动的场合。化学浆液按照其功能可分为防渗型、补强型和防渗补强型三类。

1)防渗型化学浆液

防渗型化学浆液常用丙烯酰胺类浆液和聚氨酯类浆液。

丙烯酰胺类浆液亦称MG646浆液，是以丙烯酰胺为主剂，配合交联剂、引发剂、促进剂、缓凝剂和水配成。具有水溶性和可灌性，黏度低(接近水)、凝结时间可调、聚合体不溶于水且具有一定弹性等特点。

聚氨酯类浆材是采用多异氰酸酯和聚醚树脂等作为主要原材料，再掺入各种外加剂配制而成的。浆液灌入地层后。遇水即反应生成聚氨酯泡沫体，起加固地基和防渗堵漏等作用。其是一种防渗堵漏能力强、固结体强度高的浆材。

2)补强型化学浆液

目前，应用于地基加固补强的化学浆液较多，下面主要介绍甲基丙烯酸酯类浆液和环氧树脂类浆液。

甲基丙烯酸酯类浆液具有比水还低的黏度，可灌入0.05～0.1mm细缝，固化强度高，广泛用于地下水位以上混凝土细裂缝补强灌浆。

环氧树脂是一种高分子材料，它具有强度高、黏结力强、收缩性小、化学稳定性好并能在常温下固化等优点；但它作为灌浆材料则存在一些问题，例如浆液的黏度大、可灌性小、憎水性强、与潮湿裂缝黏结力差等。改性环氧树脂具有黏度低、亲水性好、毒性较低以及可在低温和水下灌浆等特点，特别适用于混凝土裂缝及软弱岩基特殊部位的灌浆处理。

3)其他化学浆液

下面主要介绍水玻璃浆液和木质素类浆材。

水玻璃又称硅酸钠，在某些固化剂作用下，可以瞬时产生胶凝。水玻璃类浆液是以水玻璃为主剂，加入胶凝剂，反应生成胶凝，是当前主要的化学浆材，它占目前使用的化学浆液的90%以上。

木质素类浆材是以纸浆废液为主剂，加入一定量的固化剂所组成的浆液。它属于“三废利用”，料源广，价格低廉，是一种很有发展前途的灌浆材料。木质素浆材目前包括铬木素浆材和硫木素浆材两种。

3. 各种浆液渗透性和固结体抗压强度对比

浆液的渗透性和固结体抗压强度是衡量浆液特性的重要指标。表10-3给出了各种浆液的渗透性。可以看出，粒状浆材只能渗入孔隙在粗砂以上的地层，而几乎难以渗入黏土和粉土

孔隙中；与粒状浆液相比，化学浆液能够灌入裂隙较小的岩石和孔隙小的土层。表10-4给出了各种浆液的固结体抗压强度。可以看出，粒状浆材固结体的抗压强度较高。因此，在提高地基强度的灌浆中，应当首选粒状浆材，而在防渗堵漏工程中，化学浆材的效果更好。

各种浆液的渗透性 表10-3

浆液名称	砾石			砂粒			粉粒	黏粒
	大	中	小	粗	中	细		
单液水泥类								
水泥黏土类								
水泥—水玻璃类								
水玻璃类								
丙烯酰胺类								
铬木素类								
尿醛树脂类								
聚氨酯类								
糠醛树脂类								
粒径(mm)	10	4	2	0.5	0.25	0.05	0.005	
渗透系数(mm/s)		10^{-1}	10^{-2}		10^{-3}	10^{-4}	10^{-6}	

各种浆液的固结体抗压强度 表10-4

浆液名称	试块成型方法	抗压强度
水泥浆类 水泥—水玻璃类 尿醛树脂类 糠醛树脂类	结石体为脆性，使用纯浆液，在4cm×4cm×16cm或4cm×4cm×4cm试模中成型	5～25 5～20 2～8 1～6
水玻璃类 丙烯酰胺类 铬木素类	结石体为弹性，用浆液加标准砂，在4cm×4cm×4cm试模中成型	<3 0.4～0.6 0.4～2
聚氨酯类	在内径40mm有机玻璃管内放入标准砂并用水饱和，浆液从下面有孔板压入，固化后取出进行试验	6～10

第三节 灌浆理论

在地基处理中，灌浆工艺所依据的理论主要可归纳为以下四类。

一、渗透灌浆

渗透灌浆是指在压力作用下使浆液充填土的孔隙和岩石的裂隙，排挤出孔隙中存在的自由水和气体，而基本上不改变原状土的结构和体积(砂性土灌浆的结构原理)，所用灌浆压力相对较小。这类灌浆一般只适用于中砂以上的砂性土和有裂隙的岩石。代表性的渗透灌浆理论有：球形扩散理论、柱形扩散理论和袖阀管法理论。

二、劈 裂 灌 浆

劈裂灌浆是指在压力作用下，浆液克服地层的初始应力和抗拉强度，引起岩石和土体结构的破坏和扰动，使其沿垂直于小主应力的平面发生劈裂，使地层中原有的裂隙或孔隙张开，形成新的裂隙或孔隙，浆液的可灌性和扩散距离增大，而所用的灌浆压力相对较高。劈裂灌浆原理示意如图 10-2 所示。

三、压 密 灌 浆

压密灌浆是指通过钻孔在土中灌入极浓的浆液，在注浆点使土体挤密，在注浆管端部附近形成“浆泡”，如图 10-3 所示。

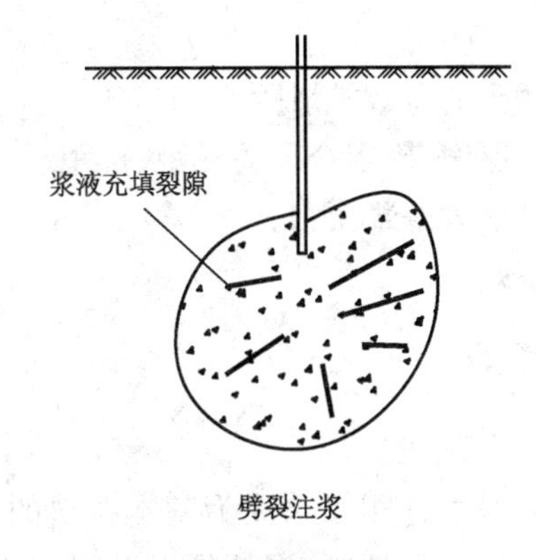

图 10-2　劈裂灌浆原理示意

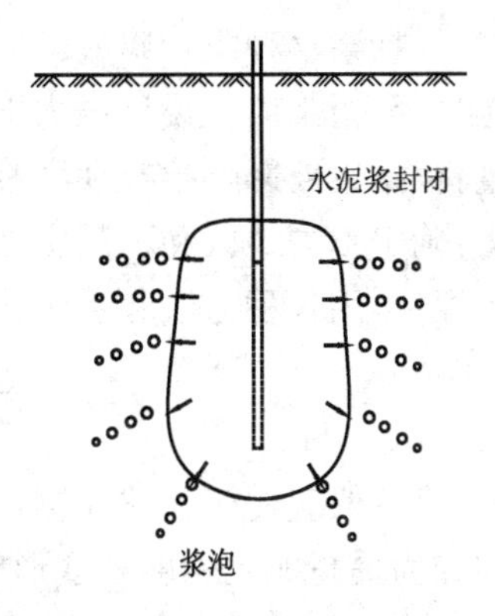

图 10-3　压密灌浆原理示意

当浆泡的直径较小时，灌浆压力基本上沿钻孔的径向扩展。随着浆泡尺寸的逐渐增大，便产生较大的上抬力而使地面抬动。

研究表明，向外扩张的浆泡将在土体中引起复杂的径向和切向应力体系，紧靠浆泡处的土体将遭受严重破坏和剪切，并形成塑性变形区，在此区内土体的密度可能因扰动而减小，离浆泡较远的土则基本上发生弹性变形，因而土的密度有明显的增加。

浆泡的形状一般为球形或圆柱形。在均质土中的浆泡形状相当规则，而在非均质土中则很不规则。浆泡的最后尺寸取决于很多因素，如土的密度、湿度、力学性质、地表约束条件、灌浆压力和注浆速率等。有时，浆泡的横截面直径可达 1m 或更大。实践证明，离浆泡界面 0.3～2.0m 内的土体都能受到明显的加密。

挤密灌浆常用于中砂地基，黏土地基中若有适宜的排水条件也可采用。如遇排水困难而可能在土体中引起高孔隙水压力时，必须采用很低的注浆速率。挤密灌浆可用于非饱和的土体，以调整不均匀沉降以及在大开挖或隧道开挖时对邻近土体进行加固。

四、电动化学灌浆

若地基土的渗透系数 $k<10^{-1}$cm/s，只靠一般静压力难以使浆液注入土的孔隙，此时需用电渗的作用使浆液进入土中。

电动化学灌浆是指在施工时将带孔的注浆管作为阳极，用滤水管作为阴极，将溶液由阳极压入土中，并通以直流电(两电极间电压梯度一般采用 0.3～1.0V/m)，在电渗作用下，孔隙水由阳极流向阴极，促使通电区域中土的含水率降低，并形成渗浆通路，化学浆液也随之流入土的孔隙

中，并在土中硬结。因而电动化学灌浆是在电渗排水和灌浆法的基础上发展起来的一种加固方法。但由于电渗排水作用，可能会引起邻近既有建筑物基础的附加下沉，这一情况应予注意。

第四节　设 计 计 算

一、设 计 内 容

设计内容包括以下几方面：

(1)灌浆标准：通过灌浆要求达到的效果和质量指标。

(2)施工范围：包括灌浆深度、长度和宽度。

(3)灌浆材料：包括浆材种类和浆液配方。

(4)浆液影响半径：指浆液在设计压力下所能达到的有效扩散距离。

(5)钻孔布置：根据浆液影响半径和灌浆体设计厚度，确定合理的孔距、排距、孔数和排数。

(6)灌浆压力：确定不同地区和不同深度的允许最大灌浆压力。

(7)灌浆效果评估：用各种方法和手段检测灌浆效果。

二、方 案 选 择

灌浆方案的选择一般应遵循下述原则：

(1)灌浆目的如为提高地基强度和变形模量，一般可选用以水泥为基本材料的水泥浆、水泥砂浆和水泥水玻璃浆等，或采用高强度化学浆材，如环氧树脂、聚氨酯以及以有机物为固化剂的硅酸盐浆材等。

(2)灌浆目的如为防渗堵漏时，可采用黏土水泥浆、黏土水玻璃浆、水泥粉煤灰混合物、丙凝、AC—MS铬木素以及以无机试剂为固化剂的硅酸盐浆液等。

(3)在裂隙岩层中灌浆一般采用纯水泥浆或在水泥浆(水泥砂浆)中掺入少量膨润土，在砂砾石层中或溶洞中可采用黏土水泥浆，在砂层中一般只采用化学浆液，在黄土中采用单甲基丙烯酸酯液硅化法或碱液法。

(4)对孔隙较大的砂砾石层或裂隙岩层采用渗入性注浆法，在砂层灌注粒状浆材宜采用水力劈裂法；在黏性土层中采用水力劈裂法或电动硅化法；矫正建筑物的不均匀沉降则采用挤密灌浆法。

表10-5是根据不同对象和目的选择灌浆方案的经验法则，可供选择灌浆方案时参考。

根据不同对象和目的选择灌浆方案　　表10-5

序　号	灌浆对象	适用的灌浆原理	适用的灌浆方法	常用灌浆材料	
				防渗灌浆	加固灌浆
1	卵砾石	渗入性灌浆	袖阀管法最好，也可用自上而下分段钻灌法	黏土水泥浆或粉煤灰水泥浆	水泥浆或硅粉水泥浆
2	砂	渗入性灌浆、劈裂灌浆	同上	酸性水玻璃、丙凝、单液水泥系浆材	酸性水玻璃、单液水泥浆或硅粉水泥浆
3	黏性土	劈裂灌浆、挤密灌浆	同上	水泥黏土浆或粉煤灰水泥浆	水泥浆、硅粉水泥浆、水玻璃水泥浆

续上表

序　号	灌浆对象	适用的灌浆原理	适用的灌浆方法	常用灌浆材料	
				防渗灌浆	加固灌浆
4	岩层	渗入性或劈裂灌浆	小口径孔口封闭自上而下分段钻灌法	水泥浆或粉煤灰水泥浆	水泥浆或硅粉水泥浆
5	断层破碎带	渗入性或劈裂灌浆	同4	水泥浆或先灌水泥浆后灌化学浆	水泥浆或先灌水泥浆后灌改性环氧树脂
6	混凝土内微裂缝	渗入性灌浆	同4	改性环氧树脂或聚氨酯浆材	改性环氧树脂浆材
7	动水封堵	采用水泥—水玻璃等快凝材料，必要时在浆液中掺入砂等粗料，在流速特大的情况下，尚可采取特殊措施，例如在水中预填石块或级配砂石后再灌浆			

三、灌 浆 标 准

所谓灌浆标准，是指设计者要求地基灌浆后应达到的质量指标。所用灌浆标准的高低，关系到工程质量、进度、造价和建筑物的安全。

设计标准涉及的内容较多，而且工程性质和地基条件千差万别，对灌浆的目的和要求很不相同，因而很难规定一个比较具体和统一的准则，而只能根据具体情况做出具体的规定。下面仅提出几点与确定灌浆标准有关的原则和方法。

1. 防渗标准

防渗标准是指渗透性的大小。防渗标准越高，表明灌浆后地基的渗透性越低，灌浆质量也就越好。原则上，比较重要的建筑、对渗透破坏比较敏感的地基以及地基渗漏量必须严格控制的工程，都要求采用较高的标准。

防渗标准多数采用渗透系数表示。对重要的防渗工程，多数要求将地基上的渗透系数降低至10^{-4}～10^{-5}cm/s以下，对临时性工程或允许出现较大渗漏量而又不致发生渗透破坏的地层，也有采用10^{-3}cm/s数量级的工程实例。

2. 强度和变形标准

根据灌浆的目的，强度和变形标准将随各工程的具体要求而不同。例如：

(1)为了增加摩擦桩的承载力，主要应沿桩的周边灌浆，以提高桩侧界面间的黏聚力；对支承桩则在桩底灌浆，以提高桩端土的抗压强度和变形模量。

(2)为了减少坝基础的不均匀变形，仅需在坝下游基础受压部位进行固结灌浆，以提高地基土的变形模量，而无需在整个坝基灌浆。

(3)对振动基础，有时灌浆目的只是为了改变地基的自然频率以消除共振条件，因而不一定需用强度较高的浆材。

(4)为了减小挡土墙的土压力，则应在墙背至滑动面附近的土体中灌浆，以提高地基土的重度和滑动面的抗剪强度。

3. 施工控制标准

灌浆后的质量指标只能在施工结束后通过现场检测来确定。有些灌浆工程甚至不能进行现场检测，因此必须制订一个能保证获得最佳灌浆效果的施工控制标准。

(1)在正常情况下，以注入理论的耗浆量为标准。

(2)按耗浆量降低率进行控制。由于灌浆是按逐渐加密原则进行的，孔段耗浆量应随加密次序的增加而逐渐减少。若起始孔距布置正确，则第二次序孔的耗浆量将比第一次序孔大为减少，这是灌浆取得成功的标志。

四、浆 材 选 择

地基灌浆工程对浆液的技术要求较多，根据土质和灌浆目的的不同，将灌浆材料的选择依据列于表 10-6 和表 10-7。

按土质的不同选择注浆材料 表 10-6

<table>
<tr><th colspan="2">土质名称</th><th>注浆材料</th><th>土质名称</th><th>注浆材料</th></tr>
<tr><td>黏性土和粉土</td><td>粉土
黏土
黏质粉土</td><td>水泥类注浆材料及水玻璃悬浊型浆液</td><td>砂砾</td><td>水玻璃悬浊型浆液(大孔隙)、渗透性溶液型浆液(小孔隙)</td></tr>
<tr><td>砂质土</td><td>砂
粉砂</td><td>渗透性溶液型浆液(但在预处理时，使用水玻璃悬浊型)</td><td>层界面</td><td>水泥类及水玻璃悬浊型浆液</td></tr>
</table>

按注浆目的的不同选择注浆材料 表 10-7

<table>
<tr><th colspan="3">项目</th><th>基本条件</th></tr>
<tr><td rowspan="5">改良目的</td><td colspan="2">堵水注浆</td><td>渗透性好、黏度低的浆液(作为预注浆使用悬浊液)</td></tr>
<tr><td rowspan="3">加固地基</td><td>渗透注浆</td><td>渗透性好、有一定强度，即黏度低的溶液型浆液</td></tr>
<tr><td>脉状注浆</td><td>凝胶时间短的均质凝胶，强度大的悬浊型浆液</td></tr>
<tr><td>渗透和脉状注浆并用</td><td>均质凝胶强度大且渗透性好的浆液</td></tr>
<tr><td colspan="2">防止涌水注浆</td><td>凝胶时间不受地下水稀释而延缓的浆液；
瞬时凝固的浆液(溶液或悬浊液)(使用双层管)</td></tr>
<tr><td rowspan="2">综合注浆</td><td colspan="2">预处理注浆</td><td>凝胶时间短，均质凝胶强度比较大的悬浊型浆液</td></tr>
<tr><td colspan="2">正式注浆</td><td>和预处理材料性质相似的渗透性好的浆液</td></tr>
<tr><td colspan="3">特殊地基处理注浆</td><td>对酸性、碱性地基以及泥炭层地基进行注浆前，应事先进行试验校核后，再选择注浆材料</td></tr>
<tr><td colspan="3">其他注浆</td><td>研究环境保护(毒性、地下水污染、水质污染等)</td></tr>
</table>

五、浆液扩散半径的确定

浆液扩散半径 r 是一个重要的参数，它对灌浆工程质量及造价具有重要的影响。r 值可按理论公式估算。但当地质条件较复杂或计算参数不易选准时，就应通过现场灌浆试验来确定。在没有试验资料时，可按土的渗透系数(表 10-8)确定。

按渗透系数选择浆液扩散半径 表 10-8

砂土(双液硅化法)		粉砂(单液硅化法)		黄土(单液硅化法)	
渗透系数(m/d)	加固半径(m)	渗透系数(m/d)	加固半径(m)	渗透系数(m/d)	加固半径(m)
2～10	0.3～0.4	0.3～0.5	0.3～0.4	0.1～0.3	0.3～0.4
10～20	0.4～0.6	0.5～1.0	0.4～0.6	0.3～0.5	0.4～0.6

续上表

砂土(双液硅化法)		粉砂(单液硅化法)		黄土(单液硅化法)	
渗透系数(m/d)	加固半径(m)	渗透系数(m/d)	加固半径(m)	渗透系数(m/d)	加固半径(m)
20～50	0.6～0.8	1.0～2.0	0.6～0.8	0.5～1.0	0.6～0.9
50～80	0.8～1.0	2.0～5.0	0.8～1.0	1.0～2.0	0.9～1.0

六、注浆孔孔位布置

注浆孔的布置应根据注浆有效范围确定，同时满足注浆范围相互重叠，使被加固土体在平面和深度范围内连成一个整体。

1. 单排孔的布置

如图 10-4 所示，l 为灌浆孔距，r 为浆液扩散半径，则灌浆体的厚度 b 为：

$$b = 2\sqrt{r^2 - \left[(l-r) + \frac{r-(l-r)}{2}\right]^2} = 2\sqrt{r^2 - \frac{l^2}{4}} \tag{10-1}$$

当 $l=2r$ 时，两圆相切，b 值为零。

根据灌浆体的设计厚度 b 可以计算灌浆孔距为：

$$l = 2\sqrt{r^2 - \frac{b^2}{4}} \tag{10-2}$$

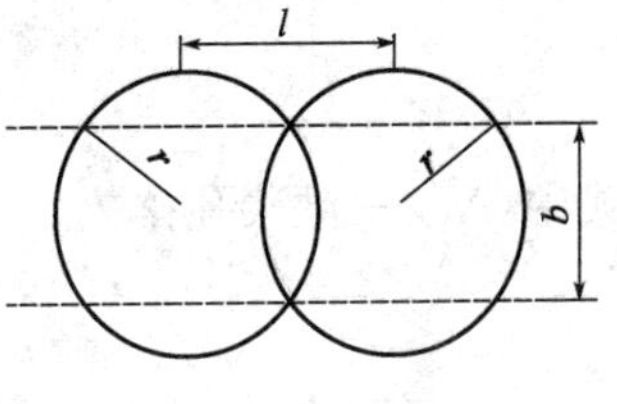

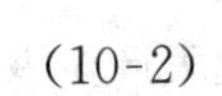

图 10-4　单排孔的布置

2. 多排孔布置

当单排孔不能满足设计厚度的要求时，就要采用两排以上的多排孔。而多排孔的设计原则是要充分发挥灌浆孔的潜力，以获得最大的灌浆体厚度，不允许出现两排孔间的搭接不紧密的“窗口”(图 10-5a)，也不要求搭接过多出现浪费(图 10-5b)。图 10-6 为两排孔正好紧密搭接的最优设计布孔方案。

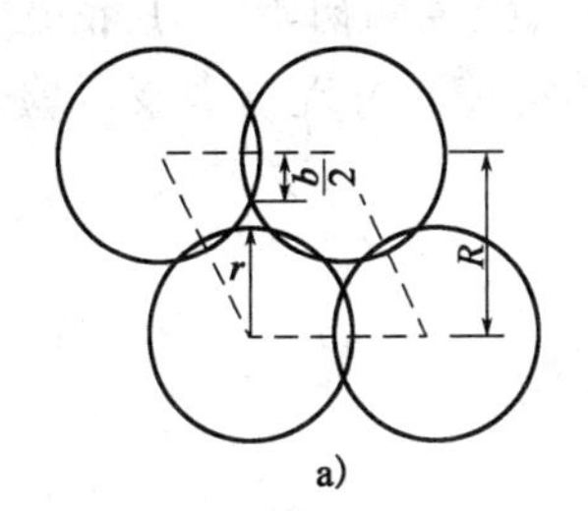

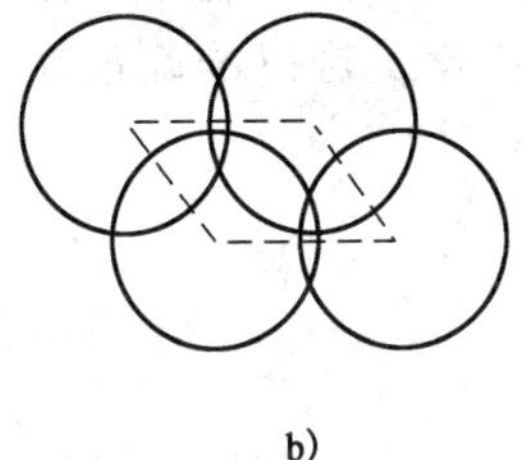

图 10-5　两排孔设计图

a)孔排间搭接不紧密；b)搭接过多

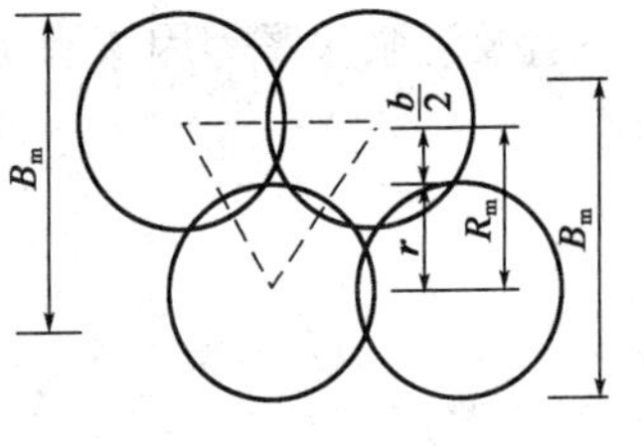

图 10-6　孔排间的最优搭接

根据上述分析，可推导出最优排距 R_m 和最大灌浆有效厚度 B_m 的计算式，即

1)两排孔

$$R_m = r + \frac{b}{2} = r + \sqrt{r^2 - \frac{l^2}{4}} \tag{10-3}$$

$$B_m = 2r + b = 2\left(r + \sqrt{r^2 - \frac{l^2}{4}}\right) \tag{10-4a}$$

2)三排孔

R_m 与式(10-3)相同。

$$B_m = 2r + 2b = \left(r + 2\sqrt{r^2 - \frac{l^2}{4}}\right) \tag{10-4b}$$

3)五排孔

R_m 与式(10-3)相同。

$$B_m = 4r + 3b = 4\left(r + 1.5\sqrt{r^2 - \frac{l^2}{4}}\right) \tag{10-4c}$$

综上所述,可得出多排孔的最优排距为式(10-3),则最优厚度为:

奇数排时

$$B_m = (N-1)\left(r + \frac{N+1}{N-1} \cdot \frac{b}{2}\right) = (N-1)\left(r + \frac{N+1}{N-1}\sqrt{r^2 - \frac{l^2}{4}}\right) \tag{10-5}$$

偶数排时

$$B_m = N\left(r + \frac{b}{2}\right) = N\left(r + \sqrt{r^2 - \frac{l^2}{4}}\right) \tag{10-6}$$

式中:N——灌浆孔排数。

七、灌浆压力的确定

灌浆压力是指不会使地表产生变化和邻近建筑物受到影响前提下可能采用的最大压力。

由于浆液的扩散能力与灌浆压力的大小密切相关,有人倾向于采用较高的灌浆压力,在保证灌浆质量的前提下,使钻孔数尽可能减少。高灌浆压力还能使一些微细孔隙张开,有助于提高可灌性。当孔隙中被某种软弱材料充填时,高灌浆压力能在充填物中造成劈裂灌注,使软弱材料的密度、强度和不透水性等得到改善。此外,高灌浆压力还有助于挤出浆液中的多余水分,使浆液结石的强度提高。但是,当灌浆压力超过地层的压重和强度时,将有可能导致地基及其上部结构的破坏。因此,一般都以不使地层结构破坏或仅发生局部的和少量的破坏,作为确定地基容许灌浆压力的基本原则。灌浆压力值与地层土的密度、强度和初始应力、钻孔深度、位置及灌浆次序等因素有关,而这些因素又难以准确预知,因而宜通过现场灌浆试验来确定。

八、其　　他

1. 灌浆量

灌注所需的浆液总用量 Q 可参照下式计算:

$$Q = K \times V \times n \times 1000 \tag{10-7}$$

式中:Q——浆液总用量(L);

V——注浆对象的土量(m^3);

n——土的孔隙率(%);

K——经验系数,软土、黏性土、细砂,K=0.3～0.5;中砂、粗砂,K=0.5～0.7;砾砂:K=0.7～1.0;湿陷性黄土:K=0.5～0.8。

一般情况下,黏性土地基中的浆液注入率为15%～20%。

2. 注浆顺序

注浆顺序必须按适合于地基条件、现场环境及注浆目的进行安排，一般不宜采用自注浆地带某一端单向推进压注方式，应按跳孔间隔注浆方式进行，以防止窜浆，提高注浆孔内浆液的强度和约束性。对有地下动水流的特殊情况，应考虑浆液在动水流下的迁移效应，从水头高的一端开始注浆。

若加固渗透系数相同的土层，首先应完成最上层封顶注浆，然后再按由下而上的原则进行注浆，以防浆液上冒。如土层的渗透系数随深度而增大，则应自下而上进行注浆。

注浆时应采用先外围、后内部的注浆顺序；若注浆范围以外有边界约束条件(能阻挡浆液流动的障碍物)时，也可采用自内侧开始顺次向外侧的注浆顺序。

第五节　施 工 方 法

一、灌浆施工方法分类

灌浆施工方法的分类主要有两种：(1)按注浆管设置方法分类；(2)按灌浆材料混合方法或灌注方法分类，如表 10-9 所示，各种施工方法的凝胶时间列于表中。

注浆施工方法分类　　表 10-9

<table>
<tr><th colspan="3">按注浆管设置方法分类</th><th>按灌浆材料混合方法
或灌注方法分类</th><th>凝 胶 时 间</th></tr>
<tr><td rowspan="2">平层管注浆法</td><td colspan="2">钻杆注浆法</td><td rowspan="2">双液单系统</td><td rowspan="2">中等</td></tr>
<tr><td colspan="2">过滤管(花管)注浆法</td></tr>
<tr><td rowspan="6">双层管注浆法</td><td rowspan="3">双栓塞注浆法</td><td>套管法</td><td rowspan="3">单液单系统</td><td rowspan="3">长</td></tr>
<tr><td>泥浆稳定土层法</td></tr>
<tr><td>双过滤器法</td></tr>
<tr><td rowspan="3">双层管钻杆法</td><td>DDS 法</td><td rowspan="3">双液双系统</td><td rowspan="3">短</td></tr>
<tr><td>LAG 法</td></tr>
<tr><td>MT 法</td></tr>
</table>

1. 按注浆管设置方法分类

1)用钻孔方法

主要是用于基岩或砂砾岩或已经压实过的地基。这种方法与其他方法相比，具有不使地基土扰动和可使用填塞器等优点，但一般工程费用较高。

2)用打入方法

当灌浆深度较浅时，可用打入方法。即在注浆管顶端安装柱塞，将注浆管或有效注浆管用打桩锤或振动机打进地层中的方法。前者为了拆卸柱塞，而将打进后的注浆管拉起，所以就不能从上向下灌注，而后者在打进过程中，孔眼堵塞较多，洗净又费时间。

3)用喷注方法

这是在比较均质的砂层或注浆管打进困难的地方而采用的方法。这种方法利用泥浆泵，设置用水喷射的注浆管，因容易使地基扰动，所以不是理想的方法。

2. 按灌注方法分类

1)一种溶液一个系统方式(单液单系统)

将所有的材料放进同一箱子中，预先做好混合准备，再进行注浆，这适合于凝胶时间较长的情况。

2)两种溶液一个系统方式(双液单系统)

将A溶液和B溶液预先分别装在不同的箱子中，分别用泵输送，在注浆管的头部使两种溶液汇合。这种在注浆管中混合进行灌注的方法，适用于凝胶时间较短的情况。对于两种溶液，可按等量配合或按比例配合。

作为这种方式的变化，有的方法将准备在不同箱子中的A溶液和B溶液在送往泵中前使之混合，再用一台泵灌注。另外，也有不用Y字管，而仍只用将A溶液和B溶液交替注浆的方式。

3)两种溶液两个系统方式(双液双系统)

将A溶液和B溶液分别准备并放在不同的箱子中，用不同的泵输送，在注浆管(并列管、双层管)顶端流出的瞬间，两种溶液汇合注浆。这种方法适用于凝胶时间是瞬间的情况。

也有采用在灌注A溶液后，继续灌注B溶液的方法。

3. 按注浆方法分类

1)钻杆注浆法

钻杆注浆法是把注浆用的钻杆(单管)，由钻孔钻到所规定的深度后，把注浆材料通过内管送入地层中的一种方法。钻孔达到规定深度后的注浆点称为注浆起点。在这种情况下，注浆材料在进入钻孔前，先将A、B两溶液混合，随着化学反应的进行，黏度逐渐升高，并在地基内凝胶(图10-7)。

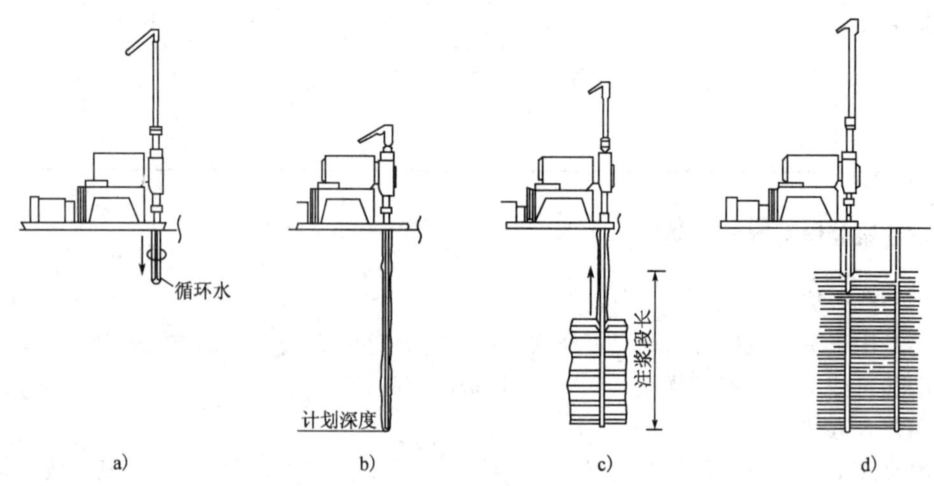

图10-7 钻杆注浆施工方法

a)安装机械、开始钻孔；b)打钻完毕开始注浆；c)阶段注浆；d)注浆结束，水洗、移动钻杆注浆法的优点是:与其他注浆法比较,容易操作,施工费用较低。其缺点是:浆液沿钻杆和钻孔的间隙容易往地表喷浆;浆液喷射方向受到限制,即为垂直单一的方向。

2)单过滤管注浆法

单过滤管(花管)注浆法如图 10-8 所示。把过滤管先设置在钻好孔的地层中,并填以砂,管与地层间所产生的间隙(从地表到注浆位置)用填充物(黏性土或注浆材料等)封闭,不使浆液溢出地表。一般从上往下依次进行注浆。每注完一段,用水将管内的砂冲洗出后,重复上述操作。这样逐段往下注浆的方法,比钻杆注浆方法的可靠性高。

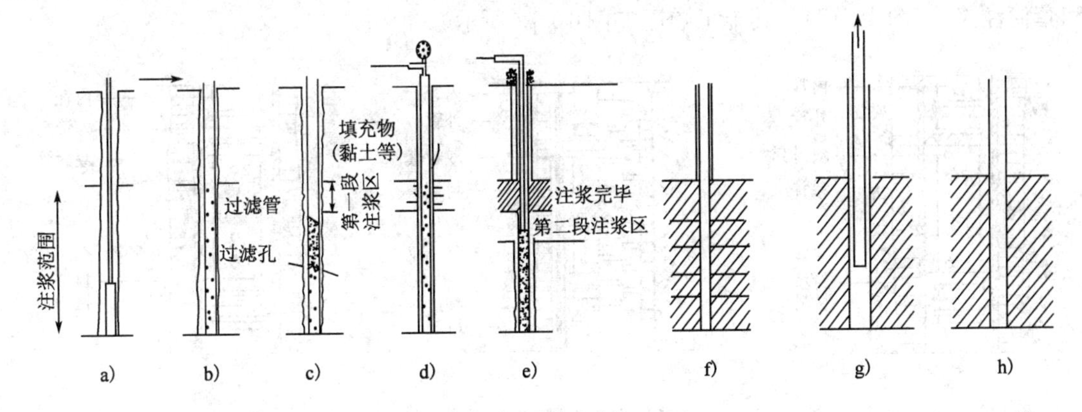

图 10-8 单过滤管注浆施工方法

a)利用岩芯管等钻孔;b)插入过滤管;c)管内外填砂及黏土;d)第一阶段注浆;e)第二阶段注浆,第一阶段砂洗出;f)反复;d)、e)直到注浆完毕;g)提升过滤管;h)过滤管孔回填或注浆

若有许多注浆孔时,注完各个孔的第一段后,第二段、第三段依次采用下行的方式进行注浆。

过滤管直径大多是 $\phi=2\sim5$mm。过滤管壁上的孔数 N 与注浆效果关系密切,其计算公式如下(图 10-9):

$$N=\frac{A'}{a}=\frac{A\alpha}{a}=\frac{\alpha\pi D^2/4}{\pi d^2/4}=\frac{\alpha D^2}{d^2} \tag{10-8}$$

式中:A'——过滤孔面积(mm²);

A——管内断面面积(mm²);

α——过滤孔面积比;

a——过滤孔断面面积(mm²);

N——孔数;

d——过滤孔直径(mm);

D——过滤管直径(mm)。

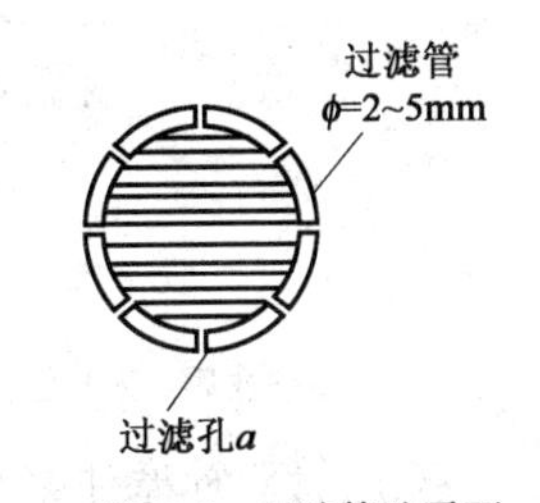

图 10-9 过滤管壁平面

单过滤管注浆的优点为:

(1)在较大的平面内,可得到同样的注浆深度。注浆施工顺序是自上而下地进行,注浆效果可靠。

(2)化学浆液从多孔扩散,且水平喷射,渗透均匀。

(3)注浆管的设置和注浆工作分开,注浆施工管理容易。

(4)化学浆液喷出的开口面积比钻杆注浆的大,所以一般只采用较小的注浆压力,而且注浆压力很少出现急剧变化的情况。

其缺点是：

(1)注浆管加工及注浆管的设置麻烦，造价高。

(2)注浆结束后，回收注浆管困难，且有时可能成为施工的障碍。

3)双层管双栓塞注浆法

该法是沿着注浆管轴限定在一定范围内进行注浆的一种方法。具体地说，就是在注浆管中有两处设有两个栓塞，使注浆材料从栓塞中间向管外渗出。该法是法国 Soletanche 公司研制的，因此又称 Soletanche 法(图 10-10)。目前，有代表性的方法还有双层过滤管法(图 10-11)和套筒注浆法(图 10-12)。其施工顺序如图 10-13 所示。

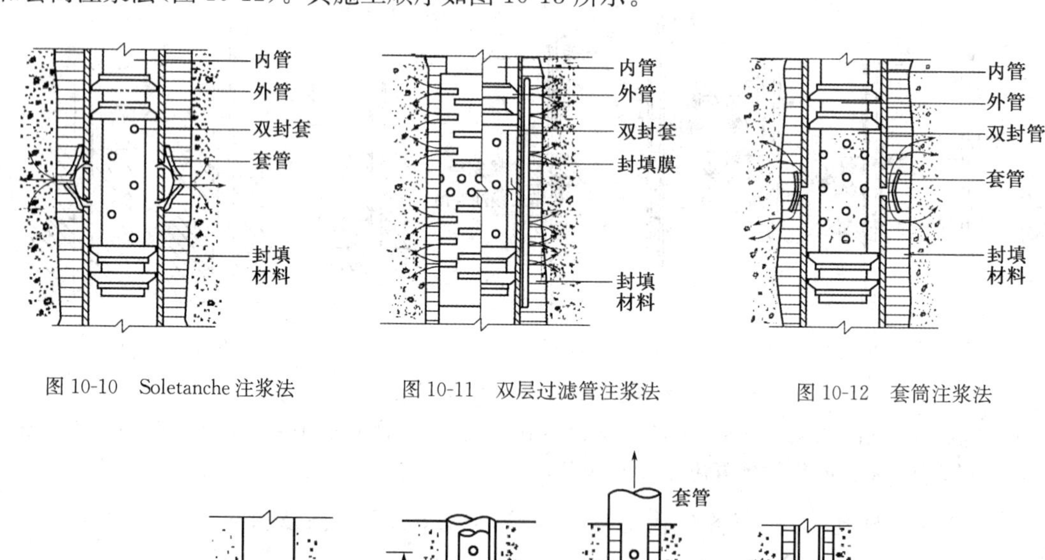

图 10-10　Soletanche 注浆法　　图 10-11　双层过滤管注浆法　　图 10-12　套筒注浆法

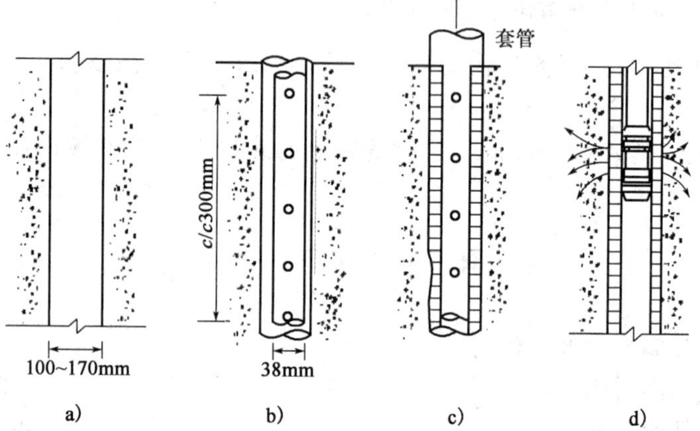

图 10-13　双层管双栓塞注浆法施工顺序

a)钻孔后插入套管；b)插入外管；c)注入封填材料，提升套管；d)插入带双止浆塞的注浆管，开始注浆

双层管双栓塞注浆法以 Soletanche 法(又称袖阀管法)最为先进，于 20 世纪 50 年代开始广泛用于国际土木工程界。其施工方法分以下四个步骤：

(1)钻孔：通常用优质泥浆(例如膨润土浆)进行固壁，很少用套管护壁。

(2)插入袖阀管：为使套壳料的厚度均匀，应设法使袖阀管位于钻孔的中心。

(3)浇筑套壳料：用套壳料置换孔内泥浆，浇筑时应避免套壳料进入袖阀管内，并严防孔内泥浆混入套壳料中。

(4)灌浆：待套壳料具有一定强度后，在袖阀管内放入带双塞的灌浆管进行灌浆。

Soletanche 法的主要优点为：

(1)可根据需要灌注任何一个灌注段，还可以进行重复灌注。

(2)可使用较高的灌注压力，灌注时冒浆和串浆的可能性小。

(3)钻孔和灌浆作业可以分开，提高钻机的利用率。

其缺点主要有：

(1)袖阀管被具有一定强度的套壳料所胶结，因而难于重复使用，耗费管材较多。

(2)每个灌浆段长度固定为 33～50cm，不能根据地层的实际情况调整灌浆段长度。

4)双层管钻杆注浆法

双层管钻杆注浆法的使用特点如下：

(1)注浆时使用凝胶时间非常短的浆液，所以浆液不会向远处流失。

(2)土中的凝胶体容易压密实，可得到强度较高的凝胶体。

(3)由于是双液法，若不能完全混合时，可能出现不凝胶的现象。

双层管钻杆注浆法是将 A、B 浆液分别送到钻杆的端头，浆液在端头所安装的喷枪里或从喷枪中喷出之后就混合而注入地基。

双层管钻杆注浆法的注浆设备及其施工原理与钻杆法基本相同，不同的是双层管钻杆法的钻杆在注浆时为旋转注浆，同时在端头增加了喷枪。注浆顺序等也与钻杆法注浆相同，但注浆段长度较短，注浆密实。注入的浆液集中，不会向其他部分扩散，所以原则上可以采用定量注浆方式。

双层管端头前的喷枪是在钻孔中垂直向下喷出循环水，而在注浆时喷枪是横向喷出浆液的，其中 A、B 两浆液有的在喷枪内混合，有的在喷枪外混合。图 10-14 所示为喷枪在各种方法(DDS 注浆法、LAG 注浆法、MT 注浆法)注浆中的状态。

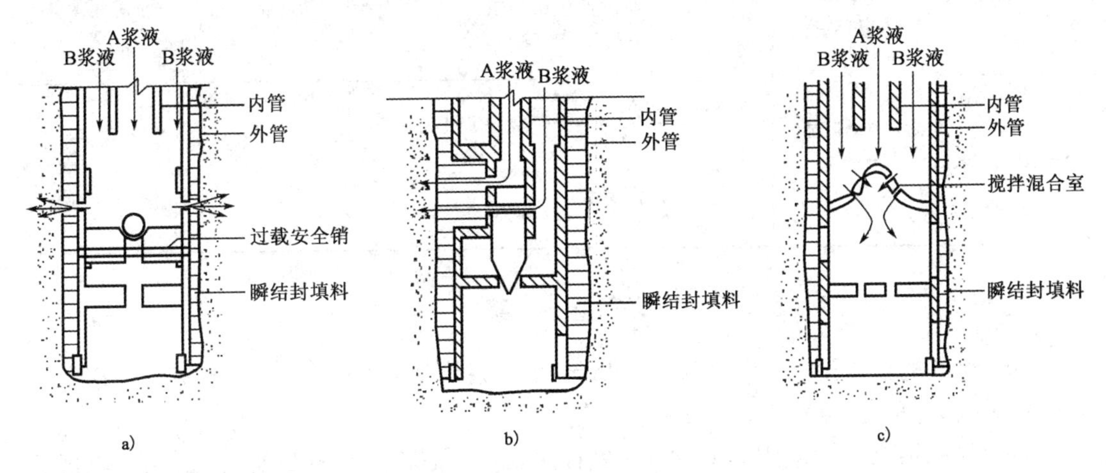

图 10-14　双层管钻杆注浆法端头喷枪

a)DDS 注浆法；b)LAG 注浆法；c)MT 注浆法

二、注浆施工的机械设备

注浆施工机械及其性能如表 10-10 所示。现在的注浆泵采用双液等量泵，所以检查时要着重检查两液能否等量排出。此外，搅拌器和混合器，根据不同的化学浆液和不同的厂家而有独自的型号。在城市的房屋建筑中，通常注浆深度在 40m 以内，而且是小孔径钻孔，所以钻机一直使用主轴回转式的油压机，性能较好。但此机若不能牢固地固定在地面上，随着注浆深度的加大，钻孔孔向的精度就会产生误差，钻头就会出现偏离。固定的办法是在地面铺上枕木，用大钉固定，将轨距设为钻机底座的宽度，然后把钻机的底座锚在两根钢轨上。

注浆机械的种类和性能 表 10-10

设备种类	型号	性能	质量(kg)	备注
钻探机	主轴旋转型 D-2 型	340 给油式 旋转速度:160r/min、300r/min、600r/min、1000r/min 功率:5.5kW(7.5 马力) 钻杆外径:40.5mm 轮周外径:41.0mm	500	钻孔用
注浆泵	卧式二连单管 往复活塞式 BGW 型	容量:16~60L/min 最大压力:3.62MPa 功率:3.7kW(5 马力)	350	注浆用
水泥搅拌机	立式上下两槽式 MVM5 型	容量:上下槽各 250L 叶片旋转数:160r/min 功率:2.2kW(3 马力)	340	不含有水泥时的化学浆液不压
化学浆液混合器	立式上下两槽式	容量:上下槽各 220L 搅拌容量:20L 手动式搅拌	80	化学浆液的配制和混合
齿轮泵	KI-6 型 齿轮旋转式	排出量:40L/min 排出压力:0.1MPa 功率:2.2kW(3 马力)	40	从化学浆液槽往混合器送入化学浆液
流量、压力仪表	附有自动记录仪 电磁式 浆液 EP	流量计测定范围:40L/min 压力计:3MPa(布尔登管式) 双色记录仪 流量:蓝色；压力:红色	120	

三、灌　　浆

(1)注浆孔的钻孔孔径一般为 70~110mm,垂直偏差应小于 1%。注浆孔有设计角度时,应预先调节钻杆角度,倾角偏差不得大于 20″。

(2)当钻孔钻至设计深度后,必须通过钻杆注入封闭泥浆,直到孔口溢出泥浆方可提杆,当提杆至中间深度时,应再次注入封闭泥浆,最后完全提出钻杆,封闭泥浆的 7d 无侧限抗压强度宜为 0.3~0.5MPa,浆液黏度 80~90s。

(3)注浆压力一般与加固深度的覆盖压力、建筑物的荷载、浆液黏度、灌注速度和灌浆量等因素有关。注浆过程中压力是变化的,初始压力小,最终压力高,在一般情况下每深 1m 压力增加 20~50kPa。

(4)若进行第二次注浆,化学浆液的黏度应减小,不宜采用自行密封式密封圈装置,宜采用两端用水加压的膨胀密封型注浆芯管。

(5)灌浆完后就要拔管,若不及时拔管,浆液会把管子凝住而将增加拔管难度。拔管时宜使用拔管机。用塑料阀管注浆时,注浆芯管每次上拔高度应为 330mm;花管注浆时,花管每次上拔或下钻高度宜为500mm。拔出管后,及时刷洗注浆管等,以便保持通畅洁净。拔出管在土中留下的孔洞,应用水泥砂浆或土料填塞。

(6)灌浆的流量一般为7～10L/min。对充填型灌浆,流量可适当加大,但也不宜大于20L/min。

(7)在满足强度要求的前提下,可用磨细粉煤灰或粗灰部分地替代水泥,掺入量应通过试验确定,一般掺入量为水泥重量的20%～50%。

(8)为了改善浆液性能,可在水泥浆液拌制时加入如下外加剂:

①加速浆体凝固的水玻璃。其模数应为3.0～3.3;水玻璃掺量应通过试验确定,一般为0.5%～3%。

②提高浆液扩散能力和可泵性的表面活性剂(或减水剂),如三乙醇胺等,其掺量为水泥用量的0.3%～0.5%。

③提高浆液的均匀性和稳定性,防止固体颗粒离析和沉淀而掺加的膨润土,其掺加量不宜大于水泥用量的5%。

浆体必须经过搅拌机充分搅拌均匀后,才能开始压注,并应在注浆过程中不停地缓慢搅拌,浆体在泵送前应经过筛网过滤。

(9)冒浆处理。土层的上部压力小,下部压力大,浆液就有向上抬高的趋势。灌注深度大,上抬不明显,而灌注深度浅,浆液上抬较多,甚至会溢到地面上来,此时可采用间歇灌注法,亦即让一定数量的浆液灌注入上层孔隙大的土中后,暂停工作,让浆液凝固,几次反复,就可把上抬的通道堵死。或者加快浆液的凝固时间,使浆液出注浆管就凝固。实践证明,需加固的土层之上,应有不少于2m厚的土层,否则应采取措施防止浆液上冒。

第六节　质量检验

灌浆效果与灌浆质量的概念不完全相同。灌浆质量一般是指灌浆施工是否严格按设计和施工规范进行,例如灌浆材料的品种规格、浆液的性能、钻孔角度、灌浆压力等,都要求符合规范的要求,否则应根据具体情况采取适当的补充措施;灌浆效果则指灌浆后地基土的物理力学性质提升的程度。

灌浆质量高不等于灌浆效果好。因此,设计和施工中,除应明确规定某些质量指标外,还应规定所要达到的灌浆效果及检查方法。

灌浆效果的检验,通常在注浆结束后28d才可进行,检验方法如下:

(1)统计计算灌浆量。可利用灌浆过程中的流量和压力变动曲线进行分析,从而判断灌浆效果。

(2)利用静力触探测试加固前后土体力学指标的变化,用以了解加固效果。

(3)在现场进行抽水试验,测定加固土体的渗透系数。

(4)采用现场静载荷试验,测定加固土体的承载力和变形模量。

(5)采用钻孔弹性波试验测定加固土体的动弹性模量和剪切模量。

(6)采用标准贯入试验或轻便触探等动力触探方法测定加固土体的力学性能,此法可直接得到灌浆前后原位土的强度。

(7)进行室内试验。通过室内加固前后土的物理力学指标的对比试验,判定加固效果。

(8)采用γ射线密度计法。它属于物理探测方法的一种,在现场可测定土的密度,用以说

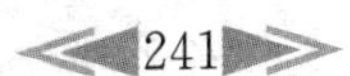

明灌浆效果。

(9)使用电阻率法。将灌浆前后对土所测定的电阻率进行比较,根据电阻率差说明土体孔隙中浆液的存在情况。

在以上方法中,动力触探试验和静力触探试验最为简便实用。对灌浆效果的评定应注重灌浆前后数据的比较,以综合评价灌浆效果。检验点数一般为灌浆孔数的2%~5%,如检验点的不合格率等于或大于20%,或虽小于20%但检验点的平均值达不到设计要求,在确认设计原则正确后,应对不合格的注浆区实施重复灌浆。

思考题与习题

10-1　阐述灌浆法所具有的广泛用途。

10-2　阐述灌浆材料的分散度、沉淀析水性和凝结性的意义。

10-3　阐述工程中使用的浆液材料应该具有的特性。

10-4　阐述浆液材料的种类及主要特点。

10-5　阐述水泥类浆液材料的主要优缺点以及各类添加剂的作用。

10-6　阐述水灰比的概念以及对浆液特性的影响。

10-7　阐述渗透灌浆、劈裂灌浆和压密灌浆的不同灌浆原理以及适用范围。

10-8　阐述渗透灌浆、劈裂灌浆和压密灌浆方法中,浆液在地基中存在的形态。

10-9　阐述双层管双栓塞注浆施工方法。

10-10　阐述在有地下水流动的地基中进行灌浆施工应该采取的工程措施。

10-11　某建筑条形基础,宽1.2m,埋深1.0m,基底压力100kPa,场地土层分布如下:第一层为杂填土,厚4.0m,以建筑垃圾为主;第二层为砂土,厚15m,未修正地基承载力特征值为110kPa,拟采用灌浆法处理杂填土地基,试完成该地基处理方案,并对灌浆的施工和检测提出要求。

第十一章 高压喷射注浆法

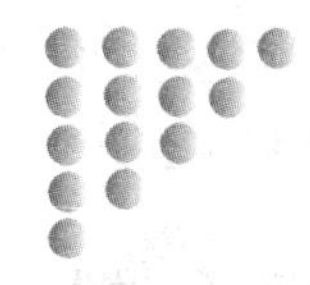

第一节 概 述

高压喷射注浆法(High Pressure Jet Grouting)在20世纪60年代末期首创于日本,它是利用钻机把带有喷嘴的注浆管钻进至土层的预定位置后,以高压设备使浆液或水成为20～40MPa的高压射流从喷嘴中喷射出来,冲击破坏土体,同时钻杆以一定速度渐渐向上提升,将浆液与土粒强制搅拌混合,浆液凝固后,在土中形成一个固结体。

我国于1975年首先在铁道部门进行单管法的试验和应用,1977年冶金部建筑研究总院在宝钢工程中首次应用三重管法喷射注浆并获得成功,1986年该院又开发成功高压喷射注浆的新工艺——干喷法,并取得国家专利。

高压喷射注浆法所形成的固结体形状与喷射流移动方向有关。一般分为旋转喷射(简称旋喷)、定向喷射(简称定喷)和摆动喷射(简称摆喷)三种形式(图11-1)。

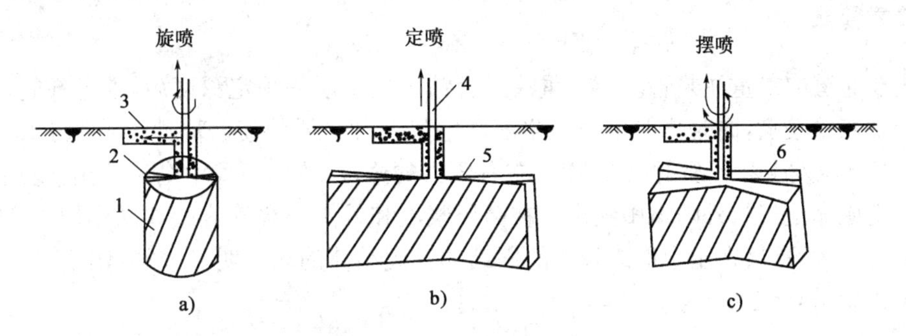

图11-1 高压喷射注浆的三种形式

1-桩;2-射流;3-冒浆;4-喷射注浆;5-板;6-墙

旋喷法施工时,喷嘴一面喷射一面旋转并提升,固结体呈圆柱状。主要用于加固地基,提高地基的抗剪强度、改善土的变形性质,也可组成闭合的帷幕,用于截阻地下水流和治理流砂。旋喷法施工后,在地基中形成的圆柱体,称为旋喷桩。

定喷法施工时,喷嘴一面喷射一面提升,喷射的方向固定不变,固结体形如板状或壁状。

摆喷法施工时,喷嘴一面喷射一面提升,喷射的方向呈较小角度来回摆动,固结体形如较厚墙状。

定喷及摆喷两种方法通常用于基坑防渗、改善地基土的水流性质和稳定边坡等工程。

一、高压喷射注浆法的工艺类型

当前，高压喷射注浆法的基本工艺类型有：单管法、二重管法、三重管法和多重管法四种方法。

1. 单管法

单管旋喷注浆法是利用钻机把安装在注浆管（单管）底部侧面的特殊喷嘴，置入土层预定深度后，用高压泥浆泵等装置，以 20MPa 左右的压力，把浆液从喷嘴中喷射出去冲击破坏土体，使浆液与从土体上崩落下来的土搅拌混合，经过一定时间凝固，便在土中形成一定形状的固结体，如图 11-2 所示。这种方法在日本称为 CCP 工法。

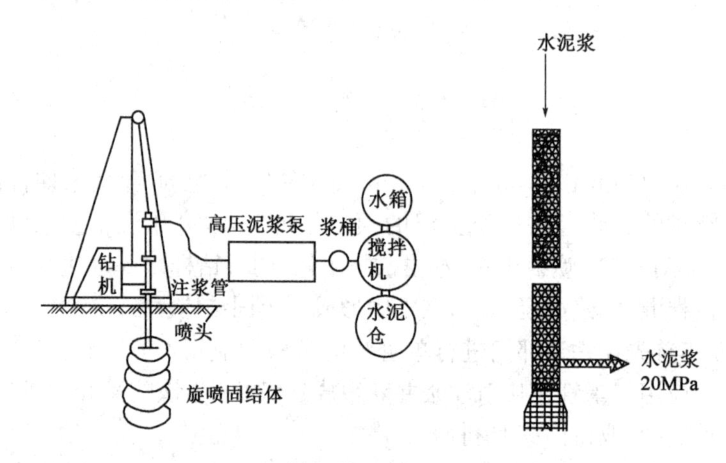

图 11-2　单管法高压喷射注浆示意图

2. 二重管法

使用双通道的二重注浆管。当二重注浆管钻进到土层的预定深度后，通过在管底部侧面的一个同轴双重喷嘴，同时喷射出高压浆液和空气两种介质的喷射流冲击破坏土体。即以高压泥浆泵等高压发生装置喷射出 20MPa 左右压力的浆液，从内喷嘴中高速喷出，并用 0.7MPa 左右压力把压缩空气从外喷嘴中喷出。在高压浆液和外围环绕气流的共同作用下，破坏土体的能量显著增大，最后在土中形成较大的固结体。固结体的范围明显增加（图 11-3）。这种方法在日本称为 JSC 工法。

3. 三重管法

使用分别输送水、气、浆三种介质的三重注浆管，在以高压泵等高压发生装置产生 20～30MPa 的高压水喷射流的周围，环绕一般 0.5～0.7MPa 的圆筒状气流，进行高压水喷射流和气流同轴喷射冲切土体，形成较大的空隙，再另由泥浆泵注入压力为 0.5～3MPa 的浆液填充。喷嘴作旋转和提升运动，最后便在土中凝固为较大的固结体（图 11-4）。这种方法日本称 CJP 工法。

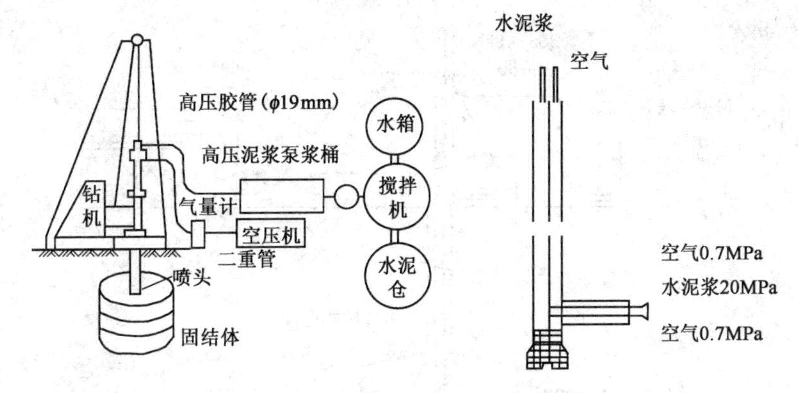

图 11-3　二重管法高压喷射注浆示意图

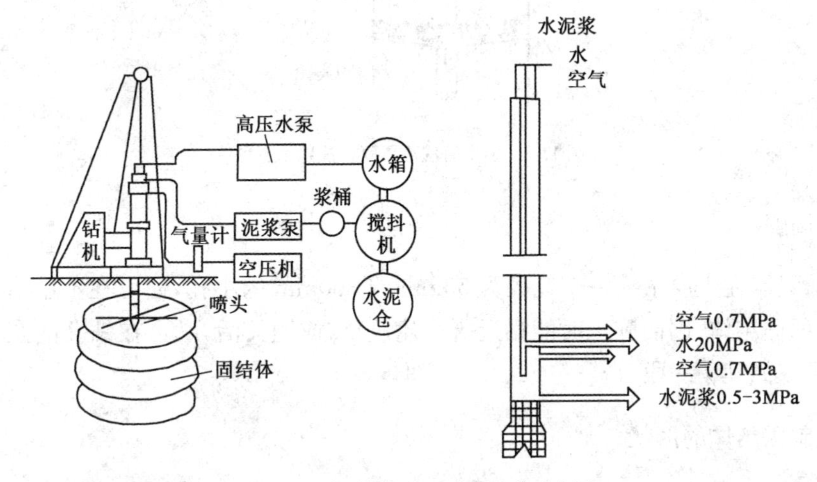

图 11-4　三重管法高压喷射注浆示意图

4. 多重管法

这种方法首先需要在地面钻一个导孔，然后置入多重管，用逐渐向下运动的旋转超高压力水射流（压力约 40MPa），切削破坏四周的土体，经高压水冲击下来的土和石成为泥浆后，立即用真空泵将其从多重管中抽出。如此反复地冲和抽，便在地层中形成一个较大的空间。装在喷嘴附近的超声波传感器及时测出空间的直径和形状，最后根据工程要求选用浆液、砂浆、砾石等材料进行填充。于是在地层中形成一个大直径的柱状固结体，在砂性土中最大直径可达 4m（图 11-5）。这种方法在日本称为 SSS-MAN 工法。

上述几种方法由于喷射流的结构和喷射的介质不同，有效处理长度也不同，以三管法最长，双管法次之，单管法最短。结合工程特点，旋喷形式可采用单管法、双管法和三管法。定喷和摆喷注浆常用双管法和三管法。

二、高压喷射注浆法的特征

1. 适用范围较广

由于固结体的质量明显提高，它既可用于工程新建之前，又可用于竣工后的托换工程，可以不损坏建筑物的上部结构，且能使既有建筑物在托换施工时保持使用功能正常。

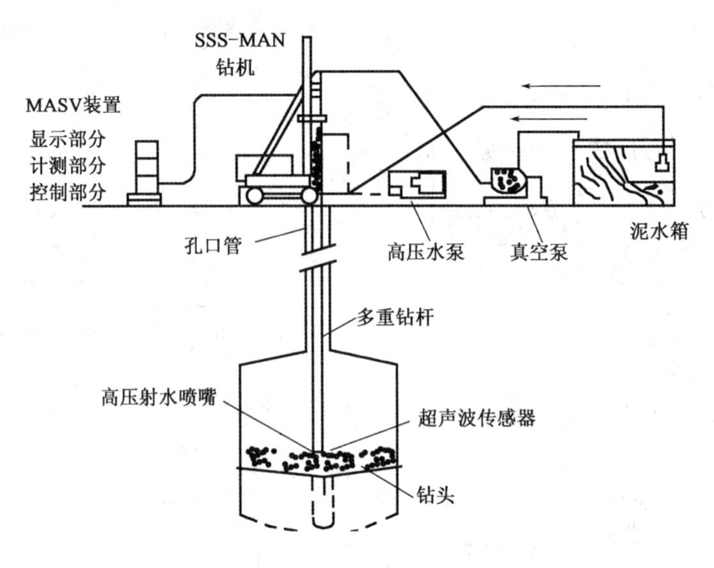

图 11-5 多重管法高压喷射注浆示意图

2. 施工简便

施工时，只需在土层中钻一个孔径为 50mm 或 300mm 的小孔，便可在土中喷射成直径为 0.4～4.0m 的固结体，因而施工时能贴近既有建筑物，成型灵活，既可在钻孔的全长形成柱形固结体，也可仅做其中一段。

3. 可控制固结体的形状

在施工中，可调整旋喷速度和提升速度、增减喷射压力或更换喷嘴孔径改变流量，使固结体形成工程设计所需要的形状。

4. 可垂直、倾斜和水平喷射

通常是在地面上进行垂直喷射注浆，但在隧道、矿山井巷工程、地下铁道等建设中，亦可采用倾斜和水平喷射注浆。

5. 耐久性较好

由于能得到稳定的加固效果并有较好的耐久性，所以可用于永久性工程。

6. 料源广阔

浆液以水泥为主体。在地下水流速快或含有腐蚀性元素、土的含水率大或固结体强度要求高的情况下，则可在水泥中掺入适量的外加剂，以达到速凝、高强、抗冻、耐蚀和浆液不沉淀等效果。

7. 设备简单

高压喷射注浆全套设备结构紧凑、体积小、机动性强，占地少，能在狭窄和低矮的空间施工。

三、高压喷射注浆法的适用范围

1. 土质条件适用范围

由于高压喷射注浆使用的压力大，因而喷射流的能量大、速度快。当它连续和集中地作用土体上，压应力和冲蚀等多种因素便在很小的区域内产生效应，对从粒径很小的细粒土到含有颗粒直径较大的卵石碎石土，均有巨大的冲击和搅动作用，使注入的浆液和土拌和凝固为新的固结体。实践表明，本法对淤泥、淤泥质土、黏性土、粉性土、砂土、素填土等地基都有良好的处理效果。

对于硬黏性土、含有较多的块石或大量植物根茎的地基，因喷射流可能受到阻挡或削弱，冲击破碎力急剧下降，切削范围小，处理效果较差；对于含有较多有机质的土层，则会影响水泥固结体的化学稳定性，其加固质量也差，故应根据室内外试验结果确定其适用性。

高压喷射注浆处理深度较大，上海地下工程中高压喷射注浆处理深度目前已达 50m。

对地下水流速过大，浆液无法在注浆管周围凝固的情况，对无填充物的岩熔地段，永冻土以及对水泥有严重腐蚀的地基，均不宜采用高压喷射注浆法。

2. 工程使用范围

高压喷射注浆法可用于既有建筑和新建建筑地基加固、深基坑、地铁等工程的土层加固或防水。

1)增加地基强度

(1)提高地基承载力，整治既有建筑物沉降和不均匀沉降的托换工程。

(2)减少建筑物沉降，加固持力层或软弱下卧层。

(3)加强盾构法和顶管法的后座，形成反力后座基础。

2)挡土围堰及地下工程建设

(1)保护邻近构筑物(图 11-6)。

(2)保护地下工程建设(图 11-7)。

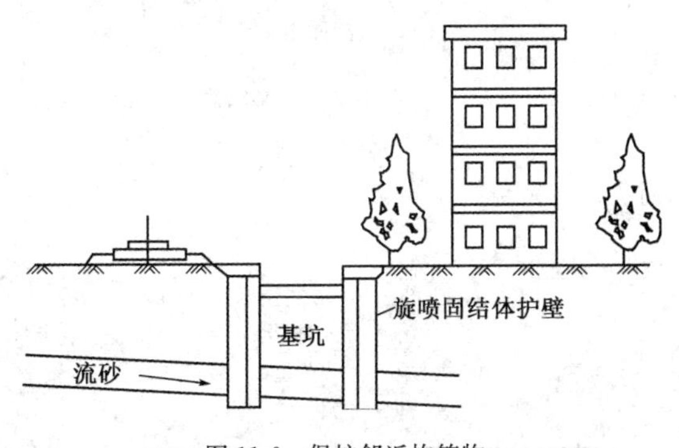

图 11-6 保护邻近构筑物

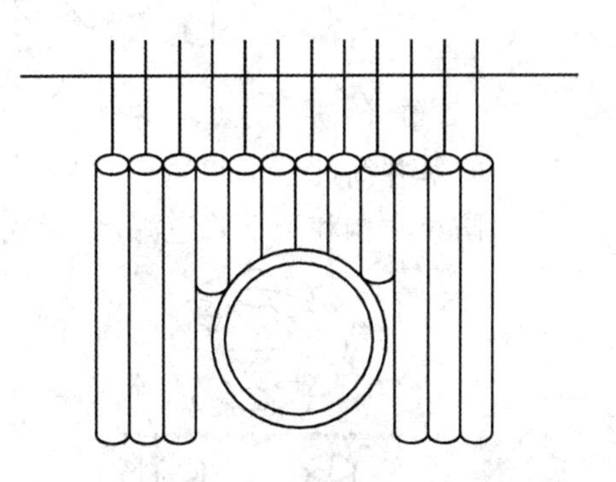
图 11-7 地下管道或涵洞护拱

(3)防止基坑底部隆起(图 11-8)。

3)增大土的摩擦力和黏聚力

(1)防止小型坍方滑坡(图 11-9)。

(2)锚固基础。

4)减少振动、防止液化

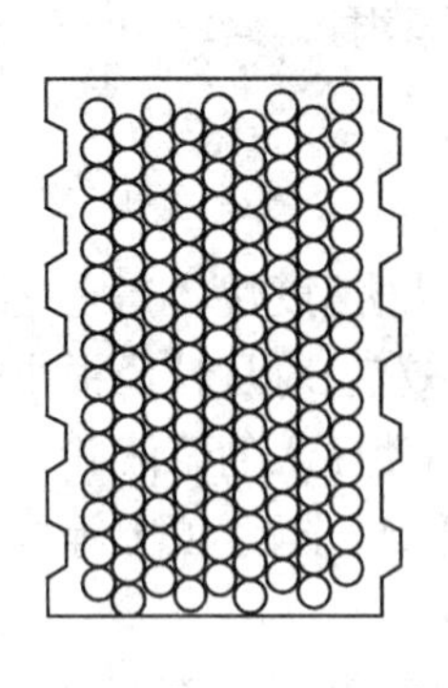
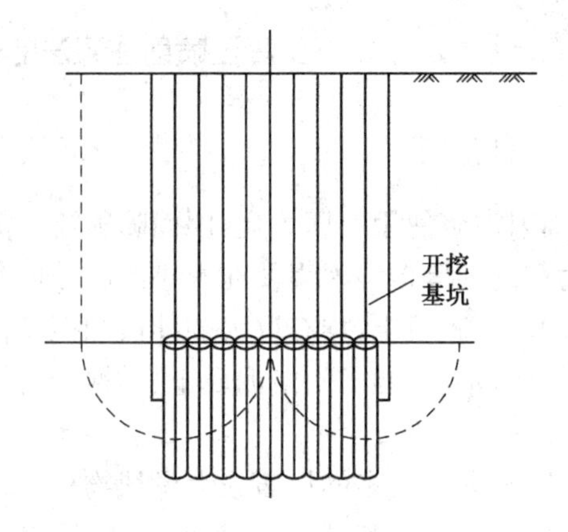

图 11-8 防止基坑底部隆起

(1)减少设备基础振动。

(2)防止砂土地基液化。

5)减小土的含水率

(1)整治路基翻浆冒泥。

(2)防止地基冻胀。

6)防渗帷幕

(1)河堤水池的防漏及坝基防渗(图 11-10)。

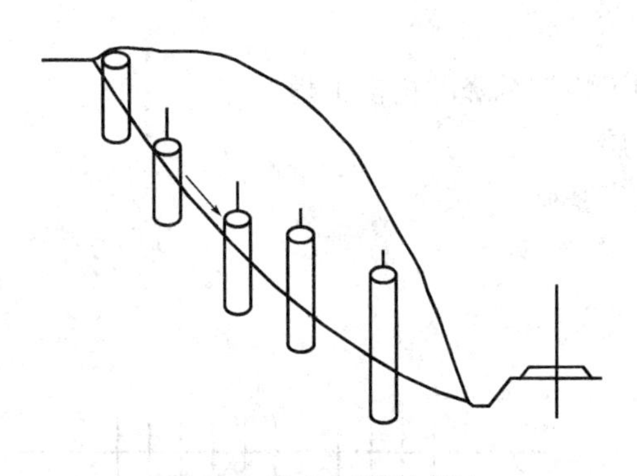

图 11-9 防止小型坍方滑坡

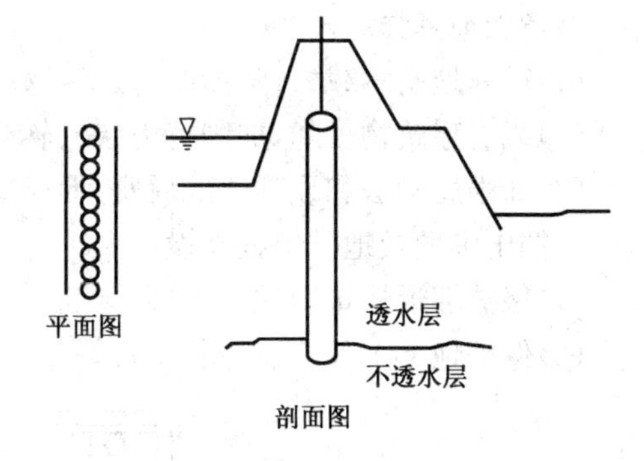

图 11-10 坝基防渗

(2)帷幕井筒(图 11-11)。

(3)防止盾构和地下管道漏水、漏气(图 11-12)。

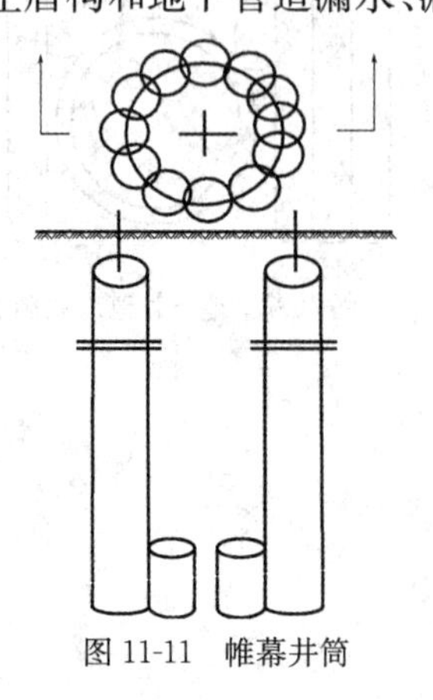

图 11-11 帷幕井筒

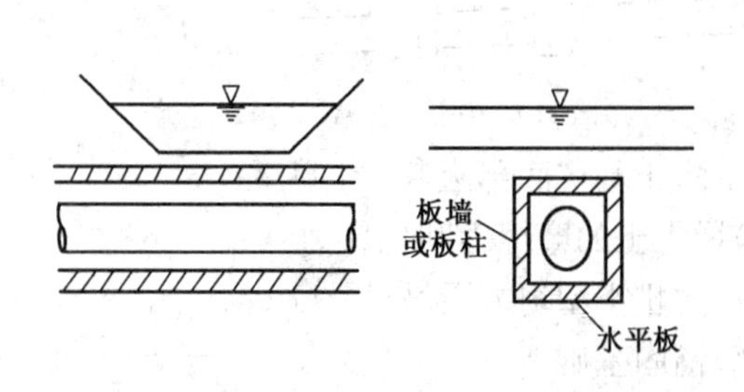

图 11-12 防止盾构和地下管道漏水、漏气

(4)地下连续墙补缺(图 11-13)。

(5)防止涌砂冒水(图 11-14)。

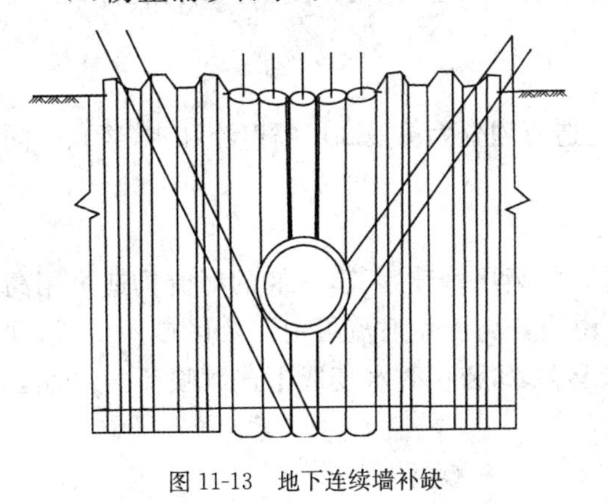

图 11-13　地下连续墙补缺

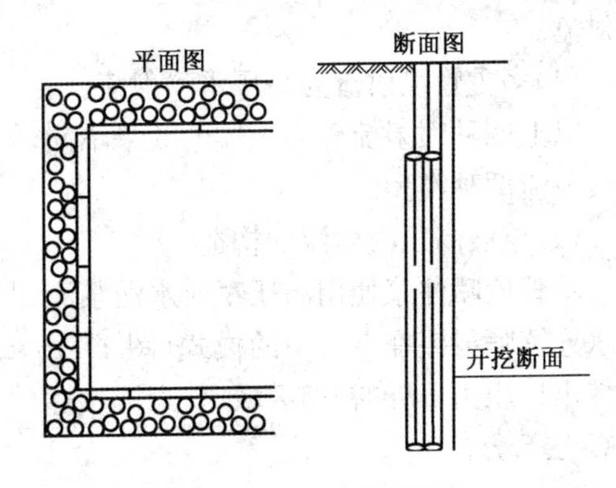

图 11-14　防止涌砂冒水

第二节　加 固 机 理

一、高压水喷射流性质

高压水喷射流是通过高压发生设备,使它获得巨大能量后,从一定形状的喷嘴,用一种特定的流体运动方式,以很高的速度连续喷射出来的、能量高度集中的一股液流。

在高压高速的条件下,喷射流具有很大的功率,即在单位时间内从喷嘴中射出的喷射流具有很大的能量,其功率与速度和喷射流的压力的关系如表 11-1 所示。

喷射流的速度与功率　　表 11-1

喷嘴压力 p_a (MPa)	喷嘴出口孔径 d_0 (mm)	流速系数 φ	流量系数 μ	射流系数 v_0 (m/s)	喷射功率 N (kW)
10	3	0.963	0.946	136	8.5
20	3	0.963	0.946	192	24.1
30	3	0.963	0.946	243	44.4
40	3	0.963	0.946	280	68.3
50	3	0.963	0.946	313	95.4

注:流量系数和流速系数为收敛圆锥 13°24′角喷嘴的水力试验值。

从表 11-1 可见,虽喷嘴的出口孔径只有 3mm,但喷射压力为 10MPa、20MPa、30MPa、40MPa 和 50MPa,它们是以 136、192、243、280、313m/s 的速度连续不断地从喷嘴中喷射出来,它们携带了 8.5kW、24.1kW、44.1kW、68.3kW、95.4kW 的巨大能量。

二、高压喷射流的种类和构造

高压喷射注浆所用的喷射流共有以下四种:

(1)单管喷射流为单一的高压水泥浆喷射流。

(2)二重管喷射流为高压浆液喷射流与其外部环绕的压缩空气喷射流组成的复合式高压

喷射流。

(3)三重管喷射流由高压水喷射流与其外部环绕的压缩空气喷射流组成,亦为复合式高压喷射流。

(4)多重管喷射流为高压水喷射流。

以上四种喷射流破坏土体的效果不同,但其构造可划分为单液高压喷射流和水(浆)、气同轴喷射流两种类型。

(1)单液高压喷射流的构造

单管旋喷注浆使用高压喷射水泥浆流和多重管的高压水喷射流,它们的射流构造可用高压水连续喷射流在空气中的模式(图 11-15)予以说明。高压喷射流可由三个区域所组成,即保持出口压力 p_0 的初期区域 A、紊流发达的主要区域 B 和喷射水变成不连续喷流的终期区域 C 三部分。

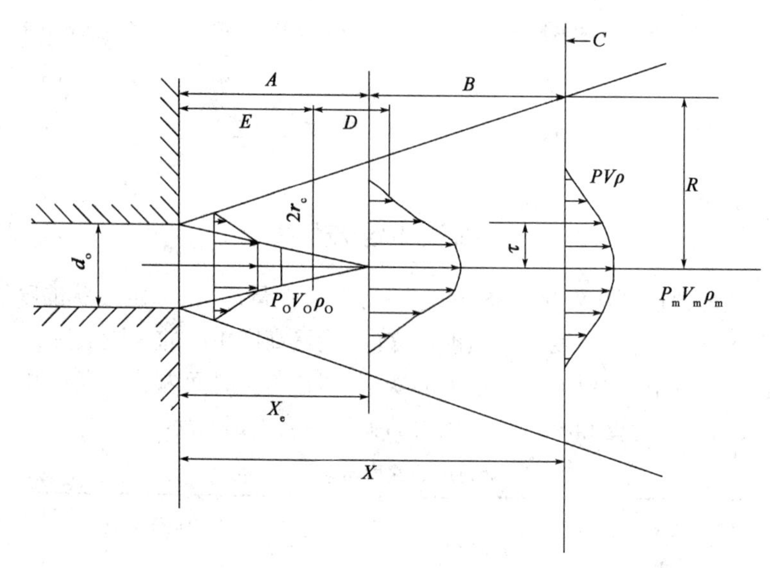

图 11-15　高压喷射流构造

在初期区域中,喷嘴出口处速度分布是均匀的,轴向动压是常数,保持速度均匀的部分愈向前面愈小,当达到某一位置后,断面上的流速分布不再是均匀的了。速度分布保持均匀的这一部分称为喷射核(即 E 区段),喷射核末端扩散宽度稍有增加,轴向动压有所减小的过渡部分称为迁移区(即 D 区段)。初期区域的长度是喷射流的一个重要参数,可据此判断破碎土体和搅拌效果。

在初期区域后为主要区域,在这一区域内,轴向动压陡然减弱,喷射扩散宽度和距离平方根成正比,扩散率为常数,喷射流的混合搅拌在这一部分内进行。

在主要区域后为终期区域,喷射流能量在此区域衰减很大,末端呈雾化状态,这一区域的喷射能量较小。

喷射加固的有效喷射长度为初期区域长度和主要区域长度之和,若有效喷射长度愈长,则搅拌土的距离愈大,喷射加固体的直径也愈大。

(2)水(浆)、气同轴喷射流的构造

二重管旋喷注浆的浆、气同轴喷射流,与三重管旋喷注浆的水、气同轴喷射流除喷射介质不同外,都是在喷射流的外围同轴喷射圆筒状气流,它们的构造基本相同。现以水、气同轴喷射流为代表，分析其构造。

在初期区域 A 内，水喷流的速度保持喷嘴出口的速度，但由于水喷射与空气流相冲撞及喷嘴内部表面不够光滑，以至从喷嘴喷射出的水流较紊乱，再加上空气和水流的相互作用，在高压喷射水流中形成气泡，喷射流受到干扰，在初期区域的末端，气泡与水喷流的宽度一样。

在迁移区域 D 内，高压水喷射流与空气开始混合，出现较多的气泡。

在主要区域 B 内，高压水喷射流衰减，内部含有大量气泡，气泡逐渐分裂破坏，成为不连续的细水滴状，同轴喷射流的宽度迅速扩大。

三、加固地基的机理

1. 高压喷射流对土体的破坏作用

破坏土体结构强度的最主要因素是喷射动压，为了取得更大的破坏力，需要增加平均流速，也就是需要增加旋喷压力，一般要求高压脉冲泵的工作压力在 20MPa 以上，这样就使射流像刚体一样，冲击破坏土体，使土与浆液搅拌混合，凝固成圆柱状的固结体。

喷射流在终期区域，能量衰减很大，不能直接冲击土体使土颗粒剥落，但能对有效射程的边界土产生挤压力，对四周土有压密作用，并使部分浆液进入土粒之间的空隙里，使固结体与四周土紧密相依，不产生脱离现象。

2. 水(浆)、气同轴喷射流对土的破坏作用

单射流虽然具有巨大的能量，但由于压力在土中急剧衰减，因此破坏土的有效射程较短，致使旋喷固结体的直径较小。

当在喷嘴出口的高压水喷流的周围加上圆筒状空气射流，进行水、气同轴喷射时，空气流使水或浆的高压喷射流从破坏的土体上将土粒迅速吹散，使高压喷射流的喷射破坏条件得到改善，阻力大大减少，能量消耗降低，因而增大了高压喷射流的破坏能力，形成的旋喷固结体的直径较大，图 11-16 为不同类喷射流中动水压力与距离的关系，表明高速空气具有防止高速水射流动压急剧衰减的作用。

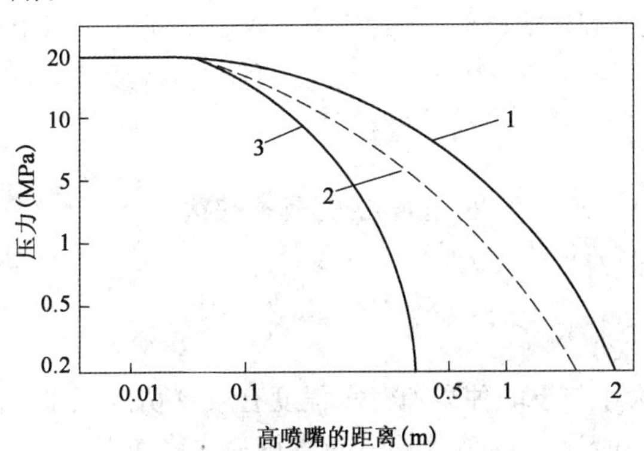

图 11-16　喷射流轴上动水压力与距离的关系

1-高压喷射流在空中单独喷射；2-水、气同轴喷射流在水中喷射；3-高压喷射流在水中单独喷射

旋喷时,喷射最终固结状况如图 11-17 所示;定喷时,形成一个板状固结体,如图 11-18 所示。

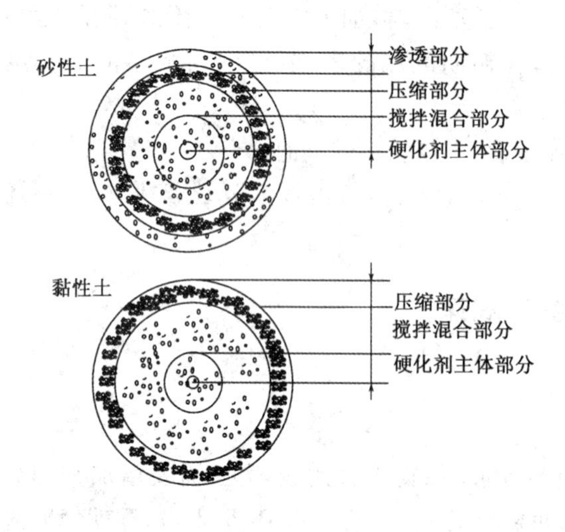

图 11-17　喷射最终固结状况示意图

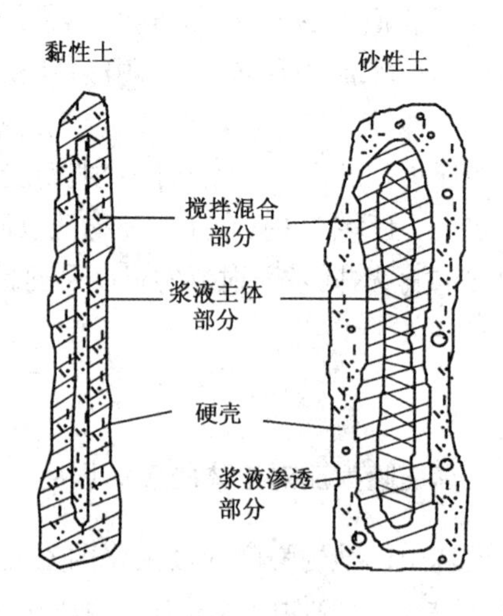

图 11-18　定喷固结体横断面结构示意图

3. 水泥与土的固结机理

水泥与水拌和后,首先产生铝酸三钙水化物和氢氧化钙,它们可溶于水中,但溶解度不高,很快就达到饱和,这种化学反应连续不断地进行,就析出一种胶质物体。这种胶质物体有一部分混在水中悬浮,后来就包围在水泥微粒的表面,形成一层胶凝薄膜。所生成的硅酸二钙水化物几乎不溶于水,只能以无定形体的胶质包围在水泥微粒的表层,另一部分渗入水中。由水泥各种成分所生成的胶凝膜,逐渐发展起来成为胶凝体,此时表现为水泥的初凝状态,开始有胶黏的性质。此后,水泥各成分在不缺水、不干涸的情况下,继续不断地按上述水化程序发展、增强和扩大,从而产生下列现象:

(1)胶凝体增大并吸收水分,使凝固加速,结合更密。

(2)由于微晶(结晶核)的产生进而生出结晶体,结晶体与胶凝体相互包围渗透并达到一种稳定状态,这就是硬化的开始。

(3)水化作用继续深入到水泥微粒内部,使未水化部分再参加以上的化学反应,直到完全没有水分以及胶质凝固和结晶充盈为止。但无论水化时间持续多久,很难将水泥微粒内核全部水化完了,所以水化过程是一个长久的过程。

四、加固土的基本性状

1. 直径或长度

旋喷固结体的直径大小与土的种类和密实程度有较密切的关系。对黏性土地基加固,单管旋喷注浆加固体直径一般为 0.3～0.8m;三重管旋喷注浆加固体直径可达 0.7～1.8m;二重管旋喷注浆加固体直径介于以上二者之间。多重管旋喷直径为 2.0～4.0m。旋喷桩的设计直径见表 11-2。定喷和摆喷的有效长度为旋喷桩直径的 1.0～1.5 倍。

旋喷桩的设计直径（m） 表 11-2

土质 \ 贯入击数 \ 方法		单管法	二重管法	三重管法
黏性土	$0<N<5$	0.5～0.8	0.8～1.2	1.2～1.8
	$6<N<10$	0.4～0.7	0.7～1.1	1.0～1.6
	$10<N<20$	0.3～0.6	0.6～0.9	0.7～1.2
砂性土	$0<N<10$	0.6～1.0	1.0～1.4	1.5～2.0
	$10<N<20$	0.5～0.9	0.9～1.3	1.2～1.8
	$21<N<30$	0.4～0.8	0.8～1.2	0.9～1.5

注：N 为标准贯入击数。

2. 固结体形状

固结体形状按喷嘴的运动规律不同而形成均匀圆柱状、非均匀圆柱状、圆盘状、板墙状、扇形壁状等，同时因土质和工艺不同而有所差异。在均质土中，旋喷的圆柱体比较匀称；而在非均质土或有裂隙土中，旋喷的圆柱体不匀称，甚至在圆柱体旁长出翼片。由于喷射流脉动和提升速度不均匀，固结体的表面不平整，可能出现许多乳状突出；三重管旋喷固结体受气流影响，在粉质砂土中外表格外粗糙；在深度大时，如不采取相应措施，旋喷固结体可能上粗下细似胡萝卜的形状。

3. 重量

固结体内部土粒少并含有一定数量的气泡，因此，固结体的重量较轻，小于或接近于原状土的密度。黏性土固结体比原状土轻约 10%，但砂类土固结体也可能比原状土重 10%。

4. 渗透系数

固结体内虽有一定的孔隙，但这些孔隙并不贯通，而且固结体有一层较致密的硬壳，其渗透系数达 10^{-6}cm/s 或更小，故具有一定的防渗性能。

5. 强度

土体经过喷射后，土粒重新排列，水泥等浆液含量大。由于一般外侧土颗粒直径大、数量多，浆液成分也多。因此在横断面上中心强度低，外侧强度高，与土交接的边缘处有一圈坚硬的外壳。

影响固结体强度的主要因素是土质和浆材，有时使用同一浆材配方，软黏土的固结强度成倍地小于砂土固结强度。一般在黏性土和黄土中的固结体，其抗压强度可达 5～10MPa，砂类土和砂砾层中的固结体，其抗压强度可达 8～20MPa，固结体的抗拉强度一般为抗压强度的 1/10～1/5。

6. 单桩承载力

旋喷柱状固结体有较高的强度，外形凸凹不平，因此有较大的承载力，固结体直径愈大，承载力愈高。

固结体的基本性状见表 11-3。

高压喷射注浆固结体性质一览表 表 11-3

固结体性质 \ 喷注种类		单管法	二重管法	三重管法
单桩垂直极限荷载(kN)		500～600	1000～1200	2000
单桩水平极限荷载(kN)		30～40		
最大抗压强度(MPa)		砂类土 10～20,黏性土 5～10,黄土 5～10,砂砾 8～20		
平均抗剪强度/平均抗压强度		1/10～1/5		
弹性模量(MPa)		$K_0 \times 10^3$		
干密度(g/cm^3)		砂类土 1.6～2.0,黏性土 1.4～1.5,黄土 1.3～1.5		
渗透系数(cm/s)		砂类土 10^{-5}～10^{-6},黏性土 10^{-6}～10^{-7},砂砾 10^{-6}～10^{-7}		
c(MPa)		砂类土 0.4～0.5,黏性土 0.7～1.0		
φ(°)		砂类土 30～40,黏性土 20～30		
N(击数)		砂类土 30～50,黏性土 20～30		
弹性波速(km/s)	P 波	砂类土 2～3,黏性土 1.5～2.0		
	S 波	砂类土 1.0～1.5,黏性土 0.8～1.0		
化学稳定性能		较好		

第三节 设 计 计 算

一、室内配方与现场喷射试验

为了解喷射注浆固结体的性质和浆液的合理配方,必须取现场各层土样,在室内按不同的含水率和配合比进行试验,优选出最合理的浆液配方。

对规模较大及性质较重要的工程,设计完成之后,要在现场进行试验,查明喷射固结体的直径和强度,验证设计的可靠性和安全度。

二、固结体强度和尺寸

固结体强度主要取决于下列因素:

(1)土质。

(2)喷射材料及水灰比。

(3)注浆管的类型和提升速度。

(4)单位时间的注浆量。

固结体强度设计规定按 28d 强度计算。试验证明,在黏性土中,由于水泥水化物与黏土矿物继续发生作用,故 28d 后的强度将会继续增长,这种强度的增长作为安全储备。注浆材料为水泥时,固结体抗压强度的初步设定可参考表 11-4。对于大型的或重要的工程,应通过现场喷射试验后采样测试来确定固结体的强度和渗透性等性质。

固结体抗压强度　　表 11-4

土质	固结体抗压强度(MPa)		
	单管法	二重管法	三重管法
砂性土	3～7	4～10	5～15
黏性土	1.5～5	1.5～5	1～5

初步设计时,旋喷桩的设计直径可参照表 11-2,根据施工方法和土性选取。但对有特殊要求、工程复杂、风险大的加固工程,应根据具体情况进行现场试验或实验性施工,验证加固的可靠性。

三、承载力计算

用旋喷桩处理的地基,应按复合地基设计。旋喷桩复合地基承载力特征值应通过现场复合地基载荷试验确定,也可按下式计算或结合当地情况与其土质相似工程的经验确定:

$$f_{sqk} = m\frac{R_a}{A_P} + \beta(1-m)f_{sqk} \tag{11-1}$$

式中:f_{sqk}——复合地基承载力特征值(kPa);

m——面积置换率;

R_a——单桩竖向承载力特征值(kN);

A_P——桩的截面积(m^2);

β——桩间土承载力折减系数,可根据试验或类似土质条件工程经验确定,当无试验资料或经验时,可取 0～0.5,承载力较低时取低值;

f_{sk}——处理后桩间土承载力特征值(kPa),宜按当地经验取值,如无经验时,可取天然地基承载力特征值。

单桩竖向承载力特征值可通过现场单桩载荷试验确定。也可按式(11-2)和式(11-3)估算,取其中较小值。

$$R_a = \eta f_{cu} A_P \tag{11-2}$$

$$R_a = u_p \sum_{i=1}^{n} q_{si} l_i + q_p A_P \tag{11-3}$$

式中:f_{cu}——与旋喷桩桩身水泥土配比相同的室内加固土试块(边长为 70.7mm 的立方体)在标准养护条件下 28d 龄期的立方体抗压强度平均值(kPa);

η——桩身强度折减系数,可取 0.33;

u_p——桩身截面的周长(m);

n——桩长范围内所划分的土层数;

l_i——桩周第 i 层土的厚度(m);

q_{si}——桩周第 i 层土的侧阻力特征值(kPa),可按现行国家标准《建筑地基基础设计规范》(GB 50007—2011)的有关规定或地区经验确定;

q_p——桩端地基土未经修正的承载力特征值(kPa),可按现行国家标准《建筑地基基础设计规范》(GB 50007—2011)的有关规定或地区经验确定。

四、地基变形计算

旋喷桩的沉降计算应为桩长范围内复合土层以及下卧层地基变形值之和,计算时应按国家标准《建筑地基基础设计规范》(GB 50007—2011)的有关规定进行计算。其中,复合土层的压缩模量可按下式确定：

$$E_{sp}=mE_p+(1-m)E_s \tag{11-4}$$

式中：E_{sp}——旋喷桩复合土层压缩模量(MPa)；

E_s——桩间土的压缩模量，可用天然地基土的压缩模量代替(MPa)；

E_p——桩体的压缩模量，可根据载荷试验或地区经验确定(MPa)。

五、防渗堵水设计

防渗堵水工程设计时，最好按双排或三排布孔形成帷幕(图 11-19)。孔距应为 $1.73R_0$(R_0 为旋喷设计半径)、排距为 $1.5R_0$ 最经济。

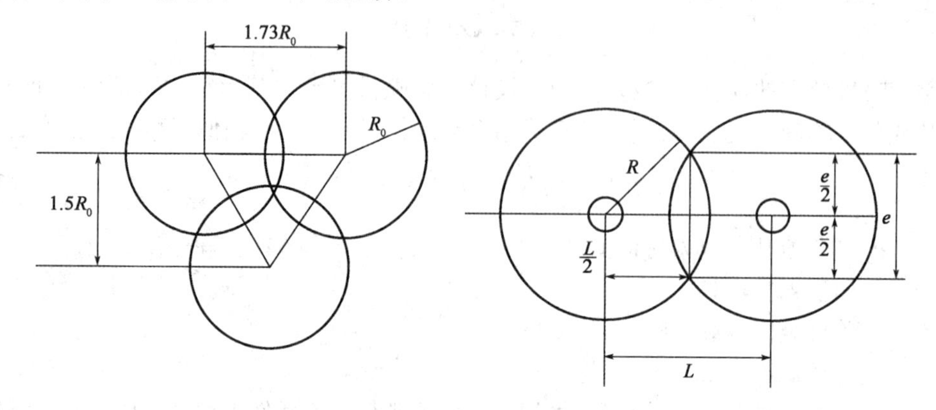

图 11-19　布孔孔距和旋喷注浆固结体交联图

若想增加每一排旋喷桩的交圈厚度，可适当缩小孔距，按下式计算孔距：

$$e=2\sqrt{R_0^2-\left(\frac{L}{2}\right)^2} \tag{11-5}$$

式中：e——旋喷桩的交圈厚度(m)；

R_0——旋喷桩的半径(m)；

L——旋喷桩孔位的间距(m)。

定喷和摆喷是一种常用的防渗堵水的方法，由于喷射出的板墙薄而长，不但成本较旋喷低，而且整体连续性亦高。

相邻孔定喷连接形式如图 11-20 所示，其中：图 11-20a)为单喷嘴单墙首尾连接；图 11-20b)为双喷嘴单墙前后对接；图 11-20c)为双喷嘴单墙折线连接；图 11-20d)为双喷嘴双墙折线连接；图 11-20e)为双喷嘴夹角单墙连接；图 11-20f)为单喷嘴扇形单墙首尾连接；图 11-20g)为双喷嘴扇形单墙前后对接；图 11-20h)为双喷嘴扇形单墙折线连接。

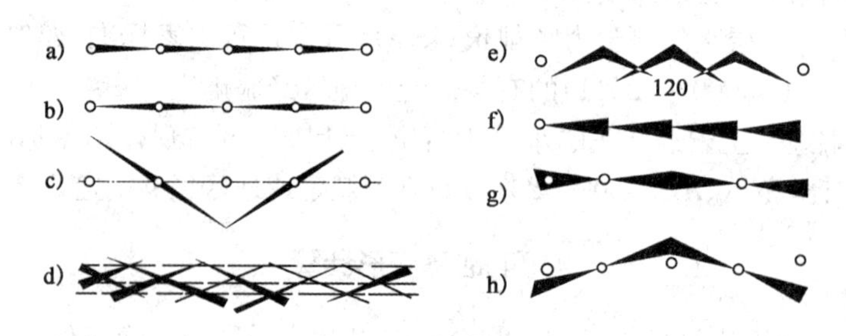

图 11-20　定喷帷幕形式示意图

摆喷连接形式也可按图 11-21 方式进行布置。

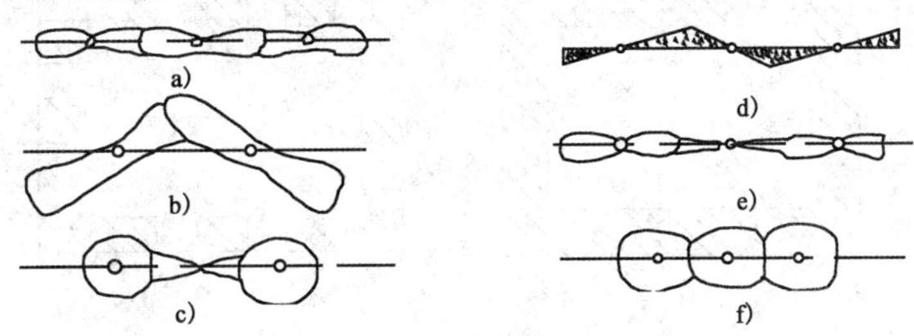

图 11-21　摆喷防渗帷幕形式示意图

a)直摆型(摆喷);b)折摆型;c)柱墙型;d)微摆型;e)摆定型;f)柱列型

六、基坑坑内加固设计

软土深基坑工程中大量应用高压喷射注浆法进行坑内加固,其加固形式有以下几种:

(1)以块状、格栅状、墙状、柱状排列布置的加固形式,如图 11-22 所示。

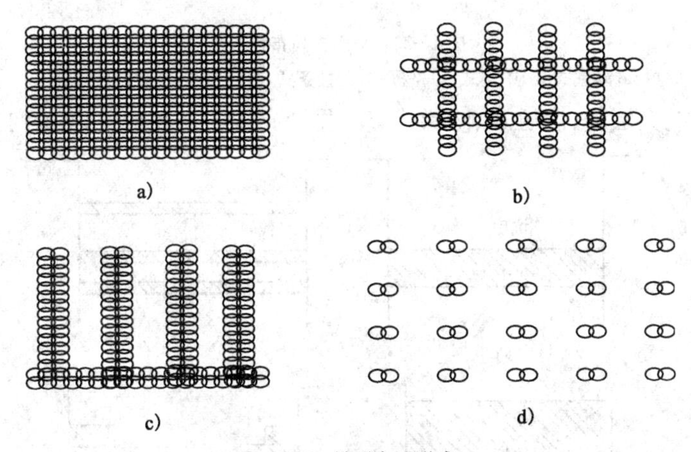

图 11-22　排列布置形式

a)块状;b)格栅状;c)墙状;d)柱状

(2)以满堂式、中空式、格栅式、抽条式、裙边式、墩式、墙式平面排列布置的加固形式,如图 11-23所示。

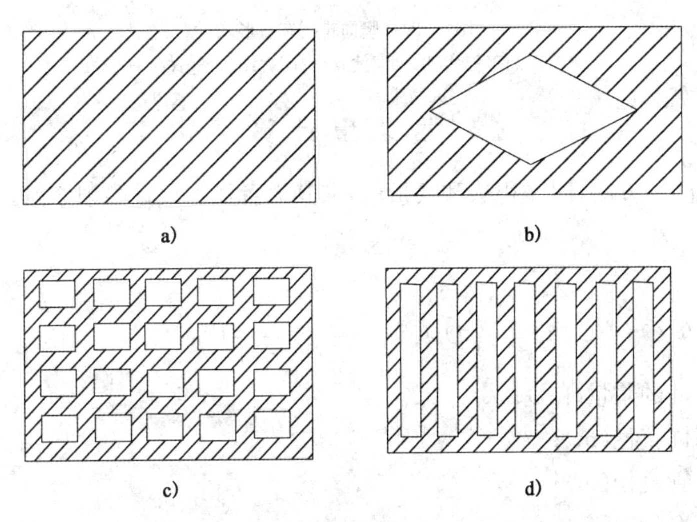

图　11-23

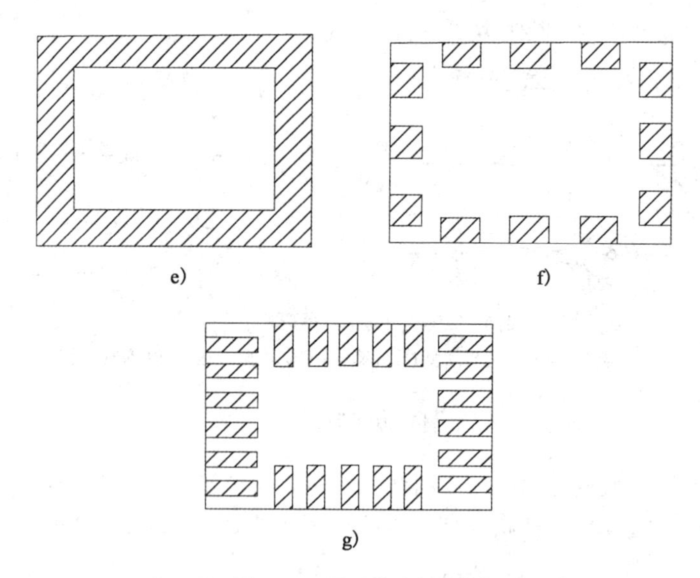

图 11-23　平面排列布置形式

a)满堂式;b)中空式;c)格栅式;d)抽条式;e)裙边式;f)墩式;g)墙式

(3)以平板式、夹层式、满坑式、阶梯式竖向排列布置的加固形式,如图 11-24 所示。

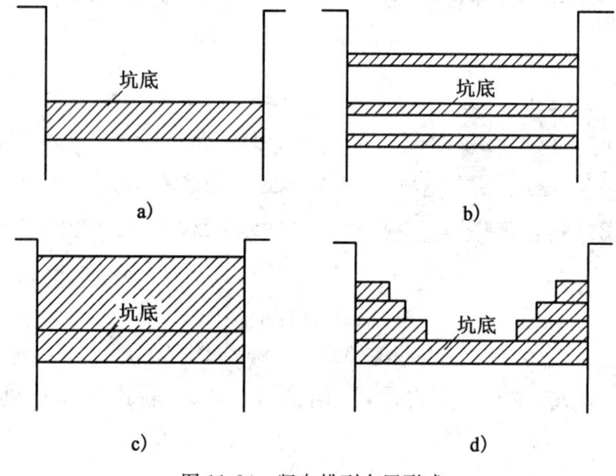

图 11-24　竖向排列布置形式

a)平板式;b)夹层式;c)满坑式;d)阶梯式

七、浆 量 计 算

浆量计算有两种方法,即体积法和喷量法,取其大者作为设计喷射浆量。

1. 体积法

$$Q=\frac{\pi}{4}D_e^2K_1h_1(1+\beta)+\frac{\pi}{4}D_0^2K_2h_2 \tag{11-6}$$

式中:Q——需要用的浆量(m^3);

D_e——旋喷体直径(m);

D_0——注浆管直径(m);

K_1——填充率(0.75~0.9);

h_1——旋喷长度(m)；

K_2——未旋喷范围土的填充率(0.5～0.75)；

h_2——未旋喷长度(m)；

β——损失系数(0.1～0.2)。

v——提升速度(m/min)；

H——喷射长度(m)；

q——单位时间喷浆量(m^3/min)。

2. 喷量法

以单位时间喷射的浆量及喷射持续时间，计算出浆量，计算公式为：

$$Q=\frac{H}{v}q(1+\beta) \tag{11-7}$$

式中符号意义同前。

根据计算所需的喷浆量和设计的水灰比，即可确定水泥的使用数量。

八、浆液材料与配方

根据喷射工艺要求，浆液应具备以下特性。

1. 良好的可喷性

目前，国内基本上采用以水泥浆为主剂，掺入少量外加剂的喷射方法，水灰比一般采用1∶1～1.5∶1就能保证较好的喷射效果。浆液的可喷性可用流动度或黏度来评定。

2. 足够的稳定性

浆液的稳定性好坏直接影响到固结体质量。以水泥浆液为例，其稳定性好系指浆液在初凝前析水率小、水泥的沉降速度慢、分散性好以及浆液混合后经高压喷射而不改变其物理化学性质。掺入少量外加剂能明显地提高浆液的稳定性。常用的外加剂有：膨润土、纯碱、三乙醇胺等。浆液的稳定性可用浆液的析水率来评定。

3. 气泡少

若浆液带有大量气泡，则固结体硬化后就会有许多气孔，从而降低喷射固结体的密度，导致固结体强度及抗渗性能降低。

为了尽量减少浆液气泡，应选择非加气型的外加剂，不能采用起泡剂，比较理想的外加剂是代号为NNO的外加剂。

4. 调剂浆液的胶凝时间

胶凝时间是指从浆液开始配制起，到土体混合后逐渐失去其流动性为止的这段时间。

胶凝时间由浆液的配方、外加剂的掺量、水灰比和外界温度而定。一般从几分钟到几小时，可根据施工方法及注浆设备来选择合适的胶凝时间。

5. 良好的力学性能

影响抗压强度的因素很多，如材料的品种、浆液的浓度、配比和外加剂等，以上已提及，此处不再重复。

6. 无毒、无臭

浆液对环境无污染及对人体无害，凝胶体为不溶和非易燃、易爆物。浆液对注浆设备、管路无腐蚀性并容易清洗。

7. 结石率高

固化后的固结体有一定黏结性，能牢固地与土粒相黏结。要求固结体耐久性好，能长期耐酸、碱、盐及生物细菌等腐蚀，并且不因温度、湿度的变化而变化。

水泥最为便宜且取材容易，是喷射注浆的基本浆材。国内只有少数工程曾应用丙凝和尿醛树脂等作为浆材。水泥系浆液的水灰比可按注浆管类型区别，即单管法和二重管法一般采用1∶1～1.5∶1；三重管法和多重管法一般采用1∶1或更小。

目前，国内用得比较多的外加剂及配方见表11-5。

国内较常用外加剂的喷射浆液配方表 表11-5

序　号	外加剂成分及百分比	浆液特性
1	氯化钙2～4	促凝、早强、可灌性好
2	铝酸钠2	促凝，强度增长慢、稠密
3	水玻璃2	初凝快、终凝时间长、成本低
4	三乙醇胺0.03～0.05 氯化钠1	有早强作用
5	三乙醇胺0.03～0.05 氯化钠1 氯化钙2～3	促凝、早强、可喷性好
6	氯化钙（或水玻璃）2 "NNO"0.5	促凝、早强、强度高、浆液稳定
7	氯化钠1 亚硝酸钠0.5 三乙醇胺0.03～0.05	防腐蚀、早强、后期强度高
8	粉煤灰25	调节强度、节约水泥
9	粉煤灰25 氯化钙2	促凝、节约水泥
10	粉煤灰25 氯化钙2 三乙醇胺0.03	促凝、早强、节约水泥
11	粉煤灰25 硫酸钠1 三乙醇胺0.03	早强、抗冻性好
12	矿渣25	提高固结体强度、节约水泥
13	矿渣25 氯化钙2	促凝、早强、节约水泥

第四节　施 工 方 法

一、施 工 机 具

施工机具主要由钻机和高压发生设备两部分组成。由于喷射种类不同，所使用的机器设备和数量均不同，如表 11-6 所示。

各种高压喷射注浆法主要施工机器及设备一览　　表 11-6

序号	机器设备名称	型　号	规　格	所用的机具			
				单管法	二重管法	三重管法	多重管法
1	高压泥浆泵	SNS-H300 水流 Y-2 型液压泵	30MPa 20MPa	√	√		
2	高压水泵	3XB 3W6B 3W7B	35MPa 20MPa			√	√
3	钻机	工程地质钻 振动钻		√	√	√	√
4	泥浆泵	BW150 型	7MPa			√	√
5	真空泵						√
6	空压机		0.8MPa $3m^3/min$		√	√	
7	泥浆搅拌机			√	√	√	√
8	单管			√			
9	二重管				√		
10	三重管					√	
11	多重管						√
12	超声波传感器						√
13	高压胶管		ϕ19mm～ ϕ22mm	√	√	√	√

喷嘴是直接且明显影响喷射质量的主要因素之一。喷嘴通常有圆柱形、收敛圆锥形和流线型三种(图 11-25)。为了保证喷嘴内高压喷射流的巨大能量较集中地在一定距离内有效破坏土体，一般都用收敛圆锥形的喷嘴。流线型喷嘴的射流特性最好，喷射流的压力脉冲经过流线型状的喷嘴，不存在反射波，因而使喷嘴具有聚能的效能。但这种喷嘴极难加工，在实际工作中很少采用。

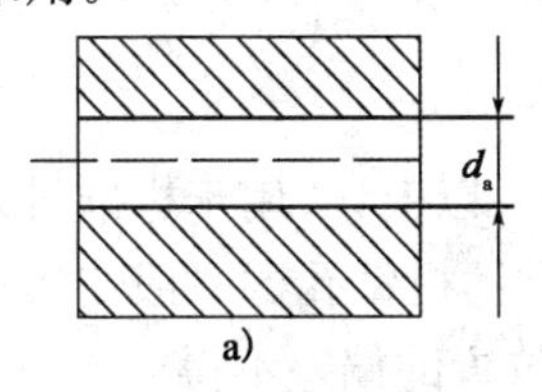

a)

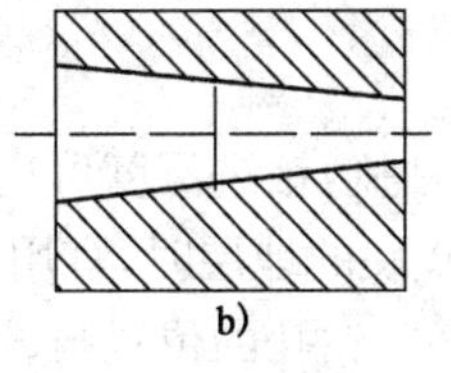
b)

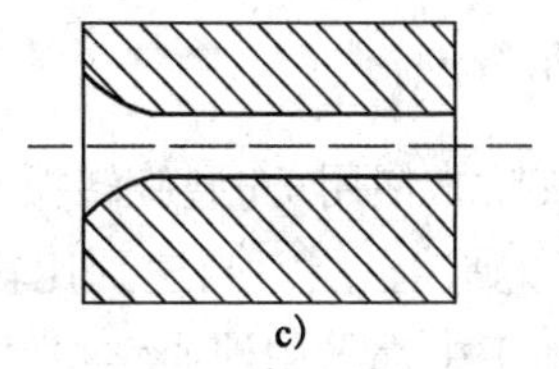
c)

图 11-25　喷嘴形状图

除了喷嘴的形状影响射流特性值外，喷嘴内圆锥角的大小对射流的影响也是比较明显的。相关试验表明：当圆锥角 θ 为 13°～14°时，由于收敛断面直径等于出口断面直径，流量损失很小，喷嘴的流速流量值较大。在实际应用中，圆锥形喷嘴的进口端增加了一个渐变的喇叭形的圆弧角 ϕ，使其更接近于流线型喷嘴，出口端增加一段圆柱形导流孔，当圆柱段的长度 L 与喷嘴直径 d_0 的比值为 4 时，射流特征最好（初期区的长度最长）（图 11-26）。

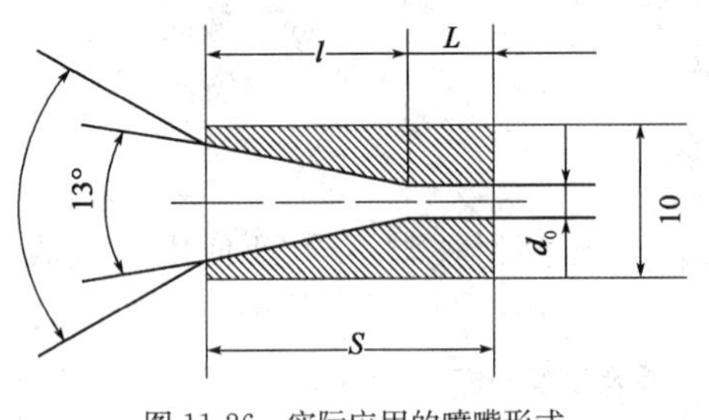

图 11-26　实际应用的喷嘴形式

当喷射压力、喷射泵量和喷嘴个数已选定时，喷嘴直径 d_0 可按下式求出：

$$d_0 = 0.69\sqrt{\frac{Q}{n\mu\varphi\sqrt{p/\rho}}} \tag{11-8}$$

式中：d_0——喷嘴出口直径（mm），常用的喷嘴直径为 2～3.2mm；

Q——喷射泵量（L/min）；

n——喷嘴个数；

μ——流量系数，圆锥形喷嘴 $\mu \approx 0.95$；

φ——流速系数，良好的圆锥形喷 $\varphi \approx 0.97$；

p——喷嘴入口压力（MPa）；

ρ——喷射液体密度（g/cm^3）。

根据不同的工程要求可按图 11-27 选择不同的喷头形式。

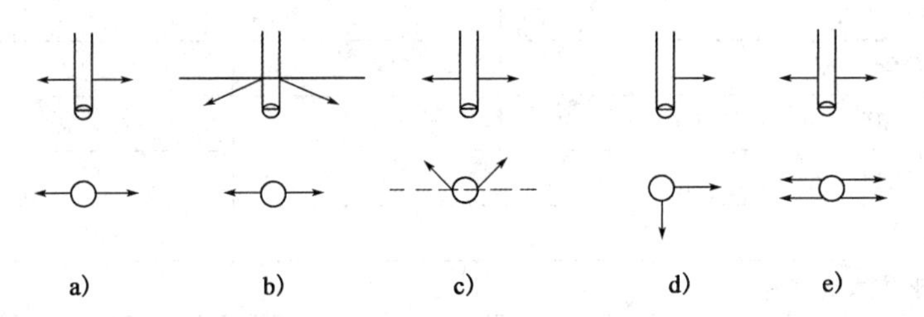

图 11-27　不同形式的喷头

a)水平；b)下倾；c)夹角；d)90°夹角；e)四喷嘴

二、施 工 工 艺

1. 钻机就位

钻机安放在设计的孔位上并应保持垂直，施工时旋喷管的允许倾斜度不得大于 1.5%。

2. 钻孔

单管旋喷常使用 76 型旋转振动钻机，钻进深度可达 30m 以上，适用于标准贯入击数小于 40 的砂土和黏性土层。当遇到比较坚硬的地层时，宜用地质钻机钻孔。一般在二重管和三重管旋喷法施工中都采用地质钻机钻孔。钻孔的位置与设计位置的偏差不得大于 50mm。

3. 插管

插管是将喷管插入地层预定的深度。使用76型振动钻机钻孔时，插管与钻孔两道工序合二为一，即钻孔完成时插管作业同时完成。如使用地质钻机钻孔完毕，必须拔出岩芯管，并换上旋喷管插入到预定深度。在插管过程中，为防止泥砂堵塞喷嘴，可边射水、边插管，水压力一般不超过1MPa。若压力过高，则易将孔壁射塌。

4. 喷射作业

当喷管插入预定深度后，由下而上进行喷射作业，技术人员必须时刻注意检查浆液初凝时间、注浆流量、风量、压力、旋转提升速度等参数是否符合设计要求，并随时做好记录，绘制作业过程曲线。

当浆液初凝时间超过20h，应及时停止使用该水泥浆液(正常水灰比1∶1，初凝时间为15h左右)。

5. 冲洗

喷射施工完毕后，应把注浆管等机具设备冲洗干净，管内机内不得残存水泥浆。通常把浆液换成水，在地面上喷射，以便把泥浆泵、注浆管和软管内的浆液全部排出。

6. 移动机具

将钻机等机具设备移到新孔位上。

三、施工注意事项

(1)钻机或旋喷机就位时机座要平稳，立轴或转盘要与孔位对正，倾角与设计误差一般不得大于0.5°。

(2)喷射注浆前要检查高压设备和管路系统。设备的压力和排量必须满足设计要求。管路系统的密封圈必须良好，各通道和喷嘴内不得有杂物。

(3)喷射注浆作业后，由于浆液析水作用，一般均有不同程度收缩，使固结体顶部出现凹穴，所以应及时用水灰比为0.6的水泥浆进行补灌。并要预防其他钻孔排出的泥土或杂物进入。

(4)为了加大固结体尺寸，或为了对深层硬土避免固结体尺寸减小，可以采用提高喷射压力、泵量或降低回转与提升速度等措施，也可以采用复喷工艺：第一次喷射(初喷)时，不注水泥浆液；初喷完毕后，将注浆管边送水边下降至初喷开始的孔深，再抽送水泥浆，自下而上进行第二次喷射(复喷)。

(5)在喷射注浆过程中，应观察冒浆的情况，及时了解土层情况，喷射注浆的大致效果和喷射参数是否合理。采用单管或二重管喷射注浆时，冒浆量小于注浆量20%为正常现象；超过20%或完全不冒浆时，应查明原因并采取相应的措施。若系地层中有较大空隙引起的不冒浆，可在浆液中掺加适量速凝剂或增大注浆量；如冒浆过大，可减少注浆量或加快提升和回转速度，也可缩小喷嘴直径，提高喷射压力。采用三重管喷射注浆时，冒浆量则应大于高压水的喷射量，但其超过量应小于注浆量的20%。

(6)对冒浆应妥善处理，及时清除沉淀的泥渣。在砂层中用单管或二重管注浆旋喷时，可以利用冒浆进行补灌已施工过的桩孔。但在黏土层、淤泥层旋喷或用三重管注浆旋喷时，因冒浆中掺入黏土或清水，故不宜利用冒浆回灌。

(7)在软弱地层旋喷时，固结体强度低。可以在旋喷后用砂浆泵注入M15砂浆来提高固结体的强度。

(8)在湿陷性地层进行高压喷射注浆成孔时，如用清水或普通泥浆作为冲洗液，会加剧沉降，此时宜用空气洗孔。

(9)在砂层尤其是干砂层中旋喷时，喷头的外径不宜大于注浆管，否则易夹钻。

第五节 质量检验

高压喷射注浆可根据工程要求和当地经验采用开挖检查、取芯(常规取芯或软取芯)、标准贯入试验、载荷试验或围井注水试验等方法进行检验，并结合工程测试、观测资料及实际效果综合评价加固效果。

检验点应布置在下列部位：

(1)有代表性的桩位。

(2)施工中出现异常情况的部位。

(3)地基情况复杂，可能对高压喷射注浆质量产生影响的部位。

检验点的数量为施工孔数的1%，并不应少于3点。质量检验宜在高压喷射注浆结束28d后进行。

竖向承载旋喷桩地基竣工验收时，承载力检验应采用复合地基载荷试验和单桩载荷试验。载荷试验必须在桩身强度满足试验条件时，并宜在成桩28d后进行。检验数量为桩总数的0.5%～1%，且每项单体工程不应少于3点。

第六节 工程实例

大有山隧道是国家“7918”高速公路网规划中七条首都放射线中的“横五”——北京至拉萨高速公路在青海省境内的重要组成路段丹(东)拉(萨)国道主干线西宁过境公路西段的控制性工程。该隧道工程地处典型的湿陷性黄土区，土体呈低含水率，低干密度，大孔隙状态，具有高压缩性等特点，湿陷深度可达10～20m。尤其是洞口段岩土成分为坡洪积和风积的严重湿陷黄土状土，呈褐黄色、稍湿、稍密状，其成分以亚黏土为主，次为亚砂土，虫孔、孔隙发育，属高压缩性土，具Ⅳ级严重湿陷性，$V_p=170\sim280m/s$。隧道埋深7～20m，围岩稳定性极差，施工时易发生坍塌。另外，围岩具有基底软弱、地表裂缝多的特点，特别还有一段地表堆积有大量的杂填土，因此隧道进洞施工十分困难，施工过程中产生几处塌方。大有山隧道特殊的地质情况决定了其部分地段地基承载力不能满足施工要求，所以必须进行地基处理。

经过多种方案的比选，从提高地基承载力和围岩限高两个方面考虑，采用高压旋喷桩(单管旋喷法)进行地基处理。旋喷桩的设计直径是0.6m，以梅花形纵横向桩心距120cm布桩。大有山隧道旋喷布桩如图11-28和图11-29所示。

通过施工期及工后监测可知，以黄土作为固结体的骨料，加固效果明显，对隧道底部扰动小，地基变形小，采用高压旋喷桩加固黄土地基是合理的。

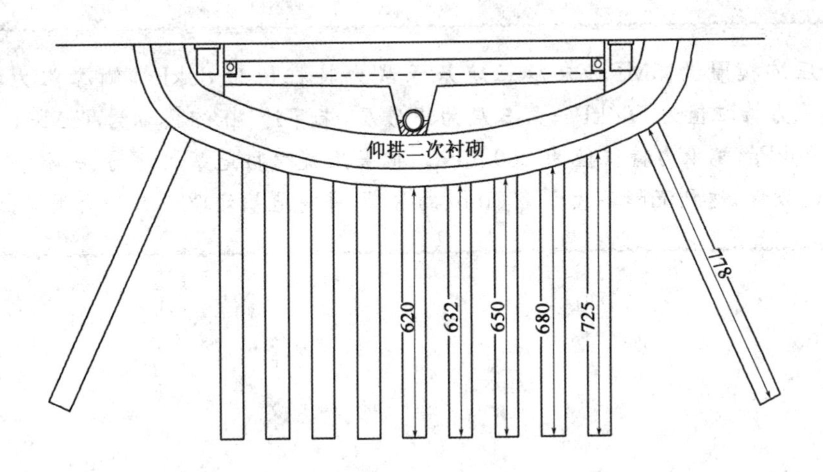

图 11-28　隧道基底旋喷桩加固设计图(尺寸单位:cm)

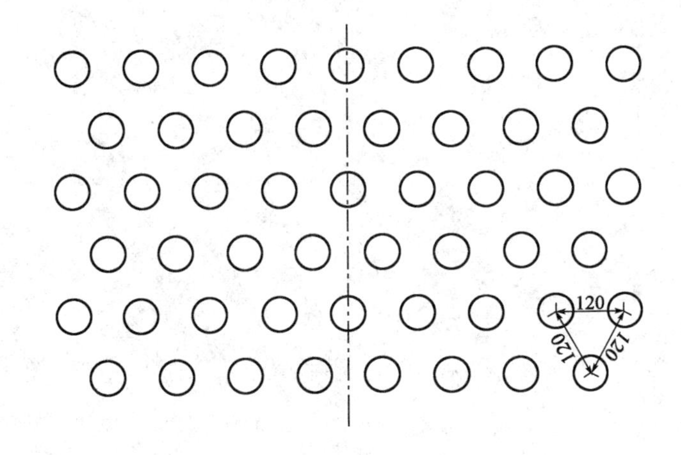

图 11-29　旋喷桩平面布置图(尺寸单位:cm)

思考题与习题

11-1　阐述高压喷射注浆法的施工方法。

11-2　阐述高压射流破坏土体形成水泥土加固体的机理。

11-3　试对高压喷射注浆法绘出喷射最终固结状况的示意图。

11-4　阐述影响高压喷射加固体强度的因素。

11-5　阐述影响高压喷射加固体几何形状的因素。

11-6　阐述高压喷射注浆法处理基坑工程中坑底软弱土层的布置方式。

11-7　某宾馆建筑,地上 17 层,地下 1 层,箱形基础埋深 4.0m,基础尺寸为 20m×55m,基底压力为 250kPa,基地附加应力为 190kPa。场地土层分布如下:第一层砂砾层,厚度 6m,未修正的地基承载力特征值为 180kPa,压缩模量为 16MPa;第二层为黏土层,厚度为14m。压缩模量为5MPa，未修正地基承载力特征值为80kPa，侧摩阻力特征值为15kPa，端承力特征值为500kPa；第三层为中砂层，未穿透，压缩模量为15MPa，侧摩阻力特征值为30kPa，端承力特征值为2000kPa。拟采用旋喷桩地基处理方法，请完成该地基处理方案的设计，达到沉降不大于200mm的要求，并对地基处理施工和检测提出要求。

第十二章 锚固法

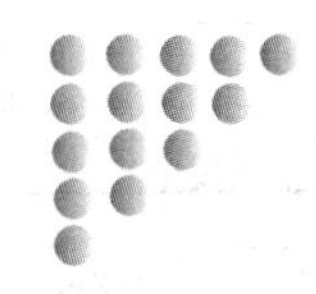

第一节　概　　述

将受拉杆的一端固定于岩(土)体中,另一端与工程结构物相联结,以承受由于土压力、水压力或其他外力施加于结构物的推力或上举力,从而利用岩(土)体的内在抗力维持结构物的稳定。这种技术的设计和施工统称为锚固技术或锚固法。

锚固技术有多种不同的类型。在天然地层中的锚固方法多以钻孔灌浆为主,一般称为灌浆锚杆,它的受拉杆件有粗钢筋、高强钢丝、钢绞线等不同的类型,施工方法有常压和高压灌浆、预压灌浆、化学灌浆以及特殊的专利锚固灌浆技术。

土钉是 20 世纪 70 年代初期在稳定边坡、深基坑开挖支护中应用并发展起来的一种锚固支护技术。土钉的长度比锚杆小,设置的密度大,单根土钉承受的承载能力小,但布置灵活。在土体自稳条件较好,开挖深度不大的支护工程上采用土钉较为适宜。

在天然岩土层中采用灌浆锚杆或土钉的优点有:

(1)施工机械及设备的作业空间不大,因此可为各种地形及场地所选用。

(2)用锚杆(或土钉)代替钢横撑做侧壁支撑,不但可大量节省钢材,且能改善施工条件和缩短工期。

(3)拉杆的设计拉力可由抗拔试验来获得,因此保证了设计的安全度。

(4)施工时的噪声和振动均较小。

(5)灌浆锚杆(索)还可以施加预应力,以控制地面和支护结构的变形。

在人工填土中的锚固法有锚定板结构与加筋土两种形式。现将锚固法的分类列于表 12-1。

锚固法分类　　表 12-1

		灌浆锚杆	土钉
天然岩土层中锚固	拉杆材料	粗钢筋(精轧螺纹钢筋、高强钢筋 45SiMnV 等)、高强钢丝、钢绞线	钢筋、钢管
	使用年限	临时性,永久性(使用年限 2 年以上)	临时性为主,在地下水位低的条件下,可以作为永久性支挡

续上表

天然岩土层中锚固		灌浆锚固			土钉		
	控制变形和 增大承载力	普通锚杆(加压或不加压灌浆),预应力锚杆(一般采用压力灌浆)			大多为不加压灌浆型		
	施工方法(灌浆)	一次	二次	多次	灌浆型	打入型	射入型
人工填土中锚固	锚定板挡土结构						
	加筋土						

第二节　灌浆锚杆

灌浆锚杆指的是利用钢筋等抗拉杆件的一端锚固在可靠的地层或岩层里,使其能提供可靠的拉力,用来平衡土压力、结构浮力等其他结构力的一种构件,在本章通指锚杆、锚索,简称为锚杆,不包括土钉和锚定板等拉锚形式。锚杆本身一般不作为挡土或抵挡外力的结构,而与其他结构联合使用。锚固的主要形式按照构造形式可以分为钢筋锚杆和钢绞线锚索两种;按受力特征分可以分为预应力锚杆和非预应力锚杆;按施工方式和特点可以分为自钻式、注浆式、高压注浆和分段高压注浆式锚杆等;按锚固段的受力特点可以分为拉力型、拉力分散型和压力型、压力分散型等。

灌浆锚杆的钻孔方向一般沿水平向下倾斜10°～45°,施工时钻孔的深度必须超过支挡构筑物背后的主动土压力区和已有的滑动面,并须在稳定的地层中达到足够的有效锚固长度(L_e),锚杆末端锚入山体内的有效锚固段能承受的最大拉力称为锚固段的极限抗拔力。如图12-1所示,锚杆主要由钢拉杆、锚固体、锚杆头部连接三部分组成。当工程决定要采用锚杆时,应对构筑物的受力情况以及锚固地层的性状、地下水等工程地质情况和整体稳定性进行全面调查比较后,再综合决定设计和施工方案。

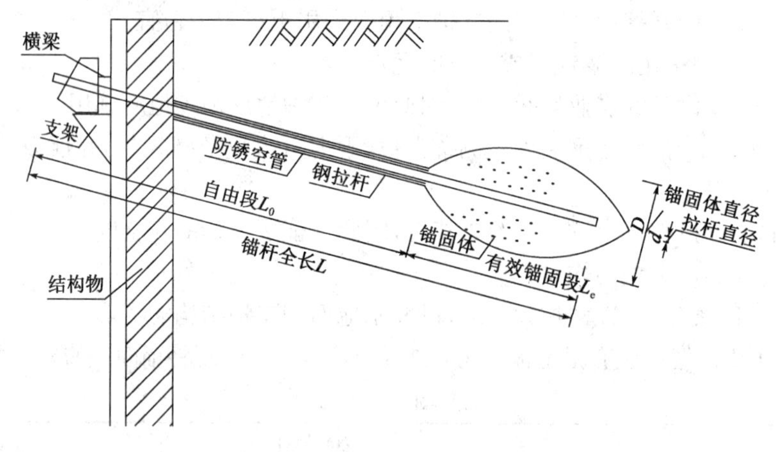

图12-1　锚杆的组成

一、灌浆锚杆的抗拔作用力机理

许多资料表明,锚杆孔壁周边的抗剪强度由于地层土质不同、埋深不同以及灌浆方法不同而有很大的变化和差异。对于锚杆的抗拔作用原理,可从其受力状态进行分析。图12-2所示为一个灌浆锚杆的砂浆锚固段，如将锚固段的砂浆作为自由体，其作用受力机理为：

当锚固段受力时，拉力 T_i 首先通过钢拉杆周边的握固力 u 传递到砂浆中，然后再通过锚固段钻孔周边的地层摩阻力 τ 传递到锚固的地层中。因此，锚杆如受到拉力的作用，除了钢筋本身需要足够的截面积 A 承受拉力之外，即 $T_i=p_i\cdot A$（式中 p_i 为钢筋单位面积上的应力），锚杆的抗拔作用还必须同时满足以下三个条件。

(1)锚固段的砂浆对于钢拉杆的握固力需能承受极限拉力。

(2)锚固段地层对于砂浆的摩擦力需能承受极限拉力。

(3)锚固土体在最不利的条件下仍能保持整体稳定性。

以上(1)和(2)条件是影响灌浆抗拔力的主要因素。

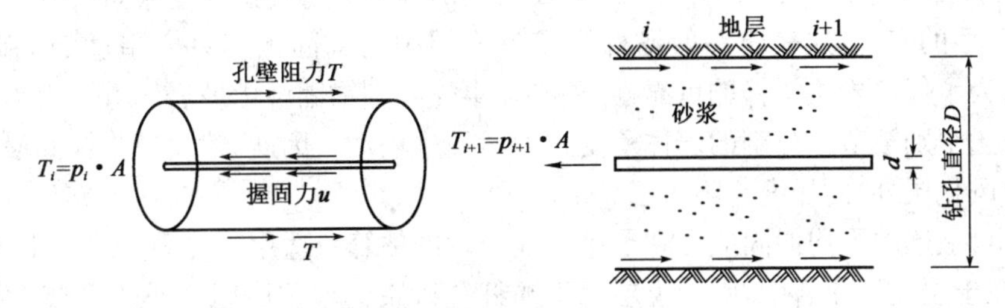

图 12-2　灌浆锚杆锚固段受力状态

1. 锚固段的砂浆对钢筋的握固力

在一般较完整的岩层中钻孔注浆时(灌注的水泥砂浆强度不低于 30MPa)，如果按照规定的灌浆工艺施工，岩层孔壁的摩阻力一般大于砂浆的握固应力。因此，岩层锚杆的抗拔力和最小锚固段长度一般取决于砂浆的握固应力，为此：

$$T_{u岩}\leqslant\pi udL_e \tag{12-1}$$

式中：$T_{u岩}$——岩层锚杆的极限抗拔力(kN)；

d——钢拉杆的直径(m)；

L_e——锚杆的有效锚固长度(m)；

u——砂浆对于钢筋的平均握固应力(kN/m²)。

砂浆的平均握固应力 u 是一个关键的参数，假定图 12-2 中的 T_i 和 T_{i+1} 分别为钢筋在 i 截面上和 $i+1$ 截面上所受的拉力，p_i 为钢筋单位面积上的应力，若令 u_i 为这一段砂浆对于钢筋的单位面积握固力，则：

$$T_i-T_{i+1}=u_i\pi dL_i \tag{12-2}$$

$$\therefore \quad u_i=\frac{T_i-T_{i+1}}{\pi dL_i}=\frac{(p_i-p_{i+1})d}{4L_i} \tag{12-3}$$

由此可见，只要将孔口内的钢筋划分成不同区段，就可根据各区段两端截面上的钢筋应力 p 的数值，按式(12-3)计算求得各个区段中砂浆对于钢筋的握固力 u。有研究资料表明，砂浆对于钢筋的握固力，取决于砂浆与钢筋之间的抗剪强度。如果采用螺纹钢筋，这种握固力取决于螺纹凹槽内部的砂浆与其周边以外砂浆之间的抗剪力，也就是砂浆本身的抗剪强度。

锚杆孔内砂浆握固力的分布情况相当复杂，在实际工作中，可暂不探讨这些变化细节，而只需获得平均握固应力的数值，并研究其必需的锚固长度问题。某些钢筋混凝土试验资料建议钢筋与混凝土之间的黏着力为其标准抗压强度的 10%～20%，如果按照这种方法去计算一根钢筋所需的最小锚固长度 L_{emin}，并令钢筋的极限拉应力为 σ_s，则：

$$\left(\frac{\pi d^2}{4}\right)\sigma_s=\pi d L_{emin} u$$

$$L_{emin}=\frac{\sigma_s \cdot d}{4u} \tag{12-4}$$

按式(12-4)计算，在岩层中一般直径 25mm 的钢筋锚杆所需的锚固长度只需 1～2m 就够了，这已被铁道部科学研究院多次在岩层拉拔试验中证实。试验资料表明：当采用热轧螺纹钢筋作为拉杆时，在完整硬质岩层的锚孔中其应力传递深度不超过 2m，在风化岩层中，应力传递深度达 7～9m，影响岩层锚杆抗拔能力的主要因素是砂浆的握固能力。例如，当岩层锚固深度大于 1.0m，采用 ϕ25 的钢筋时，钢筋往往会被拉断而锚固段不会从锚杆孔中拔出；ϕ32 的 16Mn 钢筋被拉到屈服点(290kN)，以及 2ϕ32 的 20MnSi 钢筋被拉到屈服点(550kN)都未发现岩层有较明显的变化：这表明一般锚杆在完整岩层中的锚固深度只要超过 2m 就足够了。但在使用中，为了保证岩质锚杆的可靠性，还必须事先判别锚固区山坡岩体有无坍塌和滑坡的可能，并需防止个别被节理分割的岩体承受拉力后发生松动。因此，建议灌浆锚固段达到岩层内部(除表面风化层外)的深度应不小于 4m。

必须指出，上述的平均握固应力和最小锚固长度的估算只适用于锚固在岩层中的锚杆，如果灌浆锚杆在土层或风化岩中，则岩土层对于锚杆孔砂浆的单位摩阻力小于砂浆对钢筋的单位握固力。因此，土层锚杆的最小锚固长度将主要受岩土层性质的影响。

2. 锚固段孔壁的抗剪强度

在风化岩层和土层中，锚杆的极限抗拔能力取决于锚固段地层对锚固段砂浆所能产生的最大摩阻力，即：

$$T_{u土} \leqslant \pi D L_e \tau \tag{12-5}$$

式中：$T_{u土}$——岩土层柱状锚体的极限抗拔力(kN)；

D——锚杆钻孔的直径(m)；

L_e——锚杆的有效锚固长度(m)；

τ——锚固段周边的抗剪强度(kN/m^2)。

锚杆的钻孔直径 D、有效锚固长度 L_e 和砂浆与孔壁周边的抗剪强度 τ 是直接影响灌浆锚杆抗拔能力的几个因素。其中，锚杆周边的抗剪强度 τ 的数值受地层性质、锚杆所处的埋深、锚杆类型和施工灌浆工艺等许多复杂因素的影响。不仅在不同的地层中和不同深度处的锚杆周边抗剪强度 τ 值有很大差异，即使在相同地层和相同深度处，τ 值也可能由于锚杆类型和施工灌浆条件的差别而有较大的变化。

锚杆孔壁与砂浆接触面的抗剪强度，可有三种不同的破坏情况：第一，砂浆接触面外围的岩层的剪切破坏，这只有当地层强度低于砂浆接触面的强度时才发生；第二，沿着砂浆与孔壁的接触面剪切破坏，这只有当灌浆工艺不合要求以致砂浆与孔壁黏结不良时才会发生；第三，接触面砂浆的剪切破坏。

在较完整的岩层中，最危险的剪裂面往往不在孔壁附近，而是发生在沿钢筋周边的握固力作用面上，即岩层锚杆孔壁的摩阻力一般均大于砂浆对钢筋的握固力。土层的强度一般低于砂浆强度。因此，如果施工灌浆的工艺良好，土层锚杆孔壁对砂浆的摩阻力应取决于沿接触面外围的土层抗剪强度。土层的抗剪强度表达式为：

$$\left.\begin{aligned}&\tau=c+\sigma\tan\varphi\\ \text{或}\quad&\tau=c+K_0\gamma h\tan\varphi\end{aligned}\right\} \tag{12-6}$$

式中：c——锚固区土层的黏聚力(kPa)；

φ——土的内摩擦角(°)；

σ——孔壁周边法向压应力(kPa)；

h——锚固段以上的地层覆盖厚度(m)；

K_0——锚固段孔壁的土压系数，一般 $K_0=1.0$。

如采用特殊的高压灌浆工艺，则孔壁土压系数 K_0 将大于1。其具体数值需根据地层和施工方法的情况试验决定。但如果是在松软地层中进行高压灌浆，高压灌浆所产生的局部应力将逐渐扩散减小，因而 K_0 的增大也是有限度的。因此，在松软的地层往往采用扩大孔径的方法增大锚杆的抗拔能力。

二、锚杆的设计

灌浆锚杆的设计主要包括：锚杆的配置及其与结构物的相互关系、锚杆设计拉力的确定、锚杆的截面、锚头连接、锚杆的长度以及锚杆与结构物的整体性验算等。

锚杆的设计与其所连接的结构物密切相关，由于锚杆的应用十分广泛，其设计拉力和整体稳定性的计算方法对不同的结构物各不相同。本节只以最常用的锚杆挡墙和基坑锚杆护壁为例，对锚杆设计要点做扼要介绍。

1. 场地勘查要求

设计前必须调查以下几项：

(1)场区周边环境调查：附近建筑物(基础类型、埋置深度)；管线分布(上下水和煤气管道、动力和通信电缆的埋深，管线材料和接头形式等)；地面上道路、交通、气象等情况。

(2)工程地质及水文地质调查：地质剖面、地层分布及厚度、土质性状；地下水位及水质对锚杆的侵蚀性影响；通过工程地质钻探及土质试验，掌握锚固层土的颗粒级配、抗剪强度和渗透系数等物理力学性能。必须指出，室内试验所提供的资料，必须与锚固段的工作状态一致，如基坑外是降水的，对于砂性土则可采用排水固结以后的土力学指标；如基坑外是不降水的，则应采用不固结、不排水土力学指标。在基坑工程中，对于渗透性很小的软黏土，不论降水条件如何，均宜采用不固结、不排水强度指标。

锚固方案一旦决定，则要对施工实施进一步落实。为了确定实际承载力，需在具有与施工地段相同工程和水文地质的岩土层条件下，进行现场原型抗拔试验。根据实际加荷的结果提出极限抗拔力的修正值。与此同时，还必须对锚杆施工机械条件、施工能力以及拉杆材料等进行落实并编写报告书，只有技术上和经济上进行充分的比较之后，所采用的锚固技术才能显示出优越性。

2. 锚固选型

从锚杆的工作机理上看，锚杆是一种受拉结构体系，由拉杆、注浆锚固体、自由段和外锚头等主要部件组成。只有深刻认识各工作部件的工作机理和作用，才能够合理地选型。

1)拉杆

拉杆是锚固的最基本构件，对材料的主要要求是高强度、耐腐蚀、易于加工和安装。拉杆所用的材料和主要特点如下：

(1)钢筋，一般采用二级钢以上的钢筋或精轧螺纹钢，具有施工安装简便、抗腐蚀性较强、

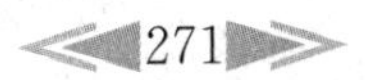

取材容易、造价经济等优点；缺点是强度较低，而且普通钢筋的预应力锚头制作复杂等。钢筋拉杆一般用于非预应力锚杆。当采用高强钢筋时，钢筋锚杆吨位偏小的问题可以解决，若采用精轧螺纹钢等特种材料也能够作为预应力锚杆的拉杆，精轧螺纹钢有与之配套的螺纹套筒，可以方便地用来施加预应力并锁定。

(2)钢绞线，具有强度高、易于施加预应力、造价经济等优点；缺点是易松弛、防腐问题比较突出等。钢绞线是国内目前应用最广泛的预应力锚索的拉杆材料。

(3)非金属材料，这是近年出现的新型材料，主要特点是强度高、耐腐蚀，目前应用的主要有碳纤维拉带和聚合物拉带等。由于国内应用还不普遍，而且应用时间较短，推广应用还有一个过程。

在实际工作中，一般拉筋的选型遵循以下原则：在设计大吨位抗拔力的锚杆时，优先考虑采用钢绞线，它的强度高，相同设计吨位的情况下，钢材用量少、重量轻，便于安装和运输，特别是设计吨位较高时，还可以减少钻孔数量，减轻安装和张拉工作量。当中等设计吨位(400kN左右)时，可以选精轧螺纹钢，它具有强度高、安装方便等优点。当设计吨位小于300kN且为非预应力锚杆时，可以优先考虑采用Ⅱ级或Ⅲ级钢筋。在工作环境恶劣，对锚杆的防腐蚀性能有特殊要求的情况下，可考虑聚合物材料或碳纤维等材料作为锚杆的拉杆。

2)灌浆材料

水泥、水和骨料为组成锚固体浆液的基本材料，按《通用硅酸盐水泥》(GB 175—2007)中规定的硅酸盐水泥或普通硅酸盐水泥，强度等级宜大于42.5MPa，视工程要求可适量掺入早强剂和减水剂等。

搅拌水泥浆用的水所含油、酸度、盐类、有机物等都会影响水泥砂浆的质量，因此必须控制在无害的范围之内。

水泥砂浆的骨料要求用中砂，并必须经过筛选和清洗，泥质和有机质等含量应在3%以下。

水泥砂浆具有结石收缩性小、强度较高等特点，在永久性工程中应优先考虑采用。实际工程中，较多采用水泥净浆，具有施工方便、可灌性好等特点。为了避免水泥净浆的结石收缩率大引起的不利影响，在锚杆首次注浆时，往往采用较小的水灰比，为了改善可灌性，添加适量高效减水早强复合外加剂。一次性灌注的锚杆，或者防腐问题突出的永久锚杆，通常在注浆液中添加适量微膨胀剂，提高注浆固结体和岩土体的黏结强度，减少注浆体结石收缩裂隙。

多次注浆的锚杆，第二次以及以后的注浆液均采用水泥净浆，水灰比应适当大，以增加可灌性。

在地下水受某种化学物质污染，或者地层中有含腐殖酸的泥炭层时，一般的水泥浆凝结会受影响，应选用特种水泥，经试验后确定注浆水泥基材。

3)锚固地层或岩层

锚杆的锚固段设置的地层或岩层简称为锚固地层或岩层。对于吨位较大的锚杆，尤其是永久性锚杆(索)，要求锚固地层或岩层自身稳定，能够提供较大的锚固力，注浆锚固体和周边围岩之间具有较小的蠕变特性等条件。工程实际中，选取合理可靠锚固地层或岩层一般遵循以下基本原则：

(1)锚固地(岩)层应能自身稳定，不得在边坡或支挡结构后侧极限平衡状态的破裂面之内，不能设置在滑坡地段和有可能顺层滑动地段的潜在滑动面以内。

(2)永久性锚杆的锚固段不应设置在未经处理的下列土层：

①有机质土。

②液限 $w_l > 50\%$ 的土层。

③相对密度 $D_r < 0.3$ 的砂土层。

(3)锚固段设置在岩层的锚杆，应尽量避开基岩的破碎带。

(4)在有节理构造面存在的情况，应分析锚固受力之后对基岩稳定性的影响，有不利影响的情况，应予以避开。

(5)对于永久性支挡结构的锚杆、地下室抗浮锚杆等对变形限制严格的锚杆，要注意锚固段的蠕变特性，尽量将锚固段避开软土层，设置在蠕变特性小的基岩层、密实的砂砾土层和硬黏土层。

4)锚杆的结构类型

锚杆一般由锚头、自由段和锚固段三部分组成，其中锚固段用水泥浆或水泥砂浆注浆，将杆体与土体或岩体黏结在一起，形成锚杆的锚固段。锚固段是锚杆最重要的组成部分，根据设置锚固段的岩土体的性质和工程特性与使用要求等，锚固段可以有多种形式，常用的有圆柱形、端部扩大形和分段扩大形三种类型。图 12-3 为三种类型的锚杆结构的简图。

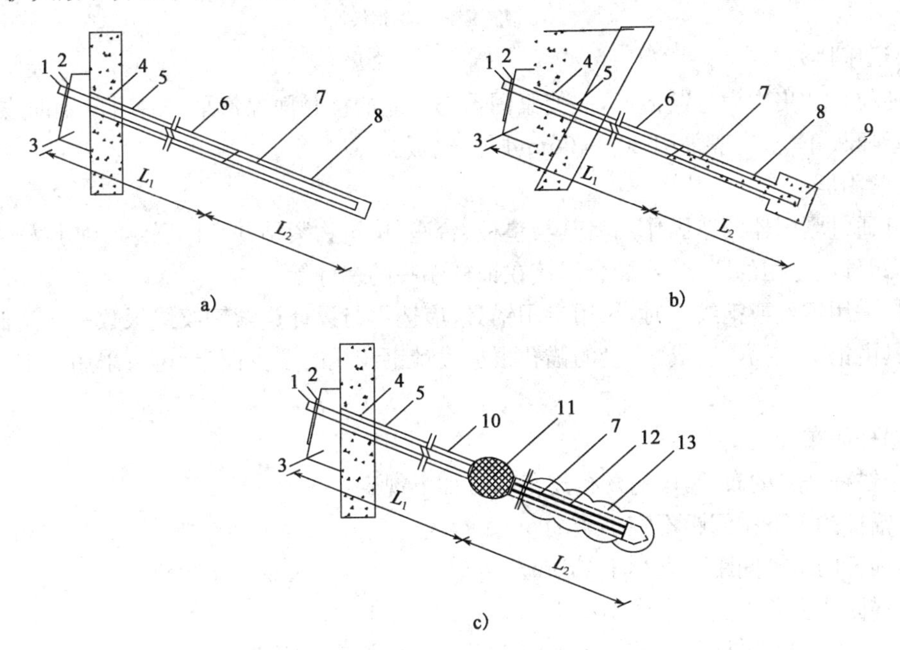

图 12-3　锚杆(索)结构简图

a)圆柱形锚杆体锚杆；b)端部扩大头形锚杆；c)分段扩大头形锚杆

1-锚具；2-承压板；3-台座；4-支挡结构；5-钻孔；6-注浆防护处理；7-预应力筋；8-圆柱形锚固体；9-端部扩头体；10-塑料套管；11-止浆密封装置；12-注浆套管；13-异形扩头体；L_1-自由段长度；L_2-锚固段长度

5)锚头构造

锚杆头部是构筑物与拉杆的联结部分，为了能够牢固地将来自结构物的力得到传递，一方面保证构件自身的材料有足够的强度，相互的构件能紧密固定；另一方面又必须将集中力分散开，为此锚杆头部需对台座、承压垫板及紧固器三部分进行设计。因实际现场施工条件不同，设计拉力也不同，必须根据每个工点的不同情况进行个别设计。

(1)台座

构筑物与拉杆方向不垂直时，需要设台座调整拉杆受力，并能固定拉杆位置，防止其横向滑动与有害的变位，台座用钢板或钢筋混凝土做成，如图12-4所示。

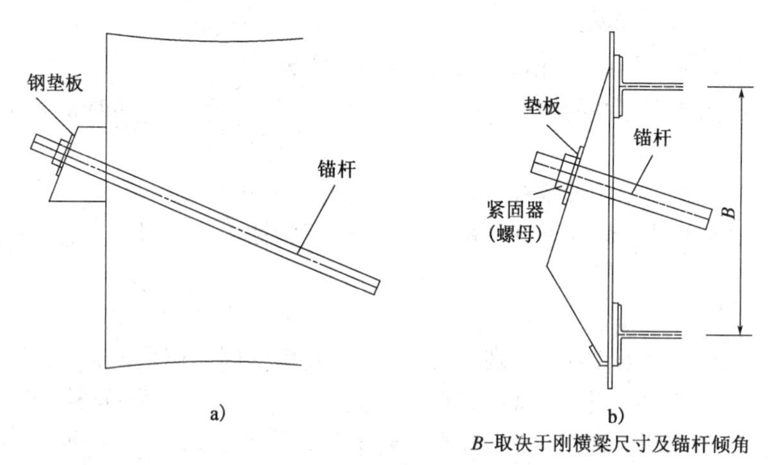

图12-4 台座形式

a)钢筋混凝土；b)钢板

(2)承压垫板

为使拉杆的集中力分散传递，并使紧固器与台座的接触面保持平顺，拉杆(钢筋或钢绞线)必须与承压板正交，一般采用20～40mm厚的钢板。

(3)紧固器

拉杆通过紧固器的紧固作用将其与垫板、台座、构筑物紧贴并牢固联结。如拉杆采用粗钢筋，则用螺母或专用的联结器，配合焊接在锚杆端头的螺杆等。

拉杆采用钢丝或钢绞线时，采用专用锚具，应选用与设计锚索钢绞线根数一致的低松弛锚具。锚具由锚盘及锚片组成，锚盘的锚孔根据设计钢绞线的多少而定，也可采用公锥及锚销等零件。

6)锚杆的布置

对于锚杆(索)的布置，国内现行规范中有如下规定：

(1)锚杆的上下排间距不宜小于2.5m。

(2)锚杆的水平间距不宜小于2.0m。

(3)锚固体上覆土层的厚度不小于5.0m。

(4)支挡结构的锚杆的水平倾角不应小于13°，也不应大于45°，以15°～35°为宜，垂直布置的抗浮锚杆等不受此限制。

(5)土层锚杆的锚固段不应小于4.0m，岩层锚杆不受此限制。

3.作用在支挡结构上的土压力

锚杆的作用有多种，限于篇幅，在本章仅讨论支挡结构锚杆设计荷载的确定问题。在支挡结构中，锚杆用来平衡全部或部分土压力，所以土压力荷载计算对于锚杆的设计十分重要。

在基坑护壁及支挡结构中，锚杆的作用主要表现为承受侧壁土压力，因而首先应计算作用在结构侧壁上的总土压力及其分布，然后才能确定锚杆的配置及其拉力。土压力的大小既取决于土的种类及其力学性质，又与挡土结构的刚度、位移、变形情况及施工方法等有密切关系。

实际土压力的计算分析至今仍然是一个未能很好解决的难题。但是，工程一般采用极限状态土压力和经修正的土压力分布模式。实践证明，此方法能够较好地解决工程问题，具有实际工程意义。下面介绍工程上常用的单锚桩锚结构和多锚桩锚结构的土压力荷载计算方法。

桩锚结构属刚性或半刚性挡土结构，作用在结构物上的土压力分布比较复杂，不易确定，可按下述原则假设：如果墙身位移是使土体的侧向约束减小，作用于墙身的土压力按朗肯主动土压力 p_a 考虑；如果是挤压土体，作用于墙上的土压力将介于静止土压力 p_0 和朗肯被动土压力 p_p 之间，取决于位移程度，最大不超过 p_p。

朗肯土压力计算式（墙背直立，墙后土体为平面时）：

1）无黏性土情况

$$p_a = K_a \gamma' z \tag{12-7}$$

$$p_p = K_p \gamma' z \tag{12-8}$$

2）黏性土情况

$$p_a = K_a \gamma' z - 2c\sqrt{K_a} \tag{12-9}$$

$$p_p = K_p \gamma' z + 2c\sqrt{K_p} \tag{12-10}$$

式中：K_a——朗肯主动土压力系数，$K_a = \tan^2\left(45° - \frac{\varphi}{2}\right)$；

K_p——朗肯被动土压力系数，$K_p = \tan^2\left(45° + \frac{\varphi}{2}\right)$；

γ'——土的有效重度（kN/m³）；

c——土的黏聚力（kN/m²）；

φ——内摩擦角（°）；

z——锚杆的计算深度（m）。

如果有水压力，则按静水压力叠加。

在图 12-5 中，在桩（墙）顶附近设置锚杆 T，以维持墙体的稳定。当埋深 t 较小时，墙的变形不出现反弯点，这时，可假定墙一侧为主动土压力 P_1，另一侧为被动土压力 P_2，但 P_2 不得超过朗肯被动土压力的 1/2～1/3。通过试算，根据 $\sum M_B = 0$ 和 $\sum F_x = 0$，便可确定 t_1、M_{max} 和 T。但当 t 较大时，墙下半部分可能出现反弯点，这时土压力分布和受力情况与图 12-5 不同，具体情况可参考有关书籍及规范。

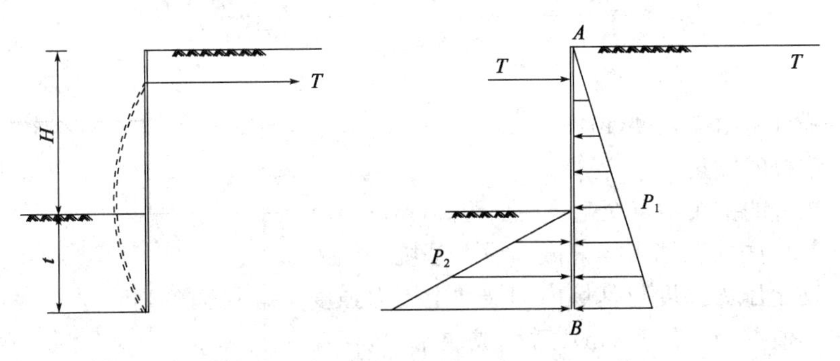

图 12-5　锚拉（板桩）墙的土压力计算

如果基坑桩锚结构或锚杆挡墙用多根锚杆，施工时一般是先设置排桩（或板桩）进入基坑底部的土层中，然后从地面向下开挖，每挖一定深度，及时安装锚杆并施加预张力，由于桩（墙）的变位在各锚杆的支点处受到不同程度的限制，墙的挠曲变形趋势如图 12-6 所示。在这种情况下，支挡结构上作用的土压力不再是三角形分布，也不能用朗肯或库仑土压力理论计算，因为墙后土体并不全部都达到极限平衡状态，而且在局部地方起“拱”的作用，使土压力发生重分布，有拱的中部(变位大的地方)转移一部分到拱的两端(变位小的地方)。这就使得基坑支护的土压力分布很不规律，见图 12-6b)，并在很大程度上取决于施工情况(如安装各锚杆的时间是否及时，预张力的大小等)。因此，对这种有多排支锚的支挡结构上的土压力分布只能凭经验估计。太沙基和派克根据实测资料和模型试验结果提出了经验计算图式，如图 12-6c)所示。这组图式不代表土压力的真正分布规律，而是最大土压力的可能包线，可用于确定支锚荷载。

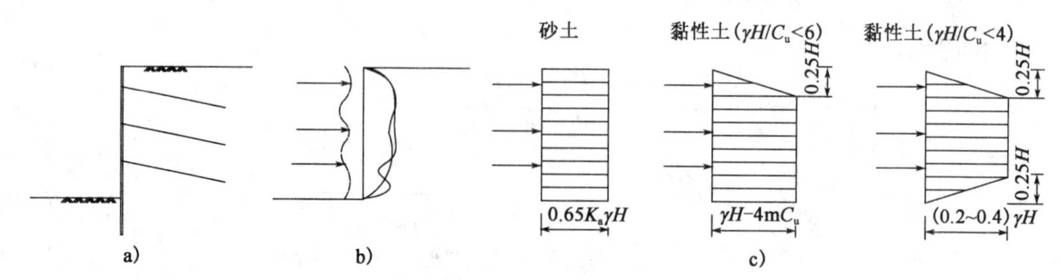

图 12-6　基坑支护的土压力计算

对于砂土，可按沿深度均匀分布考虑，土压力值为 $0.65K_a\gamma h$；K_a 为朗肯主动土压力系数，γ 为土的重度。对于黏性土，如果是 $\gamma H/C_u>6$ 的较软黏性土(C_u 为不排水抗剪强度)，最上面土压力为零，自 $0.25H$ 深度起为均匀分布，压力值为 $\gamma H-4mC_u$。其中系数 m 在一般情况下可用 1.0，如果基坑底面以下有深厚软土层，可能引起坑底隆起，板桩外软土向内挤动情况，则 m 值宜采用 0.4。对于 $\gamma H/C_u<4$ 的较硬黏土，可按中间深度 $0.5H$ 为均匀分布，最上面$0.25H$ 和最下面$0.25H$ 均为三角形分布考虑，最大压力值为 $0.2\sim0.4\gamma H$。对 $\gamma H/C_u=4\sim6$ 情况，则采用两者之间的过渡。

4. 锚杆自由段长度设计

锚杆的锚固区应当设置在主动土压力楔形破裂面之外，见图 12-7。《建筑基坑支护技术规程》(JGJ 120—2012)对于锚杆的自由段推荐下式计算：

$$L_f\geqslant\frac{(a_1+a_2-d\tan\alpha)\sin\left(45^\circ-\frac{\varphi_m}{2}\right)}{\sin\left(45^\circ+\frac{\varphi_m}{2}+\alpha\right)}+\frac{d}{\cos\alpha}+1.5$$

式中：L_f——锚杆自由端长度(m)；

α——锚杆的倾角(°)；

a_1——锚杆的锚头中点至基坑底面距离(m)；

a_2——基坑底面至挡土构件嵌固段上基坑外侧主动土压力强度与基坑内侧被动土压力强度等值点 O 的距离(m)；对于成层土，当存在多个等值点时应按其中最深的等值点计算；

d——挡土构件的水平尺寸(m)；

φ_m——O 点以上各土层按厚度加权的内等效摩擦角(°)。

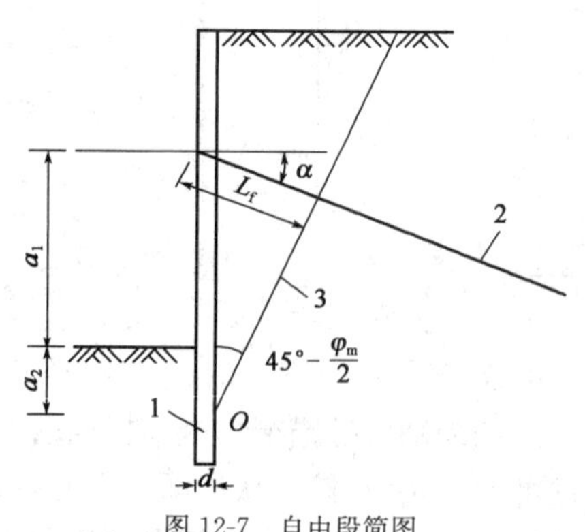

图 12-7　自由段简图

最小自由段：

$$L_f=\frac{y\cdot\sin\left(45°+\frac{\varphi_k}{2}\right)}{\sin\left(45°+\frac{\varphi_k}{2}+\varphi_k\right)} \tag{12-11}$$

《铁路路基支挡结构设计规程》(TB 10025—2006)规定，自由段伸入滑动面或潜在的滑动面的长度不小于1.0m。

美国联邦公路局运输处(U. S. Department of Transportation Federal Highway Administration)规定的锚杆自由段计算公式为：

最小自由段

$$L_f=\frac{y\cdot\sin\left(45°-\frac{\varphi}{2}\right)}{\sin\left(45°+\frac{\varphi}{2}+\theta\right)}+\frac{H}{5\sin\left(45°+\frac{\varphi}{2}+\theta\right)} \tag{12-12}$$

在实际问题中，自由段长度的设定除了满足上述条件之外，还要根据地层条件来确定锚杆的埋入区，以保证锚杆在设计荷载下具备正常工作的条件，为此锚固段应设置在稳定的地层，确保有足够的锚固力。同时，对采用压力注浆的情况，锚固段应有足够的埋深，一般要求不小于5～6m，锚固区宜布置在离现有建筑物基础不小于5～6m的距离处。

5. 锚杆锚固段长度设计

1)设计原则

锚杆的承载力主要取决于锚固体的抗拔力，而锚固体的抗拔力可以从两方面考虑：一方面是锚固体抗拔力应具有一定的安全系数；另一方面是它在受力情况下发生的位移不能超过一定的允许值。对于一般的基坑和支挡结构而言，允许有一定量的位移，因而主要是由稳定破坏控制。如果对结构有严格的变形要求，这时锚杆的承载力主要由变形控制。

普通灌浆锚杆的工作原理如图12-8所示。图12-8中表示一个灌浆锚杆中的砂浆锚固段，如果锚固段的砂浆作为自由体，则可将其受力状态作如下分析：

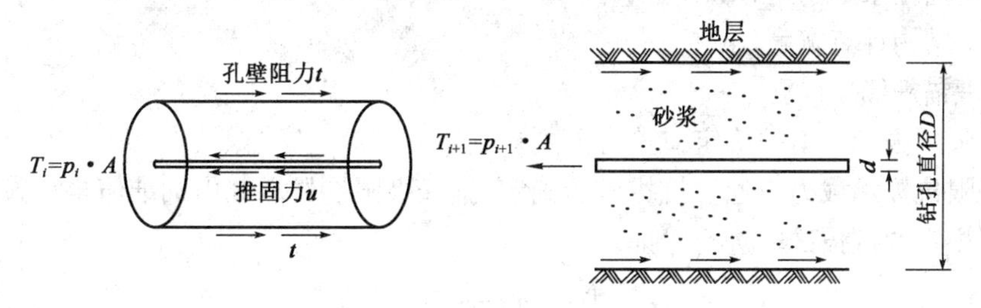

图12-8　灌浆锚杆锚固段受力状态

当锚固段受力时，拉力 T_i，首先钢拉杆周边的砂浆握固力(u)传递到砂浆中，然后再通过锚固段钻孔周边的地层摩阻力(τ)传递到地层中，因此锚杆的锚固体必须满足四个条件：

(1)拉杆本身必须有足够的截面积；

(2)砂浆与钢拉杆之间的握固力需能承受极限拉力；

(3)锚固段地层对于砂浆的摩擦力需能承受极限拉力；

(4)锚固土体在最不利的条件下，能保持整体稳定。

对于(2)和(3)个条件，需要作一些说明。在一般较完整的岩层中灌注锚杆时(砂浆或纯水泥浆的标号不小于M30)，只要严格按照规定的灌浆工艺施工，岩层孔壁的摩阻力一般能大于砂浆的握固力，所以锚固长度实际上由锚固体本身的强度控制。如果锚孔在土层中灌浆，土层

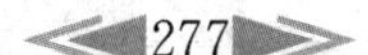

对于锚孔砂浆的单位摩阻力远小于砂浆对钢筋的握固力。因此，土层锚杆的最小锚固长度将受土层性质的影响，主要由土层的抗剪强度所控制。

2)锚固段长度的确定

锚固段长度设计目前有两种方法：一种是安全系数法，为1990年颁布的《土层锚杆设计施工规范》(CECSZZ:90)和铁路规范等行业规范所采用，国外的设计标准和设计指南大都采用安全系数法；另一种是极限状态设计法，不再采用统一安全系数 K，而改为采用体现工程安全等级、支护结构工程重要性系数，轴向受力抗拉力分项系数的锚杆设计方法，该方法为国标《建筑基坑支护技术规程》(JGJ 120—2012)、《建筑边坡工程技术规范》(GB 50330—2012)等所采用。以下介绍锚杆锚固段的两种设计方法。

(1)极限状态法

锚杆的极限抗拔承载力应符合下式要求：

$$\frac{R_k}{N_k} \geqslant K_t \tag{12-13}$$

式中：K_t——锚杆抗拔安全系数；安全等级为一级、二级、三级的支护结构，K_t 分别不应小于1.8、1.6、1.4；

N_k——锚杆轴向拉力标准值(kN)；

R_k——锚杆极限抗拔承载力标准值(kN)。

锚杆的轴向拉力标准值应按下式计算：

$$N_k = \frac{F_h s}{b_a \cos\alpha} \tag{12-14}$$

式中：N_k——锚杆的轴向拉力标准值(kN)；

F_h——挡土构件计算宽度内的弹性支点水平反力(kN)；

s——锚杆水平间距(m)；

b_a——结构计算宽度(m)；

α——锚杆倾角(°)。

锚杆极限抗拔承载力的确定应符合下列规定：

锚杆极限抗拔承载力应通过抗拔试验确定，锚杆极限抗拔承载力标准值也可按下式估算，但应按规程规定的抗拔试验进行验证。

$$R_k = \pi d \sum q_{sk,i} l_i \tag{12-15}$$

式中：d——锚杆的锚固体直径(m)；

l_i——锚杆的锚固段在第 i 土层中的长度(m)；锚固段长度(l_a)为锚杆在理论直线滑动面以外的长度；

$q_{sk,i}$——锚固体与第 i 土层之间的极限黏结强度标准值(kPa)，应根据工程经验并结合表12-2取值。

土体与锚固体极限摩阻力标准值 表12-2

土 的 名 称	土 的 状 态	q_{sik}(kPa)
填土		16～20
淤泥		10～16
淤泥质土		16～20

续上表

土 的 名 称	土 的 状 态	q_{sik}(kPa)
黏性土	$I_L>1$	18～30
	$0.75<I_L\leqslant 1$	30～40
	$0.50<I_L\leqslant 0.75$	40～53
	$0.25<I_L\leqslant 0.50$	53～65
	$0.00<I_L\leqslant 0.50$	65～73
	$I_L\leqslant 0$	73～80
粉土	$e>0.90$	22～44
	$0.75<e\leqslant 0.90$	44～64
	$e<0.75$	64～100
粉细砂	稍密	22～42
	中密	42～63
	密实	63～85
中砂	稍密	54～74
	中密	74～90
	密实	90～120
粗砂	稍密	90～130
	中密	130～170
	密实	170～220
砾砂	中密、密实	190～260

锚杆杆体截面积按下式计算：

$$A_s \geqslant \frac{T_d}{f_y \cos\theta} \tag{12-16}$$

$$A_p \geqslant \frac{T_d}{f_{py} \cos\theta} \tag{12-17}$$

式中：A_s——普通钢筋锚杆杆体截面面积(m^2)；

A_p——预应力钢筋锚杆杆体截面面积(m^2)；

f_y——钢筋抗拉强度设计值(kPa)；

f_{py}——预应力钢筋抗拉强度设计值(kPa)。

锚杆水平刚度系数 K_T 是一个重要的系数，可由锚杆基本试验确定，当无试验资料时，可借鉴相邻工程经验，也可按下式初步估算：

$$K_T = \frac{3AE_S E_C A_C}{(3L_f E_C A_C + E_S A L_a)\cos\theta} \tag{12-18}$$

式中：L_f——锚杆自由段长度(m)；

L_a——锚杆锚固段长度(m)；

E_S——杆体弹性模量(kPa)；

A——杆体截面积(m^2)；

A_C——锚固体截面积(m^2)；

E_C——锚固体组合弹性模量，$E_C=\dfrac{AE_S+(A_C-A)E_m}{A_C}$；

E_m——注浆体弹性模量(kPa)；

θ——锚杆的水平倾角(°)。

(2)安全系数法

《铁路路基支挡结构设计规范》(TB 10025—2006)按安全系数法设计锚杆，荷载安全系数可采用2.0～2.2。有关设计计算和规定如下：

锚杆应按轴心受拉构件设计，其钢筋截面面积应按下式计算：

$$A_s=KN_t/f_y \tag{12-19}$$

式中：A_s——钢筋的截面面积(mm^2)；

N_t——锚杆轴向承载力设计值(N)；

K——荷载安全系数，可采用2.0～2.2；

f_y——钢筋的抗拉设计强度(N/mm^2)。

锚杆长度应包括非锚固长度和有效锚固长度。非锚固长度应根据肋柱与主动破裂面或滑动面的实际距离确定。有效锚固长度应根据锚杆的拉力按式(12-20)计算，并应按式(12-21)验算锚杆与砂浆之间的容许黏结力。岩层中的有效锚固长度不宜小于4m，且不宜大于10m。

$$L_a=\frac{KN_t}{\pi Df_{rb}} \tag{12-20}$$

$$L_a=\frac{KN_t}{n\pi d\xi f_b} \tag{12-21}$$

式中：L_a——锚固段长度(mm)；

K——安全系数，取2.0～2.5；

D——锚固体直径(mm)；

d——单根钢筋直径(mm)；

n——钢筋根数；

f_{rb}——水泥砂浆与岩石孔壁间的黏结强度设计值，按表12-3采用；

f_b——水泥砂浆与钢筋间的黏结强度设计值，按表12-4采用；

ξ——采用两根或两根以上钢筋时，界面黏结强度降低系数，取0.60～0.85。

锚孔壁与注浆体之间黏结强度设计值 表12-3

岩土种类	岩土状态	孔壁摩擦阻力(MPa)	岩石单轴饱和抗压强度(MPa)
岩石	硬岩及较硬岩	1.0～2.5	>15～30
	较软岩	0.6～1.0	15～30
	软岩	0.3～0.6	5～15
	极软岩及风化岩	0.15～0.3	<5
黏性土	软塑	0.03～0.04	
	硬塑	0.05～0.06	
	坚硬	0.06～0.07	
粉土	中密	0.1～0.15	

续上表

岩 土 种 类	岩 土 状 态	孔壁摩擦阻力(MPa)	岩石单轴饱和抗压强度(MPa)
砂土	松散	0.09～0.14	
	稍密	0.16～0.20	
	中密	0.22～0.25	
	密实	0.27～0.40	

钢筋、钢绞线与水泥砂浆之间的黏结强度(MPa)设计值　　表 12-4

锚 杆 类 型	水泥浆或水泥砂浆强度等级	
	M30	M35
水泥砂浆与螺纹钢筋或带肋钢筋间	2.40	2.70
水泥砂浆与钢绞线、高强钢丝间	2.95	3.40

注:当采用两根钢筋点焊成束时,黏结强度应乘折减系数 0.85;当采用三根钢筋点焊成束时,黏结强度应乘折减系数 0.65。

三、锚杆的施工

锚杆作为一种新技术得到迅速的发展与大量新建工程的兴起有关,但主要还是由于各种高效率锚杆钻机的问世以及特殊的施工方法与专利装置所促成。从安全和经济的角度而言,在各种不同的土质条件下,采用哪些施工方法、选用何种机械设备,是锚杆施工中至关重要的环节。机械设备选择得当、施工方法合理、锚杆技术才能发挥其应有的经济效益。与此同时,只有良好的施工质量,才能使锚杆技术的可靠性得到保证。

1. 施工计划与准备

为满足设计要求,必须根据锚杆的使用目的、环境状况、施工方法等编制出施工计划书。锚杆一般设置在复杂的地基土内,是在不能直接观察的状态下进行施工的,因此在施工前必须实地了解和核实周围情况,安排有经验的技术人员担任负责人。根据详细观察地表可见到的种种现象去作出判断和决定。按设计要求选定施工方法、施工机械和材料,并在施工计划书中制订出施工工期、安全要求和防止公害措施等等。必须安排必要的管理体制,当出现与最初的预想、设计条件不一致的情况时,能够得到迅速和适当的处理。

施工的准备工作有:钻孔作业空间及场地平整,钻孔机械、张拉机具及其他机械等设备的选定,材料的准备与堆放,拉杆的制作,电力供应及给排水条件等。

灌浆锚杆的一般施工顺序如下(图 12-9)。

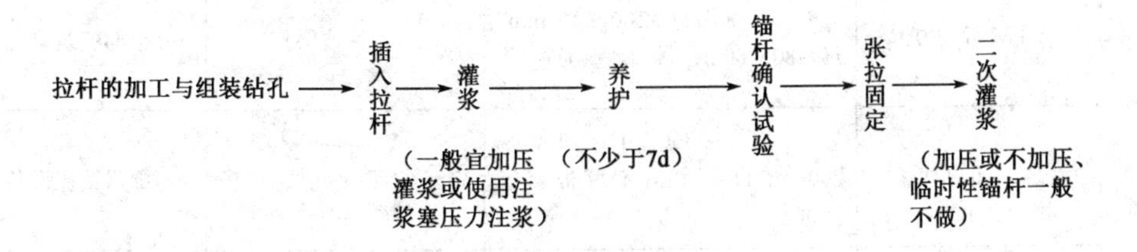

图 12-9　灌浆锚杆施工顺序图

2. 钻进成孔工艺

由于岩层锚杆的施工机具和施工方法都比较简单，在此不做特殊介绍。对于土层锚杆，现有多种施工机械以及施工方法，在此将介绍常见锚杆钻进机具和锚杆施工方法。

1）回旋式钻机

回旋式钻机为最常见的土锚施工机具，适用于黏性土及砂性土地基。钻孔装置在可自行的履带底盘上或固定在可移动的框架上，钻头安装在套管的底端，由钻机回转机带动钻杆给孔底钻头以一定的转速和压力。被切削的渣土，通过循环水流排出孔外而成孔。如在地下水位以下钻进，对土质松散的粉质黏土、粉细砂、砂卵石及软黏土等地层，应有套管保护孔壁以避免坍孔。一般禁止使用泥浆护壁成孔。

2）螺旋钻

利用回旋的螺旋钻杆，在一定的钻压和钻速之下向土体钻进，同时将切削下来的松动土体顺螺杆排出孔外。螺旋钻法适宜在无地下水条件下的黏土、粉质黏土及较密实的砂层中成孔。根据不同的土质，需选用不同的回转速度和扭矩，为了施工方便，螺旋钻杆不宜太长，一般以4～5m为一节，并宜搭配一些短杆。目前，YTM87 型钻机是履带式全液压钻机，使用螺旋杆干式钻进，钻孔深度可达到 32m。

3）旋转冲击钻机

旋转冲击钻机又称万能钻机，具有旋转、冲击和钻进三种同时作用的功能。在钻进的过程中，可以边钻进边下套管，因此特别适用于砾砂层、卵石层及涌水层地层。该种钻机也可根据地层的情况，分别使用旋转、冲击等钻进，并具有能迅速装卸、方便移动等功能。

锚杆常用施工设备见表 12-5。

锚杆常用施工设备 表 12-5

设备名称		技术技能	适用条件	生产厂家
钻孔设备	KRUPP 钻机	钻孔角度 0°～90°；钻孔直径 100～200mm，钻孔深度 60m；可带套管钻进	各种地层	
	Salggitter 或 UBW 钻机	全自动液压装置（旋转、冲击钻进及移动），可钻任何角度	各种地层	德国
	TK 或履带钻机（长螺旋式）	D=220mm，长 3.0m（每根），钻孔角度 0°～90°	砂纸黏土、砂砾石层	日本
	YTM-87 钻机	θ=0°～90°；D=100～200mm；H=30～60m；可带套管钻进	各种地层	冶金部建筑研究总院
	SGZ-Ⅱ钻机	θ = 0° ～ 360°；D = 100 ～ 200mm；H = 40m；不可带套管钻进	不易坍孔层	杭州钻探设备厂
	工程地质钻机	θ=0°～90°；D=100～200mm；H=40m；不可带套管钻进	不易坍孔的土层	

续上表

设备名称		技术技能	适用条件	生产厂家
压浆设备	2TGZ-60H10 注浆泵	工作压力 6～21MPa；排量 60～16L/min	高压注浆	辽宁锦西注浆泵厂
	HB6-3 灰浆泵	工作压力 0～1.5MPa；排量 50L/min	普通注浆	济南山泉机械厂
	UBJ_2 挤压式灰浆泵	工作压力 0～1.5MPa；排量 30L/min	注水泥砂浆	杭州建筑机械厂
张拉设备	YC 系列千斤顶	张拉力 600、1200kN；张拉行程 150、350mm	配 MJ 锚具和螺母	柳州建筑机械厂
	YCQ 系列千斤顶	张拉力 1000、2000、5000kN；张拉行程 150、200mm	配 QM 锚具	柳州建筑机械厂
	ZB4-500 电动油泵	确定压力 50MPa；额定流量 4L/min	配 YC、YCQ 系列千斤顶	柳州建筑机械厂

3. 锚杆制作与组装

1)拉杆的组装

用粗钢筋作拉杆时，根据承受荷载的要求，以不超过 2 根为宜，如必须使用更多时，则应按需要长度将拉杆点焊成束，间隔 2～3m 点焊一点。为了使拉杆钢筋能放置在钻孔的中心以便于插入，宜在拉杆下部焊船形支架(呈 120°分布)。同时，为了插入钻孔时不致于经孔壁带入大量的土体，必要时可在拉杆尾端放置圆形锚靴。

拉杆也可用钢束和钢绞线构成，一般锚索需要在工地现场装配。首先要决定锚索的总长，并将各锚索切断至该长度，每股长度误差不大于 50mm。由于锚索通常是以涂油脂和包装物保护的形式运到现场，因此锚索切断后应清理有限锚固段的防护层(用溶剂或蒸汽清除防护油脂)。如锚索由若干根钢束构成，则必须在锚固端沿锚索长度安装可靠的间隔块，以使各钢索保持平行，间隔块间距 1.0～1.5m，使用的材料能经受住装卸和安装就位时的强度并能保证对锚索钢材无有害的影响。

拉杆加工和安装结束时，必须进行仔细的检验，如核对尺寸、检查间隔块和定位中心装置是否恰当、防护装置有无损坏等等。

2)拉杆焊接

粗钢筋长度不够时，拉杆焊接可采用对焊，亦可用电焊在工地用帮焊焊接。帮焊焊接可用 E-55 电焊条。帮焊长度按《混凝土结构工程施工质量验收规范》(GB 50204—2015)中钢筋焊接技术要求，例如采用两条帮焊四条焊缝，帮条长不小于 $4d$(d 为锚杆钢筋直径)，焊缝高一般不小于 7～8mm，焊缝宽不小于 16mm。

若采用精轧螺纹钢筋，如 45SiMnV，出厂产品有配套的套管作为连接，不用焊接，使用方便。

3)插入拉杆

在一般情况下，拉杆钢筋与灌浆管应同时插入钻孔底部，尤其对于土层锚杆，要求杆体插入孔内深度不宜小于杆体长度，退出钻杆时立即将拉杆插入孔内，以免坍孔。插入时要将拉杆有支架的一段朝向下方，若钻孔时需要使用套管，则在插入拉杆灌浆后，逐段将套管拔出。

对长锚杆（或锚索）负载量较大时，要用起重设备。起吊的高度与锚杆钻孔的倾斜角度有关，目的是能顺着钻孔的斜度将拉杆送入孔内，避免由于人工搬运、插入引起拉杆的弯曲。

4）钢拉杆的防锈

拉杆的防锈保护层取决于锚杆使用的时间及周围介质对钢材腐蚀的影响程度。迄今为止，国内外尚未制订评价腐蚀危险程度及其防治措施的标准。一般认为，临时性的锚杆可以不做防锈保护层，而永久性锚杆必须有严格的防锈保护。

对临时性锚杆，使用时间目前还没有明确规定，从 3 个月到 24 个月，甚至更长，但一般情况下不超过两年。必要时，锚固体应敷以水泥砂浆，非锚固段防锈油漆用聚氯乙烯套管，防锈保护措施视工地的环境条件（地下水以及工业废水的侵蚀作用，土中含有的溶解盐对钢材、水泥的腐蚀）而定。

对于永久性的锚杆防锈，必须作为一个重要的问题来对待。设计时，地下水无腐蚀性时应有 2mm 保护层，有腐蚀性时应有 3mm 以上的保护层。粗钢筋放入锚孔前，要除锈、涂防锈油漆。常采用的方法是，有效锚固段在钻孔内用水泥砂浆保护，保护层厚度不小于 4cm，非锚固段在涂防锈漆后，用被热沥青浸透过的两层玻璃纤维布缠裹，并特别注意杆孔及接缝处的防锈质量。使用钢丝绳时，必须在其全长上进行预先的防锈处理，如在车间里加塑料套管，并向管内注入机油等。国外锚杆规范中，如欧洲各国 FIP、德国 DIN-4125、日本 JSF-D177 上都有较详细的规定。

4. 锚杆的注浆施工方法

1）砂浆的配制

为了使砂浆能在灌浆管中流动，并达到要求的强度，宜采用灰砂比 1∶1～1∶0.5，水灰比 0.4～0.45。砂宜选用中砂并过筛，通常使用强度等级不低于 32.5MPa 的普通硅酸盐水泥。不得用硫酸盐含量超过 0.1%、氯盐含量超过 0.5%以及有大量悬浮物含有机质水。为避免大块浆液堵塞压浆泵，砂浆需经过滤网再注入压浆泵。当采用纯水泥浆灌注时，水灰比约为 0.45。

为了增加水泥的早期强度、流动度和降低硬化后的收缩，可在水泥浆中加入外加剂，但应注意，外加剂不能对钢材有腐蚀作用。常用水泥外加剂的掺量见表 12-6。

水泥浆用外加剂 表 12-6

外加剂种类	化学及矿物成分	宜掺量（占水泥重量，%）	说　明
早强剂	三乙醇胺	0.05	加速凝固和硬化
减水剂	LINF-S 型	0.6	增强和减少收缩
膨胀剂	铝粉	0.005～0.02	膨胀量可达 15%

水泥浆的强度（取立方试块）：7d 强度不小于 20MPa、28d 强度不小于 30MPa。

2）灌浆工艺

灌浆有常压和高压灌浆之分。

常压灌浆一般采用 1 根 D25mm 左右的钢管（或硬质尼龙管）作为导管，一端与压浆泵连接，另一端用细铁丝捆扎在锚杆的钢筋上同时送入钻孔内，距孔底应预留 0.5m 的空隙。灌浆管如采用尼龙管，使用时应先用清水洗净内外管，然后再开动压浆泵，将搅好的砂浆注入钻孔底部，自孔底向外灌注。随着砂浆的灌入，应逐步地将灌浆管向外拔出直至孔口，但灌浆管管口必须低于浆液面，这种灌浆方法可将孔内的水和空气挤出孔外，以保证灌浆质量。灌浆完成后，应将灌浆管、压浆泵和搅拌机等用清水洗净。用压缩空气灌浆时，压力不宜过大，以免吹散砂浆，而且在地层中有时可能产生大的压力，因此必须控制灌浆压力，以避免损坏毗邻的各锚杆。

高压灌浆需要用密封圈或密封袋(注浆塞)等封闭灌浆段，高压灌浆才会成为可能。灌浆时，应当采用一根小直径的排气管将灌浆段内的空气排出钻孔。如有浆液从该管流出，则表明在这锚固段上已经填满水泥浆。在压力进一步增大时，封住这根排气管。注浆塞与高压装置大多为专利产品，各公司产品均有所不同，日本在钻孔中用的注浆塞可在压力灌浆时将帆布塞膨胀起来，使膨胀体内的浆液出不来，以保证浆液的压力。还有用二次高压注浆的方法，如在灌浆锚固体内留有一根灌浆管，在初凝 24h 后，再灌一次浆液，即使原生的锚固体在压力灌注下产生劈裂缝并用浆液填充以提高灌浆的质量，一般冲开压力要大于 2.5MPa。

5. 锚杆的张拉与锁定

初期拉紧力指固定锚杆时所施加的拉力，也称为预应力或张拉锁定力。此拉力中，长期保留下来并能长期起作用的部分称为有效拉紧力，通常根据构筑物条件考虑需要多大有效拉紧力，再考虑由于构筑物变形等因素可能造成多少应力松弛，最后确定锚杆施工时应施加多大初期拉紧力。

有效拉紧力根据作用在构筑物上的荷载决定，除一般设计荷载外，还应当考虑荷载最小的情况，因为实际作用荷载较小时，锚杆拉紧力如果太大，作为反向荷载有可能造成事故，所以初期拉紧力大并不一定就好。此外，有效拉紧力取决于构筑物的允许变形量，因此必须对锚杆变形量和构筑物的允许变形量进行详尽的考虑。

用于基坑、边坡稳定的锚杆，张拉锁定力相当于设计荷载 50%～100%，一般取 70%，如果是多层锚杆，应与侧压力分布所需取得的平衡来决定各层锚杆的初期拉紧力。

锁定的形式主要有：螺帽(套筒)拧紧、专用锚具夹片锁定和锚头焊死等形式。精轧螺纹钢钢筋一般配套有专用的内螺纹套筒，用来锁定锚杆很方便；一般螺纹钢筋，吨位小时可以采用锚头焊接的方式固定，吨位较大时可以帮焊螺栓，张拉后采用螺帽拧紧固定；钢绞线作为杆体的预应力锚索，采用孔数和直径与钢绞线型号和根数匹配的专用锚具，张拉夹片自动锁紧。在特殊的情况下，锚杆或锚索要求分期张拉时，钢筋锚杆应考虑采用螺栓锚头，钢绞线采用工具锚固，以方便二次张拉或多次张拉。

四、锚固试验与质量检验

1. 试验的目的和种类

建立在破碎风化的软岩、粗粒土以及黏性土中的锚杆，由于介质条件变化，常会出现各种复杂性的问题；在地基中锚杆钻孔时，会引起土的应力释放及机械的扰动；向锚杆孔注浆，用增压装置、扩孔等都会出现不同的应力变化。这些复杂的影响因素将会影响锚杆的抗拔力，所以需结合具体的工程进行现场试验，而远非用标准的设计就可解决。因此，各项锚杆工程(尤其是土锚)在施工前必须进行现场抗拔试验，目的是为了判明施工的锚杆能否达到设计要求的性能，若不能满足时，应及时修改设计或采取补救措施，以保证锚杆工程的安全。另外，采用新技术、新工艺的锚杆必须进行锚杆的抗拔试验。

锚固工程需要进行的试验有三类：

第一类，常规性试验与检验。

在施工情况已知的条件下，确定锚杆该如何可靠地建造且按预期的方式起作用，必须对所有的材料按国家标准进行检验。如钢材、锚头、张拉设备，防锈保护系统、系统、拉杆的焊接、制造、装备、灌浆、砂浆强度、现场操作、机械设备等。这一系列试验实际上包括了工地所有施工应有的项目。这些常规性试验通常由承包施工锚杆的单位进行。

第二类，现场试验。

选择与施工锚杆相同的地层地段进行现场拉拔试验、锚杆群锚效果试验、长期蠕变性能、抗震耐力试验等。这些试验工作一般要求在锚杆工程施工前进行。

第三类，检验试验。

对已施工的锚杆进行确认检验，各种锚杆技术规程或规范中均有明确规定，是一种常规的验收要求。

2. 极限抗拔力试验（又称基本试验）

为了验证设计所估算的锚固长度是否足够安全，则需测定锚体与地基土之间的极限抗拔力，用以检验所采用的锚杆参数是否合理。

极限抗拔力试验应于施工前在工地（与施工地段相同的地质条件）进行，一般做 2～3 根。如果施工地段很长，而且地层变化很大的地区，还应根据具体情况增加试验的数量。

如临近有类似条件的试验资料可利用，亦可省略不做，参考使用锚固参数 τ 值。但设计者必须认识到：极限抗拔力不会与规范推荐的计算式相同。因为，锚杆的承载力除考虑土质以外与施工方法、施工质量的好坏有很大关系，特别是地下水位高时，钻孔灌浆技术好坏影响更大。极限抗拔力也不会与锚杆体的直径或长度成正比。

3. 特殊试验

(1)杆群拉张试验。由于情况不得已，锚杆间距必须很密（小于 $10D$ 或 1.5m，D 为钻孔直径）时才需做此试验，以判明锚杆群的效果。

(2)循环的拉张试验。承受风力、波浪等其他震动力的锚杆，需判断由于地基在重复荷载作用下的性状变化所引起的效果。

(3)蠕变试验。蠕变可能来自锚固体与地基之间的蠕变特性，也可能来自锚杆区间的压密收缩，应在设计荷载下长期量测张拉力与变位量，以便于决定什么时候需要做再拉紧。

对于设置在岩层和粗粒土中的锚杆，没有蠕变问题。但对于设置在软土里的锚杆，必须做蠕变试验，判定可能发生的蠕变变形是否在容许范围内。

4. 锚杆的检验试验

1)张拉试验

根据极限抗拔力试验确定的土层锚杆，当在施工工作面上作业后，仍需进一步核定该批施工锚杆是否已达到设计预定的承载能力，因此要在施工锚杆的工作面上做张拉试验。试验方法与拉拔试验相同，但张拉试验只做到 $1.0\sim1.2T_0$ 为止（T_0 为设计荷载）。张拉试验的锚杆数量应做施工锚杆根数的 3%～5%，但不少于 3 根。这样做的目的是为了取得锚杆变位性状的数据，并可与极限抗拔力试验的成果对照核实。

2)确认试验

以张拉试验所获得的变位性状为依据，用简单的方法对未做张拉试验的锚杆进行试验，并与张拉试验资料相比较，确认设计荷重的安全性。确认试验以 0.8～1.0T_0 为张拉力，一次加荷，在所定的荷载时间内变位不见增加，如砂土 5min、黏性土 10min，以变形与张拉试验时大体相同或更小即认为合格。

确认试验中合格与否的判别方法，可以下列计算 P-δ 关系作为参考：

$$\delta=\Delta l_0=\frac{P-P_0}{AE}l_0 \tag{12-22}$$

$$\delta_{\min}=\Delta l_{0\min}=\Delta l_0\times0.8$$

考虑 0.2 的自由长度因施工漏浆而减少：

$$\delta_{\max}=\Delta l_{0\max}=\frac{P-P_0}{AE}\left(l_0+\frac{1}{2}l_e\right) \tag{12-23}$$

式中：l_0——拉杆的自由长度(m)；

l_e——锚固体长度(m)；

E——拉杆材料的弹性模量(kN/m^2)；

A——拉杆的断面面积(m^2)；

P_0——设计荷载(kN)；

P——施加的荷载(kN)。

只要实测的 δ 值落在 $\delta_{\min}$ 与 $\delta_{\max}$ 范围内即认为合格，见图 12-10。

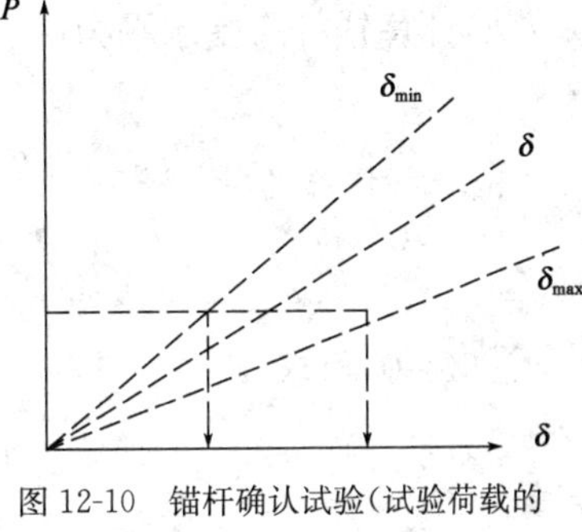

图 12-10 锚杆确认试验(试验荷载的变位量关系)

五、工 程 实 例

沈阳中山大厦总面积 32000m^2，主楼地面以上 24 层，裙房 5～6 层，全部 2～3 层地下室，主楼裙房基础挖土深 13m，该工程场地狭窄，两面邻街，一面紧靠民房，基础不能放坡开挖，做挡土桩后，不能在地面拉锚，更不可能做悬臂桩，研究结果为在基坑四周设置一道锚杆，该工程的土质情况及锚杆布置见图 12-11，从图中可看出，地面 3m 以下有砂层，6m 以下为卵石，钢板桩无法打入，因此采用 ϕ800mm 的人工挖孔桩，护壁外径为 ϕ1000～1200mm，间距 1.5～1.6m。

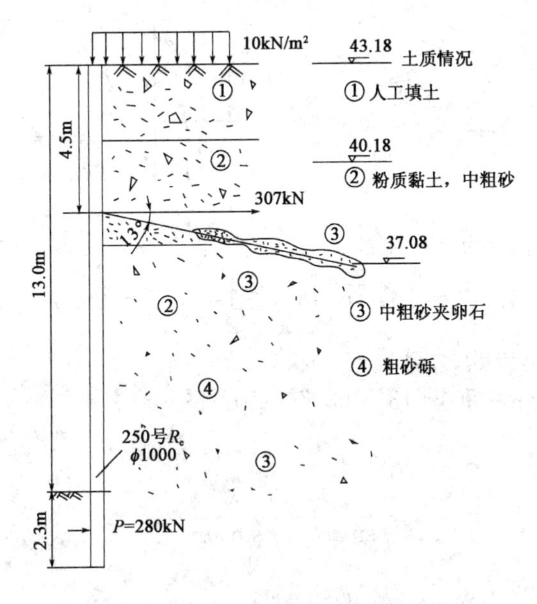

图 12-11 中山大厦基坑挖孔桩与锚杆

1. 设计参数

(1)锚杆设置在地面下 4.5m 外，间距 1.5m。

(2)地面均布荷载按 10kN/m^2 计算。

(3)设计时采用 $\gamma=19\text{kN/m}^2$，$\varphi=40°$，$c=0$。

(4)锚杆直径 $\phi=140\text{mm}$，倾角 $\alpha=13°$。

(5)地下水位高程在 25.22m 处，故可不考虑地下水的影响。

2. 计算数值

(1)按有关资料求得挡土桩的埋入深度 $t=2.3\text{m}$。

(2)计算锚杆所受水平力(按桩纵向单位长度计)，见图 12-12。

$$K_a=0.217,K_p=5.83$$

$$E_1=1/2(13+2.3)^2\times19\times0.217=482.5\text{kN}$$

$$E_2=10\times15.3\times0.217=33.2\text{kN}$$

$$E_p=1/2\times2.3\times19\times5.83=127.4\text{kN}$$

$\sum M=0$，可求 T：

$$(13+2.3-4.5)T=\frac{15.3}{3}E_1+\frac{15.3}{2}E_2-\frac{2.3}{3}E_p$$

$$T=242.3\text{kN}$$

锚杆间距为 1.5m，则水平力：

$$T_{1.5}=1.5\times242.3=363.5\text{kN}$$

(3)求非锚固段长度，见图 12-13 中的 ac。

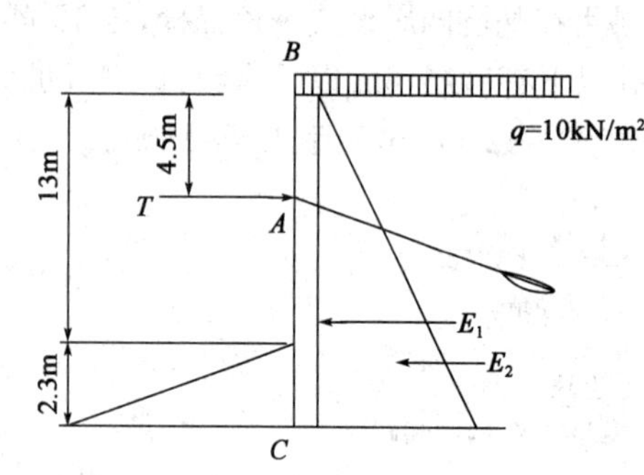

图 12-12　挡土桩锚杆水平力计算示意图

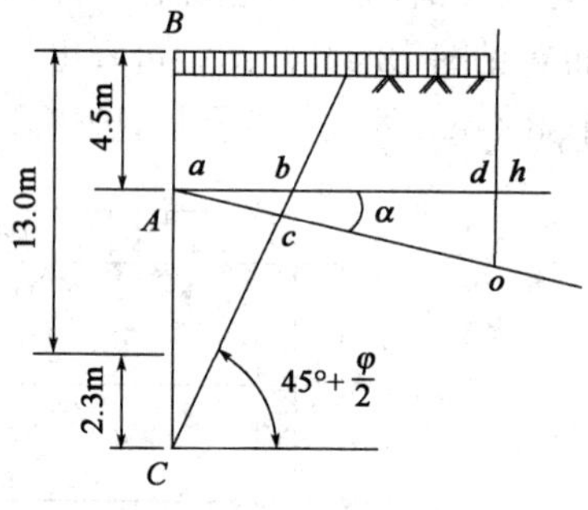

图 12-13　锚固段计算示意图

$$ab=(13+2.3-4.5)\tan\left(45-\frac{\varphi}{2}\right)=10.8\tan26.5°=5.38\text{m}$$

在三角形 abc 中 $\angle abc=90°-26.5°=63.5°$。

在三角形 abc 中 $\angle acb=180°-13°-63.5°=103.5°$。

根据正弦定律

$$\frac{ab}{\sin acb}=\frac{ac}{\sin abc}$$

$$ac=\frac{ab\sin abc}{\sin acb}=4.95\text{m}$$

(4)求锚固长度。

在间距 1.5m 时受水平分力为 363.5kN，则轴力为：

$$363.5/\cos 13° = 373.1\text{kN}$$

$$\tau = K_0 \gamma h \tan\varphi + c$$

式中，假定 $K_0=1$、$\gamma=19.0\text{kN/m}^3$，$\varphi=37°$（砂层③）、$c=0$。

如图 12-13 所示，先假定锚固长度为 10m，o 点为锚固段中心，则：

$$ao = ac + co = 4.95 + 5 = 9.95$$

$$h = 4.5 + ao\sin 13° = 6.74\text{m}$$

$$\tau = 1 \times 19 \times 6.74 \times \tan 37° = 96.5\text{kN/m}^2$$

对临时性锚杆，取安全系数为 1.5。

$$\text{锚固长度} = \frac{373.1 \times 1.5}{0.14\pi \times 96.5} = 13.2\text{m}$$

原假定 10m 长度应予以修正，经试算锚固长度应为 13m，计算极限摩阻力每米应为：

$$10.05 \times 0.14\pi = 44.2\text{kN/m}$$

(5)钢筋锚杆锁定及支承槽钢，见图 12-14。

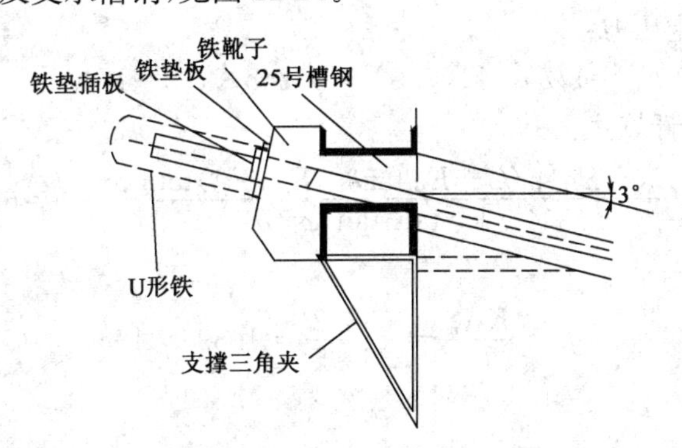

图 12-14　锚杆与挡土桩连接构造

锚杆杆体采用粗钢筋 $1\phi36$。

$$M = \frac{PL}{4} = \frac{373.1 \times 1.5}{4} = 139.9\text{kN} \cdot \text{m}$$

选用 2[25b，背靠背，间距 25mm。

$$\sigma = \frac{M}{W_y} = \frac{1327000}{887} = 15850\text{kN/cm}^2$$

$$< 17000\text{kN/cm}^2$$

所以可以用 2[25b。

(6)锚杆整体稳定计算，见图 12-15。

$$T_A = 363.5\text{kN}$$

$$\varphi = 37°; \gamma = 19\text{kN/m}^3$$

oD 为代替墙，$\delta=0$、$\alpha=13°$。

$$ac = 4.95\text{m}, co = 6.0\text{m}, ao = 10.95\text{m}, h = oD = 7.02\text{m}$$

锚杆间距 1.5m。

从闭合的力多边形及其水平分力（注脚有 h 字样）得出如下计算：

①$\theta = \arctan \dfrac{15.3 - 7.02}{10.95\cos 13°} = 37.8°$

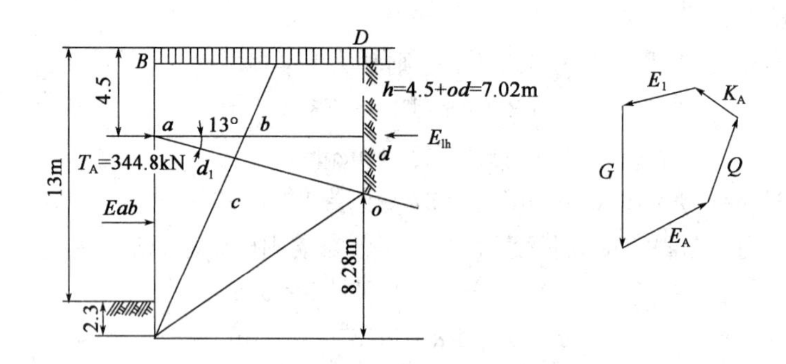

图 12-15　用 Kranz 方法计算锚杆整体稳定

G-土体重量；Q-反力；K_A-最大可能承受拉力；E_A-作用在桩上的主动土压力；E_1-作用在代替墙上的主动土压力

②$G=\dfrac{7.02+15.3}{2}\times10.67\times1.5\times19=3393.7\text{kN}$

③挡土桩的主动土压力，因 $\theta>\varphi$ 要考虑地面荷载：

$$E_{ab}=1/2\gamma H^2K_a\times1.5+qHK_a\times1.5=884.2\text{kN}$$

④代替墙的主动土压力：

$$E_{1b}=1/2\times19\times7.02^2\times0.248\times1.5=174.2\text{kN}$$

⑤求 KA_n 按下列计算式：

$$KA_n=\frac{E_{ab}-E_{1b}+(G+E_{1b}\tan\delta-E_{ab}\tan\delta)\tan(\varphi-\theta)}{1+\tan\alpha\tan(\varphi-\theta)}=688.2\text{kN}$$

安全系数：

$$f=\frac{KA_n}{T_A}=\frac{688.2}{363.5}=1.89>1.5$$

锚杆整体稳定。

3. 现场抗拔试验及锚杆检验

中山大厦锚杆抗拔试验和每根锚杆施加预拉应力由铁道部科学研究院铁建所主持。

(1)抗拔试验试验地点在大厦北侧，地层系砂层夹少许砾石，锚杆孔径 $\phi=140\text{mm}$，锚杆长15m，锚固段长度 10m，抗拔锚杆共做四根，试验结果表明，极限抗拔力可定为 480～500kN。

埋设在施工锚杆上的钢筋应力计量测(基坑挖至－13.5m，并已设置混凝土底板)结果的拉力为 145kN，尚不到设计拉力的 1/2，坑壁侧向位移为 2cm，地面周围没有发生开裂的现象。

(2)锚杆施加预拉力，将每根锚杆先张拉 100～150kN，使锚头、腰梁、垫板之间相互贴紧受力，然后一次拉到 200kN，保持 10～30min，使变位达到稳定，并记录数据，然后再拉 30～50kN 拉力，加垫板塞紧，使锚杆与整个挡土结构共同受力，见表 12-7。

153 根锚杆记录变位情况　　表 12-7

变　位　量	根　　数	百分数(%)
11≤s≤5	122	79.71
25≤s≤10	30	19.65
变位不稳	1	0.65
共计	153 根	100

按测试，钢筋测得拉力为145kN，钢筋(自由段)伸长应为2.8mm，扣除钢筋伸长，锚杆与土的位移为：没有发生位移的占27%；位移0～5mm的为64.5%；位移6～10mm的为8.5%。

第三节　土　　钉

一、加固原理

土钉是土体中原位加筋技术的一种，是由于水平或近水平设置于天然边坡或开挖形成的边坡中的加筋杆件及面层结构形成的挡土体系。用以改善原位土体的性能，并与原位土体共同工作，形成如同起重力式挡墙作用的轻型支挡结构，从而提高整个边坡的稳定性。

土钉是根据新奥法(20世纪60年代初期的奥地利隧道施工法利用黏结锚杆与表面的喷射混凝土相结合，为隧道开挖提供及时有效的稳定支护方法)的原理发展起来的。1972年，在法国由Bouygues设计并首次在土层中成功地应用了土钉技术。该铁路开挖边坡高22m，坡角70°，使用了25000根钻孔注浆锚杆作为临时支护。与此同时，德国、美国也都在临时性和永久性工程建筑上使用土钉加固技术。我国在20世纪80年代初开始发展应用了土钉。1984年，在巴黎的国际会议以及1990年在美国召开的挡土结构国际学术会议上，土钉曾作为一个独立的专题与锚杆挡墙并列，在这之后土钉技术得到了广泛的应用和不断的发展。

用以稳定边坡或基坑时，锚杆与土钉有许多相似之处。区别在于：土钉一般不施加(或施加很小的)预应力，因而要求产生有限的位移，以使土钉发挥作用；土钉全长与土体完全接触，全长受力，沿杆件长度方向上的应力分布不同；由于土钉采取高密度设置方式(一般每0.5～5.0m^{2}设一根)，靠土钉的相互作用形成复合的整体作用，因而即使一个单元失效，其后果不太严重；施工时，对其偏差没有灌浆锚杆的偏差要求高；单根土钉不需要很大的承载力，设置于喷射混凝土面层中的小尺寸钢垫板即可满足计算要求；土钉的长度较锚杆小，因而不需要大型施工机具。在国内通俗地将土钉称为小锚杆。

尽管土钉与加筋土在施工完成后看起来相似，但在施工程序上有根本的不同，土钉用于自上而下的阶段式开挖，加筋土则与之相反，用于由下而上的填土中。土钉垂直于潜在滑裂面设置时，将会充分地发挥其抗剪强度，因而通常应尽可能地垂直于潜在滑裂面，而加筋土则一般为水平设置。

土钉按其施工方法可分为三种类型：钻孔注浆型、打入型和射入型。目前应用最多的是钻孔注浆型土钉。

对于钻孔注浆型土钉，土层在分阶段开挖时应保持自立稳定。因此，土钉适用于有一定凝结性的杂填土、黏性土、粉土、黄土类土、弱胶结的砂土边坡以及风化岩层。土钉法适用于地下水位低于土坡开挖段或经过降水使地下水位低于开挖层的情况。土钉法一般不适用于软土边坡，也不适用于侵蚀性土(如煤渣、煤层、矿渣、炉渣以及酸性矿物废料)中作为永久性支挡结构。土钉具有对场地周围相邻建筑影响小、施工机具简单、适用范围广和造价低等优点。下面介绍土钉加固的原理。

1. 土钉在原位土体中的作用

由于土体的抗剪强度较低，抗拉强度几乎可以忽略，因而自然土坡只能以较小的高度(即临界高度)直立存在。当土坡高度超过临界高度或坡顶有较大超载以及其他环境因素发生变化时(如土的含水率改变等),将引起土陡坡的失稳。为此,常采用支挡结构承受侧压力并限制其侧向变形发展,这属于常规的被动制约机制的支挡结构。土钉则是在土体内增设一定长度与分布密度的锚固体,它与土体牢固结合而共同工作,以弥补土体自身强度的不足,增强土坡坡体自身的稳定性,它属于主动制约机制的支挡体系。

2. 土—土钉相互作用

土钉与周围土体之间的极限界面摩阻力取决于土的类型和土钉的设置技术。

美国的 Elias 和 Juran(1988)在试验室做了密砂中土钉的抗拔试验,得出加筋土与土钉由于施工过程的不同,其极限界面摩阻力也不相同。因此,加筋土的设计原则不能推算到土钉结构中,对土钉需做抗拔试验,以便为施工图设计提供可靠的数据。土钉的极限界面摩阻力问题尚有待于进行深入的理论和试验研究。

根据实测资料统计,对于采用一次压力注浆的土钉,不同土层中的极限界面摩阻力 τ 值,见表 12-8。

不同土质中的极限界面摩阻力 τ 值 表 12-8

土类名称	τ(kPa)	土类名称	τ(kPa)
黏土	130～180	黄土类粉质土	52～55
弱胶结砂土	90～150	杂填土	35～40
粉质黏土	65～100		

3. 面层土压力分布

面层不是土钉结构的主要受力构件,它是面层土压力传力体系的构件,同时起保证各土钉间土体的局部稳定性、防止场地土体被侵蚀风化的作用。由于它采用的是与常规支挡体系不同的施工程序,因而面层上的土压力分布与一般重力式挡墙不同。

太原煤矿设计研究院对山西某黄土边坡土钉工程进行了实测,并获得了土压力分布曲线(图 12-16 中的曲线①)。该边坡高为 10.2m,坡角 60°,土质为黄土状粉质黏土,土质较均匀。土的天然重度 γ=17.6kN/m^3,含水率 ω=15%,孔隙比 e=1.01,I_p=11.7。

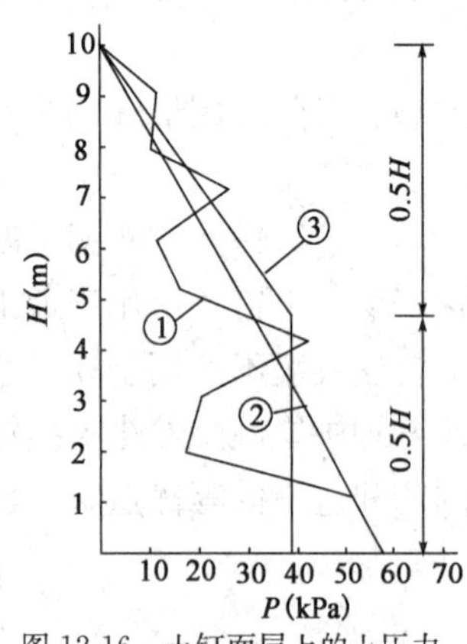

图 12-16 土钉面层上的土压力分布

①-实测土压力;②-主动土压力;③-计算土压力

综合分析后,将作用于土钉面层上的土压力简化为图 12-16 中曲线③所示的分布形式。计算公式为:

$$q=m_e \cdot K \cdot \gamma \cdot h \tag{12-24}$$

式中:h——土压力作用点至坡顶的距离(m);当 $h \leqslant H/2$,h 取实际值,$h > H/2$ 时,h 取 0.5H;

H——土坡垂直高度(m);

γ——土的天然重度(kN/m^3);

m_e——工作条件系数(对临时性支挡,m_e=1.10;对永久性支挡,m_e=1.20);

K——土压力系数($k=(K_a+K_0)/2$,其中 K_0、K_a 分别为静止、主动土压力系数);

q——作用于土钉面层上的土压力(kPa)。

4. 潜在滑裂面的形式

对均质土陡坡，在无支挡条件下的破坏是沿着库仑破裂面发展的，这已为二维挡墙模型试验及实际工程监测所证实。对于原位加筋土钉复合体陡坡，其破坏形式采用足尺寸监测试验和结合理论分析方法确定，这样可全面反映复合体的结构特性、荷载边界条件和施工等多种因素的综合影响。

太原煤矿设计研究院岩土工程公司在黄土类粉土边坡中对此进行了原位试验。实测土钉复合体的破裂面如图 12-17 中曲线③所示。用有限元法分析得出的破裂面如图 12-17 中曲线②所示，而库仑破裂面则如图 12-17 中曲线①所示。

由此建议，土钉复合体的简化滑裂面如图 12-18 所示的形式，国外有采用对数螺旋线滑裂面进行计算的方法。

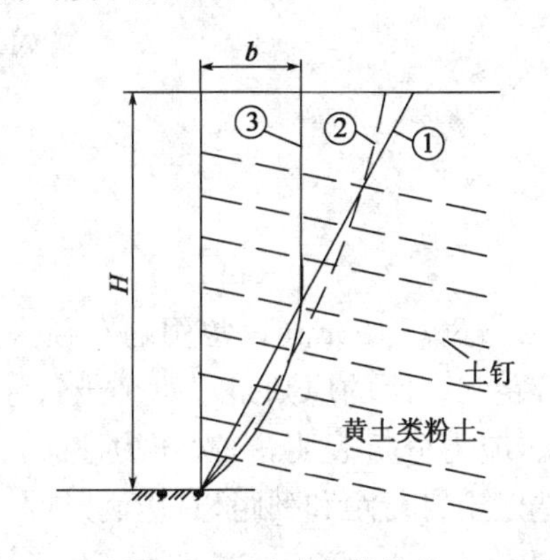

图 12-17　土钉复合体滑裂面

①-库仑破裂面；②-有限元法分析所得破裂面；

③-实测破裂面

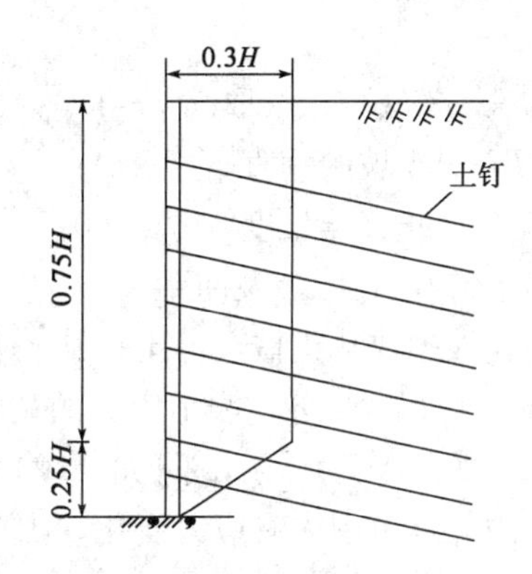

图 12-18　土钉复合体的简化滑裂面形式

二、设 计 计 算

1. 土钉支护设计步骤

土钉支挡体系的设计包括以下几个步骤：

(1)根据土坡的土质条件，论证采用土钉支护的适用性。

(2)根据土坡的几何尺寸(深度、切坡倾角)、土性和边界超载估算潜在滑裂面的位置。

(3)选择土钉杆(型式、截面积、长度、设置倾角和间距)。

(4)验算土钉的内、外部稳定性。

(5)估算作用于面板上的土压力，并按照结构性能和耐久性要求设计面板。

(6)根据地下水位的情况设计排水系统。

(7)对于永久性土钉结构，选择与场地条件相适应的土钉防腐措施。

按此步骤进行多次试算，进行优化设计，选择安全和经济的方案。

2. 方案布置

土钉在静荷载的作用下可能引起以下几种破坏机制：

(1)土钉杆的破坏，尤其是土钉端头锚固处。

(2)土与浆液锚固体的黏结破坏。

(3)土钉杆与注浆锚固体的黏结破坏。

在实际工程中,第(3)种破坏机制一般不会发生。

在初步设计阶段,首先应根据土坡的设计几何尺寸进行土钉的初步布置,在施工图设计阶段,尚应验证土钉杆抗拉断裂和土钉锚固力的极限状态。根据国内外二十余项工程资料(包括因施工质量因素引起支挡体系局部失稳的山西某土钉工程),统计分析提出如下确定土钉基本参数的方法。

1)土钉长度 L

已有工程的土钉实际长度 L 均不超过土坡的垂直高度 H。抗拔试验表明,对高度小于12m 的土坡采用相同的施工方法,在同类土质条件下,当土钉长度达到 H 时,再增加土钉长度则对承载力提高不大。因此,可按下式初步选定土钉长度:

$$L=mH+S_0 \tag{12-25}$$

式中:m——经验系数,取 0.7~1.0;

H——土坡的垂直高度(m);

S_0——止浆器长度,一般为 0.8~1.5m。

2)土钉孔直径 d_h 及间距

首先根据成孔机械选定土钉孔孔径 d_h,一般取 d_h=—80~120mm。常用的孔径为 80~100mm。用 S_x、S_y 分别表示土钉的列距、行距。选定行距和列距的原则是以每个土钉注浆时其周围土的影响区域与相邻孔的影响区域相重叠为准。应力分析表明,一次压力注浆可使孔外 $4d_h$ 的邻近范围内有应力变化。因此,按$(6\sim8)d_h$ 选定土钉行距和列距,且应满足:

$$S_x\times S_y=K_1d_h\cdot L \tag{12-26}$$

式中:K_1——注浆工艺系数,对一次压力注浆工艺,取 1.5~2.5。

对于永久性的土钉支护,按防腐要求,土钉孔直径 d_h 应大于加筋杆直径加 60mm。一般土钉的排距和行距取 1.0~2.0m。

3)土钉加筋杆直径 d_b

为增强土钉中加筋杆与砂浆(注浆体)的握固力,用于土钉中的加筋宜选用变形钢筋。其抗拉强度标准值按我国《混凝土结构设计规范》(GBJ 50010—2010)规定采用。

由于土钉外端头需进行固定,所以一般用高强变形钢筋制作的加筋杆,要求焊接高强螺丝端杆,但存在高强钢筋可焊性差的问题。近年来,土钉工程中亦采用Ⅳ级 SiMnV 精轧螺纹钢筋,可在钢筋螺纹上直接配与钢筋配套的螺母,连接方便、可靠。

另外,也可以采用多根钢绞线组成的钢绞索作为加筋杆。由于多根钢绞索的组装、施工设置与定位以及端头锚固装置均较复杂,目前国内应用得尚不多。

加筋杆直径 d_b 可按下式估算:

$$d_b=(20\sim25)\times10^{-3}\times S_y\times S_x \tag{12-27}$$

3. 施工图设计

1)稳定分析

土钉的稳定分析是设计中极其重要的内容,它可以分析验证初步设计所选择的参数合理与否,并可以确定土钉设置的安全性。

对于土钉的稳定,许多国家进行过大量的试验研究,提出的相应分析计算法都是根据其不同的假设适用于不同的情况，目前应用的有法国方法、Bridle 法、德国法、Davis 法、有限元法、通用极限平衡法等，但还没有一个公认统一的计算法。现分别推荐太原煤矿设计研究院建议的方法和基坑规范建议的方法，简介如下：

(1)内部稳定分析

它是保证土钉体系自身稳定的分析。考虑了下列两项：

①抗拉断裂极限状态

在面层土压力作用下，不使端部土钉产生过量的伸长或屈服，见图 12-19a)。土钉主筋的直径应满足下式

$$\frac{\pi/4 \cdot d_{\mathrm{b}}^2 \cdot f_y}{E_i} \geqslant 1.5 \tag{12-28}$$

式中：f_y——钢筋抗拉强度设计值；

E_i——第 i 列单根土钉支承范围内面层上的土压力，$E_i = q_i \cdot S_x \cdot S_y$（$q_i$ 为第 i 列土钉处的面层土压力）。

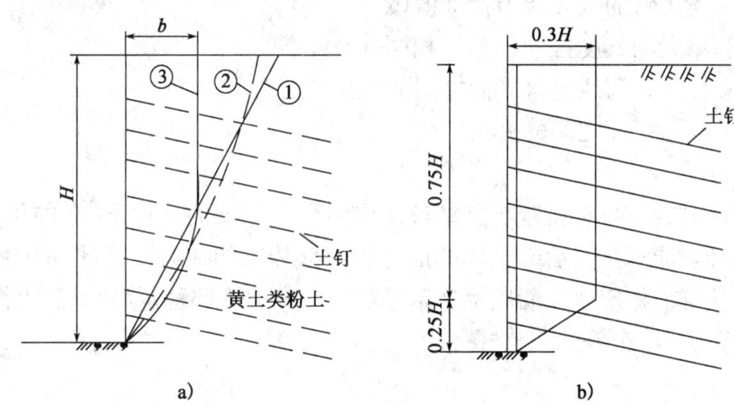

图 12-19 土钉的破坏

a)拉力的破坏；b)锚固力破坏

②锚固力极限状态

在面层压力作用下，土钉内部潜在滑裂面后有效锚固段应具有足够的界面摩擦力而不被拔出，见图 12-19b)，应满足下式：

$$\frac{F_i}{E_i} \geqslant A \tag{12-29}$$

式中：F_i——第 i 列单根土钉的有效锚固力，$F_i = \tau \cdot \pi \cdot d_{\mathrm{h}} \cdot L_{\mathrm{e}i}$（$L_{\mathrm{e}i}$为有效锚固长度）；

A——安全系数，取 1.3～2.0，对临时性土钉工程取小值，对永久性土钉工程取大值。

(2)整体稳定分析

建筑深基坑规范建议土钉墙的整体稳定性采用圆弧滑动条分法进行验算。在土钉墙施工时，自上而下分层开挖施作土钉，在稳定性分析时，同样考虑施工的顺序。参照 12-20，对于施工时不同开挖高度和使用时不同位置，对应于每个圆心沿破裂面滑动的安全系数为滑裂面上抗滑力矩与下滑力矩之比。

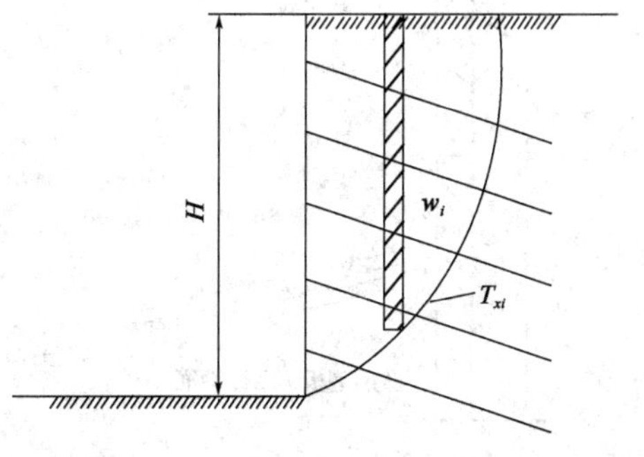

图 12-20 整体稳定条分法简图

①当不考虑土钉作用时，其安全系数 K_{si} 为：

$$K_{si}=\frac{\sum c_i+\sum W_i\cdot\cos\theta_i+\tan\varphi}{\sum W_i\cdot\sin\theta_i} \tag{12-30}$$

②当考虑土钉作用时，其安全系数 K_μ 为：

$$K_\mu=\frac{\sum c_iL_iS+\sum W_i\cos\theta_i\tan\varphi_iS+\sum T_{xj}\cos(\theta_i+\alpha_i)+\sum T_{xj}\sin(\theta_i+\alpha_i)\cdot\tan\varphi_i}{\sum W_i\cdot\sin\theta_i\cdot S} \tag{12-31}$$

式中：K_{si}——不考虑土钉作用时安全系数；

K_μ——考虑土钉作用后的安全系数；

c_i——土体的黏聚力(kPa)；

φ_i——土体的内摩擦角(°)；

L_i——土条滑动面弧长(m)；

W_i——土条重量(kN)；

T_{xj}——某位置土钉的抗拔能力标准值(kN)；

S——计算单元的长度(一般与 S_x 相同)(m)；

θ_i——滑动面某处切线与水平面之间的夹角(°)；

α_i——土钉与水平面之间的夹角(°)。

③外部稳定分析

在原位土钉墙复合体自身稳定与黏结整体作用得到保证的条件下，它的作用就类似于重力式挡土墙。它必须能承受其后部土体的推力和上部传来的荷载。因此，应验算土钉支挡体系的抗倾覆稳定和抗滑稳定以及墙底部地基承载力。有关外部稳定性验算，可按《建筑地基基础设计规范》或其他部门有关的规范进行计算。

2)面层构造

土钉构造的面层应在每一阶开挖后立即设置，以限制原位土体的减压并阻止原土的力学性质特别是抗剪强度的降低。目前，常采用的面层由端头螺栓、垫板、横向联系钢筋及喷射混凝土组成。典型的面层构造，如图 12-21、图 12-22 所示。面层厚度，对用于临时性支挡结构时为 50～150mm，用于永久性支挡结构时为 150～250mm。面层可以是一层、两层或者更多层分层做成。喷射混凝土的最大骨料尺寸为 10～15mm，常用外加剂来加速凝固。最好在进行下一步工作之前做 24h 养护，以避免表面龟裂。

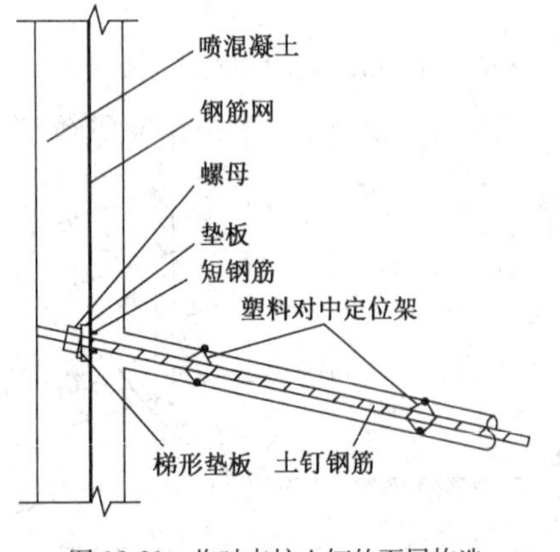

图 12-21　临时支护土钉的面层构造

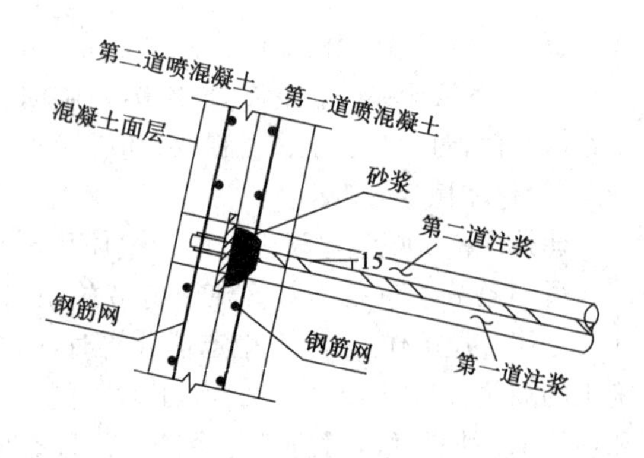

图 12-22　永久性土钉支护面层构造

挂钢筋网喷射混凝土面层结构相对简单和经济，施工上具有极大的便利性。但一般不能满足永久性结构的技术质量和审美的要求。特别是喷射混凝土面层的耐久性受地下水、渗流和气候变化等环境因素的影响，而且混凝土—土界面之间的有效排水是困难的。

永久性的土钉工程中，已大量应用预制和现浇混凝土板、钢面板作为面层，为满足美观和耐久性的要求，并在面板后设置有效的排水系统。也有使用结构面层结合种植植物的方法，这种保护和美化环境的方法，有很大的发展潜力。铁道部科学研究院深圳研究设计院，在深圳兰溪谷住宅小区的边坡支护中采用了预制花槽式钢筋混凝土挡土面板，配合土钉支护，取得了很好的环境效果。

3)排水

土钉工程必须有一个恰当的排水系统以避免产生作用于面板上过量的静水压，另外亦起到面板(特别是喷射混凝土面层)免遭接触水的损害，避免土钉加固的土体出现饱和软化。这将显著地影响结构物在开挖工程中和开挖以后的位移。土钉通常采用浅层排水(塑料管，直径10cm，长度30～40cm)来保护面层。深层排水则可采用水平槽型塑料管(直径5cm，比土钉长，上倾5°～10°)。对于用预制面板的永久性土钉工程，可在面板后设置连续的排水系统。另外，施工尚应做好坡顶和坡脚的排水。

4)长期性能与防腐措施

土钉的长期性能依赖于防腐措施的效果以及整个体系中发生蠕变的可能性。蠕变是在持续不变的荷载下由于土结构连续的重新排列而引起的随时间而增加的变形。通常，只有在黏性土中才会产生蠕变位移。

永久性土钉的耐久性主要取决于土的侵蚀性、地下水的成分及其防腐措施等诸因素。

(1)场地侵蚀性：含有机质土和含有较高浓度可溶盐的土。如含硫酸盐、氯化物或碳酸氢盐的土。

(2)地下水成分：含酸、碱或盐溶液，有高的导电性，导致高的腐蚀速度。

(3)环境公害：包括大的温度变化、细菌等。

(4)在进入或接近地表处氧气含量高，场地的局部变化将导致金属杆件的电化腐蚀。

腐蚀可能有不同的机理，如均匀的表面腐蚀、面部的坑洼腐蚀和疲劳腐蚀等。腐蚀的类型将显著地影响土钉钢杆的损害速度及防腐体系的效果。

对永久性土钉的防腐，沿整个土钉长度的最小保护层厚度应为4cm。在侵蚀环境中，建议采用完全的囊状保护层，即土体杆外套波纹塑料管，土钉杆与波纹管之间的间隙由含有外加剂的纯水泥浆填充，并用浆液包裹波纹管。

4. 施工方法

钻孔注浆型土钉的施工可以按以下步骤进行：

1)土方开挖

土钉支护结构施工最大的特点就是土方开挖和土钉设置配合施工。要求土方分层开挖，开挖一层土方打设一排土钉，待挂网喷射混凝土护面形成一定时间(一般12～24h)后，再开挖下层土方。每层土方的开挖深度与土坡自立稳定的能力有关，同时也考虑土钉的分层高度，以有利于土钉施作。在一般的黏性土、砂质黏土中每层开挖的深度为0.8～2.0m；而在超固结土中或强风化基岩层中每次开挖的深度可以适当加大。边坡开挖工作面的长度根据一个台班可加固的面积而定，一般常用的切坡长为10～15m一段。在限定变形的地段、在顺边坡的纵向开挖面，宜交替设置(码口开挖)。工作平台的大小由设置土钉的施工机具而定。

2)成孔

根据地层条件、设计要求的平面位置、孔深、孔径、倾角等选择合理的土钉成孔方法以及相应的钻机和钻具。土钉的长度一般在6～15m，可以根据具体条件选用如冲击钻、螺旋钻、风枪和人工洛阳铲等成孔方法。国内较多采用多节螺纹钻头干法成孔，也可以采用YTN-87型土锚钻机。它以电动机为动力源，液压传动，轮胎式底盘可拖动。在黏性土土坡加固时，常用洛阳铲人工成孔，具有工作面易展开，施工进度快、成本低等特点。在用洛阳铲成孔时，要特别注意保证成孔的下倾角度。一般情况下，土钉成孔的直径80～100mm。当遇到砂质土、粉质土等土层，以及地下水位不能有效下降、成孔困难的情况时，常常采用打入钢管注浆土钉，其作用和效果与成孔注浆土钉基本一致。

3)清孔

采用0.5～0.6MPa压力空气将孔内残留及松动的土屑清除干净。当孔内土层的湿度较低时，需采用润孔花管由孔底向孔口方向逐步湿润孔壁，润孔花管内喷出的水压不宜超过0.15MPa。

4)置筋

放置钢拉杆。一般采用Ⅱ级螺纹钢筋或Ⅵ级精轧螺纹钢筋，为确保钢筋置中，在钢筋上每隔1.5～2.0m焊置一个船形托架。

5)注浆

这是保证土钉与周围土体紧密黏合的关键步骤。为了保证良好的全段注浆效果，注浆管应随土钉插到孔底，然后压浆慢慢从孔口向外拔管，直至注满为止。一般土钉采用重力注浆，利用成孔的下倾角度，注浆液靠重力填满全孔。在一些土层(如松散的填土、软土等)需要压力注浆时，要求在孔口设置注浆塞等装置。图12-23为一种形式的注浆塞，注浆时在孔口处设置止浆塞并旋紧，使其与孔壁紧密贴合。由止浆塞上将注浆管插入注浆口，深入至孔底0.5～1.0m处。注浆管连接注浆泵，边注浆边向孔口方向拔管，直至注满为止。应保证水泥砂浆的水灰比在0.4～0.5，注浆压力保持在0.4～0.6MPa，当压力不足时从补压管口补充压力。简易的方法是在土钉杆体的孔口段设置一个注浆帆布袋，利用注浆后帆布袋涨开堵住孔口，实现一定的压力注浆。即使采用压力注浆，土层中设置的土钉注浆压力也不宜过高，以免引起孔口土层破坏，一般采用0.2～0.5MPa。注浆液凝固之后，都会造成收缩，孔口一段应予以二次补浆。对于永久性土钉支护工程，二次补浆尤显重要。

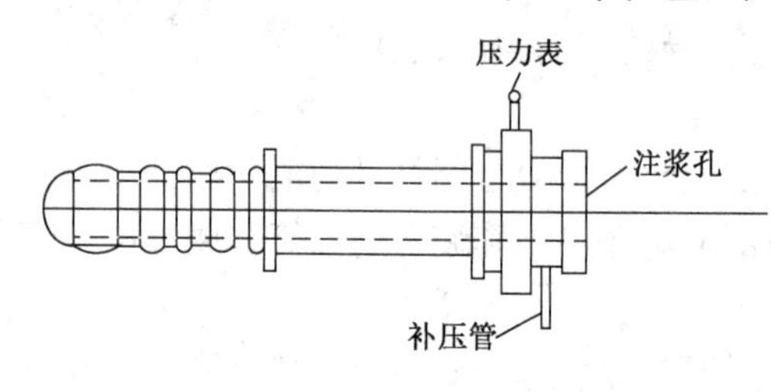

图12-23　止浆塞示意图

土钉的注浆液可以采用纯水泥浆，也可采用水泥砂浆，注浆固结体7d强度不小于20MPa，28d龄期抗压强度不小于30MPa。水泥砂浆的收缩较小，但纯水泥的可灌性较好，各有优缺点。当采用纯水泥浆时，水灰比0.4～0.5，加适量的减水和早强剂，必要时加适量的微膨胀剂，水泥的强度等级宜大于42.5MPa，应根据地层的条件选取合适的水泥类型，一般情况采用普通硅酸盐水泥。水泥浆注浆选用柱塞式注浆泵。

当采用水泥砂浆时，砂采用中细砂，含泥量应小于3%，灰砂比1∶0.5～1∶1，水灰比0.4～0.5。砂浆注浆选用挤压式灰浆泵。

土钉的注浆与注浆液的配置可以参考本章第二节的有关内容。

6)护面层

待水泥浆达到设计强度等级，即可施工面层结构。一般先在土面初喷混凝土3～5cm厚，绑扎钢筋网和锚头井字形加强筋，放置装垫板及土钉螺母，并用扭力扳手对土钉施加设计荷载10%～20%的预加应力。第二次喷射细石混凝土，一般厚度为5～10cm。

如面层设计厚度较大时，面层可以采用多次喷混凝土形成。喷射混凝土施工应遵守《锚杆喷射混凝土支护技术规范》。

5. 土钉抗拔试验与现场监测

1)土钉抗拔试验

保证土钉整体性能十分必要。对每排土钉应根据需要进行抗拔试验以验证是否能够达到设计要求的抗拔力。建议在工程开始之前，根据场地的类别分别在每种土层中做3～4根短土钉的抗拔试验。得出单位锚杆长度的极限抗拔力，作为校核设计、检验施工方法的依据。土钉的抗拔力试验方法可以借鉴锚杆试验的有关规定。

2)土钉支护工程的现场监测

一般工程条件下，土钉支护边坡在施工期对边坡整体稳定不利，其中在边坡开挖到底，进行最后一排土钉施工时，土钉墙整体稳定最为不利。所以很有必要在土钉支护施工期间，对边坡的变形进行监测。监测的主要内容和方法有：

(1)坡顶位移监测

主要在土钉支护的坡顶布置沉降、位移监测点(沉降和位移点可以合并为一)，在土方开挖土钉施工期间，按一定时间间隔现场监测边坡坡顶的位移和沉降。坡顶位移是监测边坡稳定性最有效的参量。一般较好的土层，坡顶位移应控制在坡高的3‰以内，每天位移量应不超过5mm/d。在土方开挖和土钉施工期间，每天监测坡顶位移一次，施工完成后还应延续监测一段时间。对于永久性的高边坡，应设置永久性的监测点，以用于长期监测边坡的稳定性。

(2)土钉头部位移监测

土钉头部指的是面层上的土钉端头。当土钉的抗拔力不足时，土钉墙支护变形的特点是坡面鼓出，所以对应软弱土层，对土钉外露的头部进行位移监测也很有必要。一般情况下，土钉头部的合理变形量应控制在坡高的0.3%以内，变形速率应小于5mm/d。

(3)边坡深层测斜

深层测斜是监控边坡整体稳定性的监测方法。在重要的土钉加固工程和边坡中下部有较软弱土层时，宜在坡顶布置深层测斜孔，监测边坡深部位移。测斜管垂直边坡方向布置2～3孔，利用测斜结果可以查明边坡滑移的趋势和滑移线的位置，可为信息化施工和工程抢险提供依据。

(4)土钉的受力监测

一般在土钉的头部布置锚杆测力计，监测土钉杆体的受力，利用其结果可以计算面层承受的土压力。当需要了解或研究土钉杆体沿深度受力分布规律时，可在测试土钉杆体安装应变计，以量测不同深度土钉的受力和变化。

对土钉体系整体工作性能来说，最为重要和有意义的是在施工期间和建成后对土钉墙或边坡的变形进行量测。工程经验表明，边坡坡顶位移是土钉加固边坡工程最直接、简便、经济的监测项目。在深基坑和有邻近建(构)筑物的边坡采用土钉加固时，边坡坡顶外侧地面沉降和位移的控制也是工程控制的主要目标，应根据需要布置必要的沉降、位移监测点。

6. 工程实例

深圳市新建道路在农林路竹园小学段，设计路面低于原路面 2.5m，加上地下管线埋设的需要，实际开挖深度 4.4m，在竹园小学区段（即道路西侧）原有砌石挡土墙，高 2.0m，全长约 150m，故这一段开挖后边坡支护高度为 6.4m。初步设计时，全长设计为重力式片石挡墙支护。

竹园小学教学楼距设计挡墙仅 1.5m，该建筑高 5 层，框架结构，独立柱基尺寸为 1.4m×1.4m，埋深 2.0m，设计荷载 220kPa，为了确保教学工作正常运行以及教学楼的绝对安全，经多次反复比较后在教学楼段的支护墙改为土钉支护工程，全长 27.0m。已建成的土钉支护墙，上方为竹园小学教学楼。采用土钉支护的主要优点在于：

(1)土钉可以自上而下开挖施工，以保证施工期建筑物的安全。

(2)用土钉加筋后的复合土体托换原建筑物基础下的天然地基，以提高教学楼地基基础的安全。

该区段边坡的土质条件及土钉支护边坡的剖面，见图 12-24。

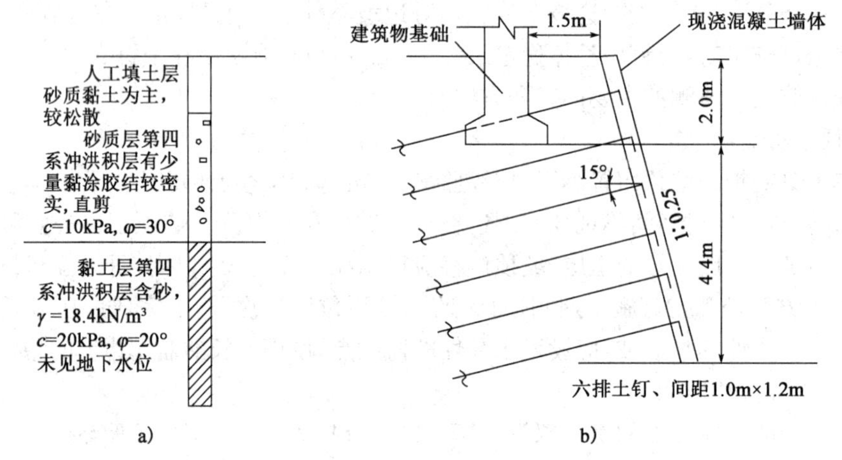

图 12-24　竹园小学教学楼土钉支护剖面

a)土质断面；b)土钉支护墙剖面

土坡按 1∶0.25 的坡度开挖，土钉间距 1.0m(垂直)×1.2m(水平)，长度均为 10m，倾角 15°，土钉材料为 ϕ28mm 的Ⅱ级钢筋，土钉杆上每间距 1.5m 设定位器，以保证钢拉杆在钻孔内居中，钻孔直径 110mm。采用改进的潜孔钻挤压成孔和回旋钻高压风清渣法两种成孔方法。这两种方法可避免用水清渣对土层的软化和扰动，保证有较高的成孔质量，成孔速度快。

土钉全长用水泥砂浆灌注，灰砂比 1∶1，水灰比 0.45。初凝后有收缩的情况时，用 0.45 水灰比的水泥浆补浆，采用了 500kPa 加压灌浆。

施工时，每开挖 1.0～1.2m 边坡，做一排土钉施工，在坡面挂 ϕ6200×200 的钢筋网，土钉头设横向联系钢筋并用套孔角钢压紧并焊接固定，坡面喷 8cm 厚、C20 细石混凝土作为临时护面。开挖到底后，由下而上立模现浇厚 32cm、C20 混凝土墙体，作为永久性的墙面。路面以上部分墙体设两排泄水管，以防墙背后产生静水压力。

施工期正逢雨季，而且要求开挖支护在一个月内完成，故施工风险大。为了确保安全，在施工期间对既有建筑进行了沉降和裂缝监测，施工全部完成后，建筑物的沉降为 3～9mm，相对沉降 6mm，建筑物原有的裂缝未见发展，也未见新的裂缝产生。该墙于 1995 年 8 月施工完毕，工程取得了预期的效果。

思考题与习题

12-1　锚杆支护的原理是什么？

12-2　土钉支护的机理是什么？

12-3　灌浆锚杆的抗拔作用力机理是什么？

12-4　土钉与锚杆有何不同？

第十三章 复合地基基本理论

第一节 复合地基定义和分类

当天然地基不能满足建(构)筑物对地基的要求时,需要进行地基处理,形成人工地基,以满足建(构)筑物对地基的要求,保证建(构)筑物的安全与正常使用。地基处理方法很多,按地基处理的加固原理分类,主要有下述六大类:置换,排水固结,振密,挤密,灌入固化物,加筋以及冷、热处理等。经过地基处理形成的人工地基大致上可分为均质地基、多层地基和复合地基三种形式。

人工地基中的均质地基是指天然地基在地基处理过程中加固区土体性质得到全面改良,加固区土体的物理力学性质基本上是相同的,加固区的范围,无论是平面位置还是深度,与荷载作用下对应的地基持力层或压缩层范围相比较都已满足一定的要求,如图 13-1a)所示。例如:均质的天然地基采用排水固结法形成人工地基。在排水固结过程中,加固区范围内地基土体中孔隙比减小、抗剪强度提高、压缩性减小。加固区内土体性质比较均匀。若采用排水固结法处理的加固区域与荷载作用面积相应的持力层厚度和压缩层厚度相比较已满足一定要求,则这种人工地基可视为均质地基。均质人工地基的承载力和变形计算方法与均质天然地基的计算方法基本相同。

人工地基中的双层地基是指天然地基经地基处理形成的均质加固区的厚度与荷载作用面积或者与其相应持力层和压缩层厚度相比较小时,在荷载作用影响区内,地基由两层性质相差较大的土体组成。双层地基,如图 13-1b)所示。采用换填法或表层压实法处理形成的人工地基,当处理范围较荷载作用面积大时,可归属于双层地基。双层人工地基承载力和变形计算方法与天然双层地基的计算方法基本相同。

复合地基是指天然地基在地基处理过程中部分土体得到增强,或被置换,或在天然地基中设置加筋材料,加固区是由基体(天然地基土体或被改良的天然地基土体)和增强体两部分组成的人工地基。在荷载作用下,基体和增强体共同承担荷载的作用。根据地基中增强体的方向又可分为水平向增强体复合地基和竖向增强体复合地基,如图 13-1c)、d)所示。

竖向增强体习惯上称为桩,有时也称为柱。竖向增强体复合地基通常称为桩体复合地基。目前,在工程中应用的竖向增强体有碎石桩、砂桩、水泥土桩、石灰桩、灰土桩、低强度混凝土桩和钢筋混凝土桩等。根据竖向增强体的性质,桩体复合地基又可分为三类:散体材料桩复合地基、柔性桩复合地基和刚性桩复合地基。散体材料桩复合地基,如碎石桩复合地基、砂桩复合地基等,只有依靠周围土体的围箍作用才能形成桩体,桩体材料本身不能单独形成桩体。对应于散体材料桩,柔性桩和刚性桩也可称为黏结材料桩。视桩体刚度不同,将黏结材料桩分为柔性桩和刚性桩两种。也有人将其称为半刚性桩和刚性桩。柔性桩复合地基,如水泥土桩复合地基、灰土桩复合地基等。刚性桩复合地基,如钢筋混凝土桩复合地基、低强度混凝土桩复合地基等。严格来讲,桩体的刚度不仅与材料性质有关,还与桩的长径比有关,应采用桩土相对刚度来描述。

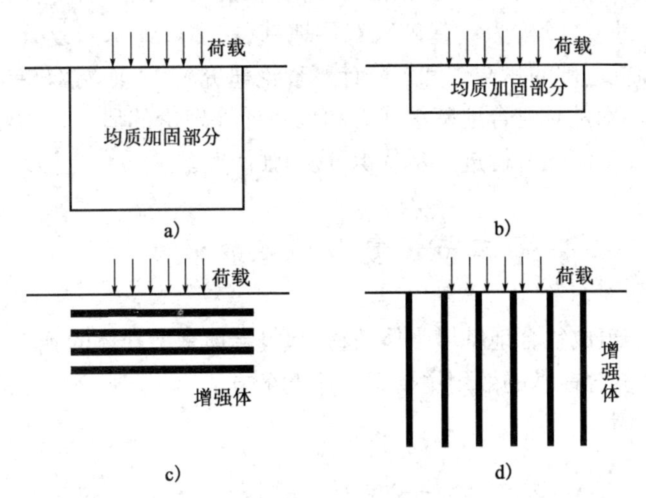

图 13-1　人工地基的分类

a)均质人工地基;b)双层地基;c)水平向增强体复合地基;d)竖向增强体复合地基

水平向增强体复合地基主要指加筋土地基。随着土工合成材料的发展,加筋土地基的应用愈来愈多。加筋材料主要是土工织物和土工格栅等。考虑在荷载作用下加筋土地基中筋材与土体的复合作用,故将加筋土地基也纳入复合地基的范畴。

复合地基中增强体方向不同,其性状也不同。桩体复合地基中,桩体是由散体材料组成,还是由黏结材料组成,以及黏结材料桩的刚度大小,都将影响复合地基荷载传递性状。根据复合地基工作机理,可做下述分类:

- 复合地基
  - 竖向增强体复合地基
    - 散体材料复合地基
    - 黏结材料复合地基
      - 柔性桩复合地基
      - 刚性桩复合地基
  - 水平向增强体复合地基

若不考虑水平向增强体复合地基,则竖向增强体复合地基可称为桩体复合地基或简称为复合地基。本节主要论述桩体复合地基,对水平向增强体复合地基只做简要介绍。

桩体复合地基有两个基本特点:

(1)加固区由基体和增强体两部分组成,是非均质的,各向异性的。

(2)在荷载作用下,基体和增强体共同直接承担荷载的作用。

桩体复合地基的(1)特征使复合地基区别于均质地基,(2)特征使复合地基区别于桩基础。根据传统的桩基理论,桩基础在荷载作用下,上部结构通过基础传来的荷载先传给桩体,然后通过桩侧摩擦力和桩底端承力把荷载传递给地基土体。近年来,在摩擦桩基础设计中考虑桩土共同作用，也就是考虑桩和桩间土共同直接承担荷载，由此采用复合地基理论计算。从某种意义上讲，复合地基介于均质地基和桩基之间。

前面已经介绍过人工地基中的均质地基、双层地基和复合地基，严格来说天然地基也不是均质、各向同性的半无限体。天然地基往往是分层的，而且对每一层土，土体的强度和刚度也是随着深度而变化的。天然地基需要进行地基处理时，被处理的区域在满足设计要求的前提下应尽可能小，以求较好的经济效果。而且各种地基处理方法在加固地基的原理上又有很大差异。因此，对人工地基进行精确分类是很困难的。然而，上述的分类有利于开展对各种人工地基的承载力和变形计算理论的研究。按照上述的思路，常见的各种天然地基和各种人工地基可粗略地分为均质地基（或称为浅基础）、双层地基（或多层地基）、复合地基和桩基础四大类。以往对浅基础和桩基础的承载力和沉降计算理论研究较多，而对双层地基和复合地基的计算理论研究较少，特别是对复合地基承载力和沉降计算理论的研究还很不够。复合地基理论正处于发展之中，许多问题有待进一步认识，应加强研究。

第二节　复合地基的效用

复合地基的形式、组成复合地基增强体的材料、复合地基增强体的施工方法等均对复合地基的效用产生影响。复合地基的效用主要有下述五个方面，对于某一具体的复合地基可能具有以下一种或多种作用。

一、桩 体 作 用

由于复合地基中桩体的刚度比周围土体的刚度大，在荷载作用下，桩体上产生应力集中现象，在刚性基础下尤其明显，此时桩体上应力远大于桩间土上的应力。桩体承担较多的荷载，桩间土应力相应减小，这就使得复合地基承载力较原地基有所提高，沉降有所减少。随着复合地基中桩体刚度增加，其桩体作用更为明显。通过桩体将荷载传递到更深的土层。

二、垫 层 作 用

桩与桩间土复合形成的复合地基，在加固深度范围内形成复合土层，它可起到类似垫层的换土效应，减小浅层地基中的附加应力密度，或者说增大应力扩散角。在桩体没有贯穿整个软弱土层的地基中，垫层的作用尤其明显。

三、振密、挤密作用

对砂桩、砂石桩、土桩、灰土桩、二灰桩和石灰桩等，在施工过程中由于振动，沉管挤密或振冲挤密、排土等原因，可使桩间土得到一定的密实效果，改善土体物理力学性能。采用生石灰桩，由于其材料具有吸水、发热和膨胀等作用，对桩间土同样可起到挤密作用。

四、加速固结作用

不少竖向增强体或水平向增强体，如碎石桩、砂桩、土工织物加筋体间的粗粒土等，都具有良好的透水性，是地基中的排水通道。在荷载作用下，地基土体中会产生超孔隙水压力。由于这些排水通道有效地缩短了排水距离、加速了桩间土的排水固结，土体抗剪强度得到增长。

五、加 筋 作 用

形成复合地基不但能够提高地基的承载力，而且可以提高地基的抗滑能力。水平向增强体复合地基的加筋作用更加明显。增强体的设置使复合地基加固区整体抗剪强度提高。在稳定分析中，通常采用复合抗剪强度来度量加固区复合土体的强度。加固区往往是荷载持力层的主要部分，加固区复合土体具有较高的抗剪强度，可有效提高地基的稳定性，或者说可有效提高地基承载力。

复合地基的效用应根据不同的地基处理形式、施工方法以及天然地基情况做具体分析。而不同的工程地质条件下、不同形式的复合地基往往也具有不同的效用，应针对具体问题进行具体分析。

第三节 复合地基的破坏模式

竖向增强体复合地基和水平向增强体复合地基破坏模式是不同的。对竖向增强体复合地基，刚性基础下和柔性基础下复合地基的破坏模式也有较大区别。

竖向增强体复合地基的破坏形式首先可以分成下述两种情况：一种是桩间土首先发生破坏进而发生复合地基全面破坏；另一种是桩体首先发生破坏进而发生复合地基全面破坏。在实际工程中，桩间土和桩体同时达到破坏是很难遇到的。在刚性基础下的桩体复合地基，大多数情况下都是桩体先破坏，继而引起复合地基全面破坏。而在路堤下的复合地基，大多数情况下都是土体先破坏，继而引起复合地基全面破坏。

竖向增强体复合地基中，桩体破坏的模式可以分为下述四种形式：刺入破坏、鼓胀破坏、桩体剪切破坏和滑动剪切破坏，如图 13-2 所示。

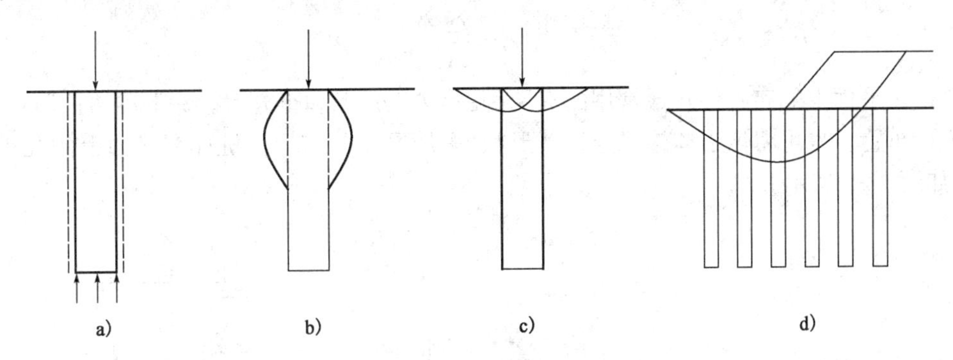

图 13-2 竖向增强体复合地基破坏模式

a)刺入破坏；b)鼓胀破坏；c)桩体剪切破坏；d)滑动剪切破坏

桩体发生刺入破坏，如图 13-2a)所示。桩体刚度较大、地基土承载力较低的情况下较易发生桩体刺入破坏，承载力大幅度降低，进而引起复合地基桩间土破坏，造成复合地基全面破坏。刚性桩复合地基较易发生刺入破坏，特别是柔性基础下刚性桩复合地基更容易发生刺入破坏。若处在刚性基础下，则可能产生较大沉降，造成复合地基失效。

桩体鼓胀破坏模式，如图 13-2b)所示。在荷载作用下，桩周土不能提供桩体足够的围压，以防止桩体发生过大的侧向变形，桩体产生鼓胀破坏，并造成复合地基全面破坏。散体材料桩复合地基较易发生鼓胀破坏。在刚性基础下和柔性基础下(填土路堤下)，散体材料桩复合地基均可能发生桩体鼓胀破坏。

桩体剪切破坏模式，如图 13-2c)所示。在荷载作用下，复合地基中桩体发生剪切破坏，进而引起复合地基全面破坏。低强度的柔性桩较容易产生桩体剪切破坏。刚性基础下和柔性基础下，低强度柔性桩复合地基均可产生桩体剪切破坏，相比较柔性基础下发生破坏的可能性更大。

滑动剪切破坏模式，如图 13-2d)所示。在荷载作用下，复合地基沿某一滑动面产生滑动破坏。在滑动面上，桩体和桩间土均发生剪切破坏。各种复合地基均可能发生滑动破坏。柔性基础下的复合地基比刚性基础下的复合地基发生破坏的可能性更大。

在荷载作用下，一种复合地基的破坏研究选取什么模式，影响因素很多。从上面分析可知，它不仅与复合地基中增强体的材料性质有关，还与复合地基上基础结构的形式有关。此外，还与荷载形式有关。竖向增强体本身的刚度对竖向增强体复合地基的破坏模式有较大影响。桩间土的性质与增强体的性质的差异程度也会对复合地基的破坏模式产生影响，若两者相对刚度较大，较易发生桩体刺入破坏。但是筏板基础下的刚性桩复合地基，由于筏板基础的作用，复合地基中的桩体也不易发生桩体刺入破坏。显然复合地基上基础结构形式对复合地基的破坏模式也有较大影响。总之，对于具体的桩体复合地基的破坏模式应考虑上述各种影响因素，通过综合分析加以估计。

第四节　复合地基置换率、荷载分担比和复合模量的概念

复合地基置换率和荷载分担比概念应用于竖向增强体复合地基，而复合地基复合模量的概念既能应用于竖向增强体复合地基，又可应用于水平向增强体复合地基。

竖向增强体复合地基中，竖向增强体习惯上称为桩体，基体称为桩间土体。若桩体的横断面积为 A_p，该桩体所对应（或所承担）的复合地基面积为 A，则复合地基置换率 m 定义为：

$$m=\frac{A_p}{A} \tag{13-1}$$

桩体在平面上的布置形式最常用的有两种：等边三角形和正方形。除上述两种形式外，还有长方形布置。也可将增强体连成连续墙形状，采用网格状布置。桩体在平面上的几种布置形式，如图 13-3 所示。

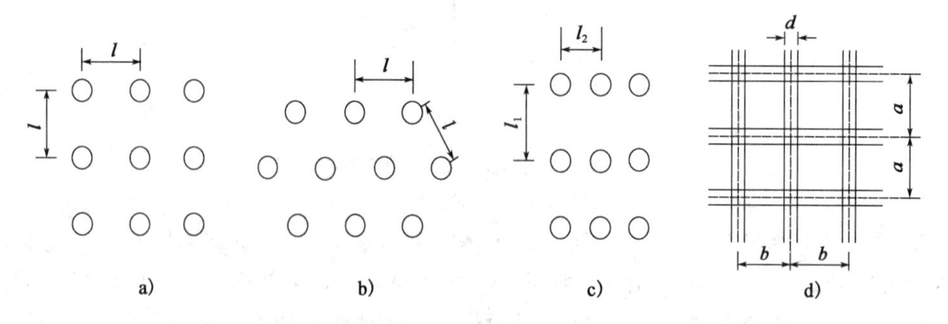

图 13-3　桩体平面布置形式

a)正方形布置；b)等边三角形布置；c)长方形布置；d)网格状布置

对圆柱形桩体，假设桩体直径为 d，若按桩间距为 l 的正方形布置和等边三角形布置，则复合地基置换率与桩体直径和桩间距的关系分别为：

$$m=\frac{\pi d^2}{4l^2}\text{（正方形布置）} \tag{13-2}$$

$$m=\frac{\pi d^2}{2\sqrt{3}l^2}(三角形布置) \tag{13-3}$$

桩体若按长方形布置,假设桩体直径为 d,桩间距为 l_1 和 l_2,则复合地基置换率为

$$m=\frac{\pi d^2}{4l_1 l_2} \tag{13-4}$$

对网格状布置情况,若增强体间距分别为 a 和 b,增强体宽度为 d,则复合地基置换率为:

$$m=\frac{(a+b-d)d}{ab} \tag{13-5}$$

在荷载作用下,复合地基中桩体承担的荷载与桩间土承担的荷载之比称为桩土荷载分担比,有时也用复合地基加固区上表面上桩体的竖向应力和桩间土的竖向应力之比来衡量,称为桩土应力比,桩土荷载分担比和桩土应力比是可以相互换算的。在荷载作用下,复合地基加固区的上表面上桩体的竖向应力记为 σ_p,桩间土中的竖向应力记为 σ_s,则桩土应力比 n 为:

$$n=\frac{\sigma_p}{\sigma_s} \tag{13-6}$$

在荷载作用下桩体承担的荷载记为 P_p,桩间土承担的荷载记为 P_s,则桩土荷载分担比 N 为:

$$N=\frac{P_p}{P_s} \tag{13-7}$$

桩土荷载分担比 N 与桩土应力比 n 可通过下式换算:

$$N=\frac{mn}{1-m} \tag{13-8}$$

式中:m——复合地基置换率。

事实上,桩间土和桩体中的竖向应力不可能是均匀分布的,式(13-6)中的 σ_s 和 σ_p 分别表示桩间土和桩体中平均竖向应力。影响桩土应力比 n 值和桩土荷载分担比 N 值的因素很多,如荷载水平、荷载作用时间、桩间土性质、桩长、桩体刚度、复合地基置换率等。

复合地基加固区是由增强体和基体两部分组成的、是非均质的。在复合地基计算中,有时为了简化计算,将加固区视作一均质的复合土体,用假想的等价均质复合土体代替真实的非均质复合土体。与真实非均质复合土体等价的均质复合土体的模量称为复合地基土体的复合模量。

第五节　桩体复合地基承载力

复合地基在荷载作用下破坏时,一般情况下桩体和桩间土两者不可能同时到达极限状态,或者说两者同时达到极限状态的概率很小。若复合地基中桩体先产生破坏,则复合地基破坏时桩间土承载力发挥度达到多少是需要估计的。若桩间土先产生破坏,复合地基破坏时桩体承载力发挥度多少也只能估计。另外,复合地基中的桩间土的极限荷载与天然地基的是不同的。同样,复合地基中的桩所能承担的极限荷载与一般桩基中的也是不同的。因此,桩体复合地基承载力计算比较复杂。

桩体复合地基中,散体材料桩、柔性桩和刚性桩荷载传递机理是不同的。桩体复合地基上基础刚度大小、是否铺设垫层、垫层厚度等,都对复合地基受力性状有较大影响,在桩体复合地

基承载力计算中都要考虑这些因素的影响。

一、承载力计算模式

桩体复合地基承载力计算思路是先分别确定桩体的承载力和桩间土承载力，再根据一定的原则叠加这两部分承载力，得到复合地基的承载力。

桩体复合地基的极限承载力 p_{cf} 的普遍表达式：

$$p_{cf}=K_1\lambda_1 m p_{pf}+K_2\lambda_2(1-m)p_{sf} \tag{13-9}$$

式中：p_{pf}——单桩极限承载力(kPa)；

p_{sf}——天然地基极限承载力(kPa)；

K_1——反映复合地基中桩体实际极限承载力与单桩极限承载力不同的修正系数，一般大于 1.0；

K_2——反映复合地基中桩间土实际极限承载力与天然地基极限承载力不同的修正系数；其值视具体工程情况确定，可能大于 1.0，也可能小于 1.0；

λ_1——复合地基破坏时，桩体发挥其极限强度的比例，可称为桩体极限强度发挥度。若桩体先达到极限强度，引起复合地基破坏，则 $\lambda_1=1.0$，若桩间土比桩体先达到极限强度，则 $\lambda_1<1.0$；

λ_2——复合地基破坏时，桩间土发挥其极限强度的比例，可称为桩间土极限强度发挥度。一般情况下，复合地基中往往桩体先达到极限强度，λ_2 通常在 0.4～1.0；

m——复合地基置换率。

式(13-9)中系数 K_1 主要反映复合地基中桩体实际极限承载力与自由单桩荷载试验测得的桩体极限承载力的区别。复合地基中，桩体实际极限承载力一般比由单桩荷载试验得到的更大，其机理是作用在桩间土和邻桩上的荷载对桩间土的共同作用造成了桩间土对桩体的侧压力增加，使桩体极限承载力提高。对散体材料桩，其影响效果更大。式(13-9)中系数 K_2 主要反映复合地基中桩间土实际极限承载力与天然地基极限承载力的区别。K_2 的影响因素很多，例如：在桩的设置过程中对桩间土结构的扰动；成桩过程中对桩间土的挤密作用；桩体对桩间土的侧限作用；某些桩体材料，例如生石灰、水泥粉与桩间土的物理—化学作用；还有桩间土在荷载作用下固结引起土的抗剪强度的提高等。上述影响因素中，除对土结构扰动将使土的强度降低为不利因素外，其他影响因素均能不同程度地提高桩间土强度，提高地基土的极限承载力。总之，系数 K_1 和 K_2 与工程地质情况、桩体设置方法、桩体材料等因素有关。

若能有效地确定复合地基中桩体和桩间土的实际极限承载力，而且破坏模式是桩体先破坏引起复合地基全面破坏，则承载力计算式(13-9)可改写为

$$p_{cf}=mp_{pf}+\lambda(1-m)p_{sf} \tag{13-10}$$

式中：p_{pf}——桩体实际极限承载力(kPa)；

p_{sf}——桩间土实际极限承载力(kPa)；

m——复合地基置换率；

λ——桩体破坏时，桩间土极限强度发挥度。

复合地基的容许承载力 p_{cc} 计算式为：

$$p_{cc}=\frac{p_{cf}}{K} \tag{13-11}$$

式中：K——安全系数。

采用承载力标准值表示，类似式(13-10)的复合地基承载力标准值 f_{ck} 可用下式表示：

$$f_{ck}=m\frac{R_k^d}{A_p}+\lambda(1-m)f_{sk} \tag{13-12}$$

式中：f_{sk}——桩间土承载力标准值(kPa)；

m——复合地基置换率；

R_k^d——桩体竖向承载力标准值(kN)；

A_p——桩体横截面积(m^2)；

λ——桩间土承载力发挥度。

复合地基的极限承载力也可采用稳定分析法计算。稳定分析方法很多，一般可采用圆弧分析法计算。圆弧分析法计算原理，如图 13-4 所示。

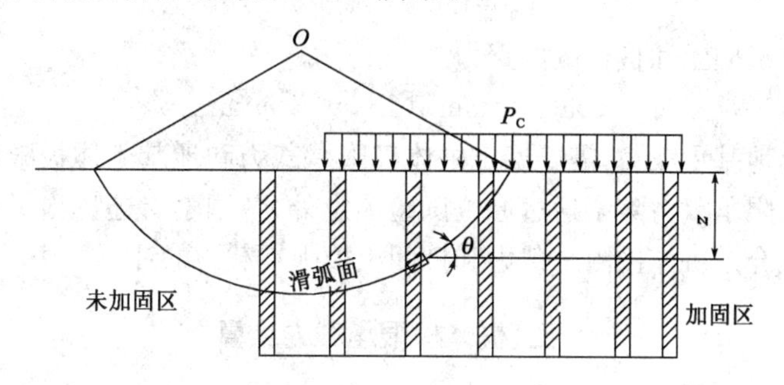

图 13-4　圆弧分析法

在圆弧分析法中，假设地基土的滑动面呈圆弧形。在圆弧滑动面上，总剪切力记为 T，总抗剪切力记为 S，则沿该圆弧滑动面发生滑动破坏的安全系数 K 为：

$$K=\frac{S}{T} \tag{13-13}$$

取不同的圆弧滑动面，可得到不同的安全系数值，通过试算可以找到最危险的圆弧滑动面，并可确定最小的安全系数值。通过圆弧分析法，既可根据要求的安全系数计算地基承载力，也可按确定的荷载计算地基在该荷载作用下的安全系数。

在圆弧分析法计算中，假设的圆弧滑动面往往经过加固区和未加固区，地基上的强度应分区计算。加固区和未加固区土体应采用不同的强度指标。未加固区采用天然地基土体强度指标，而加固区土体强度指标可采用复合土体综合强度指标，也可分别采用桩体和桩间土的强度指标计算。

复合地基加固区复合土体的抗剪强度 τ_c 的表达式：

$$\begin{aligned}\tau_c&=(1-m)\tau_c+m\tau_p\\&=(1-m)[C+(\mu_s P_c+\gamma_s Z)\cos^2\theta\tan\varphi_s]+\\&\quad m(\mu_p P_c+\gamma_p Z)\cos^2\theta\tan\varphi_p\end{aligned} \tag{13-14}$$

式中：τ_c——桩间土抗剪强度(kPa)；

τ_p——桩体抗剪强度(kPa)；

m——复合地基置换率；

C——桩间土内聚力(kPa)；

P_c——复合地基上作用荷载(kPa)；

μ_s——应力降低系数，$\mu_s=1/[1+(n-1)m]$；

μ_p——应力集中系数，$\mu_p=n/[1+(n-1)m]$；

n——桩土应力比；

γ_s,γ_p——桩间土体和桩体的重度（kN/m^2）；

φ_s,φ_p——桩间土体和桩体的内摩擦角（°）；

θ——滑弧在地基某深度处剪切面与水平面的夹角（°），如图13-4所示；

Z——分析中所取单元弧段的深度（m）。

若 $\varphi_s=0$，则式（13-14）可改写为：

$$\tau_c=(1-m)C+m(\mu_p P_c+\gamma_p Z)\cos^2\theta\tan\varphi_p \tag{13-15}$$

复合土体综合强度指标可采用面积比法计算。复合土体内聚力 C_c 和内摩擦角 φ_c 表达式可用下述两式表示：

$$C_c=C_s(1-m)+mC_p \tag{13-16}$$

式中：C_s 和 C_p——桩间土和桩体的内聚力。

$$\tan\varphi_c=\tan\varphi_s(1-m)+m\tan\varphi_p$$

为了计算复合地基承载力，需要确定桩体极限承载力和地基土体极限承载力。桩体极限承载力和桩间土极限承载力除了通过原位试验测定外，各国学者还提出了一些计算方法。在下面几节中将分别介绍桩体极限承载力和桩间土极限承载力的计算方法。

二、桩体极限承载力计算

1. 桩体刚度对荷载传递规律的影响

在荷载作用下，散体材料桩、柔性桩和刚性桩的荷载传递特性是不相同的。散体材料桩需要桩周土的围箍作用才能维持桩体的形状。如果桩周没有土体围箍，仅仅依靠散体材料桩自已本身，则连桩体形状都不能维持。散体材料桩在荷载作用下，桩体发生鼓胀变形，依靠桩周土提供的被动土压力维持桩体平衡，承受上部荷载的作用。散体材料桩桩体破坏模式一般为鼓胀破坏。柔性桩和刚性桩为黏结材料桩，在荷载作用下依靠桩周摩擦力和桩端端阻力把作用在桩体上的荷载传递给地基土体。研究表明，桩体刚度的大小对黏结材料桩的荷载传递规律有较大的影响。

桩体刚度大小是相对地基土体的刚度比较而言的，也与桩体长径比有关，严格来说，应该采用桩体与地基土体的相对刚度的概念，以下简称为桩体相对刚度。若桩体的弹性模量为 E，桩间土的剪切模量为 G_s，可定义桩的柔性指数 λ_p：

$$\lambda_p=\frac{E}{G_s} \tag{13-17}$$

若桩体长度为 L，桩体半径为 r，则桩的长径比 λ_l 为：

$$\lambda_l=\frac{L}{r} \tag{13-18}$$

王启铜建议桩体相对刚度定义如下：

$$K=\frac{\sqrt{\lambda_p}}{\lambda_l}=\sqrt{\frac{E}{G_s}}\frac{r}{L}=\sqrt{\frac{2E(1+\upsilon_s)}{E_s}}\frac{r}{L} \tag{13-19}$$

式中：E_s、υ_s——桩间土弹性模量和泊松比。

可以用桩体相对刚度的大小来划分柔性桩和刚性桩的界限。研究分析桩体相对刚度对柔

性桩荷载传递特性的影响对于复合地基理论的发展具有重要意义。

桩侧摩擦力的发挥依靠在荷载作用下桩土间存在相对位移趋势或产生相对位移。若桩土间不存在相对位移或相对位移趋势，则桩侧摩擦力等于零。桩端端阻力的发挥则依靠桩端向下移动或存在位移趋势，否则端阻力等于零。理论上，理想刚性的桩，在荷载作用下，如果桩体顶端产生位移 δ，则桩底端的位移 δ_b 也等于 δ，见图 13-5a)。对理想刚性桩，桩周各处摩擦力和桩端端阻力均可能得到发挥。若考虑地基土是均质的，且初始应力场也是均匀的，不考虑其随深度的变化，则桩侧摩擦力沿深度方向分布是均匀的，而且桩侧摩擦力和桩端端阻力是同步发挥的。现场实测试桩资料表明，桩侧摩擦力和桩端端阻力并不是同步发挥的，桩侧摩擦力的发挥早于桩端端阻力的发挥。其原因是，实际工程用桩都不是理论上的理想刚性桩，在荷载作用下桩体本身发生压缩。对于可压缩性桩，桩底端位移 δ_b 小于桩顶端位移 δ。若桩体相对刚度较小，在荷载作用下，桩体本身的压缩量等于桩顶端的位移量，桩底端相对于周围土体没有相对位移及相对位移趋势产生，则桩端端阻力等于零。对于桩体相对刚度较小的柔性桩，桩体四周桩土之间相对位移自上而下是逐步减小的。

假设地基土是均质的，且初始应力场是均匀的，则桩侧摩擦力也是自上而下逐步减小的。事实上，若桩体相对刚度较小，在极限荷载作用下，桩体一定长度内的压缩量已等于桩顶端位移，则该长度以下桩体与土体间无相对位移及位移倾向，故该长度以下桩体对桩的承载力没有贡献。于是产生了有效桩长的概念。

段继伟采用数值分析研究了桩长与极限承载力的关系，在其他条件相同的条件下，随着桩长的增加，桩体极限承载力开始增加很快，后来增加幅度减小，最后趋于某一定值，如图 13-6 所示。也就是说，当桩长超过某一桩长 l_0 时，桩的极限承载力增加很小，桩长 l_0 称为有效桩长。根据段继伟的研究，有效桩长 l_0 与桩土模量比和桩径有关，其取值范围为：

(1)$l_0=(8\sim20)d$，当 $E_p/E_s=10\sim50$ 时。

(2)$l_0=(20\sim25)d$，当 $E_p/E_s=50\sim100$ 时。

(3)$l_0=(25\sim33)d$，当 $E_p/E_s=100\sim200$ 时。

式中：d——桩径；

E_p——桩体模量；

E_s——桩间土模量。

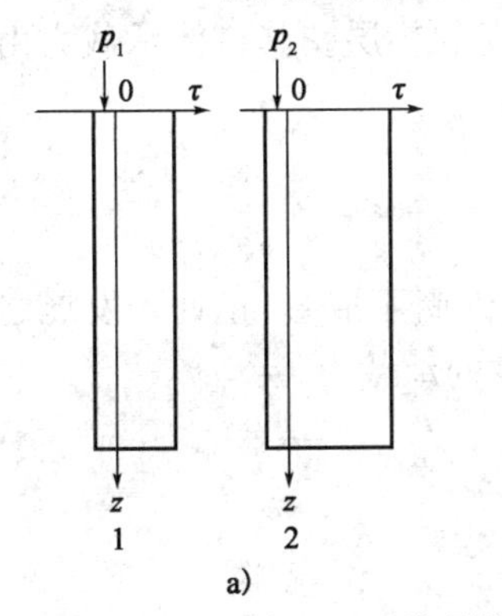

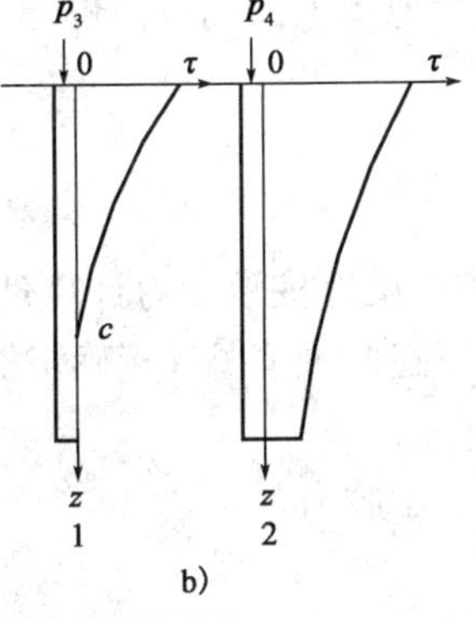

图 13-5　理想刚性桩和可压缩性桩

a)理想刚性桩；b)可压缩性桩

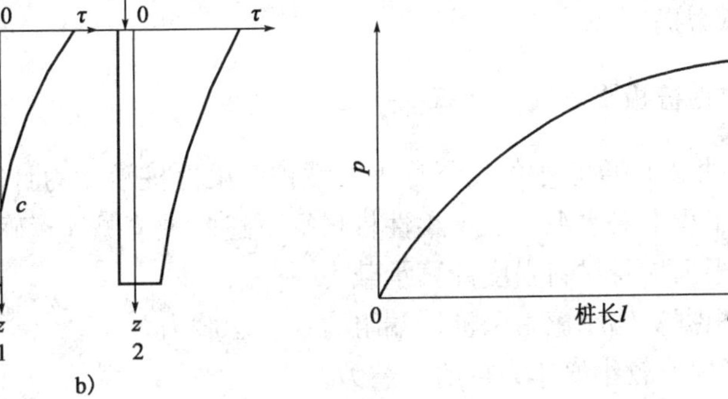

图 13-6　桩长与极限承载力关系示意图

段继伟对桩土相对刚度表达式(式 13-19)作了修正，并引进了有效桩长的影响，建议桩土相对刚度采用下式：

$$K=\sqrt{\frac{\xi E}{2G_s}\frac{r}{l}} \tag{13-20}$$

式中：$\xi=\ln[2.5l(1-\upsilon_s)/r]$；

l——当桩长小于有效桩长 l_0，l 为实际桩长；当桩长大于有效桩长 l_0 时，$l=l_0$。

其他符号同式(13-19)。

段继伟根据桩土相对刚度 K 与桩的沉降关系研究，建议柔性桩和刚性桩的判别准则为：

$K<1.0$，柔性桩；

$K>1.0$，刚性桩。

上述判别准则是否合适有待进一步验证。事实上，柔性桩与刚性桩是很难作出严格界限的。桩土相对刚度是连续变化的，其性状也是连续变化的，严格区分柔性桩和刚性桩也不一定合理。但桩土相对刚度大小对桩的荷载传递性状影响是明显的。

上述有效桩长的公式是根据单桩承载力的分析得出的，将其应用于群桩可能是不合适的，而将其用于变形分析也是不合理的。在复合地基优化设计中，当软弱土层较厚时，增加增强体的长度可有效减小沉降。当然，也不是无限增加长度，也存在有效长度问题，但是一定要搞清楚，从承载力角度、变形角度，对单桩、复合地基，不同条件下桩体的有效长度是不同的。概念不同，数值也不同，绝对不能混淆。

2. 刚性桩极限承载力计算

当桩体相对刚度较大时，可视为刚性桩。复合地基中刚性桩多为摩擦桩，其极限承载力表达式为：

$$p_{pf}=(\sum fS_aL_i+A_pR)/A_p \tag{13-21}$$

式中：f——桩周土摩擦力极限值(kN)；

S_a——桩身周边长度(m)；

A_p——桩身横断面积(m^2)；

R——桩端土极限承载力(kN)；

L_i——按土层划分的各段桩长(m)。

按上式计算承载力外，尚需对桩身进行强度验算。

若复合地基中刚性桩为端承桩，则复合地基上需铺设足够厚度的垫层。其桩体承载力由桩底端承力提供。

3. 柔性桩极限承载力计算

桩体相对刚度较小的桩可称为柔性桩。柔性桩承载力计算理论尚不成熟，正处于发展之中，目前工程上对水泥土桩等柔性桩根据下述两种情况计算确定桩的承载力。

(1)根据桩身材料强度计算承载力。

(2)根据桩侧摩擦力和桩端端阻力计算承载力。

二者中取较小值作为桩的承载力。

根据桩身材料强度计算单桩极限承载力，表达式为：

$$p_{pf}=q \tag{13-22}$$

式中：q——桩体极限抗压强度。

根据桩侧摩擦力和桩端端阻力计算单桩极限承载力，表达式为：

$$p_{pf}=(\sum fS_aL_i+A_pR)/A_p \tag{13-23}$$

式中：f——桩周土的极限摩擦力(kN)；

S_a——桩身周边长度(m)；

L_i——按土层划分的各段桩长(m)；

R——桩端土极限承载力(kN)；

A_p——桩身横断面积(m^2)。

式(13-23)与刚性桩计算式(13-21)是相同的，因此有时可能是不合理的。采用式(13-23)计算柔性桩承载力有时可能是偏不安全的。在应用式(13-23)时，当桩长超过有效桩长时，$\sum l_i$应取有效桩长部分。对端阻力应折减，或不计。否则，由式(13-23)确定的承载力是偏高的，不安全的。

4. 散体材料桩极限承载力计算

1)一般表达式

与柔性桩、刚性桩等黏结材料桩不同，散体材料桩是依靠周围土体的侧限阻力保持其形状并承受荷载的。散体材料桩的承载能力除与桩身材料的性质及其紧密程度有关外，还主要取决于桩周土体的侧限能力。在荷载作用下，散体材料桩的存在将使桩周土体从原来主要是垂直向受力的状态改变为主要是水平向受力的状态，桩周土可能发挥的侧限能力对散体材料桩复合地基的承载能力起关键作用。各国学者结合具体工程已提出了许多承载力计算方法，特别是对碎石桩极限承载力研究更多。除了通过荷载试验和经验的计算图表确定单桩承载力外，还可以通过计算桩间土侧向极限应力来计算单桩极限承载力，计算单桩承载力的一般表达式可用下式表示：

$$P_{pf}=\sigma_{ru}K_p \tag{13-24}$$

式中：σ_{ru}——桩侧土能提供的侧向极限应力(kPa)；

K_p——桩体材料的被动土压力系数。

散体材料桩桩侧土所能提供的侧向极限应力σ_{ru}计算方法主要有：Brauns(1978)计算式、圆筒形孔扩张理论计算式、Wong，H. Y.(1975)计算式、Hughes 和 Withers(1974)计算式以及被动土压力法等，下面分别加以介绍。

2)Brauns(1978)计算式

Brauns(1978)计算式是为计算碎石桩承载力提出的。其原理及计算式也适用于一般散体材料桩情况，Brauns 认为，在荷载作用下，桩体产生鼓胀变形。桩体的鼓胀变形使桩周土进入被动极限平衡状态，桩周土极限平衡区如图 13-7 所示。在计算中，Brauns 作了下述几条假设：

(1)桩周土极限平衡区位于桩顶附近，滑动面呈漏斗形，桩体鼓胀破坏段长度等于$2r_0\tan\delta_p$，其中r_0为桩体半径，$\delta_p=45^\circ+\varphi_p/2$，$\varphi_p$为松散材料桩桩体材料的内摩擦角。

(2)荷载作用下桩周土与桩体间摩擦力$\tau_M=0$，极限平衡土体中，环向应力$\sigma_\theta=0$。

(3)计算中不计地基土和桩体的自重。

在上述假设的基础上，作用在图 13-7c)中阴影部分土体上力的多边形如图 13-7b)所示。图中f_M、f_K和f_a分别表示阴影部分所示的平衡土体的桩周界面、滑动面和地表面的面积。根据力的平衡，可得到在极限荷载作用下，桩周土上的极限应力σ_{ru}为：

$$\sigma_{ru}=\left(\sigma_s+\frac{2c_u}{\sin2\delta}\right)\left(\frac{\tan\delta_p}{\tan\delta}+1\right) \tag{13-25}$$

式中：C_u——桩间土不排水抗剪强度(kPa)；

δ——滑动面与水平面夹角(°)；

σ_s——桩周土表面荷载(kPa)，如图 13-7 所示；

δ_p——桩体材料内摩擦角(°)。

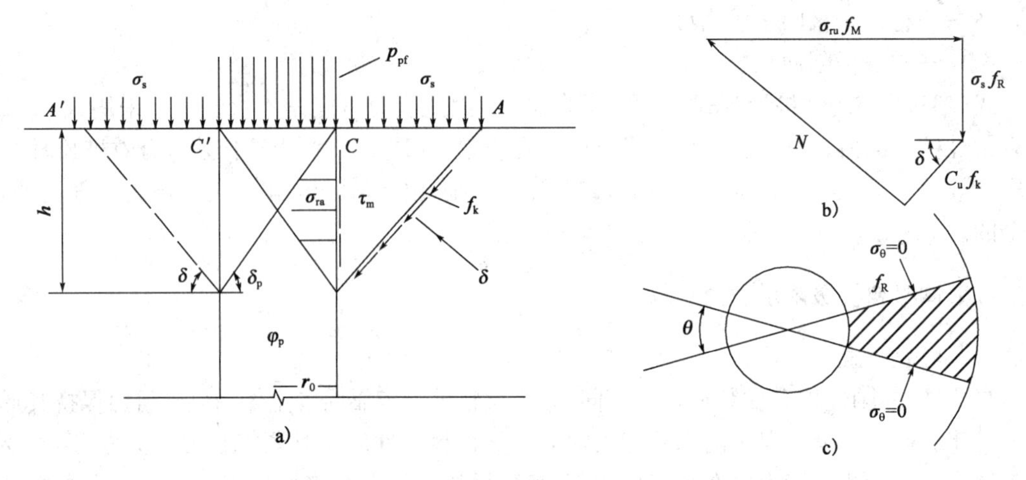

图 13-7　Brauns(1978)计算图式

根据桩体极限平衡，可得到桩体极限承载力为：

$$P_{pf}=\sigma_{ru}\tan^2\delta_p=\left(\sigma_s+\frac{2C_u}{\sin2\delta}\right)\left(\frac{\tan\delta_p}{\tan\delta}+1\right)\tan^2\delta_p \tag{13-26}$$

滑动面与水平面的夹角 δ 可按下式用试算法求出

$$\frac{\sigma_s}{2C_u}\tan\delta_p=-\frac{\tan\delta}{\tan2\delta}-\frac{\tan\delta_p}{\tan2\delta}-\frac{\tan\delta_p}{\sin2\delta} \tag{13-27}$$

当 $\sigma_s=0$ 时，式(13-26)可改写为：

$$P_{pf}=\frac{2C_u}{\sin2\delta}\left(\frac{\tan\delta_p}{\tan\delta}+1\right)\tan^2\delta_p \tag{13-28}$$

夹角 δ 可按下式用试算法求得：

$$\tan\delta_p=\frac{1}{2}\tan\delta(\tan^2\delta-1) \tag{13-29}$$

设桩体材料内摩擦角 $\varphi_p=38°$(碎石内摩擦角常取为 38°)，则 $\delta_p=64°$，由式(13-29)试算得 $\delta=61°$，代入式(13-28)可得 $P_{pf}=20.8C_u$。这就是计算碎石桩承载力的 Brauns 理论简化计算式。

3)圆筒形孔扩张理论计算式

在荷载作用下，散体材料桩桩体材料发生鼓胀变形，对桩周土体产生挤压作用。该法将桩周土体的受力过程视为圆筒形孔扩张课题，采用 Vesic 圆孔扩张理论求解。图 13-8 为圆孔扩张理论计算模式。土体在圆孔扩张力作用下，圆孔周围土体从弹性变形状态逐步进入塑性变形状态。随着荷载增大，塑性区不断发展。极限状态时，塑性区半径为 r_p，圆孔半径由 r_0 扩大到 r_u，圆孔扩张压力为 P_u。此时，散体材料桩的极限承载力为：

$$P_{pf}=P_u\tan^2\left(45°+\frac{\varphi_p}{2}\right) \tag{13-30}$$

式中：P_u——桩周土体对桩体的约束力，即为圆孔扩张压力极限值；

φ_p——桩体材料内摩擦角。

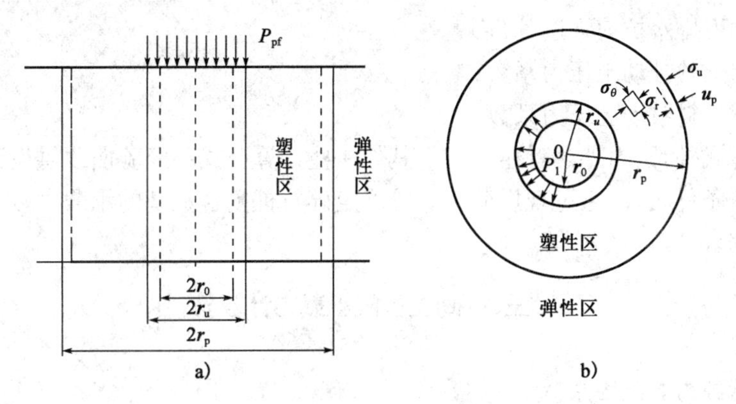

图 13-8 圆孔扩张理论计算模式

4)WongH. Y.(1975)计算式

Wong(1975)采用计算挡土墙上被动土压力的方法计算作用在桩体上的侧限压力，于是可得到桩的承载力计算式为：

$$p_{pf}=(K_{ps}\sigma_{s0}+2C_u\sqrt{K_{ps}})\tan^2\left(45°+\frac{\varphi_p}{2}\right) \tag{13-31}$$

式中：σ_{s0}——桩间土上竖向荷载(kPa)；

φ_p——桩体材料内摩擦角(°)；

K_{ps}——桩间土的被动土压力系数；

C_u——桩间土不排水抗剪强度(kPa)。

5)Hughes 和 Withers(1974)计算式

Hughes 和 Withers(1974)用极限平衡理论分析，建议按下式计算单桩的极限承载力 p_{pf}：

$$p_{pf}=(p_0'+u_0+4C_u)\tan^2\left(45°+\frac{\varphi_p}{2}\right) \tag{13-32}$$

式中：p_0'、u_0——初始径向有效应力和超孔隙水压力，从原型观测资料分析认为 $p_0'+u_0=2C_u$，故式(13-32)可改写为：

$$p_{pf}=6C_u\tan^2\left(45°+\frac{\varphi_p}{2}\right) \tag{13-33}$$

式中：C_u——桩间土不排水抗剪强度(kPa)；

φ_p——桩体材料内摩擦角(°)。

对碎石桩，一般取 $\varphi_p=38°$，则式(13-33)可进一步简化为：

$$p_{pf}=25.2C_u \tag{13-34}$$

Broms(1979)推荐采用上式计算碎石桩极限承载力。

6)被动土压力法

通过计算桩周土中的被动土压力计算桩周土对散体材料桩的侧限力。桩体承载力表达式为：

$$p_{pf}=[(rz+q)K_{ps}+2C_u\sqrt{K_{ps}}]K_p \tag{13-35}$$

式中：r——土的重度(kN/m³)；

z——桩的鼓胀深度(m)；

q——桩间土上荷载(kPa)；

C_u——土的不排水抗剪强度(kPa)；

K_{ps}——桩周土的被动土压力系数；

K_p——桩体材料被动土压力系数。

除上述计算式外，国内外学者还提出了其他一些计算公式和经验曲线供设计参考，本书不再一一介绍。有条件时，应通过现场荷载试验确定碎石桩复合地基的承载力，或采用几个方法进行计算用于综合分析。

三、桩间土极限承载力计算

1. 桩间土承载力影响因素

根据天然地基荷载板试验结果，或根据其他室内外土工试验资料可以确定天然地基极限承载力。复合地基中，桩间土极限承载力与天然地基极限承载力密切相关，但由于复合地基中设置了竖向增强体，使得两者并不完全相同。两者随地基土的工程特性、竖向增强体的性质、增强体设置方法不同而不同。在工程实用中，当两者区别很小，或者虽有一定区别，但桩间土极限承载力比天然地基极限承载力大，而且又较难计算时，常用天然地基极限承载力值作为桩间土极限承载力。

使桩间土极限承载力有别于天然地基极限承载力的主要影响因素有下列几个方面：

(1)在桩的设置过程中，对桩间土的挤密作用，采用振动挤密成桩法影响更为明显。

(2)在软黏土地基上设置桩体过程中，由于振动、挤压、扰动等原因，使桩间土中出现超孔隙水压力，土体强度有所降低，但复合地基施工完成后，一方面随着时间发展，原地基土的结构强度逐渐恢复，另一方面地基中超孔隙水压力消散，桩间土中有效应力增大、抗剪强度提高。这两部分的综合作用，使桩间土承载力往往大于天然地基承载力。

(3)桩体材料性质有时对桩间土强度也有影响，例如石灰桩的设置，由于石灰的吸水、放热以及石灰与周围土体的离子交换等物理化学作用，使桩间土承载力比原天然地基承载力有较大的提高。又如，碎石桩和砂桩等具有良好透水性的桩体的设置，有利于桩间土排水固结，桩间土抗剪强度提高，使桩间土承载力得到提高。以上影响因素大多是使桩间土极限承载力高于天然地基极限承载力。

2. 桩间土极限承载力计算方法

通常，复合地基桩间土极限承载力取相应的天然地基极限承载力值，有时要考虑桩体设置造成的影响。天然地基极限承载力除了直接通过荷载试验、根据土工试验资料及查阅有关规范确定外，常采用 Skempton 极限承载力公式进行计算。Skempton 极限承载力公式为：

$$p_{sf}=C_u N_c\left(1+0.2\frac{B}{L}\right)\left(1+0.2\frac{D}{L}\right)+\gamma D \tag{13-36}$$

式中：D——基础埋深(m)；

C_u——不排水抗剪强度(kPa)；

N_c——承载力系数，当 $\varphi=0$ 时，$N_c=5.14$；

B——基础宽度(m)；

L——基础宽度(m)。

桩体设置引起桩间土承载力的提高可以根据不同情况分别加以考虑，也可通过原位测试来测定。当桩体设置完成后，可采用原位十字板试验或静力触探试验等原位测试手段来评价桩间土极限承载力的提高程度。

四、复合地基加固区下卧层承载力验算

当复合地基加固区下卧层为软弱土层时，按复合地基加固区容许承载力计算基础的底面尺寸后，尚需对复合地基下卧层承载力进行验算。要求作用在下卧层顶面处附加应力 p_0 与自重应力 σ_r 之和 p 不超过下卧层土的容许承载力[R]，即：

$$p=p_0+\sigma_r\leqslant[R] \tag{13-37}$$

五、桩土荷载分担比和桩土应力比的影响因素

桩体复合地基中，桩体和桩间土共同直接承担上部结构通过基础或垫层传递的荷载是复合地基的一个基本特征。通常，将桩体承担的荷载与桩间土承担的荷载比称为桩土荷载分担比，将桩顶平均应力与桩间土平均应力之比称为桩土应力比，桩土荷载分担比和桩土应力比本质上是一致的，是反映复合地基工作状态的一个重要参数。

桩土荷载分担比和桩土应力比的影响因素很多。桩土相对刚度、荷载水平、复合地基置换率、荷载作用时间、垫层厚度、加固区下卧层的刚度、桩间土的工程性质等因素对桩土荷载分担比和桩土应力比的大小都将产生影响。

近年来，人们通过现场测试和理论对桩土应力比的确定及影响因素分析开展了一系列研究工作。复合地基在均布荷载作用下，刚性承台下桩体顶面和桩间土上的反力都不是均匀分布的。图 13-19a)和 b)分别为一碎石桩和一水泥搅拌桩单桩带承台载荷试验所测得的承台下反力分布图。在复合地基理论分析中，桩顶应力和桩间土应力是指作用在桩顶面上和桩间土上的平均应力。桩土应力比是指两者的平均应力之比。

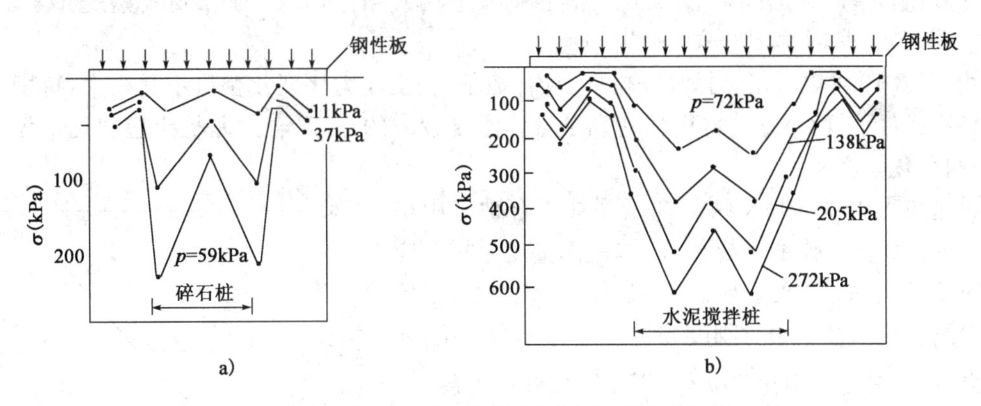

图 13-9　复合地基刚性承台下实测反力分布图(引自韩杰等，1990)

土的应力应变关系是非线性关系，大多数桩体材料的应力应变关系也是非线性的，两者的刚度相差又较大，随着荷载水平的提高，桩土应力比是变化的。图 13-9a)、b)分别为由 9 个碎石桩复合地基工程和 70 组实测资料经整理得到的砂性土碎石桩复合地基和黏性土碎石桩复合地基桩土应力比随荷载水平提高而变化的情况。

$[R_s]$为天然地基容许承载力。由图可见，对砂性土碎石桩复合地基，当 $p/[R_s]$值小于1.0时，n 值很分散，当 $p/[R_s]$值增大时，n 值逐渐趋于一致，其值等于 2～3，平均值为 2.5。对黏性土碎石桩复合地基，桩土应力比 n 值随 $p/[R_s]$值增大而增大，且逐渐趋于稳定，约等于 3.5。

图 13-10c)、d)分别表示一微型钢筋混凝土桩复合地基和一水泥搅拌桩复合地基荷载试验所得到的桩土应力比 n 值随荷载水平提高而变化的情况。图 13-10d)还表明，当荷载超过某一数值后，桩土应力比会通过峰值而减小，显然这与水泥搅拌桩的屈服有关。林琼还报道了水泥搅拌桩复合地基桩土应力比随水泥土水泥掺和比的提高而增大、随桩长增长而增大的情况。她还报道了当水泥掺和比 $\alpha_w \leqslant 10$ 时，桩土应力比随荷载水平提高而增大，且逐渐稳定，不会像图 13-10d)中所示出现峰值的情况，水泥掺和比不同，水泥土的破坏模式不同。增强体破坏模式不同，桩土应力比 n 值的变化规律不同就很容易理解了。

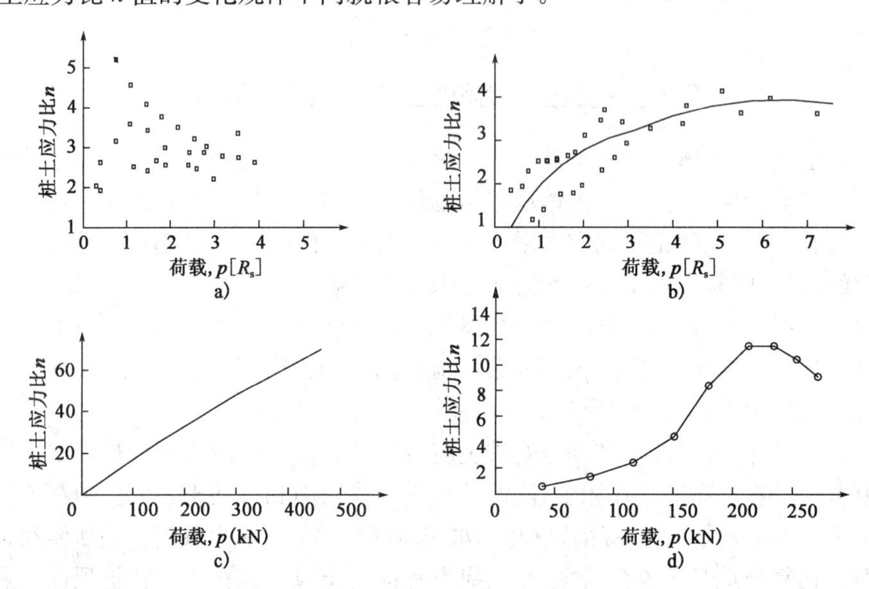

图 13-10 桩土应力比 n 与荷载水平关系曲线

a)砂性土碎石桩复合地基(引自方永凯，1990)；b)黏性土碎石桩复合地基(引自方永凯，1990)；c)小桩复合地基(引自周洪涛和叶书麟，1990)；d)水泥搅拌桩复合地基(引自林琼，1989)

由图 13-10 可以看出，对散体材料桩复合地基，桩土应力比变化幅度不是很大，特别是在使用荷载条件下，而对黏结材料桩特别是桩体刚度较大的桩，复合地基桩土应力比不仅数值大，而目变化幅度大。

桩土应力比 n 值是反映竖向增强体复合地基中桩体与桩间土协同工作的重要指标，桩土模量比对桩土应力比 n 值的大小有重要影响。图 13-11表示通过有限单元法分析得到的桩土相对刚度与桩土应力比的关系，在一定条件下，桩土应力比值 n 与 $\sqrt{E_p/E_s}$ 成线性关系。

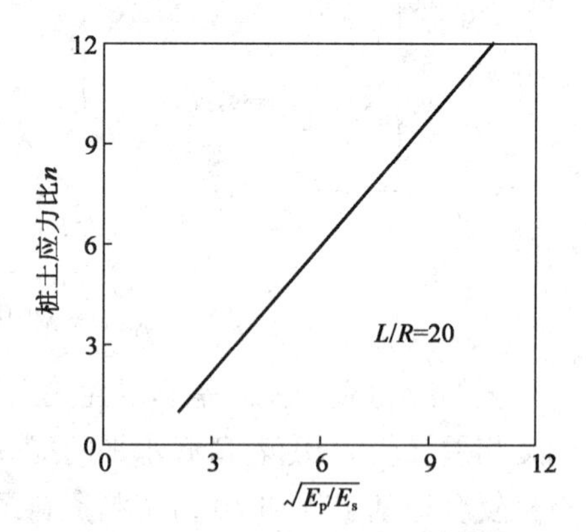

图 13-11 桩土应力比 n 值与 E_p/E_s 关系(引自段继伟，1992)

桩土应力比与桩体长径比的关系，如图 13-12 所示。桩土模量比不同，桩土应力比随桩体长径比增大而变化的梯度是不同的。对某一桩土模量比，当桩体长径比超过某一数值时，桩土应力比 n 值不再增加。这一现象说明，对某一桩土模量比情况，存在一有效桩长。桩土模量比增大，有效桩长增加。

桩土应力比还与复合地基置换率有关。图 13-13表示通过有限单元法分析得到的复合地基置换率与桩土应力比的关系。由图 13-13 可以看出，复合地基置换率增大，桩土应力比减小。在荷载作用下，桩间土会产生固结和蠕变，桩间土的固结和蠕变会使荷载向桩体集中，桩土应力比随时间的延续可能增大。

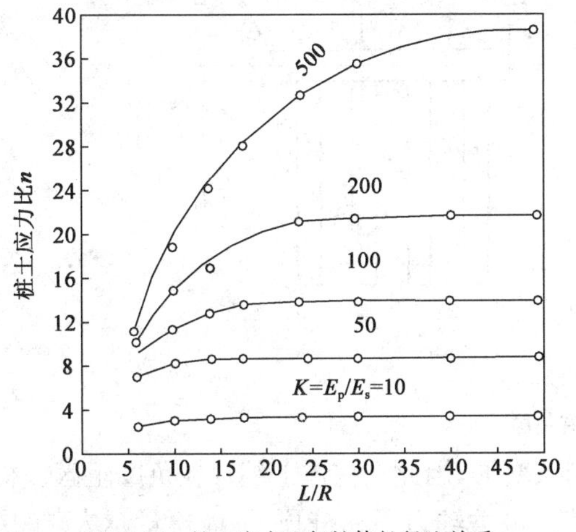

图 13-12　桩土应力比与桩体长径比关系

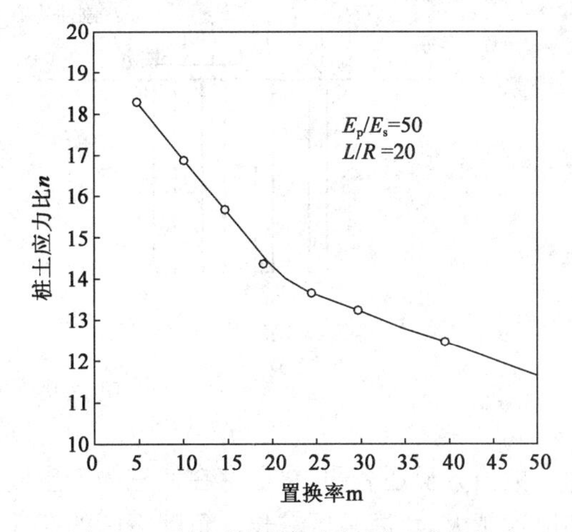

图 13-13　复合地基桩土应力比与置换率关系

桩土应力比的影响因素很多，对桩土应力比的精确计算是很困难的。事实上，对桩土应力比的现场测试也是很困难的。复合地基中，各个桩体以及每个桩体的不同测点处，应力是不可能相同的，而是随着荷载水平的变化而变化。不仅桩体如此，桩间土也如此，因此桩土应力比是很难测定的。桩土应力比难以测定，而桩土荷载分担比也是如此。因此，桩土应力比是一个定性的参数，用于定性分析比较合适，很难用它进行量化设计。

由图 13-10 可以看出：碎石桩复合地基桩土应力比变化范围不大，在 2.5～3.5；水泥土桩复合地基桩土应力比变化范围比碎石桩复合地基大，微型钢筋混凝土桩复合地基桩土应力比变化更大。采用桩土应力比作为设计参数对于黏结材料桩复合地基，特别对刚度较大的桩体复合地基是比较困难的。

六、刚性基础下桩体复合地基垫层的效用

图 13-14a)、b)中，地基土物理力学性质，基础刚度、荷载、桩体复合地基均相同，唯一不同的是图 13-14a)中无垫层，图 13-14b)中在刚性基础和桩体加固区之间设一柔性垫层。现讨论在荷载作用下垫层的效用。

不难看出，由于垫层作用，图 13-14a)中桩土应力比图 13-14b)中的大，垫层使桩顶的应力集中现象明显减弱，因此图 13-14a)桩体中轴向应力比图 13-14b)中的大。垫层可有效减小桩土应力比，减小桩体中轴向应力。减小桩体轴力对桩体强度不是很大的低强度桩和柔性桩有很重要的意义，因为低强度桩和柔性桩在荷载作用下，桩体剪切破坏往往发生在浅部，减小轴力会减小桩体破坏的可能性。垫层减小桩土应力比，减小桩顶应力集中现象，也减小了基础底面应力集中现象，改善了基础底板的受力状态。数值分析表明(李宁、韩煊，2001)垫层的存在使群桩复合地基边角处桩顶荷载大幅减小，这对避免边角处桩体首先破坏起到很大作用，使复合地基能够更充分地发挥其承载能力。

垫层使桩土应力比减小，桩间土中竖向应力增大，相应桩间土中水平向应力也增大。桩间土中水平向应力增大造成对桩体的侧压力增大。图 13-14b)中桩体上端竖向应力比图 13-14a)中小，而侧向压力图 13-14b)比图 13-14a)中大。这样，垫层的存在大大减小了桩体中的主应力差，有效地改善了桩体的受力状态，减少了桩体上端被剪坏的可能性，这对低强度

桩和柔性桩是非常有意义的。

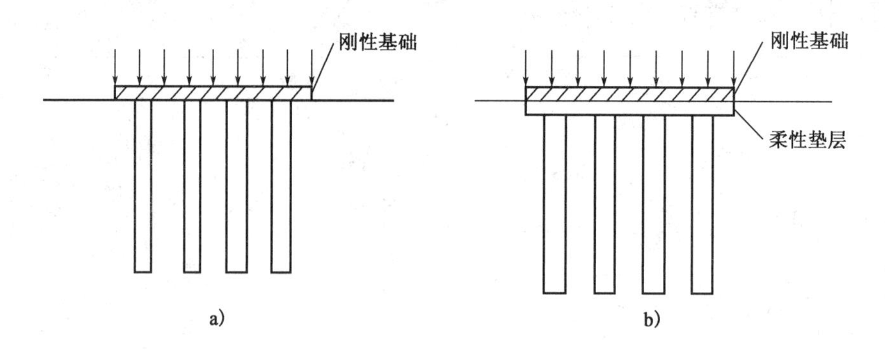

图 13-14　复合地基示意图

a)无垫层;b)有垫层

数值分析还表明，垫层存在使桩体产生向上刺入变形，因此在桩体上端存在负摩阻区。桩体刚度越大，负摩阻区越长。负摩阻区的存在使桩身最大轴力不在桩顶，桩体模量越大，垫层越厚，最大应力点越深。

垫层对复合地基性状的影响主要在浅层。随着桩体刚度的增大，垫层的效用越明显。

垫层厚度与桩土应力比的关系示意图，如图 13-15 所示。随着垫层厚度增大，桩土应力比减小，最后趋向一定值。根据前面的分析可知，通过调整垫层的模量和厚度可以调节桩土应力比，可较好地发挥桩和土的承载力并达到降低工程造价的目的。工程上垫层一般采用碎石垫层或砂石垫层，厚度一般取 200～500mm。

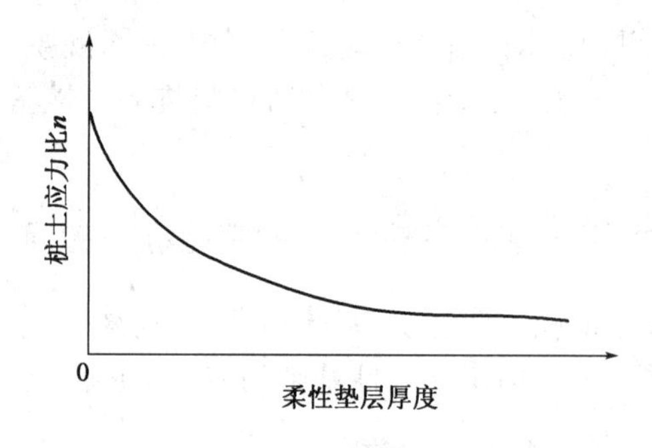

图 13-15　垫层厚度与桩土应力比关系示意图

第六节　桩体复合地基沉降计算

采用复合地基技术可以提高地基承载力，减小地基沉降。在深厚软弱地基上应用复合地基技术具有良好的经济效益和社会效益，在深厚软弱地基上的建筑物的沉降控制特别重要。深厚软土地基地区建筑工程事故不少是由于沉降过大，特别是不均匀沉降过大引起的。事实上不难发现，不少工程采用复合地基主要是为了减小沉降，因此复合地基沉降计算在复合地基设计中具有很重要的地位，特别是采用按沉降控制设计，沉降计算在设计中的地位就更为重要。但就目前的认识水平，复合地基沉降计算水平远低于复合地基承载力的计算水平，也远远满足不了工程实践的需要。目前，对各类复合地基在荷载作用下应力场和位移场的分布情况研究较少，实测资料更少，复合地基沉降计算理论还很不成熟。

一、桩体复合地基沉降计算模式

在各类实用计算方法中，通常把复合地基沉降量分为两部分，如图 13-16 所示。图中，h 为复合地基加固区厚度，z 为荷载作用下地基压缩层厚度。复合地基加固区的压缩量记为 S_1，地基压缩层厚度内加固区下卧层厚度为$(z-h)$，其缩量记为 S_2。于是，在荷载作用下复台地基的总沉降量 S 可表示为这两部分之和，即：

$$S=S_1+S_2 \tag{13-38}$$

若复合地基设置有垫层，通常认为垫层压缩量很小，可以忽略不计。

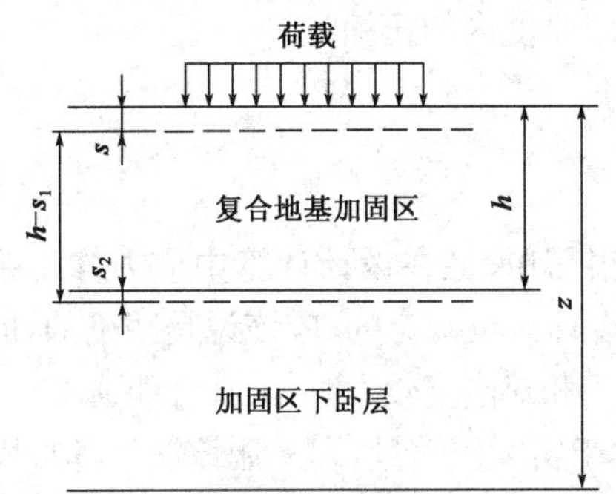

图 13-16　复合地基沉降

在现有的复合地基沉降实用计算方法中，对下卧层压缩量 S_2 大都采用分层总和法计算，而对加固区范围内土层的压缩量 S_1 则针对各类复合地基的特点采用一种或几种计算方法计算。下面首先介绍计算加固区范围内土层压缩量 S_1 的几种主要计算方法，然后介绍下卧层压缩量 S_2 的计算方法。在介绍 S_2 的计算过程中，着重介绍加固区下卧土层上作用荷载或下卧土层中附加应力的计算方法。

1. 加固区土层压缩量 S_1 的计算方法

加固区土层压缩量 S_1 的计算方法主要有下述几种：

1)复合模量法(E_c 法)

将复合地基加固区中增强体和基体两部分视为一复合土体，采用复合压缩模量 E_{cs}来评价复合土体的压缩性，并采用分层总和法计算加固区土层压缩量。在复合模量法中，将加固区土层分层 n 层，每层复合土体的复合压缩模量为 E_{csi}，加固区土层压缩量 S_1 的表达式为：

$$S_1=\sum_1^n \frac{\Delta p_i}{E_{csi}}H_i \tag{13-39}$$

式中：Δp_i——第 i 层复合土上附加应力增量(kPa)；

H_i——第 i 层复合土层的厚度(m)。

竖向增强体复合地基复合土压缩模量 E_{cs}通常采用面积加权平均法计算，即：

$$E_{cs}=mE_{ps}+(1-m)E_{ss} \tag{13-40}$$

式中：E_{ps}——桩体压缩模量(MPa)；

E_{ss}——桩间土压缩模量(MPa)；

m——复合地基置换率。

2)应力修正法(E_s 法)

在竖向增强体复合地基中，增强体的存在使作用在桩间土上的荷载密度比作用在复合地基上的平均荷载密度要小。在采用应力修正法计算压缩量时，根据桩间土分担的荷载，按照桩间土的压缩模量，采用分层总和法计算加固区土层的压缩量。在计算分析中，忽略增强体的存在。

竖向增强体复合地基中，桩间土分担的荷载为：

$$P_s=\frac{P}{1+m(n-1)}=\mu_s P \tag{13-41}$$

式中：P——复合地基上平均荷载密度；

μ_s——应力减小系数或称应力修正系数；

n、m——复合地基桩土应力比和复合地基置换率。

复合地基加固区土层压缩量采用分层总和法计算，其表达式为：

$$S_1=\sum_{i=1}^{n}\frac{\Delta p_{si}}{E_{si}}H_i=\mu_s\sum_{i=1}^{n}\frac{\Delta p_i}{E_{si}}H_i=\mu_s S_{1s} \tag{13-42}$$

式中：Δp_i——未加固地基（天然地基）在荷载 p 作用下第 i 层土上的附加应力增量；

Δp_{si}——复合地基中第 i 层桩间土上的附加应力增量；

S_{1s}——未加固地基（天然地基）在荷载 p 作用下相应厚度内的压缩量；

μ_s——应力修正系数，$\mu_s=\dfrac{1}{1+m(n-1)}$；

n——桩土应力比。

采用应力修正法计算存在下述问题：式(13-42)形式很简单，但在设计计算中应力修正系数 μ_s 值是较难合理确定的；复合地基置换率 m 值是可由设计人员确定的，应该说是明确的，但桩土应力比 n 值如前面分析，其影响因素较多，特别是当桩土相对刚度较大时，很难合理选用。

另外，在设计计算中忽略增强体的存在将使计算值大于实际压缩量，即采用该法计算加固区压缩量往往偏大。

3)桩身压缩量法（E_p 法）

在荷载作用下，复合地基加固区的压缩量也可通过计算桩体压缩量得到。设桩底端刺入下卧层的沉降变形量为 Δ，则相应加固区土层的压缩量 S_1 的计算式为：

$$S_1=S_p+\Delta \tag{13-43}$$

式中：S_p——桩身压缩量。

在桩身压缩量法中，根据作用在桩体上的荷载和桩体变形模量计算桩身压缩量。竖向增强体复合地基桩体分担的荷载为：

$$P_p=\frac{np}{1+m(n-1)}=\mu_p p \tag{13-44}$$

式中：p——复合地基上平均荷载密度(kPa)；

μ_p——应力集中系数，$\mu_p=\dfrac{1}{1+m(n-1)}$；

n、m——复合地基桩土应力比和复合地基置换率。

若桩侧摩阻力为平均分布，桩底端承载力密度为 p_{b0}，则桩身压缩量为：

$$S_p=\frac{(\mu_p p+p_{b0})}{2E_p}l \tag{13-45}$$

式中：l——桩身长度(m)，也等于加固区厚度 h；

E_p——桩身材料变形模量(MPa)。

若桩侧摩阻力分布不是均匀分布，则需先计算桩身应力沿深度 z 的变化情况，再进行积分，进而可得到桩身压缩量。计算中，也可考虑桩身变形模量沿桩长方向变化的情况。压缩量 S_1 的表达式为：

$$S_1=S_p+\Delta=\int_0^l\frac{p_p(z)}{E_p(z,p)}\mathrm{d}z+\Delta \tag{13-46}$$

式中：$p_p(z)$——桩身应力沿深度 z 变化的表达式；

$E_p(z,p)$——桩身变形模量，可以是深度 z 和桩身应力 p 的函数。

应用桩身压缩量法计算会遇到下述困难：

同应力修正一样，置换率 m 是由设计人员确定的、是明确的，桩体应力比 n 值因影响因素多，很难选用合理值。

在桩身压缩量法中，桩体刺入下卧层土中的刺入量也很难计算；另外，桩底端端承力的估计可能误差也会较大。

前面介绍了复合地基加固区压缩量的三种计算方法，相比较而言复合模量法使用比较方便，特别是对于散体材料桩复合地基和柔性桩复合地基。总体来说，复合地基加固区压缩量数值不是很大，特别是在深厚软土地基中应用复合地基技术加固地基时，加固区压缩量占复合地基沉降总量的比例较小。因此认为，加固区压缩量采用上述方法计算带来的误差对工程设计影响不会很大。

2.下卧层土层压缩量 S_2 的计算方法

下卧层土层压缩量 S_2 的计算常采用分层总和法计算，即：

$$S_2=\sum_{i=1}^{n}\frac{e_{1i}-e_{2i}}{1+e_{1i}}H_i=\sum_{i=1}^{n}\frac{\alpha_i(p_{2i}-p_{1i})}{(1+e_i)}H_i=\sum_{i=1}^{n}\frac{\Delta p_i}{E_{si}}H_i \tag{13-47}$$

式中：e_{1i}——根据第 i 分层的自重应力平均值 $\frac{\sigma_{ci}+\sigma_{c(i-1)}}{2}$（即 p_{1i}）从土的压缩曲线上得到的相应的孔隙比；

σ_{ci}、$\sigma_{c(i-1)}$——第 i 分层土层底面处和顶面处的自重应力；

e_{2i}——根据第 i 分层的自重应力平均值 $\frac{\sigma_{ci}+\sigma_{c(i-1)}}{2}$ 与附加应力平均值 $\frac{\sigma_{zi}+\sigma_{z(i-1)}}{2}$ 之和（即 p_{2i}），从土的压缩曲线上得到相应的孔隙比；

σ_{zi}、$\sigma_{z(i-1)}$——第 i 分层土层底面处和顶面处的附加应力；

H_i——第 i 分层土的厚度；

α_i——第 i 分层土的压缩系数；

E_{si}——第 i 分层土的压缩模量。

在计算复合地基加固区下卧层压缩量 S_2 时，作用在下卧层上的荷载难以精确计算。目前在工程应用上，常采用下述几种方法计算。

1)压力扩散法

若复合地基上作用荷载为 p，复合地基加固区压力扩散角为 β，则作用在下卧土层上的荷载 p_b 可用下式计算（图 13-17）：

$$P_b=\frac{BDp}{(B+2h\tan\beta)(D+2h\tan\beta)} \tag{13-48}$$

式中：B——复合地基上荷载作用宽度(m)；

D——复合地基上荷载作用长度(m)；

h——复合地基加固区厚度(m)。

对平面应变情况，式(13-48)可改写为：

$$p_b=\frac{Bp}{(B+2h\tan\beta)} \tag{13-49}$$

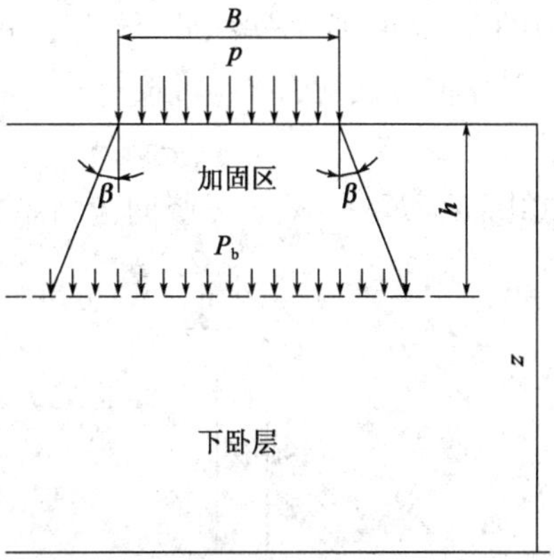

图 13-17　压力扩散法

研究表明：式(13-48)和式(13-49)虽然同双层地基中压力扩散法计算第二层土上的附加荷载计算式形式相同，但要重视复合地基中压力扩散角与双层地基中压力扩散角数值是不相同的。

2)等效实体法

将复合地基加固区视为一等效实体，作用在下卧层上的荷载作用面与作用在复合地基上的荷载作用面相同，如图13-18所示。在等效实体四周作用有侧摩阻力，设其平均密度为 f，则复合地基加固区下卧层上荷载密度 p_b 可用下式计算：

$$p_b = \frac{BDp-(2B+2D)hf}{BD} \tag{13-50}$$

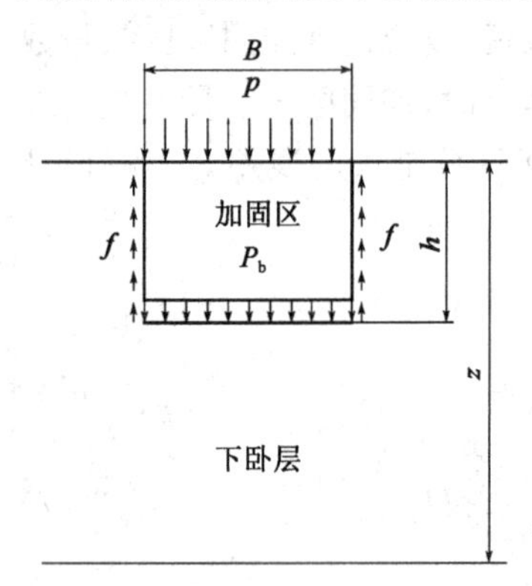

图13-18　等效实体法

式中：B、D——荷载作用面宽度和长度(m)；

h——加固区厚度(m)。

对平面应变情况，式(13-50)可改成为：

$$p_b = p - \frac{2h}{B}f \tag{13-51}$$

应用等效实体法计算的困难在于侧摩阻力 f 值的合理选用。当桩土相对刚度较大时，选用误差可能较小；当桩土相对刚度较小时，f 值选用比较困难。桩土相对刚度较小时，侧摩阻力变化范围很大，很难合理估计，选用不合理时，误差可能很大。事实上，将加固体作为一分离体，两侧面上剪应力分布是非常复杂的。采用侧摩阻力的概念是一种近似，对该法适用性应加强研究。

3)改进Geddes法

黄绍铭等(1991)建议采用下述方法计算复合地基土层中应力。复合地基总荷载为 P，桩体承担荷载 P_p，桩间土承担荷载 $P_s=P-P_p$。桩间土承担荷载 P_s 在地基中所产生的竖向应力 $\sigma_{z,Ps}$，其计算方法和天然地基中应力计算方法相同，应用布辛奈斯克解。桩体承担的荷载 P_p 在地基中所产生的竖向应力采用Geddes法计算。然后叠加两部分应力得到地基中总的竖向应力，再采用分层总和法计算复合地基加固区下卧层土层压缩量 S_2。

J. D. Geddes(1966)认为，长度为 L 的单桩在荷载 Q 作用下对地基土产生的作用力，可近似视作如图13-19所示的桩端集中力 Q_p、桩侧均匀分布的摩阻力 Q_r 和桩侧随深度线性增长的分布摩阻力 Q_t 三种形式荷载的组合。S. D. Geddes根据弹性理论半无限体中作用一集中力的Mindlin应力解积分，导出了单桩的上述三种形式荷载在地基中产生的应力计算公式。地基中的竖向应力 $\sigma_{Z,Q}$ 可按下式计算：

$$\sigma_{z,Q} = \sigma_{z,Qp} + \sigma_{z,Qr} + \sigma_{z,Qt} = Q_p K_p/L^2 + Q_r K_r/L^2 + Q_t K_t/L^2 \tag{13-52}$$

式中：K_p、K_r 和 K_t——竖向应力系数，其表达式较繁冗，详见参考文献[70](Geddes，1966)。

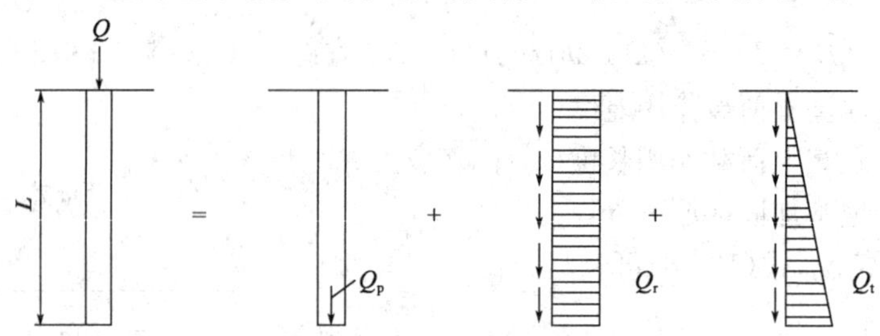

图13-19　单桩荷载分解为三种形式荷载的组合

对于由 n 根桩组成的桩群，地基中竖向应力可对这 n 根桩逐根采用式(13-52)计算后叠加求得。

由桩体荷载 P_p 和桩间土荷载 P_s 共同产生的地基中竖向应力表达式为：

$$\sigma_z=\sum_{i=1}^{n}(\sigma_{z,Q_p^i}+\sigma_{z,Q_r^i}+\sigma_{z,Q_t^i})+\sigma_{z,p_s} \tag{13-53}$$

根据式(13-52)计算地基土中附加应力，采用分层总和法可计算复合地基沉降。

采用改进 Geddes 法计算需要确定荷载分担比，另外需假定桩侧摩阻力分布，上述两项估计将给计算带来误差，特别是后者，桩土相对刚度对其影响很大，建议进一步开展研究。

二、复合地基固结分析

对于某些具有较好透水性的竖向增强体所形成的复合地基，如碎石桩复合地基、砂桩复合地基等，可采用常用的砂井固结理论计算复合地基的沉降与时间关系。一般情况下，可采用 Biot 固结有限元分析法计算。

砂井地基固结微分方程为：

$$\frac{\partial u}{\partial t}=C\left(\frac{\partial^2 u}{\partial z^2}+\frac{\partial^2 u}{\partial r^2}+\frac{1}{r}\frac{\partial u}{\partial r}\right) \tag{13-54}$$

式中：u——任意点(r,z)处孔隙水压力(MPa)；

C——土的固结系数；

r、z——圆柱坐标系径向和轴向坐标。

在分析中应考虑涂抹作用、井阻作用以及桩体引起的应力集中现象的影响。在碎石桩复合地基固结分析中，为了考虑涂抹作用，Barksdale 和 Bachus(1983)建议将桩径乘以(1/2～1/15)。根据 Balaam 和 Booker(1981)的分析表明，随着桩土弹性模量比 E_p/E_s 的增大，刚性筏基下的碎石桩承担更大的荷载，从而加速固结。对于 E_p/E_s 值从 1 增大到 40 倍，达到固结度 50%所需的时间减少到原来的 1/10。韩杰和叶书麟(1990)建议采用固结系数折算方法考虑应力集中现象，其表达式为：

$$C'=C\left(1+N+\frac{m}{1-m}\right) \tag{13-55}$$

式中：C、C'——桩间土固结系数和考虑应力集中现象后的折算固结系数；

N——桩土模量比，$N=E_p/E_s$；

m——复合地基置换率。

一般情况下，复合地基固结分析可采用 Biot 固结理论有限单元法，计算方法与一般地基 Biot 固结理论有限元法类似。在计算中，同复合地基一般有限元分析一样，需要对增强体几何形状做等价转换，采用合理的简化几何模型，在计算中采用相应的参数。

Biot 固结理论有限单元法方程的增量形式可表示为(龚晓南，1981)：

$$\begin{bmatrix} K_\delta & K_p \\ K_v & -\frac{\Delta t}{2}K_q \end{bmatrix}\begin{Bmatrix} \Delta\delta \\ \Delta P_w \end{Bmatrix}=\begin{Bmatrix} \Delta F \\ \Delta R \end{Bmatrix} \tag{13-56}$$

式中：$[K_\delta]$——相应单元结点位移产生的单元刚度矩阵；

$[K_v]$——单元体变矩阵；

$[K_p]$——相应单元结点孔隙水压力产生的单元刚度矩阵；

$[K_q]$——单元渗透流量矩阵；

$\{\Delta\delta\}$——结点位移增量矢量；

$\{\Delta P_w\}$——结点孔隙水压力增量矢量；

$\{\Delta F\}$——荷载增量矢量；

$\{\Delta R\}$——t 时刻前一时段结点孔隙水压力对应的结点力。

在有限单元法分析中，若采用复合土体复合参数分析法，除需确定复合土的复合模量、复合泊松比外，还需确定复合渗透系数。

三、刚性桩复合地基沉降计算

通常，刚性桩复合地基的置换率比较小，而桩土应力比比较大。例如，钢筋混凝土桩复合地基桩距通常大于 6 倍桩径，复合地基置换率为 2%左右，桩土应力比介于 20～100。刚性桩体复合地基中，加固区桩间土的竖向压缩量等于桩体的弹性压缩量和桩端刺入下卧层的桩端沉降量之和。对刚性桩复合地基，刚性桩桩体的弹性压缩量很小，在计算中可以忽略或做粗略估计，复合地基加固区桩间土的竖向压缩量等于桩端刺入下卧层的桩端沉降量与桩体压缩量之和。由于置换率较低，桩土模量比大，在荷载作用下，桩的承载力一般能得到充分发挥，达到极限工作状态。按桩的极限状态荷载计算得到桩底端承力密度，再计算相应的桩端刺入量。也有人按经验根据桩体达到极限工作状态时所需沉降来估算桩端刺入量。采用这些方法得到的计算沉降量往往比实测沉降大。

刚性桩复合地基加固区下卧层中若有压缩性较大的土层，则复合地基沉降量主要发生在下卧层中。刚性桩复合地基中桩体一般落在较好的持力层上，在下卧层沉降计算中，要合理评价该持力层对减小下卧层土体压缩量的作用。若加固区下卧层中没有压缩性较大的土层，则刚性桩复合地基下卧层压缩量也会很小。

刚性桩复合地基沉降计算可采用改进 Geddes 法计算，也可采用有限元法分析。

如加固区压缩量采用桩身压缩量法计算，下卧层地基中附加应力可采用改进 Geddes 法计算，也可采用压力扩散法或等代实体法计算。

四、柔性桩复合地基沉降计算

柔性桩复合地基置换率一般比刚性桩复合地基置换率高，而桩土应力比较刚性桩复合地基的小。如水泥搅拌桩复合地基置换率一般在 18%～25%，桩土应力比在 5～10。柔性桩复合地基加固区压缩量一般可用复合模量法计算，下卧层压缩量可采用分层总和法计算，地基中附加应力可采用压力扩散法或等代实体法计算。

柔性桩复合地基沉降也可采用有限元法计算，在计算中采用土体单元和复合土体单元。常采用复合模量来评价加固区复合土体。

五、散体材料桩复合地基沉降计算

散体材料桩复合地基与刚性桩和柔性桩复合地基相比，其置换率高，桩土应力比小。散体材料桩复合地基加固区压缩量常采用复合模量法计算，下卧层压缩量可采用分层总和法计算，地基中附加应力常采用压力扩散法计算。

散体材料桩一般为透水材料桩（如碎石桩、砂桩），采用有限单元法分析时，可采用复合地基固结有限元分析法计算。

第七节　工 程 实 例

一、工 程 概 况

省道S101、S308连接线柳林江大桥横跨望城县乔口镇与湘阴县交界处的新河，望城县乔口镇岸接线起于省道S101，湘阴岸接线止于省道S308；设计采用技术标准：大桥全长381.18m，桥宽净12.0m+2×1.75m=15.5m，采用预应力混凝土T梁；大桥接线总长4864.199m，两岸接线按二级公路标准建设，通航等级为不通航道。

省道S101、S308连接线柳林江大桥，是连接望城县和湘阴县的重要经济干线，也是南洞庭湖区交通运输、汛期安全转移和抗洪抢险的重要通道。该项目的建设对优化区域公路网络，改善湘阴、望城沿线的交通运输条件，增强洞庭湖区抗洪抢险救灾能力、促进沿线地区社会经济发展具有十分重要的意义。

线路段位于洞庭湖平原南部，属于由新河、湘江的冲积及洞庭湖的淤积共同构成的砂泥质平原；区内构造体系可归入新华夏系第二复式沉降地带，第四系覆盖层巨厚，钻探未揭露到岩石；根据区域地质资料，桥位区无区域性断裂通过。

二、工程地质条件

本线路段不良工程地质条件主要为软弱土层。

种植土、淤泥质黏土、软土—可塑状亚黏土等软弱土层具有含水率高、压缩性高、承载力低、稳定性差等特征，不利于路基的稳定，易产生不均匀沉降，但该层厚度不大，层厚0.3～2.0m，建议对地基土采取清淤换填或抛石挤淤等措施进行加固处理。由于地势低平，建议路基下部宜填筑渗水性能好的填料，以防止丰水季节水位上涨及毛细水对路基的浸泡，加强路基两侧的排水。

该线路主要岩土层的工程地质性能评价：

(1)填筑土：物理力学性质较差，承载力较低，且分布局限。

(2)淤泥质亚黏土：物理力学性质差，承载力较低，且分布局限。

(3)亚黏土：物理力学性质较差，埋藏深度浅，厚度变化比较大，承载力较低。

(4)亚砂土：物理力学性质较差，埋藏深度浅，承载力较低。

(5)黏土：物理力学性质一般，承载力中等。

(6)粉细砂：埋深浅，分布不均匀，承载力较低，且其物理力学性质不稳定。

(7)中粗砂：中密，承载力相对较高，工程地质性能较好，但分布局限。

(8)粗砂夹砾：中密，承载力相对较高，工程地质性能较好，但分布局限。

(9)砾砂：中密～密实，承载力相对高，工程地质性能好，且分布较均匀，埋深一般较大。

(10)砾砂夹卵石：中密，承载力高，工程地质性能好，但埋深较浅。

三、地基处治方案

本项目软土地基分布广泛，是全线最主要的不良地质情况。其中，新沙洲至塔市驿镇段(K0+000～K6+320)属于典型的江湖冲积平原地貌，软弱土层较发育，厚2.5～13.0m。塔市驿镇至松木桥镇段(K6+320～K33+066)属丘岗区，软弱土层零星出露于沿线溪沟、水塘、水稻田等低洼地带，主要为淤泥质土、松散状种植土、软塑状亚黏土，厚0.5～3.8m。全线由于原有S202老路清淤处理不彻底，老路多有不均匀沉降的现象，特别是新沙洲至塔市驿镇段（K0＋000～K6＋320），老路基多用湖区土直接填筑，该段老路不均匀沉降较普遍。部分地段左右两侧有明显的沉降差，最大达3～4cm，且左右幅沉降缝明显张开，老路路基结构已破坏，处于不稳定状态。

全线软土分布较广。根据软土层厚度，主要采取两种处理措施。

当软土厚度$h\leqslant 3$m：清淤后回填透水性材料（砂砾），在此之上再填筑路基。

当软土厚度$h>3$m：采用水泥粉体搅拌桩处理。清淤工程中的淤泥及软土入肥效果较好，则不直接埋弃，可挖出后集中放置应用于坡面绿化等工程中。

清淤回填见图13-20，粉喷桩处治见图13-21。

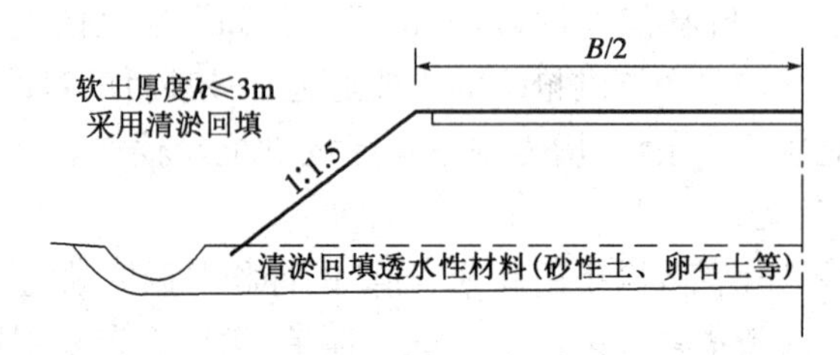

图13-20　清淤回填

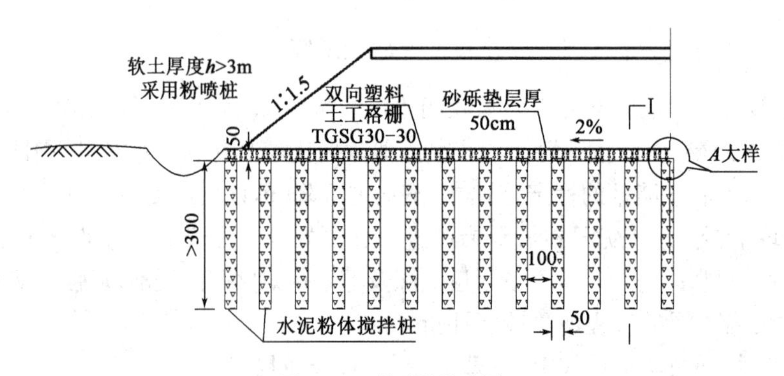

图13-21　粉喷桩处治图

为了分析软基路段采用复合地基进行处治后的效果，长期对该软基路段进行观测。通过观测可以发现，柳林江大桥软基段并没有出现过大的路基工后沉降，尤其是桥梁与路基衔接处也未出现过大的不均匀沉降。由此可以得出，水泥粉体搅拌桩复合地基的处置效果较好。

四、效果评价

省道S101、S308连接线柳林江大桥采用了两种软基处理方式，在软土厚2～3m的区域采用了置换法，挖除不良软土层，换填砂砾，软基路基处治造价为153～198元/m^2，处治软基面积约4327m^2，工程造价约为77万元。在K0＋000～K6＋320路段主要采用了粉喷桩（正三角分布，间距1.4m，桩长10m，桩径50cm），软基路基处治造价约266.9元/m^2，处治软基面积约6782m^2，工程造价约为181万元。原软基处治工程预算为310万元，相比节省工程投资52万元。

此外，因减少了K0＋020～K1＋117路段反压护道412.6m，共节省土方17140m^3，若全部在K7＋900处取土场取土，共需工程费17140×11.36＝19.471万元；取土需增加临时征地20余亩，临时征地费（加后期恢复费）按照8000元/亩计算，节省工程费用16万元；减少永久征地 7 亩，按照 6.5 万/亩计算，节省 45.5 万元。经过应用软基处治方案，工程共节省投资约 133 万元。

思考题与习题

13-1　复合地基的基本概念是什么？

13-2　复合地基形成的条件是什么？

13-3　什么是复合地基置换率？荷载分担比是什么？复合地基模量是什么？

13-4　复合地基常用形式是什么？

13-5　复合地基的破坏模式及其特点是什么？

13-6　复合地基的设计和计算主要包括哪些内容？

参考文献

[1]《地基处理手册》编写委员会. 地基处理手册[M]. 北京：中国建筑工业出版社.
[2] 中华人民共和国国家标准. GB 50007—2011 建筑地基基础设计规范[S]. 北京：中国标准出版社，2011.
[3] 叶观宝，高彦斌. 地基处理[M]. 3版. 北京：中国建筑工业出版社，2008.
[4] 中华人民共和国行业标准. SL 237—1999. 土工试验操作规程[S]. 北京：中国水利水电出版社，1999.
[5] 谢永利，杨晓华，张莎莎. 高速公路湿软黄土地基处理技术研究. 第十四届中国科协年会：山区高速公路技术创新论坛，2008. 9.
[6] 中华人民共和国行业标准. JTG D63—2007 公路桥涵地基与基础设计规范[S]. 北京：人民交通出版社，2007.
[7] 中华人民共和国国家标准. GB 50202—2002 地基基础工程质量验收规范[S]. 北京：中国标准出版社，2002.
[8] 中华人民共和国行业标准. JGJ 79—2012 建筑地基处理技术规范[S]. 北京：中国建筑工业出版社，2012.
[9] 中华人民共和国国家标准. GB T50123—1999 土工试验方法标准[S]. 北京：中国标准出版社，1999.
[10] 中华人民共和国国家标准. GB 50021 岩土工程勘察规范[S]. 北京：中国标准出版社.
[11] 中华人民共和国行业标准. JTG C20—2011 公路工程地质勘察规范[S]. 北京：人民交通出版社，2011.
[12] 中华人民共和国国家标准. GB 50011—2010 建筑抗震设计规范[S]. 北京：中国标准出版社，2010.
[13] 韩杰，叶书麟. 复合地基概论[J]. 工程勘察，1992，11(06)：1-5.
[14] 赵明华，等. 土工格室+碎石垫层结构体的稳定性分析[J]. 湖南大学学报(自然科学版)，2003，04(02)：68-72.
[15] 阎明礼，等. CFG桩施工方法[J]. 施工技术，1996，1(01)：34-35.
[16] 王永博. 辽宁滨海大道锦州海滩段软土路基处理设计[J]. 北方交通，2010，11(11)：7-9.

[17] 吴慧明，龚晓南，等. 刚性基础与柔性基础下复合地基模型试验对比研究[J]. 土木工程学报，2001，10(5)：81-84.
[18] 郭忠贤，耿建峰，杨志红，等. 刚性桩复合地基的现场试验研究[J]. 勘察科学技术，2001，02(1)：7-10+25.
[19] 池跃君，等. 刚性桩复合地基应力场分布的试验研究[J]. 岩土力学，2003，06(3)：339-343.
[20] 池跃君，宋二祥，陈肇元. 桩体复合地基桩、土相互作用的解析法[J]. 岩土力学，2002，10(5)：546-550.
[21] 池跃君，等. 垫层破坏模式的探讨及其与桩土应力比的关系[J]. 工业建筑，2001，11(11)：9-11.
[22] 朱世哲，徐日庆，等. 带垫层刚性桩复合地基桩土应力比的计算与分析[J]. 岩土力学，2004. 05(5)：814-817+823.
[23] 冯瑞玲，谢永利，方磊. 柔性基础下复合地基的数值分析[J]. 中国公路学报，2003，03(1)：40-42.
[24] 刘红岩. 路堤荷载下刚性桩复合地基的力学性状研究[D]. 浙江大学. 硕士. 2005，03.
[25] 程学军，弭尚银，黎良杰. 刚性桩复合地基设计中关于承载力的几个问题[J]. 岩土工程技术，2002，08(4)：198-200.
[26] 刘杰，张可能. 深厚软土中水泥土长短桩复合地基承载特性试验[J]. 中国公路学报，2008，05(3)：19-23.
[27] 杨涛. 工程高边坡病害空间预测理论及其应用[D]. 西南交通大学，2006，05.
[28] 张忠苗，陈洪，吴慧明. 柔性承台下复合地基应力和沉降计算研究[J]. 岩土力学，2004，03(3)：451-454.
[29] 张小敏，郑俊杰. 多元复合地基的承载力计算及检测方法[J]. 岩石力学与工程学报，2001，05(3)：391-393.
[30] 陈洪，温晓贵，吴慧明. 不同刚度基础下复合地基沉降变形性状研究[J]. 工业建筑，2003，11(11)：13-16+89.
[31] 吴慧明，陈洪，侯涛，等. 刚性桩复合地基在不同荷载下的桩土分担特性[J]. 天津大学，2003，05(3)：259-363.
[32] 曾开华，俞建霖，龚晓南. 路堤荷载下低强度混凝土桩复合地基性状分析[J]. 浙江大学学报(工学版)，2004，38(2)：0185-06.
[33] 杨寿松等. 薄壁管桩在高速公路软基处理中的应用[J]. 岩土工程学报，2004，26(6)：0750-05.
杨寿松. 现浇混凝土薄壁管桩复合地基现场试验研究[D]. 河海大学，2005，04.
[34] 单仁亮，杨昊，张雷，等. 水泥稳定浆液配比及适用条件研究[J]. 煤炭工程，2014，12(12)：97-100.
[35] 陆建华，李建新，阮建中，等. 压密注浆在复合地基中的应用[C]. 第六届地基处理学术讨论会暨第二届基坑工程学术讨论会论文集，2000.
[36] 易灿，李根生. 喷嘴结构对高压射流特性影响研究[J]. 石油钻采工艺，2005，02(1)：16-19+80.
[37] 王玉乐. 西宁西过境线大有山隧道地基加固技术研究[D]. 长安大学，2001，04.
[38] 牛顺生. 长短桩组合型复合地基智能优化设计方法研究[D]. 湖南大学，2006，05.
[39] 卢肇钧，吴肖茗，张肇伸. 锚杆技术及其应用[C]. 铁道部铁道建筑研究所论文集，第一集

"路基土工"北京:中国铁道出版社,1985.
[40] 吴肖茗,魏殿兴,黄尚燕.锚杆技术及现场检测[C].第五届全国土力学及基础工程会议论文选集,中国建筑工业出版社.1989.
[41] 吴肖茗.中国土木工程指南[M].北京:科学出版社,1993.
[42] Hanna.锚固技术在岩土工程中的应用.胡定,等译[M].北京:中国建筑工业出版社,1987.
[43] 李象范,肖昭然.岩土工程中的锚固技术[M].北京:地震出版社,1991.
[44] 中国工程建设标准化协会标准.CECS22:90 土层锚杆设计与施工规范,1990.
[45] 吴肖茗.日本土层锚杆技术[J].铁道科技动态,1982,01.
[46] Schnable. H. "Tieback in Foundation Engineering and Construction"1982.
[47] 铁道部科学技术情报所专题情报资料.国外土层锚杆,73-58.
[48] 陈仲颐,叶书麟.基础工程学[M].北京:中国建筑工业出版社,1990.
[49] 张惠甸.上海软土地基上太平洋饭店地下工程深基开挖及板桩斜土锚的施工及测试[C].上海地下工程学会论文集,1990.
[50] 王步云,周龙翔.土钉技术在煤矿应用(下)[J].中国工程勘察,1993,05(5):39-46.
[51] 林宗元.岩土工程治理手册[M].沈阳:辽宁科学技术出版社,1993.
[52] 龚晓南.复合地基理论及工程应用[M].北京:中国建筑工业出版社,2007.
[53] 王启铜.柔性桩的沉降(位移)特性及荷载传递规律[D].浙江大学,1991.
[54] 段继伟.柔性桩复合地基的数值分析[D].浙江大学,1993.
[55] Cook R. W. The Settllement of friction pile foundation. Proc. Of conf. on Tall Buildings, Kuala Lumpyr, 1974.
[56] Cooke R. W, Price G, Tarr K. Jacked piles in London Clay: a study of load transfer and settlement under working conditions[J]. Géotechnique, 1979, 29(2):113-147.
[57] Frank R. Etude theorique du comportement des pieux sous charge verticale. Rapport de Recherche, No. 46, Laboratoire Central des Ponts et Chausses, Paris. 1975.
[58] Brauns J. Die anfangstraglast von schottersaulen im bindigen untergrund[J]. Die Bautechnik, 1978, 55(8):263-271.
[59] Wong H-Y. Vibroflotation-it seffecton weak cohesive soils[J]. CivilEngineering, 1975, (2): 1-5.
[60] Hughes J. M. O. Withers N. J. Reinforce soft cohesive soils with stone columns[J]. Ground.
Engineering, 1974, 3(7): 288-291.
[61] 龚晓南.土塑性力学[M].2版.杭州:浙江大学出版社,1999.
[62] Broms B. B. Soil improvement methods in Southeast Asia. Proc Eighth Asian Regional Conference on Soil Mechanics and Foundation Engineering, Kyoto, 20-24 July 1987V2, 29-64.
[63] 韩杰,叶书麟,曾志贤.碎石桩加固沿海软土的试验研究[J].工程勘察,1990,05(5):1-6.
[64] 方永凯.碎石桩复合地基承载力现场测试[C].复合地基学术讨论会论文集,1992,02:205-210.
[65] 周洪涛,叶书麟.小直径钻孔灌注桩复合地基试验研究[C].中国建筑学会全国复合地基

学术会议,1990.
[66] 林琼.水泥系搅拌桩复合地基试验研究[D].浙江大学,1989.
[67] 李宁,韩煊.褥垫层对复合地基承载机理的影响[J].土木工程学报,2001,02(2):68-73+83.
[68] 张土乔.水泥土的应力应变关系及搅拌桩破坏特性研究[D].浙江大学,1992.
[69] 黄绍铭,王迪民,裴捷,等.减少沉降量桩基的设计与初步实践[C].中国土木工程学会第六届土力学及基础工程学术会议论文集,1991.
[70] Geddes J D. Stresses in Foundation Soils Due to Vertical Subsurface Loading[J]. Géotechnique, 1966, 16(3):231-255.
[71] GOODMAN R E, TAYLOR R L, BREKKE T L. A model for the mechanics of joint rock[J]. Journal of the Soil Mechanics and Foundation Division, ASCE, 1968, 94(SM3):637-659.
[72] 龚晓南.土工计算机分析[M].北京:中国建筑工业出版社,2000.
[73] 徐立新.土工织物加筋垫层复合分析[D].浙江大学,1990.
[74] Barksdale R D, and Bachus R C. Design and construction of stone columns. Report FHWA/RD-83/026, National Technical Information Service, Springfield, Virginia, 1983.
[75] Balaam N P, Booker J R. Analysis of rigid raft supported by granular piles[J]. International Journal for Numerical & Analytical Methods in Geomechanics, 1981, 5(4): 379-403.
[76] 龚晓南.软粘土地基固结有限元法分析[D].浙江大学,1981.
[77] 万剑平,刘清华,陈昌富,等.公路复杂软土地基复合地基加固优化设计方法研究(鉴定报告).湖南省交通科学研究院,2008,204-217.
[78] 周志军.路堤下复合地基承载机理与数值模拟研究[D].湖南大学,2010.
[79] 冶金工业部技术规程.高炉重矿渣应用暂行技术规程[S].北京:冶金工业出版社,1975.
[80] 冶金工业部技术规程.YB/T 4178—2008 混凝土用高炉重矿渣碎石[S].北京:冶金工业出版社,2008.
[81] 中华人民共和国国家标准.GB 1596—2005 用于水泥和混凝土中的粉煤灰[S].北京:中国标准出版社,2005.
[82] 中华人民共和国行业标准.JTJ 016—93 公路粉煤灰路堤设计与施工技术规范[S].北京:人民交通出版社,1993.
[83] 交通部公路科学研究院.公路冲击碾压应用技术指南[M].北京:人民交通出版社,2006.
[84] 中华人民共和国行业标准.JTJ 015—91 公路加筋土工程设计规范[S].北京:人民交通出版社,1991.
[85] 叶书麟.地基处理[M].北京:中国建筑工业出版社,1988.
[86] 叶书麟.地基处理工程实例应用手册[M].北京:中国建筑工业出版社,1998.
[87] 叶观宝.地基加固新技术[M].3版.北京:机械工业出版社,2002.
[88] 叶书麟,叶观宝.地基处理[M].北京:中国建筑工业出版社,1997.
[89] 阎明礼,张东刚.CFG桩复合地基技术及工程实践[M].北京:中国水利水电出版社.2001.

[90] 周大纲,等.土工合成材料制造技术及性能[M].北京:中国轻工业出版社,2001.
[91] 陈仲颐,叶书麟.基础工程学[M].北京:中国建筑工业出版社.1990.
[92] 俞调梅,叶书麟,曹名葆,等.岩土工程[M].北京:中国建筑工业出版社.1986.
[93] 钱鸿缙,叶书麟等.基础工程手册[M].北京:中国建筑工业出版社.1983.
[94] 叶书麟,宰金璋.软黏土工程学[M].北京:中国铁道出版社,1991.
[95] 叶书麟,汪益基,涂光祉,等.基础托换技术[M].北京:中国铁道出版社,1991.
[96] 中国土木工程学会土力学及基础工程名词(英汉及汉英对照)[M].2版.北京:中国建筑工业出版社,1991.
[97] 唐念慈,韩选江.建筑物增层改造托换应用[M].南京:南京大学出版社,1992.
[98] 铁道部第四勘察设计院科研所.加筋土挡墙[M].北京:人民交通出版社,1985.
[99] 南京水利科学研究院.土工合成材料测试手册[M].北京:水利水电出版社,1991.
[100] 朱诗鳌.土工织物应用与计算[M].北京:中国地质大学出版社,1989.
[101] 全国土工合成材料技术协作网.土工合成材料工程应用白例,1992.
[102] 王铁儒,陈文华,杨华民.土工织物加筋垫层处理油罐软基的变形观测及分析[J].地基处理.1993,01(1):482-487.
[103] 唐建中,闵明礼,杨军,吴春林.CFG桩复合地基的工程特点[C].全国复合地基学术会议,1990.
[104] 张东刚.CFG桩复合地基变形计算分析[J].建筑科学,1993.08(4):35-40.
[105] 陈国政.危房桩式托换地基加固实例[J].岩土工程师,1992.04(1):14-16.
[106] 唐业清.房屋增层改建地基基础的评价与加固方法专辑[J].铁道学报,1989,10(3):93-99.
[107] 叶观宝.深层搅拌桩加固软基的试验研究与分析[D].同济大学,1991.
[108] 刘建军.上海地区水泥加固土工程性质的试验研究和分析[D].1992.
[109] 龚晓南.复合地基引论[M].杭州:浙江大学出版社,1991.
[110] 地基处理学术委员会.第十三届地基处理学术讨论会论文集[C].西安:人民交通出版社,2014.
[111] 地基处理学术委员会.第十二届地基处理学术讨论会论文集[C].昆明:云南人民出版社,2012.
[112] 岩土工程师编辑部.城市改造中的岩土工程问题学术讨论会问题集[C].杭州:浙江大学出版社,1990.
[113] 中国建筑学会地基基础学术委员会年会论文集"复合地基"[C].承德,1990.
[114] 中国建筑学会第十一届地基基础学会会议.全国地基基础新技术会议论文集[C].南京,1989.
[115] 叶书麟,韩杰,叶观宝.地基处理与托换技术[M].2版.北京:中国建筑工业出版社,1994.
[116] 龚晓南.地基处理技术及发展展望(1984—2014)[M].中国建筑工业出版社,2014.
[117] 全国土工合成材料技术协作网.全国第三届土工合成材料会议论文选集[C].天津:天津大学出版社,1992.
[118] 乔世珊,李海涛.冲击式压实机的研究现状与应用[J].建筑机械,2002.12(12):21-25+54.

[119] 郑玉和.5YCT20冲击式压实机性能结构分析[J].建筑机械,2007.9(12):94-96.
[120] 谢康和.双层地基一维固结理论与应用[J].岩土工程学报,1994.10(5):24-35.
[121] 杨光熙.强夯挤淤的原理、方法及工程实践[J].建筑技术.1992.1(1):3-9.
[122] 叶观宝,叶书麟.深层搅拌桩加固软基研究[C].地基处理和桩基国际会议论文.南京,1992.
[123] 殷宗泽,龚晓南.地基处理工程实例[M].北京:中国水利水电出版社,2000.
[124] 龚晓南.高等级公路地基处理设计指南[M].北京:人民交通出版社,2005.11:121-154.
[125] 龚晓南.高速公路地基处理理论与实践[C].2005全国高速公路地基处理学术研讨会论文集.人民交通出版社,2005.
[126] 张汉舟.高填土路堤下软黄土地基处理技术研究[D].长安大学,2008,05.
[127] 丁兆民.粗颗粒盐渍土路基稳定技术研究[D].长安大学,2009.
[128] 冯瑞玲.柔性基础复合地基性状研究[D].长安大学,2003.
[129] 杨惠林.黄土地区路基边坡生态防护技术研究[D].长安大学,2006.
[130] 杨晓华,张莎莎,郭永建.盐渍化软弱土地基处治措施对比分析[J].郑州大学学报(工学版),2010,03(2):22-26.
[131] 鞠兴华.水泥粉煤灰搅拌桩处理饱和黄土地基试验研究[D].长安大学,2010,05.
[132] 杨晓华.土工格室加固饱和黄土地基性状及承载力[J].长安大学学报(自然科学版),2004,05(03):5-8.
[133] 杨晓华,王文生.土工格室生态护坡在黄土地区公路边坡防护中的应用[J].公路,2004,08(8):179-182.
[134] 杨晓华,晏长根,谢永利.黄土路堤土工格室护坡冲刷模型试验研究[J].公路交通科技,2004,09(9):21-24.
[135] 杨晓华,王陆平,俞永华.土工格室生态挡墙工程性状分析[J].公路交通科技,2004,11(11):23-26.
[136] 谢永利,俞永华,杨晓华.土工格室在处治路基不均匀沉降中的应用研究[J].中国公路学报,2004,12(04):7-10.
[137] 杨晓华,李新伟,俞永华.土工格室加固浅层饱和黄土地基的有限元分析[J].中国公路学报,2005,06(2):12-17.
[138] 杨晓华,戴铁丁,许新桩.土工格室在铁路软弱基床加固中的应用[J].交通运输工程学报,2005,06(2):42-46.
[139] 晏长根,杨晓华,石玉玲,等.土工格室在黄土边坡公路中的试验研究及应用[J].岩石力学与工程学报,2006,12(S1):3235-3238.
[140] 药秀明,吴红兵,杨晓华.土工格室生态挡土墙工程应用研究[J].公路交通科技,2006,12(12):83-85.
[141] 杨晓华,林法力.土工格室结构层抗变形性能模型试验[J].长安大学学报(自然科学版),2006,05(03):1-4.
[142] 俞永华,谢永利,杨晓华,等.土工格室柔性搭板处治的路桥过渡段差异沉降三维数值分析[J].中国公路学报,2007,07(4):12-18.
[143] 顾良军,杨晓华.土工格室结构层拉伸性状试验研究[J].公路交通科技.2007.01(1):39-42.

[144] 屈战辉,谢永利,袁福发,等.土工格室柔性挡墙极限主动土压力计算方法[J].交通运输工程学报,2010,02(1):24-28,35.

[145] 冯瑞玲,谢永利,杨晓华.路堤下粉喷桩复合地基的设计方法探讨[J].岩土力学,2007,07(7):1487-1490.

[146] 冯瑞玲,王园,谢永利.粗粒土振动压实特性试验[J].中国公路学报,2007,09(5):19-23.

[147] 冯瑞玲,谢永利,杨晓华.尹中高速公路粉喷桩复合地基桩土应力比现场试验研究[J].岩石力学与工程学报,2005,11(22):4190-4196.

[148] 冯瑞玲,谢永利.粉喷桩处理淤泥质土及饱和黄土地基的应用研究[J].公路交通科技,2005,03(3):5-8.